Ioannis Rentzos

La géographie et ses contextes dans le projet interdisciplinaire

Ioannis Rentzos

La géographie et ses contextes dans le projet interdisciplinaire

Le tournant interthématique des années 2000 et la place de la géographie dans le cadre du système éducatif grec

Éditions universitaires européennes

Imprint

Any brand names and product names mentioned in this book are subject to trademark, brand or patent protection and are trademarks or registered trademarks of their respective holders. The use of brand names, product names, common names, trade names, product descriptions etc. even without a particular marking in this work is in no way to be construed to mean that such names may be regarded as unrestricted in respect of trademark and brand protection legislation and could thus be used by anyone.

Cover image: www.ingimage.com

Publisher:
Éditions universitaires européennes
is a trademark of
International Book Market Service Ltd., member of OmniScriptum Publishing Group
17 Meldrum Street, Beau Bassin 71504, Mauritius

Printed at: see last page
ISBN: 978-3-8416-6821-9

Copyright © Ioannis Rentzos
Copyright © 2015 International Book Market Service Ltd., member of OmniScriptum Publishing Group

LA GÉOGRAPHIE ET SES CONTEXTES
DANS LE PROJET INTERDISCIPLINAIRE

"... En cet Empire, l'Art de la Cartographie fut poussée à une telle Perfection que la Carte d'une seule Province occupait toute une Ville et la Carte de l'Empire toute une Province. Avec le temps, ces Cartes Démesurées cessèrent de donner satisfaction et les Collèges de Cartographes levèrent une Carte de l'Empire, qui avait le Format de l'Empire et qui coïncidait avec lui, point par point. Moins passionnées pour l'Étude de la Cartographie, les Générations Suivantes réfléchirent que cette Carte Dilatée était inutile et, non sans impiété, elles l'abandonnèrent à l'Inclémence du Soleil et des Hivers. Dans les Déserts de l'Ouest, subsistent des Ruines très abîmées de la Carte. Des Animaux et des Mendiants les habitent. Dans tout le Pays, il n'y a plus d'autre trace des Disciplines Géographiques."
(Suarez Mirando, *Viajes de Varones Prudentes,* Lib. N, Cap. XN, Lerida, 1658.)

[Parabole de Jorge Luis Borges (Argentina, 1899-1986) intitulée « De la rigueur de la science » et citée par Cl. Raffestin et Cl. Tricot dans « Le véritable objet de la science ? » op. cit. Les majuscules superflues sont de l'original].

Ioannis RENTZOS

LA GÉOGRAPHIE ET SES CONTEXTES DANS LE PROJET INTERDISCIPLINAIRE

*Le tournant interthématique des années 2000
et la place de la géographie
dans le cadre du système éducatif grec*

ESSAI DE SYNTHÈSE SUR LA BASE DE TRAVAUX ORIGINAUX ET
DE PROJETS D'INNOVATION PÉDAGOGIQUE ET DIDACTIQUE

2015

Signification des sigles et des abréviations de contenu grec

DEPPS	Cadre intégré interthématique des programmes d'études de l'éducation obligatoire
EEF	Union des physiciens grecs [*Enosi Ellinon Fysikon*]. Appellation traditionnelle de la Société hellénique des Physiciens.
GL	*Génération libre*, revue de documentation scolaire
IP	Institut pédagogique
PAE	Programmes analytiques d'études
PhC	Le *Physicos Cosmos* (**Φυσικός Κόσμος**) revue de vulgarisation scientifique de l'EEF
PSNCG	Physique, sciences naturelles, chimie, géographie. Enseignées par les diplômés universitaires « 4 » dits « physiciens PE4 ».
TeH	*Terre et humains*. La rubrique de géographie humaine dans la revue *PhC*.

Explication des termes et des expressions de contenu grec

Démotique, la	La norme linguistique du grec actuel, opposée à la *Katharevousa*.
Frontistiria, les	Cours privés généralisés (singulier : *frontistirio*).
Junte, la	Le régime militaire et la période des gouvernements politico-militaires des années 1967-1974.
Interthématicité, l'	C'est le terme grec utilisé plus souvent pour l'interthématique.
Katharevousa, la	La norme linguistique puriste du grec, opposée à la *démotique*.
Metaglottisi, la	La traduction entre les deux normes linguistiques du grec moderne, entendue notamment dans le sens kath. → dém.
Metapolitefsi, la	La période qui suit la chute du régime militaire dont la première phase coïncide avec l'année scolaire 1974-75 et/ou, plus généralement, les années 1975-1980.
Poléographie, la	L'étude pluridisciplinaire et/ou interdisciplinaire et interthématique de la ville et de l'espace urbain. Cf. le terme italien *Poleografia* ; « poléographique » serait l'adjectif correspondant à ces substantifs.

Titres de quotidiens grecs utilisés pour les références sur des questions d'actualité et de vulgarisation scientifique interthématique

Eleftherotypia (La Liberté de la presse), *I Kathimerini* (= Le Quotidien), *Ta Nea* (Les Informations), *To Vima* (La Tribune), *To Vima tis Kyriakis* (La Tribune du Dimanche).

SOMMAIRE 7

Avant propos 11

Introduction **15**
L'interdisciplinaire, les interdisciplinarités 16
Est-ce qu'un bon professeur de « physique - sc. nat. - géo » peut faire de l'interthématique ? 17
L'interdisciplinarité dans l'espace-temps du travail et du loisir 20
Y a t-il un déterminisme géographique du temps de travail et du loisir ? 22
Oblectif et contenu de cette étude 23

1. **L'interdisciplinarité et l'introduction de l'interthématique à l'éducation grecque** **31**
1.1. L'interdisciplinarité comme un cadre conceptuel et terminologique général pour l'interthématique. La notion et les limites de la « circumdisciplinarité ». 33
1.2. Cadre législatif et caractères généraux de l'introduction de l'interthématique à l'éducation grecque 56
1.3. Les nouveaux manuels de classe comme instrument de l'interthématique 68
1.4. Le tournant interthématique et les points de vue des enseignants et des étudiants sur la pluridisciplinarité et l'interdisciplinarité 76

2. **La géographie scolaire sous l'ombre de l'Acropole, de la physique, de la chimie, de la géologie et de l'éducation à l'environnement** **85**
2.1. L'interdisciplinarité géographique comme recherche d'un troisième coté du miroir 87
2.2. Propositions d'interthématique et de multidisciplinarité dans l'édition de la « Géographie Inter-Thématique » de A. N. Katsikis. 92
2.3. Le modèle intégré de l'enseignement des sciences naturelles et de la géographie comme proposition interthématique 98
2.4. L'éducation à l'environnement urbain comme opportunité d'approche de l'interthématique géographique et l'enseignement poléographique 102
2.5. L'interthématique scolaire en rapport avec la discipline géographique, son interdisciplinarité et son intradisciplinarité. 109
2.6. L'approche interdisciplinaire dans la didactique universitaire : « Discipliner » les sciences sociales en Grèce – « interdiscipliner » sa géographie 117

3. **L'interthématique comme une proposition éducative au cours de la *Metapolitefsi*** **127**
3.1. La reforme linguistique et éducative de 1976 comme opportunité et

	processus de formulation de propositions interthématiques d'innovation didactique	129
3.2.	Les efforts de l'Union des physiciens grecs (*EEF*) en vue de l'introduction de l'interdisciplinatirité / interthématique au cours de la *Metapolitefsi* : Les approches du *Physicos Cosmos* (*PhC*)	134
3.3.	La pédagogie linguistique et artistique du *PhC* et les approches interdisciplinaires de la physique comme une géographie culturelle.	138
3.4.	« Terre et humains » : Une rubrique consacrée à la géographie et à ses propositions d'interthématique géographique.	149
3.5.	Propositions interthématiques et interdisciplinaires de la revue *Génération libre* – De la géographie aux microgéographies	153

4.	**Thèmes et thématiques de l'interthématique – Thèses et synthèses de l'interdiciplinarité**	**159**
4.1.	A la recherche du thème perdu dans le tournant interthématique – Une comparaison entre divers modèles interthématiques	161
4.2.	Lorsque la lumière est le thème, quelle en serait la thématique et où chercher l'interthématique ? De la nature des physiciens aux images « géo-culturelles », « géo-sociales » et « géo-politiques »	167
4.3.	Un spectre hante l'interthématique grecque : le thème – À la recherche des objectifs de l'enseignement	177
4.4.	Les formes de l'interdisciplinarité et de l'interthématique dans l'éducation grecque	183
4.5.	Plongeons le monstre de la thématique encyclopédique et de la didactique « pluraliste » dans le lac de Loch Ness	189

5.	**L'interthématique scientifique aux confins de la géographie des structures, des cultures et des sociétés**	**195**
5.1.	Des lignes spectrales des sciences naturelles et physiques projetées sur la terre et ses sociétés	197
5.2.	Des sociographies de la physique moderne aux physiographies de la géographie humaine – Pour une coopération interdisciplinaire mise au service de la critique de l'irrationnel	208
5.3.	Nous vivons presque tous sur le rivage: l'approche interdisciplinaire de la géographie de la population (GP) comme modèle d'interdisciplinarité des enseignements	216

6.	**Les villes du monde deviennent un abécédaire des pédagogies interdisciplinaire et interthématique**	**227**
6.1.	Des « deux cultures » à l'opposition « ville/campagne » : La « poléographie » comme enseignement interdisciplinaire - interthématique	229
6.2.	La tradition littéraire urbaine comme source de l'interthématique	240
6.3.	La géographie humaine de Yiorgos Ioannou : Leçons de poléographie microhistorique d'un flâneur	246
6.4.	Le roman comme noyau de géographie humaniste dans une approche interthématique et interdisciplinaire.	255

6.5.	L'approche idiographique, encyclopédique et interactive de la ville scolaire – Pour que l'interthématique des villes ne devienne pas une recherche de « destinations » urbaines d'agrément	262
7.	**Conclusions : Crise et avenir de l'interthématique grecque**	**269**
7.1.	L'interthématique à défendre devra être géographique	271
7.2.	L'interthématique à défendre devra être « géoculturelle »	272
7.3.	L'interthématique à défendre devra être de contenu « géosocial »	273
7.4.	L'interthématique à défendre devra être interdisciplinaire	275

Annexes   **277**

    Annexe 1   279
    A. LES NIVEAUX D'ENSEIGNEMENT DES SYSTÈMES ÉDUCATIFS FRANÇAIS ET GREC   279
    B. RÉSULTATS DU BACCALAURÉAT GREC 2009 – SÉLECTION DE CERTAINES ÉCOLES DE DIVERSES UNIVERSITÉS   280
    Annexe 2   281
    CUIT / CRU / POURRI DANS L'INTERDISCIPLINARITÉ   281
    Annexe 3
    LA TRAHISON DES IMAGES : MAGRITTE PROCÈDE À DES REMARQUES DIDACTIQUES   284

Bibliographie   **289**
Index   **319**

Avant propos

Des informations récentes dans la presse grecque et des articles de vulgarisation scientifique décrivent la forme presque extraterrestre, d'une plateforme installée au large de la ville de Pylos en Mer Ionienne, au sud du Péloponnèse. Par dessous de cette plateforme, qui ressemble à une sorte de soucoupe flottante triangulaire, seront attachées des tours hexagonales sous-marines de 12 niveaux pour la détection de particules dits *neutrinos*. On sait que les neutrinos, particules cosmiques sans masse « de repos », sont produits continuellement au cours des réactions nucléaires qui ont lieu au cœur des étoiles. Du fait qu'elles interagissent très faiblement avec les autres particules, on est en mesure de les capter très loin de leur source. Notre planète est en effet constamment parcourue par leur flux.

Cette installation fait partie du projet NESTOR qui, avec le projet ANTARES, progressant au large de Toulon, reprend des méthodes consistant à déployer, dans les fonds marins, des systèmes de détection de neutrinos cosmiques.

Le projet NESTOR est aussi lié en Grèce au record méditerranéen de profondeur qui est établi pour la fosse de Matapan au large de Pylos, avec 5121 m ($\pm$3 m). Une particularité du relief sous-marin a fait entrelacer des connaissances de physique, de géographie physique et d'histoire. En effet, Pylos n'est pas seulement un ancien toponyme grec mais aussi le fameux Navarin, rendu célèbre par la bataille navale qui opposa en 1827 les escadres de la Triple-Alliance (Grande-Bretagne, France et Russie) à la flotte turco-égyptienne, ceci étant un événement qui contribua à la ratification de l'indépendance de la Grèce. C'est pourtant à la mythologie qu'on doit l'appellation codifiée du projet. Nestor, le sage et âgé roi de l'ancienne ville de Pylos a prêté son nom à l'acronyme NESTOR pour « **N**eutrinos from **S**upernova and **T**eravolt [= de haute energie] sources, **O**cean **R**idge ».

Notre projet d'interthématique qui est décrit ici a commencé depuis une longue période – fin des années '70 – comme une expérimentation collective, au sein de la Société hellénique des Physiciens et, par coïncidence, comme un « Nestor » (**N**ouvel **e**nseignement **s**cientifique **t**ransdisciplinairement **or**ganisé), pour devenir ensuite une réflexion personnelle sur les aspects culturels des sciences, de la didactique interdisciplinaire de la géographie et de l'interthématique de l'urbain. On verra dans ce texte que la géographie en Grèce appartient toujours au cycle des enseignements scientifiques et que, par conséquent, la vieille notion des « deux cultures » (« sciences et/ou lettres ») introduite il y a un demi siècle (1959) par le Britannique C.P. Snow devrait être mise en valeur, surtout comme élément d'initiation à l'exploration du « bi-culturel ».

Tout au long de notre étude nous verrons opposées des entités se référant à un « bi-culturalisme » multiple d'ordre gnoséologique, moral, social et éducationnel. Dans une certaine mesure, la géographie comme démarche éducative et culturelle entame des discussions avec plusieurs des paires que l'Histoire – « les dualismes innombrables de la philosophie occidentale de l'après-Renaissance » selon David

Harvey –[1] a laissées pour compte dans les mains de la pédagogie actuelle. Il s'agit des interfaces entre la nature et la culture[2] ainsi que celles entre « les sciences de la nature » et « les sciences de la culture »,[3] entre le monde et le langage, le μύθος et le λόγος (mythos/raison), la religion et la science, l'imagination et la connaissance, le nomothétique et l'idiographique, la ville et la campagne, l'espace et le temps, le travail et le capital, l'Occident et l'Orient, l'école et la société, l'État et la société, la liberté et la justice sociale, l'éducation et la formation, la σχόλη et la σχολή (loisir/école), la forme et la substance, la création scientifique et la création littéraire/artistique (ou la philosophie et la poésie), l'égoïsme et le sacrifice, la coopération et l'antagonisme, l'homme et la femme, l'amour et la mort... Dans ce même cadre, les pédagogues grecs se souviennent de la grande opposition « biculturelle », entre la langue parlée (démotique) et la langue puriste (katharevousa), qui a tourmenté le pays pendant presque (ses) deux siècles (étatiques).

Il est dommage pourtant que l'esprit et le corps – une lecture à intonation ironique est conseillée – de la civilisation gréco-chrétienne (lecture à intonation ironique, *bis*) sur laquelle est fondé le système éducatif grec et ses « doubles herméneutiques » n'aient jamais admis la géographie comme partenaire légitime. Les jeunes géographes diplômés (de la toute jeune géographie grecque) n'ont pas encore dans ce pays la possibilité d'enseigner ce cours. Dans un autre cadre institutionnel, ils auraient, peut-être, la possibilité d'entreprendre, eux aussi, par les moyens artisanaux d'enseignant et par leurs efforts quotidiens, des compositions, ne serait-ce que de contenu mineur, entre la géographie systématique et la géographie régionale, la géographie idiographique et la géographie nomothétique, la géographie générale et la géographie urbaine, ou, d'arriver à des synthèses même provisoires qui dépasseraient le dualisme majeur de cette discipline exprimé par la géographie physique *et* la géographie humaine. Toutes ces contributions serviraient, dans la société grecque et par l'éducation, le dépassement de la division entre la théorie (de la mythologie touristique liée à la géographie de la Grèce) et l'action (pour la prise de conscience de la crise du territoire grec dans la campagne et dans les villes).

Notre approche touchant l'interthématique comme application de l'interdisciplinarité au scolaire, la problématique de la pédagogie des diverses disciplines / matières scolaires doit être abordée au même degré que celle géographique. Dans

---

[1]   D. Harvey, *Social Justice and the City*, Baltimore, The Johns Hopkins University Press, 1973, p. 14.

[2]   La nature comme réalité a-humaine et la culture comme mécanisme des représentations sociales de la nature, selon les analyses emblématiques de Bruno Latour. Cette paire de notions est aussi présente dans les grands débats sur l'inné et l'acquis. B. Latour, *Nous n'avons jamais été modernes : Essai d'anthropologie symétrique*, Paris, La Découverte, 1991 ; B. Latour, *Politiques de la nature – Comment faire entrer les sciences en démocratie*, Paris, La Découverte, 2004(1999).

[3]   Ernst Cassirer, *The Logic of the Cultural Sciences* (Tr. – Intr. by S.G. Lofts), Yale University Press, 2000. Cassirer entend par « les sciences de la culture » l'esthétique, la linguistique, la critique littéraire, l'histoire-historiographie ainsi que l'histoire de l'art et l'histoire des religions, l'anthropologie, l'étude des mythologies ainsi que d'autres disciplines.

ce cadre, nous considérons la géographie grecque comme une activité pédagogique flexible et ouverte, de contenu social et culturel et de méthodes interdisciplinaires et interthématiques, consacrée à la terre et aux humains et à leurs rapports multiples, producteurs de leur espace, plutôt qu'une niche enfouillée dans les horaires scolaires.

Cette étude est présentée comme un bilan d'activités expérimentales d'enseignement qui ont eu lieu pendant une longue période d'attente de mise en place d'une reforme qui comprendrait, en Grèce, aussi la géographie scolaire. Il est désirable que, avec les autres dualités que nous évoquons et par un effet « objet - image » de miroir, elle soit vue comme un ensemble de propositions de recherche d'une didactique géographique à venir. Qui sait ? Dans le cadre physico-mathématique qui est instauré pour la géographie scolaire grecque, l'espace relationnel [4] de la géographie peut être rapproché, par les voies de l'interdisciplinarité, de l'espace relativiste de la physique. Que les jeunes diplômé(e)s-géographes grec(que)s, auxquel(le)s cette étude est dédiée, sachent que le dualisme espace-temps les attend. Mais...

Quel temps et quel espace ? La géographie grecque a-t-elle un vrai passé pour avoir aussi un avenir ? Pourra-t-elle concevoir et aménager *ses* espaces ?

La géographie grecque émerge actuellement sur la frontière de certaines disciplines technocratiques de l'établissement universitaire grec, munie d'un passé qui est prétendument le sien. Ces « origines » artificiellement produites, lui créent une identité ainsi qu'une maturité (une vieillesse même) en sorte de continuités académiques et sociales qui paraissent naturelles comme si la géographie grecque avait une histoire propre à elle. Nous sommes d'avis que la géographie grecque, entendue comme science sociale et science de critique sociale des phénomènes spatialement articulés, n'ayant pas une vraie histoire académique enracinée dans ce pays, doit préserver son indépendance culturelle (notamment envers des aspects technocratiques qui lui fabriquent un profil d'une nouvelle discipline d'applications) et rejeter tout passé qui lui est artificiellement proposé. La géographie grecque n'appartient pas à un réseau de vases communicants dans l'établissement académique grec qui en fait a été montré hostile à son égard et qui a 1) maintenu jusqu'à ce jour l'absence de la discipline géographique dans le cadre académique et scolaire grec et 2) toléré une géographie de destruction et d'enlaidissement spatiaux au niveau des villes et de la campagne. La géographie grecque doit produire une interdisciplinarité originale ou une nouvelle intradisciplinarité qui créeront une fraiche discipline de protestation sociale, culturelle et intellectuelle, basée sur la tradition

---

[4] D. Harvey, op.cit., p. 14, 168, 178, 184; D. Massey, *For Space*, (Traduction grecque par I. Bimpli), Athènes, Ellinika Grammata, 2008. D. Parrochia, « Pour une théorie de la relativité géographique (Vers une généralisation du modèle gravitaire) », *Cybergeo*, Epistémologie, Histoire de la Géographie, Didactique, article 337, mis en ligne le 23 mai 2006, modifié le 25 avril 2007. URL : http://www.cybergeo.eu/index2407.html. Dans l'avant propos pour l'édition grecque de son ouvrage, Pierre Pellegrino fait aussi référence spécifique aux aspects relativistes-énergétiques de l'espace, P. Pellegrino, *Le Sens de l'espace – L'époque et le lieu* – Livre I, Paris, Ed. ECONOMICA, 2000 (p. 16 de l'edition grecque, v. bibliographie). On n'oublie certainement pas l'enrichissement offert par Félix Guattari et Gilles Deleuze à l'espace des géographes.

géographique internationale et qui sera prête à 1) critiquer épistémologiquement et socialement l'état des sciences de l'espace et de la terre en Grèce et 2) formuler ses propositions visant au rétablissement des valeurs sociales et pédagogiques liées à cette discipline.

Le chemin est ouvert devant les jeunes géographes grec(que)s, qui, au lieu de servir « les géographies neutres […et…] objectives »[5], doivent créer un nouvel espace-temps pour la géographie grecque.

---

[5] R. Guglielmo [Autour de], *Géographie et contestations*, Paris, Éditions du CREV, 1991.

Introduction

> *Il n'y a pas de science « naturelle » ou « culturelle ».*
> *Il n'y a que science ou non-science. Tout savoir*
> *empirique est scientifique du moment où il est valide.*
>
> Talcott Edger Parsons (1902 – 1979)[6]
>
> *Otium sine litteris mors est et vivi hominis sepultura.*
> *[Le loisir sans les lettres est une espèce de mort qui met un homme tout vivant au tombeau].*
>
> Sénèque, *Lettres à Lucilius*, Livre X

Depuis le début des années 2000, conformément à une série de décrets, le principe de l'interthématique a fait son entrée dans le système éducatif grec en tant que proposition de réforme de l'enseignement. Au niveau de l'Institut Pédagogique,[7] des colloques ont été tenus et des articles sur ce sujet ont vu le jour. Enfin, à partir du début de l'année scolaire 2006-2007, plusieurs manuels du gymnase grec (niveau collège français)[8] ont été publiés dans lesquels une élaboration interthématique de certaines unités didactiques était tentée. Parallèlement, dans les revues spécialisées, des revues politiques ou culturelles ainsi que dans la Presse quotidienne, on a commenté, mis en relief ou bien critiqué l'idéal éducatif de « l'interthématique » et les méthodes pédagogiques correspondantes. En outre, des initiatives d'enseignants dans le cadre d'unions scientifiques et professionnelles ou

---

[6] Hans N. Weiler, "Challenging the Orthodoxies of Knowledge: Epistemological, Structural, and Political Implications for Higher Education" *in* Guy Neave [Edited by:], *Knowledge, Power and Dissent - Critical Perspectives on Higher Education and Research in Knowledge Society*, Unesco Publishing, 2006, p. 63 (61-87).

[7] L'Institut Pédagogique (I.P.) fondé en 1985, en tant que service public indépendant, est l'organe consultatif du Ministre de l'Éducation nationale et des Cultes dont il relève directement. Pendant la période pluriannuelle de la préparation des programmes interthématiques, président de l'IP était le professeur Stamatis Alahiotis, biologiste généticien à l'Université de Patras. Dans un ouvrage paru récemment qui a été écrit en collaboration avec Eleni Karatzia-Stavlioti, professeur-assistante à l'Université de Patras (Département de l'éducation – Enseignement primaire), Alahiotis expose la « microhistoire » (en ses termes, p. 279) du « modèle interthématique combiné grec » et présente les détails de l'introduction de l'interthématique en Grèce, qui a été facilitée par le fonctionnement de l'IP qui « dispose de tous les représentants des spécialisations scientifiques réunis dans le même espace ». Cet ouvrage est très intéressant parcequ'il comporte aussi une longue introduction de contenu « biopédagogique ». Selon les auteurs, le « biopédagogisme », qui a affaire au développement à la fois cognitif et socioculturel de l'enfant, est proposé comme une « nouvelle théorie de l'apprentissage ». S. Alahiotis & E. Karatzia-Stavlioti, [gr] *Approche interthématique et biopédagogique de l'apprentissage et de l'évaluation*, Athènes, Éd. Livani, 2009 ; S. N. Alahiotis and E. Karatzia-Stavlioti, "Biopedagogism: A New Theory for Learning" in *The International Journal of Learning*, 15(3): 323-330.

[8] Le lecteur a tout intérêt de se référer à l'Annexe 1 (A) qui comprend la terminologie du système éducatif grec et la correspondance des classes grecques aux classes françaises.

à l'occasion de conférences, ont projeté des propositions interthématiques, [9] diverses et extrêmement étendues. Nous pouvons donc dire qu'actuellement, un « tournant interthématique » a lieu dans l'Enseignement grec.

L'interdisciplinaire, les interdisciplinarités

Nous devons peut-être préciser, dès maintenant, que le terme « interthématique » constitue, dans le jargon pédagogique grec moderne et dans la langue de vulgarisation scientifique, une simple version plus répandue de la « pluridisciplinarité » et de la « transdisciplinarité » ou de l'« interdisciplinarité »[10]. Quoi qu'il en soit, dans une première approche, l'interthématique est à considérer comme une version éducative et pédagogique 1) d'élargissement pluridisciplinaire et 2) d'approfondissement interdisciplinaire de l'enseignement. C'est la raison pour laquelle nous utilisons souvent la forme lexicale mixte « interdisciplinaire / interthématique ».

Dans cette optique, le texte présent vise à mettre en relief des activités pédagogiques interthématiques de ces dernières années, dans le but de les classer et de les évaluer sous le prisme de leur exploitation sur le fondement de l'interthématique qui s'élabore, de nos jours, en Grèce.

L'auteur du présent ouvrage s'est occupé principalement de la géographie, qu'il a toujours considérée comme « interdisciplinaire », et ceci dans le cadre de ses activités, pendant plusieurs années comme professeur, initialement, de l'Enseignement secondaire grec de « physique – chimie – sc. nat. – géo »[11]. C'est donc dans ce contexte de l'interdisciplinarité géographique (« géographisant », pour

---

[9] Un cas à part est représenté par les interventions multiples de l'Union des Physiciens Grecs (EEF) qui a organisé deux conférences intitulées « L'art et la science » : 1e Conférence internationale interdisciplinaire « Science et art – A la recherche des points communs – Une discussion des différences », 16-19 juillet 2005 et 2ème Conférence interdisciplinaire « Science et art : Le parcours commun vers le beau et le vrai », janvier 2008. La EEF continue avec ses colloques annuels, p.ex. le colloque intitulé « La science et l'art en tant que recherche diachronique de l'homme », Centre culturel de Phalère – Flisvos, 16-17-18-19 janvier 2012.

[10] Dans un article de vulgarisation, le professeur Stamatis Alahiotis – on sait que son nom est intimement lié à l'introduction de l'interthématique en Grèce – a fait une présentation de l'astrobiologie comme un « champ de rencontre des ingénieurs avec l'astrophysique, la biologie, la génétique, la biologie moléculaire, la géologie, la chimie, les mathématiques et d'autres disciplines ». L'auteur se sert, alternativement, des expressions « effort interdisciplinaire » et « approche interthématique ». S. Alahiotis, « La recherche de la vie extraterrestre », *To Vima tis Kyriakis*, 11 mai 2008, p. 51. Un échange d'écrits entre un critique littéraire de formation scientifique et un auteur de formation théologique conduit à l'argument que l'ouvrage présenté (qui est critiqué de ne pas être scientifique) est « scientifique » et « interthématique » puisque son contenu reprend l'essentiel d'une thèse de doctorat soutenue et admise par la Faculté de Théologie ainsi que par le Département de Physique de l'Université Aristote de Thessalonique. A. Galdadas, « De Maxime le Confesseur à Max Planck », *To Vima tis Kyriakis*, 24 août 2008, p. H11; Lettre d'Arsenios Meskos, *To Vima*, 15 octobre 2008, p. A10.

[11] PSNCG Physique, sciences naturelles, chimie, géographie. Elles sont enseignées par les « physicien(ne)s PE4 » (diplômé(e)s de formation universitaire « 4 »).

ainsi dire) que nous essayons d'insérer notre étude. Elle détectera, initialement, les efforts d'interventions interthématiques qui, de temps à autre, ont vu le jour dans le domaine de l'Éducation grecque, au cours de la *Metapolitefsi* [12], dans l'environnement politique, social et culturel particulier qui s'est constitué après la chute de la junte militaire (1974). Ces efforts se sont poursuivis plus tard, s'avérant être ainsi des propositions précurseurs et initiatrices pour la rénovation des contenus scolaires, des méthodes pédagogiques et des processus d'évaluation.

De plus, en nous basant sur notre expérience, nous exprimons notre conviction que certaines formes diffuses d'interthématique ont dû émerger dans divers environnements scolaires et situations d'apprentissage où, par chance, les conditions intensives d'enseignement et d'apprentissage « de bachotage » n'étaient pas prédominantes. L'absence de telles conditions intensives 1) facilitait l'expérimentation pédagogique et didactique et 2) permettait aux enseignants d'exprimer une velléité pédagogique novatrice. Dans ce sens, l'interthématique, considérée comme une reconstruction libre du cours dans laquelle étaient choisis divers éléments en tant qu'axes d'enrichissement et points de convergence, pouvait être expérimentée.

X. Zikos, inspecteur-conseiller, affirme :

« Les bons professeurs appliquent l'interthématique depuis longtemps. Dorénavant on ne fera plus, de manière occasionnelle, les prolongements, les corrélations et les interconnexions interthématiques mais à l'aide de nouveaux programmes qui seront suivis comme méthode et guide » [13]. [C'est nous qui soulignons].

De la même manière, pour donner raison aux « bons professeurs », G. Economou, conseiller à l'I.P., fait appel à John Dewey selon lequel, grâce à l'interthématique :

« La corrélation des études ne sera plus un problème. L'enseignant ne sera plus obligé de recourir à toute sorte d'astuces pour entrelacer un peu d'arithmétique dans la leçon de l'histoire. Liez l'école à la vie et toutes les études seront nécessairement entrelacées » [14].

Est-ce qu'un bon professeur de « physique - sc. nat. - géo » peut faire de l'interthématique ?
Nous discutons sur ces sujets avec un professeur de « physique - sc. nat. - géo » et ex-proviseur d'un grand gymnase de la ville d'Ioannina. Nous lui expliquons que les deux auteurs précédents, Zikos et Economou, représentent l'enseignement religieux

---

[12] La période qui suit la chute de la junte militaire (été 1974) dont le début coïncide avec l'année scolaire 1974-1975 et sa première phase recouvre les dernières années soixante-dix.
[13] X. Zikos, [gr] « Les lignes directrices de l'interthématique », Internet, http ://www.dide.ach.sch.gr/thriskeftika/teach/teachgen/diathem.htm.
[14] [J. Dewey, *The School and Society and the Child and the Curriculum*, Chicago, The University of Chicago Press, 1990] in G. Economou, « L'éducation religieuse à l'école primaire selon le nouveau programme », http://www/pi.schools.gr/ epimorfosi/epimorfotiko_yliko/dimotiko/thriskeftika.pdf.

qui, comme nous les savons, dans le système éducatif grec, n'appartient pas à la catégorie des disciplines du « bachotage ».[15] Monsieur Ph. G. nous dit :

> Il est, tout d'abord difficile, de qualifier un professeur de « bon ». Dans quel cadre le ferrait-on ? Jésus-Christ était un bon maître. Socrate également. Nous ne savons pourtant pas s'il y a des critères d'évaluation qui s'appliqueraient dans tous les cas... Je me pose la question suivante : Est-ce que le professeur de physique qui a pris le temps de parler à ses élèves de la représentation de la pièce de théâtre *Les Physiciens* de Dürrenmat, à laquelle il a assisté, lui-même, la veille, pendant son temps libre, est un bon professeur ? Ou, celui qui a décidé de parler de cette pièce, plusieurs semaines après la représentation, pour clore le cours d'introduction à la physique nucléaire, est-il un bon professeur ? N'aurait-il pas été préférable qu'il utilisât les dernières minutes de son cours-heure à résoudre des exercices éventuellement utiles aux examens du bac ?... D'ailleurs, qu'est-ce qu'un professeur a de plus frais en tête ? Les impressions qu'il a gardées d'une représentation théâtrale à message philosophique et social ou bien les exercices de physique qu'il a montrés à un de ses élèves, la veille en fin d'après-midi, lors d'un « cours rémunéré privé à domicile » ? Certes, ce fonctionnaire d'État, a-t-il le droit de participer à des réseaux de prestations rémunérées de services éducatifs ? Bien sûr que non. Mais cette participation, dès les premières années de sa carrière pédagogique, ne l'oblige-t-il pas à suivre plus activement l'évolution pédagogique de sa discipline, avec constitution de dossiers de thèmes et exercices d'examens ? Cette activité « illégale » ne le rend-elle pas tout à fait compétent dans l'exercice de ses devoirs, à l'école publique ?... Que dire encore de nos collègues qui se servaient des horaires de la zoologie ou de la géologie ou de la géographie culturelle avant leur suppression pour faire des exercices de physique et de chimie ?.

L'aspect « bachotage » en Grèce qui nuit au bon fonctionnement du système éducatif, en sorte de mauvais voisin, est primordial. Il est représenté par les *frontistiria* (cours privés, singulier : *frontistirio*) et les *idiaitera* (cours particuliers à domicile, singulier : *idiaitero*) qui sont organisés de façon systématique (en dehors, bien entendu, de quelques écoles privées). Il s'agit d'un aspect singulier de l'éducation grecque représentant des structures parallèles et généralisées d'enseignement privé et d'excellence tant au niveau des élèves / étudiants qu'à celui des enseignants. Un de ses résultats – dans le cadre du marché des services éducatifs privés – est la production d'enseignants « monodisciplinaires » endurcis. En effet, par leur autoformation en service privé rémunéré, ces enseignants-fonctionnaires cultivent un profil professionnel monodisciplinaire qui satisfait aux exigences du marché extrascolaire.

Le « physicien », professeur de « physique et chimie, sciences naturelles et géographie » qui a suivi ces disciplines à l'université aurait tout « intérêt » à laisser en état d'hypnose la plupart de ses savoirs et à s'occuper, par exemple, de la chimie qui lui assurerait de « bons cours privés » plutôt que de s'aventurer au large de l'élaboration d'enseignements interthématiques.

---

[15] La grille de décrets qui avaient institué la reforme de 1997 (loi 2525/1997, Décret présidentiel 86/2001, loi 2909/2001) avait fait entrer l'instruction religieuse à l'ensemble, des matières du bac. Elles étaient au nombre de quatorze, mais la géographie n'y figurait pas. Ceci n'a duré que deux ans. Elles sont actuellement six, avec la géographie toujours exclue.

En effet, on ne peut attendre de cet enseignant (qui excelle dans l'enseignement de la chimie) que son regard se tourne dans un esprit interthématique

1) vers la biologie si proche, se demandant dans quelle mesure cette science, en tant que version moléculaire, ne serait pas la chimie « organique » de nos jours, c'est-à-dire en remettant en question le sens même déterminant, linguistique et historique, des appellations et des rapports des disciplines scientifiques[16] ou,

2) vers une autre direction représentée par la géographie des gisements riches en éléments chimiques (tels les métaux) et par la géopolitique de l'exploitation des richesses du sous-sol des diverses régions de la planète, ainsi que

3) vers la direction des conséquences environnementales de cette exploitation, et la problématique de la pollution et des désagréments causés, par exemple, en général par la dépendance de villes grecques au pétrole et à l'automobile.

Ces sujets ne faisant pas l'objet d'épreuves du baccalauréat n'entrent pas dans le cycle d'intérêts de cet enseignant.

De plus, on ne pourrait pas parler d'une prise d'initiatives de sa part qui mettraient en contact « sa » chimie avec les techniques chimiques de la gravure artistique ou de l'impressionnisme. Aurait-il envie (ou aurait-il le temps) cet enseignant de suivre une formation professionnelle, qui l'initierait aux mystères des arts plastiques ? Si, de plus, cet enseignant était originaire d'une petite ville de province et qu'il n'avait jamais eu l'occasion d'aller au théâtre – selon nos enquêtes – et s'il avait suivi ses études dans une université de province et n'avait jamais eu le temps (avant d'être nommé) d'assister à une représentation théâtrale – selon nos enquêtes –, désirerait-il/pourrait-il apporter sa contribution à l'organisation d'une soirée théâtrale interthématique centrée sur la pièce de géographie de ville « Un Ennemi du Peuple » d'Henrik Ibsen[17] qui est une œuvre, sur le plan pédagogique, si proche, par exemple, de la chimie (du thermalisme) qu'il enseigne ?

Nous n'ignorons pas que ce bon enseignant était celui qui, parmi les différentes parties de l'étude des éléments chimiques – pleines de détails géographiques, géopolitiques et géoculturelles – tels que l'origine, l'histoire de la découverte, la répartition dans la nature, la fabrication, la production, les propriétés physiques, les propriétés chimiques, les applications et les utilisations, n'avait mis en relief

---

[16] Un chauffeur de taxi athénien, émigrant albanais de la minorité grecque, nous dit : « Je n'ai aucune chance d'obtenir ici l'équivalent de mon diplôme de chimie-biologie de l'Université de Tirana. Je dois passer plusieurs épreuves de cours. Pire encore, ma sœur, qui travaille comme femme de ménage, avec un diplôme de géographie-histoire, également de l'Université de Tirana, doit tout recommencer. C'est bizarre qu'en Grèce, cette combinaison de disciplines [géographie-histoire] soit impensable ». Propos recueillis en 16 mai 2008. Pourtant on sait qu'en France, par exemple, « l'enseignement conjoint [...], de l'histoire et de la géographie est interdisciplinaire par nature et par là même très fructueux ». G. Hugonie, Pratiquer la géographie au collège, Paris Armand Colin, 1992, p. 91. Le courant géohistorique, depuis Braudell jusqu'à Grataloup, en est une démarche fascinante.

[17] Médecin d'une station thermale, le docteur Stockman découvre que les eaux sont empoisonnées par les marécages pestilentiels. Il prétend alors publier les faits qui vont interrompre le fonctionnement de la station pour quelques périodes thermales. Politiciens, journalistes et notables se liguent contre le médecin. http ://www.colline.fr/spectacle/index/id/88/rubrique/presentation.

dans/par son enseignement, que celles qui comprenaient des réactions chimiques qui seraient utiles pour les exercices du baccalauréat en causant, ainsi, une « désinterdisciplinarisation » de la matière de la chimie enseignée. Mais en réalité, cet enseignant qui « purifiait » son cours et le rendait plus efficace pour les épreuves, avait pris en charge une discipline déjà « pure » et totalement dé-contextualisée qui, en tant que matière scolaire, ne serait pas mis en dialogue avec le social et qui ne révèlerait par ses exposés rien des efforts (des luttes même) des époques précédentes en faveur de l'éclaircissement des concepts de la science.

L'interdisciplinarité dans l'espace-temps du travail et du loisir
Dans les parties précédentes, nous avons introduit, dans certaines propositions, les mots-clés de l'étude présente sur l'interthématique en tant qu'interdisciplinarité (avec l'emploi abusif du sens de la *discipline* comme *activité-branche plurielle*) : *sciences naturelles, géographie, linguistique, théologie (comme aspect de l'irrationnel), art (en général et) théâtre, ville, autoformation aussi bien dans un cadre de spécialité scientifique que culturelle, intervention sociale.*

Nous examinons l'intervention interthématique (en tant que mise en valeur de l'interdisciplinarité) articulée, au moins, sur deux niveaux, 1) le niveau pédagogique qui concerne l'école (en tant qu'organisation) et la classe (en tant que fonctionnement) et 2) le niveau culturel qui concerne l'enseignant et la société. Il serait utile, sur ce point, d'évoquer le mot « école » qui, dans la langue grecque ancienne, a une double signification : 1) *schola* [(σχολή)], d'où lat. *schola* et anc. fr. *escole*] école et 2) *skhólē* [(σχòλη)] loisir. Ce mot est alors lié avec deux concepts désignant 1) l'école (comme occupation non productive dans le cadre du « temps libre », mais en définitive comme *travail*) et 2) le « loisir » (comme « temps libre » proprement dit).

Qu'on note que la reconnaissance et l'étude des rapports entre les loisirs et l'éducation[18] comme aspect des « loisirs sérieux »[19] ne sont pas une nouveauté. Tout au contraire, *Otium cum dignitate*,[20] le loisir avec dignité, selon l'expression de Cicero, constitue un domaine fructueux de recherche sociopédagogique depuis plus d'un quart de siècle.[21] On sait encore que Theodore Adorno[22] qui voyait la vie sous le prisme des expériences interdisciplinaires d'un musicien et musicologue universitaire, dont les intérêts de recherche s'étendaient dans les domaines de la sociologie et de la philosophie, critiquait, les questions du type « *quel est votre hobby préféré ?*» qui lui étaient posées dans des interviews « mondaines ». Sans être « workaholic », Adorno affirmait qu'il prenait au sérieux toutes les activités dont il s'occupait, soit professionnelles soit celles qu'il entreprenait dans le cadre du temps libre. Ces points de vue d'Adorno, ce

---

[18] A. Sivan, « Leisure and Education », in Ch. Rojek, S. M. Shaw and A.J. Veal, [Edited by:], *A handbook of Leisure Studies*, Hampshire, Palgrave/MacMillan, 2006, p. 422-447. Il est certain que l'opposition « travail/loisir » et son analyse ont aussi une longue histoire ainsi qu'un présent marxistes. M. A. Manacorda, 1966, *Marx e la pedagogia moderna*, Roma, Editori Riuniti.
[19] R. A. Stabbins, « Serious leisure », in Chris Rojek, op. cit. p. 448-456.
[20] Stabbins, op. cit. p. 451.
[21] Sivan, op. cit. p. 433.
[22] Th. W. Adorno, *The Culture Industrie*, London, Routledge, 1991, p. 188-189.

sociologue de la « culture industry», nous offrent l'idée d'examiner dans quelle mesure le « temps libre » – par exemple, des enseignants et de tous ceux qui sont impliqués dans le développement de l'idéal de l'interthématique – peut constituer une partie intégrante d'un « continuum » pédagogique comme suite, succession et conséquence du temps qui est consacré aux « occupations sérieuses ».

M. Yannis Tsilibaris, ingénieur-docteur d'une université française, haut fonctionnaire de la Commission européenne, spécialiste dans le domaine des programmes de recherche scientifique et ex-directeur auprès du Secrétariat général de recherche scientifique du Ministère grec de culture a des idées bien précises sur ces questions. Il nous dit :

« En Grèce, il y a malheureusement deux choses bien distinctes. *Primo*, le divertissement qui est bien organisé comme activité professionnelle et loisir au niveau national, *secundo*, toutes les autres activités sociales et professionnelles, confondues et confuses, aléatoires et précaires ». [23]

Rien de ces remarques de M. Tsilibaris ne doit être considéré comme exagéré. L'industrie de la culture et de temps libre se porte en Grèce, dans ce pays méditerranéen, fort bien et la *civilisation* – le mot grec pour la *culture* comme activité de temps libre – n'est autre chose que « l'industrie du divertissement » (football, spectacles, dancings et vacances) qui est aussi liée à l'abus d'alcool et de drogues en même temps que l'environnement naturel et urbain ainsi que les personnes et les biens constituent de nos jours les cibles d'une agressivité sans précédent dans les grandes villes grecques [24]. Dans une analyse concernant les événements de

---

[23] Communication personnelle, décembre 2008.
[24] Qu'on évoque, par exemple, les émeutes qui ont eu lieu en décembre 2008 à Athènes et les assauts qui se répètent de façon systématique par des bandes d'encagoulés, armés de cocktails Molotov et de bombes artisanales qui sont préparés dans les locaux universitaires (hiver 2008 - printemps 2009). Nous considérons la question de la délinquance dans les grandes villes grecques comme un aspect particulier de leur fonctionnement au niveau des rapports quotidiens entre les citadins et qui est manifesté comme mépris à l'égard de l'espace public. À notre avis, on ne peut pas dissocier le crime de droit commun de ces dernières années, les activités de « pogrom » et les événements « guérilla urbaine » des derniers mois de la violence quotidienne qui règne dans l'espace urbain grec. Nous pourrions dire que la destruction systématique des panneaux signalétiques de toutes catégories et formes, la publicité sauvage sur les poteaux électriques et la publicité professionnelle exagérée qui diminue la visibilité dans les rues, le mépris des passages des piétons et des feux rouges, le mouvement des véhicules motorisés à deux-roues sur les trottoirs, le stationnement sauvage et inhumain « institutionnalisé » sur toute surface, notamment sur les rampes pour fauteuils roulants des personnes handicapées et les bandes podotactiles sur le trottoir pour personnes aveugles et malvoyantes, facilitent le déclenchement des actes illégaux. Dans la ville grecque des années 2000 la loi ne protège pas la liberté publique et individuelle contre l'oppression de ceux qui possèdent le pouvoir, sans pour autant gouverner formellement et institutionnellement. Dans un article sur la violence dans la ville grecque nous analysons les actes d'un colloque tenu à Athènes sur les mécanismes modernes de violence et d'oppression. Nous y insistons sur le fait que beaucoup plus que les mécanismes traditionnels oppressifs de l'État, le

décembre 2008, Dimitris Rigopoulos examine en juxtaposition les deux attitudes à l'égard de la ville comme culture au quotidien et Culture. Il évoque 1) l'état de « la ville malade et fâchée » qu'est Athènes et la « détente qui suit grâce au divertissement délirant jusqu'au matin » et 2) le projet architectural proposé par l'architecte Renzo Piano pour le grand groupement de la bibliothèque et de l'opéra qui sera financé par la Fondation Stavros Niarchos.[25]

On comprend que les deux analyses auraient été complètes s'il on avait aussi entrepris l'étude de la dimension « consommation ».[26] Dans un cadre pareil de critique de la vie athénienne, nous avons signalé, que la culture – la *civilisation* comme elle est dite en grec – n'est pas le spectacle, la performance audiovisuelle et le billet d'entrée mais aussi et surtout l'espace-temps de la ville.[27] Il est certain que les heures de temps libre peuvent aussi être employées « à s'auto-développer et s'auto-former tout en se divertissant par les sens, le cœur, l'esprit, l'imaginaire » comme l'affirme Joffre Dumazedier.[28] Ce pionnier de la sociologie du loisir continue ainsi : « Dès l'obligation scolaire initiale il faudrait penser à un droit permanent à l'auto-formation tout au long de sa vie [...]. Il faudrait probablement réduire la charge des programmes scolaires pour accroître le champ d'apprentissage collectif à celui d'une auto-formation permanente <u>dans une coopération plus grande entre disciplines</u> » [C'est nous qui soulignons].

Y a t-il un déterminisme géographique du temps de travail et du loisir ?

Il serait surprenant dans ce cadre mais toujours en rapport avec « l'interdisciplinarité géographique » et sa largesse d'évoquer la « géographie » très importante de Jared Diamond,[29] couronnée du Prix Pulitzer, qui est le résultat de grande érudition ainsi qu'un modèle maximal de recherche interdisciplinaire. Ce biologiste-ornithologue qui est actuellement professeur de géographie à l'Université de Californie à Los Angeles (UCLA) a retracé l'histoire des sociétés humaines depuis -11 000 jusqu'à 1492 (1500) pour « réinventer » un déterminisme géographique globale et passer ainsi à une synthèse d'interprétation des inégalités de la *société* mondiale actuelle.

Notre piste étant différente de celle de Diamond, ce n'est pas dans un but de

---

fonctionnement « automobile » de la ville grecque n'est pas à négliger. Il est dommage que l'automobile ne soit pas considérée comme une arme et de l'armement contre l'individu et le citoyen dans l'espace public. Pourquoi parler des « gated communities » sans pour autant évoquer les « panoplies » automobiles ? I. Rentzos, « La violence automobile est la sage femme de la vie quotidienne de la ville grecque », Revue *Anti*, n° 915/15 février 2008, p. 41-43.

[25] D. Rigopoulos, « Le mois de décembre dur et le moment du bilan », *Pontiki/art*, 84/08, 24 décembre 2008, p. 44.

[26] Le titre d'un chapitre de David Harvey est éloquent : « Consumerism, Spectacle and Leisure » (ch. 12) : D. Harvey, *Paris, Capital of Modernity*, London, Routledge, 2006.

[27] I. Rentzos, « Xenakis, Hadjidakis et 高橋[= Takahashi] », EF/*Le journal du Festival d'Athènes*, 10/08, 3 juillet 2008, p. 10.

[28] « Entretien avec Joffre Dumazedier », *Sciences humaines*, no 44, novembre 1994, p.36-39.

[29] J. Diamond, *De l'inégalité parmi les sociétés – Essai sur l'homme et l'environnement dans l'histoire*, Paris, Gallimard, 2000.

comparaison de méthodes et de contenus que notre regard se tourne vers la synthèse admirable de Diamond. Notre idéal d'interdisciplinarité, en tant qu'ensemble de propositions éducatives, fera référence à un certain déterminisme géographique qui concerne le territoire grec, une péninsule européenne absente de l'histoire pendant presque vingt siècles. Ce déterminisme s'exprime actuellement par une idéologie économique et sociale de « sunbelt », de vacances et de « camps de divertissements » [30], qui traverse aussi l'école. Le déterminisme « ensoleillé » conduit à l'interprétation fataliste de la production de garçons des cafés athéniens. Mais dans ce coin tellement éloigné du centre de l'Europe, des méridiens profonds de la péninsule grecque, à la place de la vente de soleil aux vacanciers on pourrait aussi, dans ce climat propice, s'occuper du développement de cultures biologiques et de systèmes d'énergie solaire.

En considérant alors l'interdisciplinarité comme une opportunité d'approches didactiques du savoir plus générales et donc, d'ouvertures vers des emplois de temps libre différents (aussi bien pour les étudiants que pour les enseignants) nous voyons le loisir dans ce pays méditerranéen qui est la Grèce, comme temps de création [31] consacré également à des activités de lectures, de flânerie dans l'interdisciplinarité tellement dense de la ville, de participation à la rédaction de revues interdisciplinaires et à la vulgarisation scientifique, d'assistance à des représentations théâtrales et des projections cinématographiques.

L'enseignant, 1) en tant que responsable pédagogique, organise son cours sans avoir besoin de respecter les frontières traditionnelles ou/et artificielles de sa discipline, entremêlant, inévitablement, science exacte, littérature, histoire et géographie, arts plastiques et autres disciplines ; 2) en tant que membre de la société dans laquelle coexistent divers organismes d'enseignement mais aussi des organismes extra-scolaires (comme le théâtre et le cinéma, le livre), il a le droit de se former lui-même, dans un cadre proprement culturel et de mettre en valeur ses connaissances et ses compétences ainsi obtenues au profit de l'interthématique.

Oblectif et contenu de cette étude
Dans toute l'étendue de ce travail, l'interthématique sera envisagée comme une version didactique et pédagogique de l'interdisciplinarité et sera insérée dans le cadre général de cette direction scientifique de recherche pédagogique (et technologique appliquée) que représente l'interdisciplinarité.

L'interdisciplinarité est considérée importante car elle pourrait offrir l'occasion – manquée jusqu'à présent – surtout aux sciences physiques et naturelles mais aussi celles sociales et de contenu culturel d'acquérir un caractère prononcé

---

[30] La Rue de l'Hymette dans le cartier résidentiel traditionnel de Pangrati en plein milieu d'Athènes, à deux pas du Parlement, est désigné comme « ghetto de divertissements » à la une des journaux. *Eleftherotypia*, 25 mai 2009. Il s'agit de cafés tout à fait innocents mais d'horaires « 24h/24h » qui excluent toute autre fonction urbaine parallèle (p.ex. avoir le droit de dormir chez soi à 3h00 du matin).

[31] Baudrillard fait malheureusement la remarque suivante : « [Le loisir] ne se caractérise pas par des activités créatrices : l'œuvre, la création, artistique ou autre, n'est jamais une activité de loisir ». J. Baudrillard, *La société de consommation*, Paris, Éd, Denoël, 1970, p. 246.

d'*enlightenment*[32] puisqu'à l'école, on n'évoque jamais ce qui a été prédominant en tant que représentation vague et ce qui est apparu en tant que vérité, au long du parcours de la science, avec chaque nouvelle « découverte », notamment pendant les siècles précédents. Produit géographique et historique de l'Europe Les Lumières, « elles n'auraient pu voir le jour » selon Tzvetan Todorov « sans l'existence de l'espace européen, à la fois un et multiple »[33] [C'est nous qui soulignons]. Il s'agit bien évidemment ici d'un emploi métaphorique du terme « espace » qui recouvre des réalités relationnelles complexes telles que l'action et l'effort humains dans la production de l'espace européen lui-même, par l'accumulation des richesses et par la mise en place des structures de pouvoir dans et entre des territoires donnés.

Générale ou restreinte, idéaliste ou matérialiste l'approche des Lumières, le pédagogue contemporain doit reconnaître que « l'*Enlightenment* était [et l'est toujours] une attitude de l'esprit plutôt qu'un cours de science ou de philosophie ».[34] Qui pourrait affirmer que la société – par l'École – n'a nul besoin de ces remémorations sociales, historiques et géographiques ? C'est dans ce cadre que s'inscrit, par exemple, le rapport didactique de la géographie avec l'histoire. Alan

---

[32] « Comme je le regrette » nous disait Constantin Dimaras, ex-directeur de l'Institut néo-hellénique en Sorbonne (Paris IV) « d'être obligé, pendant mes cours, d'évoquer [ce mot anglais] dans cette ville aussi intimement liée aux Lumières ».

Ayant utilisé ici un mot anglais nous saisissons l'occasion de parler, et ceci toujours dans le cadre de l'interthématique, de l'état de la diffusion de la culture française en Grèce. On aura la possibilité de remarquer dans notre étude que, pendant longtemps, dans plusieurs cas d'ouverture interdisciplinaire, les agents de ces choix s'inséraient dans des situations liées à la francophonie. C'est pourtant dommage que sous la seule photo prise dans une ville française (publiée par la géographie de la sixième classe du primaire) et qui représente l'Arc de triomphe du Carrousel à Paris, la légende erronée explique qu'il s'agit de l'Arc de triomphe de l'Etoile.

Selon l'ambassadeur de la France à Athènes, M. Christophe Farnaud, 300 000 personnes apprennent actuellement le français en Grèce mais au cours des quinze années de notre enseignement universitaire nous n'avons presque jamais trouvé d'étudiant(e) pour lui confier un travail basé sur une bibliographie française. Un an après l'entrée de la Grèce dans l'Organisation internationale de la Francophonie en 2007, plusieurs établissements scolaires, selon l'Association (grecque) des Professeurs de Français de formation universitaire (APF), n'auraient pas suivi les formalités régulières qui leur permettraient d'établir les listes des étudiants de la première langue étrangère selon les préférences des étudiants et de constituer ainsi les classes de français pour tous ceux qui le désiraient. En outre, les préférences des étudiants, pour ce qui concerne la langue française, sont très décevantes au niveau du baccalauréat grec. Voir Annexe 1 - B. RÉSULTATS DU BACCALAURÉAT GREC 2009 – SÉLECTION DE CERTAINES ÉCOLES DE DIVERSES UNIVERSITÉS. « Dans un monde de plus en plus menacé par un monolithisme culturel », le présent auteur considère le français ainsi que la francophonie, comme des « gages de diversité » (pour reprendre ainsi une déclaration de l'ambassadeur de la Belgique à Athènes M. Pierre Vaesen). To Vima, 23 septembre 2008 ; Bonjour Athènes – Le magazine francophone, N° 13 / automne 2008, p.38, 40.

[33] Tzv. Todorov, L'esprit des Lumieres, Paris, Éd. Robert Laffont, 2006, p. 139.
[34] N. Hampson, The Enlightenment, London, Penguin Books, 1968, p. 146.

R.H. Baker[35] se sert, entre autres exemples, du cas de la sorcellerie sur laquelle se pose évidemment la double question :
- Qu'est-ce qu'une leçon d'histoire peut enseigner de profond de la sorcellerie sans présenter la répartition géographique actuelle de l'occultisme ?
- Qu'est-ce qu'une leçon de géographie peut mettre en relief de la sorcellerie sans présenter l'histoire séculaire de l'irrationalisme ?

Un des axes évidents dans le développement de l'étude présente est la géographie en tant que science de la terre, science sociale et discipline de contenu culturel, vue également comme *poléographie*[36] dans un pays caractérisé de relations sauvages d'un espace urbain qui ne paraît pas « civilisé ». Cet axe est inséré dans le cadre traditionnel de l'enseignement de la géographie dans le Secondaire, qui s'effectue en Grèce principalement avec la participation d'enseignants PSNCG – PE4 diplômé(e)s en physique, en sciences naturelles, en chimie et (moins nombreux !) en géographie.

Pluridisciplinaire – ce qui n'est pas forcement interdisciplinaire – sur de nombreux points mais, dans un cadre général d'une inter-activité pédagogique,[37] l'entreprise présente, motivé par la foi pédagogique et sociale de son auteur, ose proposer l'introduction de tout ce qui peut être considéré comme *interdisciplinarité et qui aurait pour objectif éducatif la recherche et les applications par la mise en œuvre d'un niveau de coordination des savoirs et de l'éducation, supérieur (plus synthétique et plus analytique) par rapport aux disciplines-branches distinctes.*

Ayant donc cela à l'esprit, nous présentons, dans le premier chapitre, le cadre institutionnel et les caractères généraux de l'introduction de l'interthématique dans l'enseignement grec tels qu' ils sont d'ailleurs mis en relief, à première vue, dans les nouveaux manuels considérés « comme outil et interprétation » pour l'application de l'interthématique.

Dans le chapitre 2 nous plaçons – c'est en effet ironique – « la géographie

---

[35] A. R. H. Baker, *Geography and History – Bridging the Divide*, Cambridge University Press, 2003, p. 2. On sait que la recherche des ponts pareils d'interdisciplinarité (voire d'intradisciplinarité géographique) sont proposées de plusieurs cotés. J.A. Matthews and D.T. Herbert [Edited by:], *Unifying Geography*, London, Routledge, 2004.

[36] Qu'on nous permette d'introduire ici le terme « poléographie » (polis + graphein = description de la ville) qui, dans le domaine des langues romanes, correspond au terme italien de *poleografia*. En plus de la géographie et de l'histoire urbaines, par la poléographie, nous entendons aussi l'approche multidisciplinaire et, éventuellement, interdisciplinaire, donc également interthématique. Tout ceci par référence accentuée aussi à 1) une interdisciplinarité élargie entendue comme 2) « activité interbranche » et 3) « inter-activité pédagogique » 4) en marge des disciplines scientifiques et 5) par recours aux arts et techniques. A noter aussi que, sur la base de la grammaire grecque ancienne, des deux racines *poli-* (cf. policlinique) et *poléo-*, cette deuxième est utilisée plus souvent dans la composition des mots. P. Vidal de la Blache, « La géographie de l'Odyssée », *Annales de Géographie*, Année 1904, Volume 13, Numéro 67, pp. 21-28 (« ... Chacune de ces périodes a, dans une certaine mesure, sa poléographie; et dans les fortunes diverses de cette vie urbaine se reflètent les conditions ... », p. 22).

[37] Voir « 4.4. Les formes de l'interdisciplinarité et de l'interthématique dans l'éducation grecque », point 5.

scolaire sous l'ombre de l'Acropole, de la physique, de la chimie, de la géologie et de l'éducation à l'environnement » pour discuter la situation de l'enseignement geographique en Grece. Nous y cherchons, malheureusemnt, un coin pour la geographie à travers « [l]'interdisciplinarité géographique comme recherche d'un troisième coté du miroir » (v. 2.1.). En effet, « [b]ien que le nom de la matiere scolaire de " géographie " et de cette science provienne de Grèce et de sa langue, cet élément culturel [...] n'a pas permis à ce que la géographie soit enseignée par des géographes dans ce pays. [...] [Q]uinze ans après la fondation en Grèce du premier département universitaire de géographie (Université d'Egée, 1994), l'enseignement secondaire ne compte pas encore de géographes diplômés pour enseigner cette matière » (v. 2.1.). La géographie reste toujours rattachée aux sciences. Il faut être ou être nommé « physicien » pour l'enseigner.

[Notre propre origine étant celle d'un physicien, nous allons nous fonder largement sur ce que l'enseignement de la physique et l'expérimentation interdisciplinaire-interthématique, au sein de cet enseignement scolaire, a offert. Étant, en outre, « de la famille » et partant de thèses géographiques nous passerons aussi à la critique sociale de la physique elle-même. Rappelons au lecteur qu'un exemple-noyau de notre étude étant l'enseignement interdisciplinaire et littéraire de la ville, la physique (comme l'atteste son expression technologique) est la base de l'existence et du fonctionnement de la ville. Pas seulement nos métropoles (qui par leur évolution deviennent des foires des exploits urbains de la physique, au dépens de la nature) mais aussi – et surtout – des humbles villes d'antan dans le Désert Arabe, là où il n'y a pas de nature (« hydrique », en fait), sont exclusivement le résultat des applications technologiques de la physique. De plus, on n'oublie pas la physique-statistique appliquée au gaz des populations humaines de la ville[38]].

Dans le chapitre suivant, <u>chapitre 3</u>, nous présentons, en tant que proposition féconde d'enseignement, au cours de la période du retour à la démocratie (après 1974), 1) l'activité au sein de la revue de vulgarisation scientifique intitulée *Physicos Cosmos*, publiée par l'Union des Physiciens grecs (EEF), et 2) la revue *Génération libre* que le Ministère de l'Éducation Nationale faisait publier pour les « communautés scolaires ».

Quelle aurait été à cette époque là le service rendu à la géographie par une revue de vulgarisation « scientifique » orientée vers la « science »?

Les rapports entre la géographie et la physique scolaires étaient plutôt minimes et les sont encore. Il est dommage que ces deux matières soient divisées, dans le système éducatif, par la nature. En effet, ce n'était pas seulement la nature des faits, des états du monde, du rationnel, de la science,[39] qui éloignait l'une de l'autre de ces deux matières, mais également celle des valeurs, des représentations, de l'irrationnel (avec sa critique) et de la société que le *Physicos Cosmos* essayait d'introduire au système éducatif. En outre, ce n'était pas que la nature qui séparait la physique de la géographie mais aussi, et surtout, la société. Par sa vulgarisation

---

[38] Ph. Ball, *Critical Mass: How One Thing Leads to Another*, Heinemann, 2004.
[39] Ces dualités (des faits/valeurs, des états du monde/représentations, etc.) sont ainsi présentées par Bruno Latour. B. Latour, *Politiques de la nature…*, op. cit., p. 357.

scientifique, le *Physicos Cosmos* devenait, social.[40] Avec les « qualités premières » (particules, atomes, gènes, neurones, etc.), qui, quoique invisibles mais réelles, représentaient le « vrai » par opposition au « faux » s'articulaient aussi les « qualités secondes » (couleurs, sons, sentiments, etc.) qui, ces dernières, vécues mais inessentielles, représentaient le « bien » et le « beau » ou le « mal » et le « laid ».[41]

C'est à ce niveau de l'élaboration de la pédagogie sociale (voire ethnographique et artistique) de la physique et de la chimie que la pédagogie de la géographie commençait, elle aussi, à se présenter, dans les pages de *Physicos Cosmos*, comme sociale et culturelle. La terminologie forestière des Primitifs, les hauts fourneaux chez les ancêtres de la tribu des Haya en Tanzanie, la carte des Îles San Serriffe à l'Océan Indien[42] avec la chimie des « eaux-fortes » (plutôt que celle de l'acide nitrique), faisaient naître une sorte de *Cultural Studies*, très spécifiques, adressées aux membres – enseignants et étudiants – de la « sous-culture » physico-mathématique scolaire : Refus du patriotisme des disciplines scientifiques, nouveaux questionnements « de dissidents », une combinaison de recherche pédagogique et d'engagement pour une culture qui n'était plus objet de dévotion ou d'érudition.[43]

Par coïncidence au milieu de l'exposé, le chapitre 4 en constitue un relai. En plus, la terminologie aidant, nous nous y occupons, d'un côté, de tout ce qui a un rapport, avec la notion du « thème » (thématiques, thèses, …) et de l'autre côté, nous recherchons l'idéal de la « vraie » synthèse interdisciplinaire-interthématique. Nous la trouvons, à titre d'exemple pédagogique qui nous suit depuis longtemps, dans le lac de Loch Ness. Ce modèle – *se non è vero…* – figurant comme dessin sur la couverture de ce livre, traverse des disciplines terrestres et des géosciences marines pour dénoncer l'irrationalisme.

Le cinquième chapitre se consacre à tout ce qui pourrait être nommé (une) philosophie de l'interthématique dans la recherche de l'unité du savoir. Nous y avons ainsi l'occasion de nous occuper de la géographie humaine comme science exacte ainsi que comme science humaine et introduire des critères, en quelque sorte, géographiques pour l'approche d'une réalité sinon cosmologique au moins philosophique. Le champ de notre recherche s'étend jusqu'à la géographie des populations des humains part de la (méta)physique des physiciens ceci nous permettant de chercher certaines limites internes et externes à cette innovation pédagogique qu'est l'interthématique. Personne n'ignore que les « géographies » (en tant que moyens d'enregistrement de la répartition des effets naturels et des apparitions des phénomènes paranormaux sur la Terre) s'entrelacent avec la

---

[40] Telle était à propos du contenu de la revue le point de vue du professeur Dimitris Maritsas dans son article de présentation internationale du *Physicos Cosmos* : D. Maritsas, D., 'The World of Physics', *Int. J. Elect. Engin. Educ.*, Vol. 14, 1977, 121-123.

[41] B. Latour, *Politiques de la nature…*. op. cit., p. 360.

[42] En 1977, le journal britannique *The Guardian* a publié comme poisson d'avril un supplément de sept pages pour célébrer le 10ᵉ anniversaire de San Serriffe, une petite république « localisée » dans l'Océan Indien rassemblant quelques îlots. http://www.liberation.fr/actualite/instantanes/ chiffre/244798.FR.php.

[43] A. Mattelart, É. Neveu, *Introduction aux Cultural Studies*, Paris, La Découverte, 2008(2003), p. 47.

science – tout court – de la géographie alors que, par contre, cette dernière ne participe pas aux recherches sur « l'unité de la connaissance »[44]. Ce n'est pas pour cette raison que nous essayons de faire entrer la géographie dans ce jeu. Mais, étant donné que la géographie est enseignée en Grèce par les « physiciens », nous avons ainsi l'occasion d'approfondir les rapports interthématiques physique-géographie.

Évoquons ici le projet NESTOR (voir avant-propos) dont la présentation dans un article de journal écrit par le professeur Georges Grammatikakis[45] (très connu pour ces interventions philosophiques et interdisciplinaires) comprend toutes les données de géographie humaine sur la construction et la forme triangulaire de la plateforme *Delta Berenike* – des noms populaires donnés aux trois sommets par les ouvriers du chantier naval jusqu'aux équations écrites sur les parois. Signalons que malgré « l'immersion totale » de l'enseignement géographique dans l'océan PSNCG (surplombé de la physique) les contacts « inter » restent pauvres sans, au moins, une récompense pour les heures de la géographie qui sont perdues officiellement dans les programmes et par les « reprogrammations » sauvages que les enseignants eux-mêmes imposent pour gagner du temps en faveur des autres enseignements et au dépens de la géographie.

Fig. 0.1.(1). La plateforme *Delta Berenike* considérée comme symbole de la vulgarisation scientifique et géographique et de l'interthématique.

---

[44] Notre référence est faite au titre du colloque tenu à La Hulpe et organisé avec la contribution de l'Université des Bruxelles et de la France Culture. Elisa Brune, docteur en Sciences de l'environnement, a obtenu le permis d'y participer et nous offrir ainsi, par son compte rendu intitulé « Le quark, le neurone et le psychanalyste », un « rapport d'espion » sur ce colloque à huis clos. Venant d'horizons différents les vingt participants (mathématiciens, physiciens, philosophes, théologiens, psychologues, psychanalystes, spécialistes de la poésie de William Blake mais pas de géographes) étaient contraints de penser la science dans son ensemble par annulation des confins entre les disciplines. E. Brune, *Le quark, le neurone et le psychanalyste*, Paris, 2006.

[45] G. Grammatikakis, « Bérénice des quartiers navals », *Eleftherotypia*, 6 septembre 2008, p. 41. Dans le cinquième chapitre nous évoquons certains des points de vue pédagogiques de Grammatikakis.

Nous abandonnons ensuite – sixième chapitre – la salle de classe et le laboratoire pour « entrer » dans la ville que nous considérons, elle aussi, être un espace interne d'apprentissage. Cet « intérieur » nous l'envisageons, quant à ses représentations, comme un abécédaire des pédagogies interdisciplinaires et interthématiques. Nos exemples de « poléographie » (donc « poléographiques ») – l'étude de la tradition littéraire urbaine d'une grande ville – sont considérés comme des actions interdisciplinaires pédagogiques et culturelles à caractère social. Nous croyons en un « nouvel esprit poléographique » qui, comme le faisaient les textes épistémologiques et poétiques de Bachelard[46] qui prémunissaient le chimiste et ses élèves contre la féminité de la base et la masculinité de l'acide, prépare pour une distinction entre la ville et l'urbain.

« La ville ne se confond pas avec l'urbain. Elle suscite des lieux, des personnages, des trajets à sa ressemblance. Elle est un être de chair et de pulsations qui exige un certain type d'appropriation ».[47]

Ce ne sera pas, en conclusion (chapitre 7), une question de recensement des progrès éventuellement apportés dans la direction de l'interthématique. C'est plutôt d'espérer que les enseignants sont prêts à chercher par les thèmes de l'interthématique les problèmes du fonctionnement du système éducatif, dont la problématique de la géographie. Ce sont eux-mêmes qui, dans leur critique, « auront le courage de contester les savoirs établis et transmis dans un climat de servilité par les routines pédagogiques ». L'interthématique, par l'interdisciplinarité, exige alors sinon un héroïsme didactique – qui est tout à fait différent de l'enseignement de l'héroïsme de « nos » ancêtres – au moins l'examen de cette coupure « héroïsme didactique » / « enseignement de l'héroïsme ». Ce cet examen qui pourrait aussi aider à l'étude des diverses interfaces dans l'enseignement (Nature / culture, Occident / Orient, ville / campagne, travail / capital, savoir / réalité, μύθος / λόγος [mythos/raison], école / société, σχόλη / σχολή, création scientifique / création littéraire) et l'institution d'une vraie interdisciplinarité à travers des axes gnoséologiques fertiles à étudier, des carrefours fréquentés à explorer et des barrières arbitraires à lever. Nous allons affirmer dans ce dernier chapitre que l'interthématique à défendre devra être géographique, géoculturelle, géosociale et interdisciplinaire.

Notre étude (par sa traduction éventuelle sous la forme d'un livre grec) viserait à ranimer les discussions sur l'importance de l'interthématique et de l'enseignement géographique. Ceci serait utile d'autant plus que les nouveaux programmes (2011-12) introduisent des horaires de projets interdisciplinaires.[48]

---

[46] J.-Cl. Margolin, *Bachelard*, Paris, Éditions du Seuil, 1974, p. 66. http://digitalschool.minedu.gov.gr/courses/DSGL-A107/

[47] P. Sansot, « Parole errante, parole urbaine – Neuf conseils à de très jeunes étudiants » in A. Bailly, R. Scariati, *L'humanisme en Géographie*, Paris, Anthropos, 1990, p. 100.

[48] *Ministère [grec] de l'éducation* - http://digitalschool.minedu.gov.gr/courses/DSGL-A107/

1. L'interdisciplinarité et l'introduction de l'interthématique à l'éducation grecque

1.1. L'interdisciplinarité comme un cadre conceptuel et terminologique général pour l'interthématique. La notion et les limites de la « circumdisciplinarité ».

> La colombe légère, qui dans son libre vol fend l'air dont elle sent la résistance, pourrait s'imaginer qu'elle volerait bien mieux encore dans le vide.
>
> Emmanuel Kant, Critique de la raison pure[49]

L'interdisciplinarité est considérée comme une notion scientifique et pédagogique très importante. Des sujets d'actualité brûlante tels les risques climatiques et leur approche pédagogique commune par les enseignants de la physique et de la chimie, de la géographie et d l'histoire, de l'économie mais aussi de la philosophie et surtout de la biologie deviennent de « thèmes » d'action interdisciplinaire scolaire. [50] C'est très souvent que l'interdisciplinarité apparait au public plus large mais aussi aux enseignants comme synthèse de disciplines, au niveau, également, de la désignation terminologique de leur titre. Après la *sociobiologie* d'Edward O. Wilson,[51] la *psychohistoire* de Bruce Mazlish[52] et, sur un autre niveau, la *biohistoire* et la *biopolitique* (selon Jacques Ruffié)[53] se présentent comme faisant partie d'un projet d'intégration de la biologie à la culture.[54] Quant à la biopolitique elle-même, cette dernière, en passant par la « tactique » de la vie quotidienne (selon de Certeau) et aidée par 1) l'interdisciplinarité entendue à son niveau supérieur de l'(in)disciplinarité et 2) l'étude des formes du biopouvoir (selon Foucault), est

---

[49] Emm. Kant, *Critique de la raison pure*, Trad. J. Barni, Paris, G. Baillière, 1869, p. 52/53, http://commons.wikimedia.org/w/index.php?title=Image:Critique_de_la_raison_pure,_I.djvu&page=53&page=53.

[50] B. Urgelli, « Éducation aux risques climatiques: premières analyses d'un dispositif pédagogique interdisciplinaire » in *aster*, Revue de l'Institut national de recherche pédagogique, 46/2008, p. 97-122.

[51] E. O. Wilson, *Sociobiology, The new synthesis*, Harvard University Press, 1975. La langue grecque a depuis peu sa sociobiologie interdisciplinaire – biologie, morale, économie, esthétique musique, langage, danse, psychologie, épistémologie, logique – sous la plume de Kostas Kribas, professeur de biologie et d'épistémologie. K. Kribas, [gr] *Sociobiologie*, Ed. Katoptro, 2008. L. Louloudis, [gr] « La première sociobiologie grecque », *I Kathimerini*, 22 juin 2008, p. 10.

[52] Br. Mazlish [Editor:], *Psychoanalysis and History*, New York, Grosset & Dunlap Publishers, 1971.

[53] Cl. Escoffier-Lambiotte, « Jacques Ruffié, Un scientifique rêvant d'une humanité fraternelle », *Le Monde*, 3 juillet 2004, p. 25.

[54] Référence faite à 1) J. Ruffié, *De la biologie à la culture*, Vol. I et II, Paris, Flammarion, 1983 et 2) E. O. Wilson, *Consilience, The Unity of Knowledge*, New York, Knopf, 1998; édition en langue française : Edward O. Wilson, *L'unicité du savoir*, Robert Laffont, 2000. Selon Wilson le terme de *consilience* signifie : ... [l'] unification ... une sort de « saut en commun » (= jumping together) du savoir ... dans le but de la création d'une base commune d'explication. Cf. p. 8 (original); p.15 (éd. fr.).

proposée comme instrument de changement social et global.[55]

Tout récemment, le biologiste grec Fotis Kafatos, directeur du Conseil de recherche européen, une nouvelle institution scientifique, déclarait :

> « Nous avons évalué les propositions de recherche sur la base de leur orientation vers l'avenir des domaines scientifiques afin de briser les compartiments étanches. <u>Nous avons encouragé des propositions combinant la biologie et la physique, la philosophie et l'histoire</u> et ainsi de suite. [...] <u>Nous avons fait de l'interdisciplinarité un courant souverain</u> non pas pour arrêter la recherche dans les sciences « pures », mais pour stimuler le critère de l'innovation dans la recherche. [Souligné par nous].

Dominique Vinck, très connu pour ses interventions en faveur de l'interdisciplinarité, affirme que

> « pour aborder les vrais problèmes du monde les approches scientifiques et [monodisciplinairement] désordonnées sont stériles ».[56]

Dans le même esprit, le professeur Edward Slingerland, en agissant, en quelque sorte, comme représentant des sciences humaines qui sont toujours prisonnières de l'opposition *Geist/Natur*, soutient, par un jeu de mots, qu'il faut

> « [s]e déplacer de la *biversité* [actuelle] à une vraie *université* ».[57]

Et ceci, affirme Slingerland, en tenant compte sérieusement des contributions des sciences exactes.

Cependant, quelques décennies [58] après l'introduction de la notion de l'interdisciplinarité, il est très informatif de lire une série (de titres) d'articles[59] pour comprendre ou se faire l'hypothèse d'une évolution de l'idée de l'interdisciplinarité[60]. Elle est liée à une « interdisciplinologie »[61] obscure[62] et une « métadiscipline »[63]

---

[55] Beatriz da Costa and Kavita Philip [Edited by:], *Tactical Biopolitics - Art, Activism, and Technoscience*, Cambridge MA, The MIT Press, 2008, p. xvii-xxii (introduction).

[56] D. Vinck, *Pratiques de l'interdisciplinarité*, Presses Universitaires de Grenoble, 2000.

[57] Ed. Slingerland, *What Science Offers the Humanities – Integrating Body and Culture*, Cambridge University Press, 2008, p. 298.

[58] R. Frank, "'Interdisciplinary': The first half-century", *Words*, Editor E. G. Stanley & T. F. Hoad, Woodbridge, Suffolk, Brewer, 1988, p. 91-101.

[59] Dubrow, Gail Lee, «Interdisciplinary Approaches τo Teaching, Research, and Knowledge: A Bibliography (2/5/03)», http://www.grad.washington.edu/Acad/interdisc_network/ID_Docs/bibliography_Interdisc.pdf. Visite du site le 15 avril 2008.

[60] B. Milard, *L'interdisciplinarité : la construction cognitive et sociale d'une idée. Définitions et argumentations de l'idée d'interdisciplinarité dans des articles de sciences humaines et sociales depuis les années 60*, Thèse de doctorat, Département de sociologie. Université Toulouse-Le Mirail, 2001.

[61] A. Bahm, "Interdisciplinology: The science of interdisciplinary research", *Nature and system* 2:1, 1980, p. 29-35.

[62] G. Gozzer, "Interdisciplinarity: A concept still unclear." Prospects: *Quarterly review of education* 12:3, 1982, p. 281-292.

promettante, alors que la recherche d'une « interdisciplinarisation »[64] des diverses disciplines constitue une éventualité probable. C'est pour cette raison, peut-être, que la revendication interdisciplinaire est une nécessité même pour les disciplines, telle l'histoire,[65] qui généralement sont considérées plus interdisciplinaires que d'autres.

Au sein de la discipline historique, la revue belge d'histoire urbaine *Stads geschiedenis*[66] se présentant comme « Een platform voor reflectie over de stad » est de conception « interdisciplinaire » et « large ». Pourtant la « Société Française d'Histoire Urbaine » tout en évitant l'utilisation du terme de l' « interdisciplinarité » « se définit [...] moins par un ancrage disciplinaire que par des pratiques scientifiques communes »[67] alors que sa revue de l'histoire de la ville agit de façon ouvertement interdisciplinaire et interthématique.[68]

En 1983 encore, la collaboration d'un géographe avec un mathématicien pour une question épistémologique faisait objet des précautions oratoires. Raffestin et Tricot écrivaient :

> « Peut-être s'étonnera-t-on de découvrir, tissées ensemble, les réflexions d'un mathématicien et celle d'un géographe ? Peut-être, ceux-ci s'étonneront-ils à leur tour que l'on puisse trouver cela étonnant ? »[69]

Ceci signifie que les incertitudes de l'interdisciplinarité éducative « grecque », qui est actuellement introduite comme interthématique (« interthématicité »), peuvent être semblables.

Qu'on souligne préliminairement que la notion ainsi que le terme de l'interthématique sont ici utilisés de notre part – avec une référence de base à l'environnement éducatif grec – sous une acception large qui, pour l'étude d'un sujet, la synthèse d'une leçon, l'élaboration d'un programme et le fondement d'un

---

[63] M. Finkenthal, *Interdisciplinarity: Toward the Definition of a Metadiscipline*? New York, P. Lang, 2001.

[64] M. Lunca, *An Epistemological Programme for Interdisciplinarisation*, Utrecht, Holland, 1996.

[65] Voir par exemple quelques articles d'un numéro de la revue scientifique *The Journal of Interdisciplinary History*: « Mortality in the Trade Slave », « Financial Underdevelopment in the Postbellum South », « The Methodology of Psychological Biography ». Vol. XI, N⁰ 3, Winter 1981.

[66] Fascicule de documentation de la revue *Stads geschiedenis* émanant de l'Université d'Anvers, p.2.

[67] Fascicule de documentation de la revue *Histoire urbaine* émanant de la « Société Française d'Histoire Urbaine », avril 2007, p.2.

[68] Voir par exemple les numéros 18 (avril 2007) et 22 (août 2008) de la revue *Histoire urbaine* consacrés respectivement aux sujets « Ville et environnement » et « L'eau en ville ».

[69] Cl. Raffestin et Cl. Tricot, « Le véritable objet de la science ? », in M. Buscaglia, C. Lalive d'Épinay, B. Morel, H. Ruegg, J. Vonèche, [Sous la direction de :], *Les critères de vérité dans la recherche scientifique – Un dialogue multidisciplinaire*, Paris, Maloine s.a. Éditeur, 1983, p. 137. L'édition de cet ouvrage collectif fait partie de la collection « Recherches interdisciplinaires » dirigée par Pierre Delattre.

processus éducatif correspondent à plusieurs significations.⁷⁰

Mise en vedette la notion de **l'encyclopédisme vulgarisant** – aux antipodes duquel se trouve toujours un réductionnisme fascinant et dangereux – comme une pratique de lecture d'éditions encyclopédiques,⁷¹ peut être considérée comme un passage inévitable et réaliste ou, même, comme une phase obligatoire du processus ayant comme objectif l'interdisciplinarité éducative et l'interthématique didactique. Cependant, dans la marche vers l'interdisciplinarité/interthématique, la base encyclopédique représente parti pris en faveur de l'élargissement du cours et non en vue de sa reconstitution fondamentale. De tout premier abord on doit souligner que l'encyclopédisme doit être limité et évité.⁷²

Par ailleurs, le **réductionnisme**, par son utilisation actuelle, désigne une position selon laquelle il est théoriquement possible de « réduire » tous les phénomènes en d'autres plus simples, et donc de réduire leur étude en des étapes simplifiées et codifiées. C'est ainsi que la sociologie peut se réduire, par exemple, à la psychologie des individus concernés, la psychologie peut se réduire à la biologie, la biologie à la physique/chimie, et la physique/chimie aux calculs mathématiques des démonstrations des effets physico-chimiques. Quoiqu'il en soit, par cette simplification et par chaque « autonomie structurale de chaque niveau d'organisation » (René Thom)⁷³ conceptuelle une interdisciplinarité émerge. Qu'on note ici que le réductionnisme didactique « physique ← mathématique » a fleuri en

---

⁷⁰ 4.4. Les formes de l'interdisciplinarité et de l'interthématique dans l'éducation grecque.
⁷¹ En présentant l'*Encyclopédie*, Kyriakos Delopoulos, un homme des livres et des éditions, fait une critique violente des éditions encyclopédiques actuelles à l'encontre desquelles se trouvait cette œuvre. Ces dernières sont publiées comme produits à vendre sans être inspirées d'idéaux progressistes. K. Delopoulos, [gr] *Diderot – Encyclopédie*, Athènes, Ed. Kastaniotis, 1995, p. 13.
⁷² L'approche encyclopédique n'est pas toujours à éviter. Un exemple : Les « Revues interdisciplinaires » WIREs [= Wiley Interdisciplinary Reviews, http://eu.wiley.com/WileyCDA/Section/id-370078.html] de la maison d'éditions John Wiley and Sons sont des « publications hybrides mettant l'accent sur l'importance de la collaboration interdisciplinaire dans la recherche et l'éducation ». Il est à souligner que dans la présentation des publications WIREs leur dimension encyclopédique n'est pas omise. Tout au contraire. Elle se met partout en relief. Par exemple, à propos de la publication sur le changement climatique (*WIREs Climate Change*) qui est préparée actuellement en collaboration avec la Royal Meteorological Society et la Royal Geographical Society on lit : Il s'agit d'une «ressource faisant autorité, encyclopédique, abordant des sujets clés de recherche de divers points de vue ». [C'est nous qui soulignons]. L'occasion donnée nous permet de voire la thématique de cette édition : L'évaluation de l'impact du changement climatique, le climat et le développent, le climat dans le cadre de l'histoire de la société et de la culture, une évaluation intégrée sur le changement climatique, une présentation des paléoclimats en comparaison avec les tendances climatiques actuelles, des éléments sur la perception et la communication des données sur le changement climatique, le statut social du savoir sur le changement climatique et autres thèmes.
⁷³ R. Thom, *Modèles mathématiques de la morphogenèse*, Paris, Christian Bourgois éditeur, 10/18, 1974, p. 25 ; René Thom (1923 – 2002), le fameux mathématicien français.

Grèce par la pédagogie de « l'excerciciologie » qui cédait la primauté à l'enseignement de squelettes théoriques - formulaires suffisants pour les exercices du bac.[74] Le réductionnisme pourrait être considéré comme un monisme, plutôt matérialiste, chose qui nous rapproche du dualisme selon lequel, comme s'il s'agissait d'une conception plus ou moins manichéenne, il y aurait deux principes irréductibles et indépendants. Les *Deux cultures* comme modèle de discussion sur l'éducation mais aussi les deux volets majeurs de la géographie c'est-à-dire la géographie physique et la géographie humaine comme question ouverte d'unification représentent des dualismes pédagogiques. Derrière eux un tas de divisions intellectuelles profondes ou apparentes telles l'esprit et la matière, la déduction et l'induction, le centre et la périphérie, la physique et la métaphysique et beaucoup d'autres, notamment celles dont nous nous occuperons dans cette étude, par leur opposition, posent des jalons ou des fondements dans la recherche interdisciplinaire et interthématique

On pourrait, dans le contexte du réductionnisme, considérer le **déterminisme géographique** comme une sorte de réductionnisme propre à la géographie. Est-ce qu'on peut analyser les faits économiques et sociaux des sociétés et expliquer leur organisation en accordant une place d'exclusivité au milieu naturel ? Quoique que l'idée du déterminisme géographique renvoie à ce point de vue, nous la concevons pourtant ici d'une manière plus étendue, comme l'ensemble des raisons générales et prépondérantes qui sont communément considérées comme la cause de plusieurs effets sociaux. En effet, l'examen hâtif d'un sujet par des intellectuels d'origines variées ou une approche interthématique par laquelle des enseignants de diverses spécialités recherchent sur le globe ou sur la carte géographique une certaine manifestation ou représentation d'un phénomène pourraient facilement conduire à des fausses généralisations déterministes.

- Comment la géologie peut-elle influencer le caractère national d'un peuple ? Est-ce qu'en France « Le granite produit le curé et le calcaire l'instituteur »[75] tandis qu'en Russie « le sol produit les Moscovites » ?[76]

---

[74] Personne n'a évité dans son enseignement au lycée grec les présentations artificiellement « limpides ». M. Georges Kyriazidis, docteur en physique nucléaire établi en France, nous dit « Je me souviens de vos leçons de physique au 9ème Lycée d'Athènes. Je recopiais votre tableau noir. Toute une leçon dans un rectangle. Vous voulez que je vous montre les cahiers avec mes notes du cours ? Je ne les ai pas oubliées à mon DEUG à Jussieu ».

[75] Nous nous référons ici aux analyses de géographie politique publiées par André Siegfried (*Tableau politique de la France de l'Ouest sous la IIIe République*, 1913) et leur critique de la part des géographes de l'époque. Ses corrélations correctes d'une géo-politique au vrai sens du mot « géo » [= terre/sol] (...*terrains anciens, populations éparses, grande propriétés et politique de droite vont ensemble ; tandis que terrains calcaires ou d'alluvions, population agglomérée, propriété morcelée et politique démocratique vont de pair...*) ont été présentées caricaturées. Beatrice Giblin, « Géopolitique des régions françaises », *Hérodote*, 1er trimestre 1986, No 40, p. 32-53.

[76] Nous nous référons également au sujet du paléontologue Pierre Trémaux dont les écrits ont attiré l'attention de Karl Marx. Dans sa « grande loi du perfectionnement des êtres » (1865) Trémaux affirme que « les espèces animales et les races humaines subissent l'influence directe du sol sur lequel elles vivent [...]. La

- Comment expliquer la distribution des « fricatives dentales » sur une zone située essentiellement à la périphérie maritime de l'Europe qui est produite par rétrécissement d'une zone plus étendue ?[77]
- Pourquoi l'Afrique occidentale connait-elle une grande diversité et densité de langues ?[78]
- Peut-on considérer les rivalités sanglantes entre certains groupes (nord-) africains qui ont lieu dans une grande ville européenne comme une simple manifestation de la « géopolitique de la grande ville »? [79]

On sait que les géographes font attention à ne pas tomber dans le piège du

---

perfection des êtres est ou devient proportionnelle au degré d'élaboration du sol [selon son appartenance à une formation géologique plus récente] sur lequel ils vivent ». On n'ignore pas que la question théorique de l'interaction entre la nature et la société revêt toujours une grande importance théorique et avait été aussi discuté en Union soviétique comme aspect de l'unification de la géographie. Massimo Quaini, *Geography and Marxism*, Oxford, Blackwell, 1982, n. 44-45, 151-153. ; Cédric Grimoult, « Les marxistes contemporaines et l'évolutionnisme biologique », *Communisme* N° 67/68 3e/4e trimestre 2001 ; Pierre Trémaux, *Origine et transformation de l'homme et des autres êtres*, Paris, Hachette et Cie, 1865, p. 17.

[77] Il s'agit des sons [θ] et [ð] comme ils sont prononcés dans les mots anglais *thin* et *this* ou (comme des sons initiaux) dans les mots grecs **θέατρο** (théâtre) et **δημοκρατία** (démocratie). Ces sons existent actuellement en Islande, en Espagne, dans les Iles Britanniques et en Grèce, mais leur domaine était dans le passé plus étendu (dialectes germains, scandinaves, et ancien français). Comment expliquer ce mouvement centrifuge des [θ]/[ð] ? La corrélation entre les sons [θ]/[ð] et le groupe sanguin O est intrigant mais l'interprétation historico-linguistique devient beaucoup plus compliquée. B. Malmberg, *Les domaines de la phonétique*, Paris, P.U.F., 1971, p. 237-240.

[78] On sait que la diversité des langues est inégalement répartie sur la surface du Globe. En Afrique, les langues bantoues, appartenant à la famille Niger-Congo, dominent par leur nombre (900) et celui de leurs locuteurs (160 millions). Selon Daniel Nettle – en version simplifiée – l'analyse de l'atlas linguistique conduit à l'hypothèse que les pluies ayant comme résultat une écologie végétale et animale riche, les groupes humains qui se partageaient initialement les mêmes langues n'avaient pas besoin de chercher leur nourriture dans des étendues vastes. C'est ainsi que de proche en proche ils minimisaient leurs contacts avec les gens de la même langue des autres groupes, alors que leur propre langue se dialectalisait par production de nouveaux éléments linguistiques. Grâce à la pluie, des langues poussent de la terre... Daniel Nettle, "Language Diversity in West Africa: An Ecological Approach", *Journal of Anthropological Archaeology*, Volume **15**, Issue 4, December 1996, p. 403-438.

[79] Lacoste décrit par une cartographie d'échèles successives, les problèmes des Algériens dans les villes françaises. Il se meut de l'échèle planétaire et tellement générale (conflit/opposition Nord-Sud [pays développés/ « tiers monde »]) à celle du colonialisme méditerranéen (France-Algérie) et de la résistance contre l'invasion française (guerre d'Independance) ainsi qu'aux particularités civiles au niveau des populations non arabes de la Kabylie. Il localise ensuite les conflits au niveau de la ville française (banlieues) comme résultat de la migration algérienne. Du conflit global on arrive à une cartographie/échèle géopolitique de la ville. Y. Lacoste, «L'exemple algérien», *Sciences humaines*, hs 8, 1995, p. 10-13.

déterminisme mais leur voix ne se fait pas entendre par l'ensemble de la société tandis que leur discours s'entrelace parfois avec les criailleries qui se diffusent dans les sociétés.

Nous avons évoqué plus haut le nom de René Thom. Le nom de ce scientifique et son *structuralisme catastrophiste* peuvent nous rapprocher du **structuralisme**, voire de celui « coté sciences ». Indépendamment de son contenu philosophique et épistémologique plus général, le structuralisme nous offre des éléments condensés et nucléaires qui son très utiles pour la compréhension d'une matière à enseigner et pour son enseignement économique. Né avec la linguistique moderne (Ferdinand de Saussure), le structuralisme propose une appréhension structurelle et relationnelle des (éléments des) langues mais aussi d'autres manifestations du réel, hors de la linguistique, notamment dans la société humaine. Souvenons ici des noms de certains penseurs et auteurs comme Roland Barthes, Jacques Lacan et Claude Lévi-Strauss. Le nom et l'œuvre de Lévi-Strauss sont liés à ce qu'on a appelé la « révolution copernicienne du structuralisme » dont les applications anthropologiques sur les fonctions de la parenté et des mythes dans les sociétés *primitives* sont basées sur les notions des « oppositions binaires »[80] qui avaient été étudiées par des renommés linguistes tels Ferdinand de Saussure et Roman Jakobson. Ajoutons encore, dans le cadre de notre approche de l'interdisciplinarité et de l'interthématique, que pour Claude Lévi-Strauss, cet anthropologue génial, pour qui le rapport avec la littérature était permanent,[81] le souci des structures et des combinatoires le rapprochait des scientifiques et des mathématiciens,[82] alors que la linguistique (pas moins que l'anthropologie), une discipline « humaine », devenait aussi « naturelle », directement liée à la psychologie et la neurologie.[83]

La fascination qu'a exercée le structuralisme sur la géographie se reflète, en France par exemple, initialement sur les travaux de Roger Brunet. Autour de Roger Brunet, une importante école de pensée géographique, met en avant 1) la conception des structures élémentaires de l'espace dans leur fonctionnement et en rapport avec les activités spatiales des hommes, 2) leur identification dans les milieux géographiques/spatiaux variés et 3) leur représentation modélisée. Chaque

---

[80] Basée sur les « oppositions binaires » l'analyse des structures des systèmes (par exemple, de classification, comme celle qui avait été pratiquée par Lévi-Strauss dans *La Pensée sauvage*), « offre l'exemple le plus simple qu'on puisse concevoir d'un système ». D'un côté cette analyse est proposée comme un exemple pour des démarches de type « binaire » (et « biculturel » dans notre cas) en nous mettant aussi en garde face à des formalisations généralisantes, et, de l'autre côté, nous rapproche du « systémisme » (voir plus bas). La citation entre guillemets est extraite de *La pensée sauvage* et cité dans : A. Glucksmann, « La déduction de la cuisine et la cuisine des déductions » in R. Bellour et C. Clément [Textes de et sur Claude Lévi-Strauss réunis par :] *Claude Lévi-Strauss*, Paris, Gallimard, 1979, p. 225.

[81] P. Kéchichian, « Un rapport permanent à la littérature », *Le Monde*, 5 novembre 2009, p. 19.

[82] Roger-Pol Droit, « Claude Lévi-Strauss », *Le Monde*, 5 novembre 2009, p. 18.

[83] M. Bloch, "Claude Lévi-Strauss obituary – French anthropologist whose analysis of kinship and myth gave rise to structuralism as an intellectual force", *The Guardian*, 3 November 2009.

portion d'espace peut, ainsi, être analysée comme la combinaison particulière de modèles élémentaires. Il s'agit, comme on sait, des *chorèmes* qui servent à la représentation d'ensembles spatiaux par des signes graphiques correspondant à chaque « doublet » matériel/conceptuel par lequel l'homme se met en contact avec un doublet de structure/fonction dans l'espace.[84] La « chorématique » de Brunet, entendue comme « synchronie géographique », devient ainsi un universalisme (étymologiquement, en tout cas) plutôt qu'un réductionnisme alors que la « diachronie géographique » est exprimée par une approche « chronochorématique », centrée, selon Christian Grataloup, sur les qualités intrinsèques de l'espace et de ses logiques[85]. En outre, selon l'hypothèse fondamentale du structuralisme, comme le soutient Amir Aczel, tout élément comportemental provient d'une qualité humaine structurante, qui est mentale et, à la fois, sociale. Ceci signifie que le contenu profond et nucléaire de tous nos rapports y compris de ceux que nous entretenons avec la nature, est aussi structuré.[86]

Est-ce que, après le structuralisme, c'est le **systémisme**, qui devient une vision nouvelle du monde[87] ? On sait que comme synonyme de la structure a été longtemps utilisé le « système ». Comme le remarque Claval, de Saussure se référait au *système* de la langue.[88] La pédagogie de l'interdisciplinarité / interthématique grecque est liée à la notion du système.[89] Bien que ce soit seulement maintenant que le système est introduit de manière étendue dans l'éducation grecque, il faut mentionner qu'il représente une vieille idée de la pensée

---

[84] I. Rentzos, K. Kazoukas, [gr] « Les propositions cartographiques de la chorématique et de la géopolitique de l'Éducation française comme base pour l'enseignement géo-historique d'une ville : Proposition d'un modèle pour Prévéza », Actes de la 7ème conférence de la Société Hellénique de Géographie, tome II, Université de l'Égée, 2004, p. 561-568.

[85] Chr. Grataloup, *Lieux d'histoire - essai de géohistoire systématique*, Reclus, 1996.

[86] A. D. Aczel, *The Artist and the Mathematician: The Story of Nicolas Bourbaki*, Athènes, Ed. Enalios, 2008, p. 130 de l'édition en langue anglaise. À propos de Nicolas Bourbaki on pourrait ajouter ceci. Le professeur M. Anastasiadis (1905-1978), fondateur de la revue de vulgarisation scientifique *Physicos Cosmos*, avait présenté ce « compatriote » (« Grec », d'après son nom) en 1958 dans une autre revue, *Le siècle de l'atome*, également de vulgarisation scientifique. Lors de sa mort en 1978, nous sommes chargés par le comité de lecture du *Physicos Cosmos* de la sélection de ses écrits pour le faire connaître aux lecteurs du *PhC*. Nous avons choisi cet article qui était dédié par Anastasiadis, ancien élève de la *Supélec*, au « pays de l'*ENS* » et à « ses traditions pleines de lueurs athéniennes du Ve siècle av. notre ère ». M. Anastasiadis, « Nicolas Bourbaki », *PhC*, 67/décembre 1978, p. 3-5, 23. I. Kandilis, « Les premiers périodiques grecs de sciences », *Revue industrielle*, déc. 1977, 41, p. 901-903.

[87] E. Laszlo, *Le systémisme, vision nouvelle du monde*, Paris, Pergamon, 1981.

[88] P. Claval, *Epistemologie...*, p. 152.

[89] I. Rentzos, « Terre et humains », *PhC*, 71/octobre 1979, p. 33 – 34 ; I. Rentzos, [gr] « Qu'est-ce qu'un système ? », *EG*, 11/mars 1977, p. 26-27 ; I. Rentzos, "The Concept of System in the Greek General Education and its Use in the Teaching of Geography and of the City", The Hellenic Society for Systemic Studies Conference, Tripoli, Greece, (2005), *Proceedings*, p. 175-182.

philosophique,[90] qui a été ensuite divulgué par les travaux du biologiste Ludwig von Bertalanffy (1901–1972).

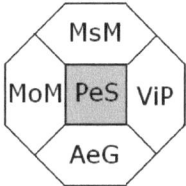

Fig. 1.1. (1). La pensée systémique (PeS) entourée des quatre autres « disciplines d'apprentissage ». D'après Senge, op. cit. Voir en bas de page l'explication des abréviations.

Pour certains pédagogues, la pensée systémique est considérée comme une « discipline » pédagogique à part. Pour Peter Senge et ses collaborateurs c'est ici même que le mot « discipline » retrouve sa double signification, « la pensée systémique » étant la cinquième discipline.[91] La notion du système est considérée comme importante pour la science de la géographie. Par ses « géosystèmes » elle met en relief les résultats des interactions de certains facteurs géographiques qui sont étroitement liés et interdépendants les uns des autres.[92] Hugonie affirme que « [t]ous les courants de la géographie actuelle essaient de fonder une partie au moins de leur démarche scientifique sur l'analyse systémique ».[93]

Le « système-monde » peut ainsi devenir une notion interdisciplinaire fondamentale liant entre elles des disciplines telles que la géographie, l'histoire et l'économie et mettant en relief, par des approches pédagogiques appropriées – un exemple en est l'*introduction* de Wallerstein[94] – plusieurs éléments de la théorie de l'interdisciplinarité : les disciplines universitaires actuelles comme obstacles pour la compréhension du monde, le « divorce » entre la philosophie et la science, l'institutionnalisation par l'Université de ce que, plus tard, C.P. Snow nommerait les « deux cultures », l'émergence des sciences sociales et autres.[95]

En général, à une époque qui est caractérisée par la manifestation d'une

---

[90] « Les encyclopédistes du XVIIIe siècle parlaient volontiers de système pour désigner, à peu près, ce que nous entendons aujourd'hui par modèle scientifique ou technique ». J.L. Le Moigne, « Qu'est-ce qu'un modèle » ?, Internet http://www.mcxapc.org/docs/ateliers/lemoign2.pdf, p. 1. Visite du site web le 7 juillet 2008 ; Pierre Duhem, *Le Système du Monde*, Hermann (en dix volumes).

[91] Les cinq disciplines sont : la maîtrise de soi-même (MsM), les modèles mentaux (MoM), la vision partagée (ViP), l'apprentissage en groupe (AeG) et la pensée systémique (PeS, ou raisonnement systémique, qui tient une place centrale). P. Senge, *Schools that Learn*, London, N. Brealy Publishing, 2007(2000). Ch. VII - The Systems Thinking, p. 231 – 268.

[92] G. Hugonie, op. cit., 2003, p. 5.

[93] G. Hugonie, op. cit., 1992, p. 23.

[94] I. Wallesrtein, *Comprendre le monde – Introduction à l'analyse des systèmes-monde*, Paris, La Découverte, 2009(2004).

[95] I. Wallesrtein, op. cit., 2009(2004), p. 7, 12, 14, 15.

préoccupation écologique-environnementale, [96] la notion du système est présente dans de nombreux livres de synthèse[97] et de pédagogie[98] géographiques alors qu'il existe aussi les travaux plus généraux sur le « systémisme ». Dans cette catégorie appartient également le « macroscope » de Joël de Rosnay, dont le titre original est expliqué par son sous-titre: « Vers une vision globale ». [99] La pensée systémique peut être développée pleinement en modèle didactique dans le cadre du « curriculum créatif » dont les chartes (organigrammes) issues de chaque thème peuvent conduire à des multitudes d'objets à être enseignés pour compléter le sujet-thème de départ. [100] Il s'agit également là de l'investigation des éléments de représentation qui accompagnent toute notion. [101]

Le « système » a eu une récente histoire intéressante dans la société grecque étant donné qu'il a constitué la base pour des avis du Conseil d'État de Grèce. Ils sont liés, comme on sait,[102] à l'activité de Michael Decleris vice-président du CdE et premier président de la Section V, spécialisée aux questions de l'Environnement du CdE, et également président du Groupe grec de Systèmes. Les deux interventions de Decleris, comme auteur d'ouvrages sur les systèmes, dans la décennie 1985-1995[103] représentent des données sociales et pédagogiques de grande envergure. De plus, ces dernières années les conférences annuelles de la Société hellénique d'études systémiques[104] maintiennent l'intérêt de la communauté scientifique et pédagogique à un haut niveau en face des systèmes.

---

[96] « Nous devons envisager Gaïa comme un système global composée de parties animées et inanimées [...]. Gaïa semble s'évertuer à maintenir la Terre fraîche » J. Lovelock, *La revanche de Gaïa*, Paris, Éditions Flammarion, 2007, p. 31.
[97] P. Gould, *The Geographer at Work*, London, Routledge, 1985, p. 23, 105.
[98] N.J. Graves, *Geography in Education*, London, Heinneman Ed. Books, 1975 ; G. Mezzetti, *Geografia 1*, La Nuova Italia Editrice, 1977.
[99] J. de Rosnay, *Le macroscope – Vers une vision globale*, Paris, Éditions du Seuil, 1975.
[100] R. Wilson, *The Creative Curriculum*, Wakefield, Andrell Education Ltd, 2006, chartes p. 52-71, dont, par exemple, l'*eau* se ramifie à une trentaine d'objets.
[101] D. Panero, S. Bocchini, *Didattica creativa*, Bologna, EDB – Edizioni Dehoniane, 2008, « Mappe concettuali mentali », p. 107-108.
[102] Selon des informations fournies par le Dr. Nikos Giannoulis, Université d'Ioannina.
[103] M. Decleris, [gr, Sous la direction de :] *Théorie systémique*, Athènes, Ed. Sakkoulas, 1986 ; Decleris M., [gr, Sous la direction de :] *Gouvernance systémique*, Athènes, Ed. Sakkoulas, 1989.
[104] Sa dernière conférence tenue à l'Université d'Ioannina (29 - 31 mai 2008) était partiellement consacrée aux systèmes d'informatique éducative dont certains travaux seraient publiés au Journal of Applied Systemic Studies (IJASS). Internet : http://www.hsss.gr/2008ioannina. Dans ce sens c'est difficile d'expliquer la raison pour laquelle les nouveaux manuels scolaires de la géographie et de la physique pour lesquels les programmes prévoyaient un usage étendu de la notion du système n'ont pas encore embrassé la conception systémique dans tous ses états. Cependant, certains auteurs mettent en valeur les rudiments systémiques des manuels pour proposer des méthodes d'enseignement intethématique. Voir Drikou, E. Zacharakis, E., Belesiotis, V. S., « Les scénarios d'apprentissage collaboratif assisté par les TIC [Technologies de l'information et de la Communication] » in [1ère conférence sur] *L'intégration et l'utilisation des TIC dans le processus éducatif*, Université de Thessalie, Volos, 2009, p. 49-55.

Fig. 1.1. (2). Les « 8 femmes » de Robert Thomas donnent leur place à 8 hommes systémiques. La pièce parisienne en mise en scène athénienne.

    Un témoignage inattendu en faveur du système et en particulier en tant qu'outil pédagogique interthématique nous avons entendu de la part de Mme E. Koutsouki, professeur de biologie, docteur en biochimie. Sa déclaration a été faite à l'occasion de la représentation de la pièce de Robert Thomas « 8 femmes », qui a été montée au Théâtre national grec l'hiver 2008-2009. L'originalité de la mise en scène était la suivante : Quoique toutes féminines, les parts ont été attribuées à des hommes qui portaient tous des robes uniformes. Madame Evgenia Koutsouki nous dit : « Si je devais prendre part à une journée pédagogique ayant pour thème le système, je choisirais une ou plusieurs scènes de cette pièce pour enseigner certains aspects du système, tels que l'interaction, la rétroaction, le système fermé et surtout la différence entre un "ensemble d'éléments neutralement participants" et un "système d'éléments dynamiquement interagissants" ».[105]

---

[105] Montée dans un espace faisant partie de la première aire industrialisée d'Athènes, un grand hangar située Rue Piraios, cette représentation théâtrale fait aussi penser aux créations de Bernard-Marie Koltès (1948 - 1989), notamment le « Quai Ouest», pour lequel son auteur décrit ainsi la source de son inspiration « ... Il y avait, sur les bords de l'Hudson River, à l'Ouest de Manhattan, un grand hangar, qui appartenait aux anciens docks. [...] Peu d'endroits vous donnent, comme ce hangar disparu, le sentiment de pouvoir abriter n'importe quoi – je veux dire par là : n'importe quel événement impensable ailleurs. [...] ». Nous sommes ici devant un cas exemplaire où convergent plusieurs données, sur plusieurs niveaux, pour une étude du « matérialisme culturel » en rapport avec le théâtre et l'inspiration des créateurs, la ville, le loisir et l'inspiration interthématique de l'enseignant « interthématiste » dans des conditions « σχόλη »/« σχολή ». Voir Jen Harvie, *Theatre and the City*, Hampshire UK, Palgrave Macmillan, 2009, p. 22-24; pour

En rapport d'équilibre – terminologique et pédagogique – délicat en face de l'interdisciplinarité se trouve aussi la **pluridisciplinarité**. Très souvent « l'exigence interdisciplinaire »[106] est introduite comme «pluridisciplinarité» préalable. De leur rapports on doit remarquer le suivant : Dans la recherché et les applications où il y a un objectif comme résultat matériel attendu, la pluridisciplinarité (*par juxtaposition*) est en mesure de ne pas condamner en échec la marche de la recherche et de l'application. Cependant, dans l'enseignement où il n'y a pas d'objectif matérialisable – dans la classe il suffit parfois d'exposer les diverses approches –, la pluridisciplinarité *par juxtaposition* agit à l'encontre de l'objectif de l'interdisciplinarité *par intégration*.

Dans le domaine des applications aussi bien que dans celui de la recherche et de l'enseignement la confusion même en terminologie, entre les concepts de l'interdisciplinarité, d'une part, et de la multidisciplinarité (ou, ajoutons, de la pluridisciplinarité, etc.), constitue un facteur qui empêche d'atteindre les buts de la vraie interdisciplinarité. Milton Santos (1926 - 2001), géographe brésilien, avait souligné :

« Quant on parle de multidisciplinarité, cela signifie que l'étude d'un phénomène suppose une collaboration multilatérale de plusieurs disciplines, mais cela n'est pas suffisant pour garantir l'intégration entre elles, ce que l'on pourrait atteindre uniquement par l'interdisciplinarité, c'est à dire par une imbrication entre différentes disciplines orientées vers un même objectif d'étude »[107].

Dans un article, le professeur Dimitris Rokos, un des fondateurs de la recherche interdisciplinaire en Grèce[108], procède en une analyse du préfixe *inter-* (en grec *dia-*) comme ceci existe dans une multitude de mots (tels comme *diachronie, diaclasse, diagnose, dialogue, diaphane, diathèse* etc.) et il l'oppose aux préfixes *multi-/pluri-* (en grec *poly-*, pour tous les deux) qui donnent les mots composés correspondants

---

[106] l'interview de Koltès : http://www.leseditionsdeminuit.eu/f/index.php?sp=liv&livre_id=1687.
F. Alvarez-Pereyre, *L'exigence Interdisciplinaire*, Paris, Editions de la Maison des sciences de l'homme, 2003. Dans cet ouvrage de « pédagogie de l'interdisciplinarité en linguistique, ethnologie et ethnomusicologie » « l'interdisciplinarité [comme] un projet paradoxal » est introduit par la constatation que « La pruridisciplinarité est une réalité quotidienne [...] ».

[107] Op. cit., p. 83. Milton Santos, *Pour une géographie nouvelle*, OPU/Publisud, 1984, p. 79.

[108] D. Rokos, [gr] *Ressources naturelles et enquêtes intégrées*, Ed. Paratiritis, 1981. Dans le chapitre 6 (p. 272), Rokos introduit la notion du groupe optimal de travail interdisciplinaire de recherche-développement par référence à J.C.J. Mohrmann, *Planning and Management of Integrated Surveys for Rural Development*, Vol. XII, The Netherlands: ITC Textbook of Social Sciences and Integrated Surveys, 1980. Dans ce livre de Rokos, sont mentionnées les estimations de J.C.J. Mohrmann concernant la taille optimale d'un groupe interdisciplinaire de chercheurs et qui est constitué non seulement d'ingénieurs, et d'économistes mais également de géographes et d'anthropologues.

(tels comme *polyandrie, polycopie, polyglotte, polypode*, etc.).[109] Il critique ensuite l'usage alterné, qui se fait souvent par inadvertance, des termes *multidisciplinarité* et *interdisciplinarité*, au niveau international, même dans les programmes de la NASA, pour conclure :

> C'est l'interdisciplinarité qui assure l'interaction vive et organique des méthodes pour conduire à leur synthèse et à leur promotion en de nouvelles techniques intégrées et pour cette raison efficaces, qui conçoivent de manière holistique la multiplicité des éléments de la réalité naturelle et sociale et leur caractère intégré qui est dialectiquement entrelacé. Ces éléments structurent ou influencent de façon décisive les phénomènes étudiés en physique, chimie et biologie ainsi que les processus plus compliqués qui en dérivent dans le fonctionnement du système de la Terre. [C'est nous qui soulignons].

En outre, ce même chercheur grec, en étudiant les rapports du *Committee on Environment and Natural Resources Research* (CENR) du *National Science and Technology Council* (NSTC) des E.-U.[110], conclut :

> Cependant, l'interdisciplinarité se voit délimitée, dans une grande mesure, dans les domaines de la science et de la technologie, en méconnaissant des aspects fondamentaux des problèmes étudiés qui appartiennent [1)] à la sphère des interventions anthropogènes sur le système Terre et [2)] au domaine des choix politiques et économiques (qui ont provoqués ces problèmes), et qui sont dus aux valeurs, aux attitudes et aux comportements dominants, et aux modèles de production, de « développement » et de consommation qui ont prévalu.[111] [C'est nous qui soulignons].

Dans un esprit pareil mais dans un contexte plus général, concernant l'étude de l'espace humanisé, l'historien Spyros Asdrachas n'hésite pas à parler d'une organisation d'études interdisciplinaires du territoire et de son histoire – géographie, linguistique, sciences et techniques – de portée post-universitaire, qui éviterait, en

---

[109] D. Rokos, [gr] « L'interdisciplinarité dans l'approche et l'analyse intégrées de l'unité de la réalité naturelle et socio-économique », 2004, p.10, Internet, http://www.survey.ntua.gr/main/studies/environ/keimena/rokos_d.pdf. Le Professeur D. Rokos est responsable scientifique et administratif du "The Metsovion Interdisciplinary Research Center (M.I.R.C.) of the National Technical University of Athens (N.T.U.A.) for the Protection and Development of Mountainous Environment and Local European Cultures." (2007). Ce travail de Rokos est dédié au Professeur Eftichis Bitsakis avec qui le lient « au cours de derniers trente ans des efforts et des expériences précieux et multidimensionnels dans l'interdisciplinaire ».
Qu'on note encore que l' « interdisciplinarité » ainsi que l' « intégration » chez Rokos revêtent également une dimension tout à fait « spatiale » et banalement terrestre, quant aux applications dans le territoire grec et en rapport avec la mise en valeur « salutaire » du vaste écosystème montagneux du pays. Communication personnelle, 15 septembre 2008. Il est certain qu'on doit ainsi s'opposer à la « monoculture » du tourisme balnéaire grec qui se répand en Grèce.

[110] Op. cit. p. 11-13.
[111] Op. cit. p. 14.

tous cas, la formation d'esprits « encyclopédiques ».[112] Dans un esprit pareil un groupe de jeunes universitaires indépendants publie depuis 2005 un périodique annuel intitulé « Interdisciplinarité critique » afin de « contribuer à un dialogue critique entre les disciplines qui mènerait à la création d'un nouveau cadre dont le centre serait l'homme ».[113]

Cependant, dans le milieu universitaire grec, il y a, en général, une confusion de termes et de définitions :

« Le programme de master en Études européennes et internationales du Département de sciences politiques et d'Administration publique de l'Université d'Athènes [a comme caractéristique] l'interdisciplinarité, à savoir l'examen des phénomènes européens et internationaux sous des angles optiques et approches scientifiques différents.[114] [C'est nous qui soulignons].

TABLEAU 1.1.(1). CLARIFICATIONS TERMINOLOGIQUES - SELON YVES LENOIR[115]

1. Monodisciplinarité	Recours à une seule discipline (unidisciplinarité).
2. Multidisciplinarité	Recours à deux ou à plusieurs disciplines.
3. Pluridisciplinarité	Juxtaposition de deux ou de plusieurs disciplines.
4. Intradisciplinarité	Interrelations au sein d'une discipline ou d'un même champ disciplinaire en fonction de sa logique interne.
5. Interdisciplinarité	1) Au sens large, une expression générique.
	2) Au sens restreint, interactions entre deux ou plusieurs disciplines portant sur leurs concepts, leurs démarches.
6. Transdisciplinarité	1) En deçà des disciplines.
	2) Au-delà des disciplines.
	3) À travers les disciplines (transversalité).
	4) Mobilisation pédagogique transversale dans le cadre d'un projet.
7. Circumdisciplinarité	Prise en compte des savoirs autres que scientifiques

Également, des titres qui sont supposés renvoyer à un matériau interdisciplinaire ne cachent, très souvent, qu'une variété « thématologique » développée autour d'un axe, localisée dans une aire géographique ou liée à une piste féconde.[116] La

---

[112] S. I. Asdrachas, « Les témoignages du territoire », *I Kathimerini*, 5 octobre 1993, p. 12.
[113] « Interdisciplinarité critique », Groupe pour l'interdisciplinarité et la méthodologie, Directeur Sotiris Dimitriou. Editeur Savvalas, Athènes.
[114] Internet: http://www.pspa.uoa.gr.
[115] http://www.educ.usherbrooke.ca/recherches/crie/Publications/Communications/ Tunisie.PDF. Un cadre un peu plus large tiendrait aussi compte, au niveau de l'organisation éducative, d'autres paramètres, tels p.ex. le décloisonnement, l'intégration des apprentissages, l'intégration des enseignements et/ou des matières et/ou des savoirs pour passer ensuite à l'interdisciplinarité, l'intradisciplinarité, la multidisciplinarité, la pluridisciplinarité et la transdisciplinarité. Voir Anne Lowe, « La pédagogie actualisante ouvre ses portes à l'interdisciplinarité », http://assoreveil.org/peda_actu_8.html.
[116] Le cas de l'édition universitaire suivante est très caractéristique : [Université de l'Egée], [gr] *Axes et présupposés pour une recherche interdisciplinaire – Actes de conférence*, « Nikolaos Dimitriou » - Fondation culturelle de Samos, Athènes 1995.

confusion terminologique est plus étendue et elle comprend, évidemment, l'interthématique, comme elle est introduite dans l'éducation grecque. Pour ne citer qu'un exemple, la publication récent, en traduction, de l'ouvrage connu des Maingain et Dufour, sous la direction de Fourez, intitulé *Approches didactiques de l'interdisciplinarité* [117] a parue en grec sous le titre *Approches didactiques de l'interthématique* [118] (exactement : « de l'interthématicité »).

Dans le cadre de notre travail nous acceptons les correspondances conceptuelles et terminologiques établies par Lenoir que nous présentons par la suite (TABLEAU 1.1.(1). CLARIFICATIONS TERMINOLOGIQUES).

TABLEAU 1.1.(2). COOPÉRATION ET COORDINATION ENTRE LES DISCIPLINES ET LES ACTIVITÉS PÉDAGOGIQUES : APPROCHE PRATIQUE

Type du cours interdisciplinaire	Forme de la Coopération	Place des disciplines	Exemples
Cours par contact de disciplines	Coopération lâche des disciplines	Une discipline particulière détermine le cours qui comprend aussi d'éléments des autres disciplines	Cours « ouvert » d'une seule matière
Cours par association de disciplines	Coordination des disciplines au niveau du contenu et organisationnelle	Les disciplines particulières s'entrelacent et assistent l'une l'autre selon un plan élaboré	– Team teaching – Excursion ou visite d'une entreprise – Projets – Séjours à la campagne – Journées d'études
Cours par intégration de disciplines	Abandon du cours spécialisé traditionnel	– Abandon de la séparation organisationnelle – Les disciplines n'apparaissent plus que par/pour des questions et méthodes spécialisées	– Cours sur le milieu local et national; éducation pour la santé et prévention des dépendances – Cours organisé par domaines de contenu et par problèmes-clés ; le *GSE*[119] en Bavière

D'après Rinschede, op. cit. p. 182.

Cette grille très limpide de Lenoir renvoie en guise de résumé à la contribution que nous devons, depuis déjà les années 1970, à Jantsch [120] (TABLEAU 1.1.(3).) et

---

Sans vouloir, en aucune façon, mettre en doute la valeur des contributions, leur grande variété ne se prête à aucune convergence d'ordre interdisciplinaire. Exemples de trois titres consécutifs: « Les rapports entre Chypre et Samos aux 7ᵉ et 6ᵉ siècles av. J.-C. » ; « Identité culturelle et presse locale à Samos» ; « Un système de nomination des enfants en rapport avec les pratiques de succession à Andros ».

[117] A. Maingain, B. Dufour, G. Fourez, *Approches didactiques de l'interdisciplinarité*, Paris-Bruxelles, De Boeck Université, 2002.

[118] A. Maingain, B. Dufour, G. Fourez, [gr] *Approches didactiques de l'interthématique*, Athènes, Ed. Patakis, 2007.

[119] Geschichte, Sozialkunde, Erdkunde (Histoire, sciences sociales, géographie) ; voir V. Reilly, *Terra GSE*, Schülerbuch, Klasse 7. Bayern, Für Hauptschulen, Stuttgart, Ernst Klett Verlag, 2005.

[120] E. Jantsch, « Vers l'interdisciplinarité et la transdisciplinarité dans l'enseignement et l'innovation », in : Léo Apostel et al., *L'interdisciplinarité*, OCDE/CERI, 1972, p.108, 109.

que nous avons toujours considérée comme un cadre très utile pour plusieurs de nos travaux. Le nom d'Erich Jantsch ainsi que celui de Leo Apostel sont liés avec « l'âge d'or de l'interdisciplinarité [qui] est marqué par les travaux de l'OCDE ».[121] Qu'on note que l'interdisciplinarité selon Lenoir, TABLEAU 1.1.(1)., points 5. 1) et 5. 2), est plutôt « large », celle de Jantsch, TABLEAU 1.1.(3)., point 4., conforme à Santos et présupposant *une imbrication entre différentes disciplines orientées vers un même objectif d'étude* (cf. plus haut) étant plus « stricte ».

Il serait pourtant utile de noter ici qu'en didactique géographique comme celle-ci est développée en Allemagne (où, au niveau de la terminologie de l'interdisciplinarité, la situation parait être très compliquée), l'enseignement interdisciplinaire de la géographie est développé de la manière indiquée dans le Tableau 1.1.(2).

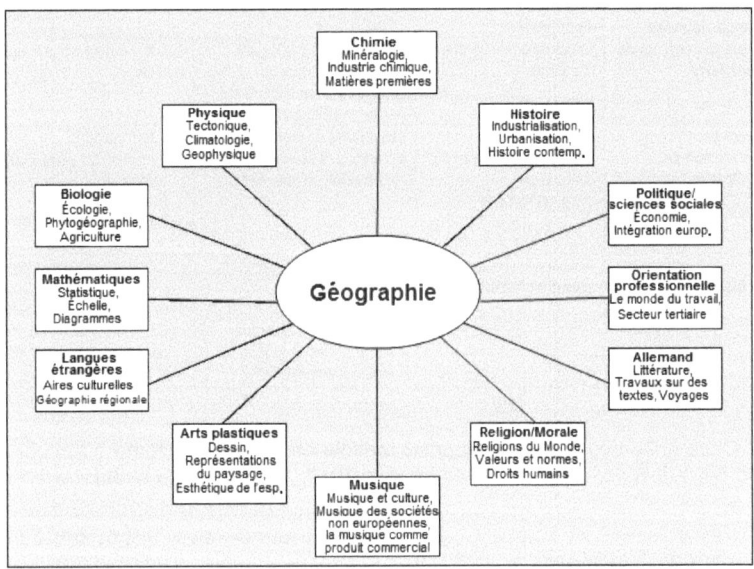

Fig. 1.1.(1). Des propositions interdisciplinaires ayant comme centre la géographie. D'après Rinschede (op. cit. p. 183), basé sur les travaux de G. Kirchberg.

Dans ce cadre, la géographie, considérée comme discipline/matière qui sera – à tour de rôle avec d'autres disciplines – située au milieu de l'action pédagogique, entre en contact avec d'autres disciplines de la manière qui est représentée sur la Fig. 1.1.(1).

Nous croyons qu'il faut lire de deux manières ce schéma. Rappeler en géographie, par exemple,

---

[121] N. Rege Colet, *Enseignement universitaire et interdisciplinarité*, Bruxelles, De Boeck Université, 2002, p. 20.

- les aspects chimiques des minéraux ;
- les étapes historiques de l'urbanisation (par exemple en Europe) ;
- la statistique,

et autres, mais en même temps étudier, par exemple,
- la « géographie » de l'industrie chimique sous diverses échelles, notamment du point de vue de la protection de l'environnement ;
- la « phytogéographie » d'une grande ville méditerranéenne, dans une optique d'intervention ponctuelle ;
- la « géographie économique » des produits musicaux par des calculs de corrélation, et autres.

C'est ainsi que le niveau d'interdisciplinarité serait plus élevé, donc également l'éventail interthématique plus large et pédagogiquement / socialement plus important.

TABLEAU 1.1.(3).
COOPÉRATION ET COORDINATION ENTRE LES DISCIPLINES ET LES ACTIVITÉS PÉDAGOGIQUES
APPROCHE CLASSIQUE

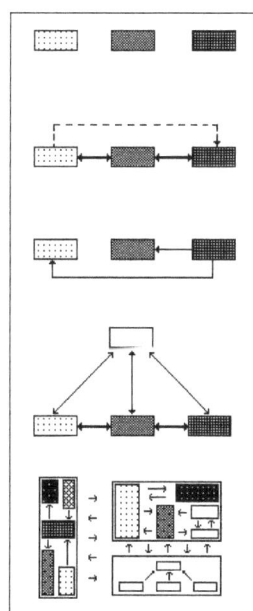

1. Multidisciplinarité
Gamme de disciplines que l'on propose simultanément, mais sans faire apparaître les relations qui peuvent exister entre elles: *objectifs multiples, aucune coopération*.

2. Pluridisciplinarité
Juxtaposition de disciplines et groupées de manière à souligner les relations qui existent entre elles: *objectifs multiples, coopération sans coordination*.

3. Disciplinarité croisée
Axiomatique d'une seule discipline imposée à d'autres disciplines, ce qui crée une polarisation rigide des disciplines, sur l'axiomatique propre à une discipline: *un seul objectif* [parfois caché]; [*mise en valeur de certains éléments de la discipline « centrale », dans l'enseignement des autres*].

4. Interdisciplinarité
Axiomatique commune à un groupe de disciplines connexes, définie au niveau hiérarchique immédiatement supérieur, ce qui introduit une finalité: *objectifs multiples, coordination procédant du niveau supérieur* [*des concepts*].

5. Transdisciplinarité
Interdisciplinarité élargie englobant plusieurs formes d'interdisciplinarité comme « l'activité interbranche », et « l'inter-activité pédagogique ». Touchant plusieurs aspects du fonctionnement du système éducatif et agissant par des essais et interactions sur plusieurs niveaux, elle est considérée comme intégrante mais non totalisante.

Source : Erich Jantsch, « Vers l'interdisciplinarité et la transdisciplinarité dans l'enseignement et l'innovation », in : Léo Apostel et al., *L'interdisciplinarité*, OCDE/CERI, 1972, p.108, 109. Modification de la *transdisciplinarité*.

Une grande importance doit être ici attribuée à la transdisciplinarité [Tableau 1.1.(1)., point 6 – 4) ; Tableau 1.1.(3)., point 5] considérée, selon Lenoir, comme

« mobilisation pédagogique transversale dans le cadre d'un projet». Cette notion est en fait primordiale. Elle exprime des rapports au niveau du personnel enseignant, surtout du point de vue de l'organisation hiérarchique, et du personnel « enseigné ». Si l'interdisciplinarité constitue le contenu, la transdisciplinarité représente sa structure cachée. Il est inconcevable qu'un mouvement en faveur de l'interdisciplinarité soit mis en place sans qu'un changement transdisciplinaire n'ouvre le chemin.[122]

Comme un aspect aussi important doit être également considéré la *circumdisciplinarité* (point 7 du Tableau 1.1.(1).) Nous allons nous occuper de cet aspect un peu plus en détail.

Comme on l'a vu dans la bibliographie riche, citée dans la critique de Rokos, l'interdisciplinarité doit être traitée comme un processus qui
- est en mesure de servir l'*intégration*

qui devrait à son tour
- inclure les aspects humains
    - au niveau de l'action des sociétés humaines, et
    - à celui de l'étude des protagonistes eux-mêmes.

Ces protagonistes se trouvant, dans un « complexe physique local », en interaction incessante avec leur environnement/entourage, subissent ses manifestations « sur [leur] vie quotidienne, [leurs] préoccupations et [leurs] représentations mentales »[123].

C'est cette étude des protagonistes qui mènerait l'interdisciplinarité, comme « inter-activité pédagogique », au seuil de l'art,[124] devant
- les innombrables et combien fortes études de cas[125] que nous avons héritées de l'analyse littéraire,[126]
- les règles éternelles de la vie qui sont dictées par des condensations poétiques, et
- les représentations de la vie et de la mort qui nous rappellent les drames et les tragédies déroulés sur les planches du théâtre.

---

[122] Nous avons essayé de nous servir de cette idée dans nos propositions pour une reforme de l'enseignement géographique en Grèce (I. Rentzos, *Éducation géographique...*, 1984, op. cit.) mais nous l'avons aussi appliquée dans l'exercice de nos fonctions universitaires (Mytilène, Volos, Ioannina) et administratives (Istanbul).

[123] G. Hugonie, *Les espaces « naturels » des Français - Les complexes physiques locaux*, Nantes, Editions du Temple, 2003, p. 6.

[124] On sait que dans ses analyses Martin Heidegger met en évidence le fait que le mot grec τέχνη (technē = art et/ou technique) dénote plutôt le « savoir » ou la « connaissance » que l'activité artistique elle même. M. Heidegger, *Poetry, Language, Thought*, [Transl. Albert Hofstadter], New York, Perennial Classics, 1971 (2001), p. 57.

[125] R. H. Wells & J. McFadden [Ed. by:], *Human Nature: Fact and Fiction*, London, Continuum, 2006, Chapitre *Human universals and individual identities in Literature*, p. 70-76.

[126] Roman Ingarden présente en tout détail les similitudes et les différences entre l'œuvre scientifique et l'œuvre littéraire d'art. R. Ingarden, *The Cognition of the Literary Work of Art*, NW University Press, 1973, p. 146-167.

Parallèlement à ces formes d'art, la force intégrante du cinéma qui est aussi présente, photographie la réalité par sa puissance interdisciplinaire, quoiqu'il s'agisse, comme on le signale souvent, d'une réalité qui est composée par la bobine.[127]

Il s'agit de paysages de la « technotopie » du film qui ne sont pas sans lien avec les paysages que nous avons hérités de la peinture (et plus tard de la photographie) comme des représentations *exactes* de la nature. Nous assistons ici comme témoins du départ d'une interdisciplinarité par laquelle, un bel art, et en particulier la peinture, a réussi à devenir « exacte ».

Aczel met en valeur une peinture d'André Lhote intitulée *Le peintre et son modèle* (1920), pour évoquer les rapports entre le cubisme et les notions des transformations mathématiques.[128]

Par l'introduction de la perspective linéaire dans la peinture, des méthodes géométriques, qui sont d'abord utilisées dans des activités telles que les transports maritimes, la balistique et le commerce, sont mises en valeur par l'art. Il s'agit, en d'autres mots, des méthodes du capitalisme – alors mercantiliste – ascendant. Plus précisément,

> « les idées de la perspective et de la contemplation peuvent être interprétées comme <u>appropriation visuelle</u> du territoire ce qui correspond à l'<u>appropriation physique</u> des terres cultivées ».[129] [C'est nous qui soulignons].

Notons en particulier que la dernière citation met en contact l'art, la science et la dominance économique. Nous sommes donc dans un cadre interdisciplinaire d'étude qui traverse les frontières entre disciplines scientifiques et introduit l'étude de la relation entre l'art (y compris la littérature), l'économie et la science.

L'*interdisciplinarité*, pour laquelle il est ici préférable d'utiliser le terme d'*interactivité*, qui ne comprend pas la racine *discipl-*, atteigne une grande ampleur.[130] On s'en rend compte également dans les rapports de la musique avec les mathématiques, cette discipline par excellence (« leçon », mathéma, μάθημα), qui mène, par la voie de la pédagogie interdisciplinaire, plus de 25 siècles après Pythagore, à l'expérimentation « musimathématique ».[131] Ce n'est pas le comble. Le fatras pseudo-scientifique,[132] la diffusion du paranormal[133] et les croyances populaires et autres guettent l'éducation et la société.

---

[127] « All landscapes in cinema are "reel" ». Andrew Horton, "Reel landscapes: cinematic environments documented and created" στο I. Robertson & P. Richards, *Studying Cultural Landscapes*, Arnold, London, 2003, p. 71.

[128] A. D. Aczel, *The Artist ...*, op. cit., version grecque, p. 8.

[129] P. Jackson, *Maps of Meaning*, London, Routledge, 1989, p. 43.

[130] P. Jackson, op. cit., p. 43. J. T. Klein and W. H. Newell, 'Advancing Interdisciplinary Studies', In Newell, W. H. [editor:] *Interdisciplinarity: Essays from the Literature*, College Entrance Examination Board, New York, 1998, p. 3.

[131] G. Chollet, *La musimatique, l'interdisciplinarité en actes*. CEPEC, 2004.

[132] Dans son analyse de *la recherche de l'absolu*, le roman balzacien qui est inspiré par la vie des scientifiques de son époque, Fernand Angué nous signale d'abord que Stefan Zweig « s'est montré bien indulgent pour le grand romancier en déclarant que "de tous les écrivains du temps, aucun, depuis Gœthe, n'a suivi avec de curiosité et d'intérêt tous les progrès de la science" ». Et ensuite il passe à sa

Les auteurs prennent garde de rappeler à leurs lecteurs, surtout dans les ouvrages de vulgarisation sérieux que « ... la métaphysique, la théologie et la philosophie étaient prééminentes et que la science s'est parfois nourrie, elle aussi, de croyances... »[134]. Est-ce qu'il serait utile et faisable de comparer la validité du savoir scientifique avec les impressions personnelles qui proviennent des arts et des croyances? Est-ce qu'il s'agit là tout simplement de constructions sans fondement qui, en face du contenu universel, mesurable et incontestable de la science, doivent être rejetées ? Et dans quelle mesure le cadre rigide de la science est aussi incontestable indépendamment des rapports avec l'acceptation *sociale* et, même, *étatique*, de la science ?

Dans ce cadre qui, du point de vue interdisciplinaire est extrêmement intéressant, puisque il concerne l'*holisme* qui pourrait être considéré comme l'apogée de l'interdisciplinarité, Anne Harrington, professeur de l'Histoire de la science, à l'Université de Harvard, nous rappelle que « les propositions de la science ne reflètent pas les réalités de la nature de façon simple et claire ».[135]

Mike Grang, en renvoyant à Theodor Adorno, qui, dans un cas, avait dénoncé une « mesure de la culture » qui aurait été entreprise, se réfère à l'absence d'objectivité et de neutralité de la science. Il arrive au point d'affirmer :

> Le savoir scientifique [...] ne se "trouve" pas, la vérité n'est pas à découvrir mais, au contraire, à fabriquer [...] Choisir ce que, parmi tout ça [science, art et systèmes de convictions] est valide, c'est une question politique. Il concerne la dominance du groupe qui perçoit le monde d'une certaine manière et essaie d'invalider les arguments des autres groupes.[136]

On n'est pas loin de la conception également « anorthodoxe » de Latour et de Woolgar selon laquelle les objets d'étude « scientifiques » [= de la part des scientifiques] sont des entités « socialement construites » dans les milieux des spécialistes, ce qui revient à considérer l'activité scientifique comme un système de pratiques culturelles dans le cadre de traditions orales menant vers une sorte de croyances.[137]

Par une analyse technique et tellement profonde Roger Penrose, dans les 1000

---

critique : « à vrai dire, il y a beaucoup de fatras pseudo-scientifique dans ce roman ». Dans ce contexte, la critique de Taine, faite en 1858, ressemble avoir été écrite pour notre interthématique moderne *qui* « parle comme un dictionnaire des arts et métiers, comme un manuel de philosophie allemande et comme une encyclopédie des sciences naturelles ». Cependant, le sujet grammatical de cette proposition d'Hippolyte Taine n'est que le grand romancier. Honoré de Balzac, *La recherche de l'absolu*, [Avec des notices par Fernand Angué], Paris, Librairie Larousse, 1955.

[133] Voir notre approche détaillée: 5. L'interthématique scientifique aux confins de la géographie des structures, des cultures et des sociétés
[134] E. Strosberg, *Art et science*, Editions Unesco, 1999, p. 11.
[135] A. Harrington, *Reenchanted Science – Holism in German Culture from Wilhelm II to Hitler*, Princeton University Press, 1996, p. xxiii (Introduction).
[136] M. Crang, *Cultural Geography*, London, Routledge, 1998, p. 180.
[137] Bruno Latour et Steve Woolgar, *La Vie de laboratoire – La production des faits scientifiques*, La Découverte, coll. « Poche », 1996(1988).

pages de son ouvrage de physique moderne, [138] est en quête des diverses « variantes » de la réalité qui repose sur son fondement platonicien constitué par « le bien, le vrai et le beau » [139] c'est-à-dire les sphères « de la moralité, de la vérité et de la beauté ». [140]

Ces dernières se trouveraient, selon Penrose, en interaction avec le monde physique ainsi qu'avec le monde mental. [141] Des « choses » aussi « réelles » que le lieu et l'espace (le territoire) et, plus loin, l'histoire et la culture, ne sont pas que des chapitres de leçons scolaires mais constituent des thèmes philosophiques, par excellence, liés à l'existence et aux droits fondamentaux des êtres humains. [142] Vue ainsi l'interdisciplinarité éducative, elle constitue pour l'école grecque un défi. Elle appelle à son ouverture ainsi qu'à l'élargissement de ses contenus et à l'approfondissement de ses méthodes.

Il y a pourtant plusieurs éléments qui tendent des pièges et préparent des embuscades par leur présence ainsi que par leur absence. Il s'agit :

1) d'une disciplinarisation poussée à l'extrême par la juxtaposition de connaissances scientifiques provenant de diverses disciplines sans être mises en valeur quant à la clarification du social ;

2) d'une approche et d'une valorisation d'autres formes de la créativité humaine, en dehors de la science, telles que la littérature et les beaux arts, qui profiteraient en ce moment de l'occasion d'enrichir l'« inter- » de l'*interdisciplinarité* dans l'école grecque;

3) de la philosophie, qui ne doit pas être considérée tout simplement comme un cours supplémentaire mais tout au contraire comme un complément indispensable de chaque matière telle la physique et la biologie[143] mais aussi la géographie,[144]

---

[138] R. Penrose, *À la decouverte des lois de l'Univers*, Tr. Céline Laroche, Paris, Ed. Od. Jacob, 2007.

[139] R. Penrose, op. cit. p. 20.

[140] R. Penrose, op. cit. p. 990.

[141] R. Penrose, op. cit. p. 990.

[142] A. Katsikis, [gr] « La contribution d'Emmanuel Kant au fondement de la géographie théorique », in Con. Scordoulis, Lia Chalkia [Direction éditoriale :], *Actes de la 2ᵉ Conférence sur l'histoire et la philosophie de la science et leur contribution à l'enseignement des sciences physiques et naturelles*, Athènes, 2003, p. 235-242 ; H. Fischer, « Culture and Space » in *Space Inequality and Difference*, Aristotelian University of Salonica, Department of Urban and Regional Planning, Milos, Greece, 1998, p. 208-236 ; Feriel Ait-Ouyahia, « L'unesco et la philosophie », Intervention au 6ᵉ colloque sur les nouvelles pratiques philosophiques en avril 2005 au CRDP de Poitiers, http://www.crdp-montpellier.fr/ressources/agora/D027014A.HTM.

[143] Des ouvrages tels que ceux de Roger-Pol Droit et de Jostein Gaarder ont exercée une certaine fascination, aussi en Grèce. La philosophie est certainement enseignable. Cependant le physicien qui vient de terminer son cours sur la résistance de l'air peut conclure par référence à la colombe légère de Kant, cet exemple montrant le caractère relatif et dialectique de la « résistance » de l'air qui contribue à la propulsion de l'oiseau. R.-P. Droit, *La Philosophie expliquée à ma fille*, Paris, Seuil, 2004 ; J. Gaarder, [gr] *Le Monde de Sophie*, Athènes, Ed. Livanis, 1994.

[144] J. Malpas, *Heidegger's Topology – Being, Place, World*, Cambridge, MA, MIT, 2006.

notamment comme science postmoderne de l'espace[145] et comme poléographie géophilosophique [146] et surtout de toute étude des paires d'activités « biculturelles »[147] dont celles « géoculturelles ».

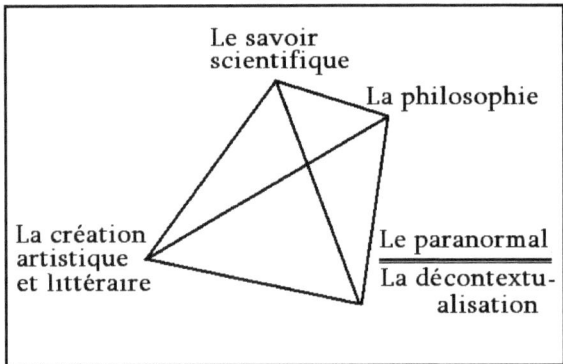

Fig. 1.1.(2). L'élargissement interdisciplinaire éducatif et ses risques.

4) d'une émergence dans l'école et dans la société du paranormal qui, avec les croyances (officialisées mais hypocrites et opportunistes) et leur diffusion, renforcent l'encyclopédisme de l'interthématique et fonctionnent dans la société grecque (ainsi que dans certaines communautés) comme des formes alternatives de savoir et de pratique.

Comme on verra dans cette étude, le savoir scientifique se trouve en rapport de tétraèdre avec des formes d'information et d'éducation qui pourraient ne pas être

---

[145] B. Collignon et J. –F. Stazsak « Que faire de la géographie postmoderniste ? » in *L'Espace géographique*, 2004, 1, pp. 38-41 ; H. Regnauld, *Le concept d'espace, une approche distanciée*, (cours 10 et cours 11 sur l'espace dans la philosophie française contemporaine), Université de Rennes 2, Internet : http://cel.archives-ouvertes.fr/docs/00/33/43/40/PDF/MasterespaceFulltext2008V2.pdf, pp. 119-146.

[146] Thanos Garagounis, après avoir fait une présentation de la nouvelle philosophie française (Baudrillard, Derrida, Deleuze et Guattari, Lyotard), l'applique à la description de la ville de Réthymnon, pour arriver à la conclusion que son image actuelle néo-traditionnelle à été façonnée sous la pression de la consommation touristique. Th. Garagounis, [gr] *Les géographies postmodernes*, Patras, 2010.

[147] Il serait difficile de chercher une unité fondamentale dans la paire créatrice de l'art et de la science. Dans sa philosophie des sciences et sa philosophie poétique, Gaston Bachelard n'a jamais voulu arriver à une synthèse. « Il n'a pas confondu ses deux ordres de recherches ». Il s'agit ici d'un exemple de contenu épistémologique de premier ordre. Selon ses déclarations, Bachelard avait vécu deux vies, celle de la poésie enracinée dans le cosmique et l'élémentaire, celle de la science dans sa pureté et son abstraction. Selon ses propres paroles, « les axes de la science et de la poésie sont inverses […] l'attitude scientifique consistant précisément à résister contre l'envahissement du symbole ». J.-Cl. Margolin, *Bachelard*, op. cit., p. 65.

contrôlées par l'interdisciplinarité. D'un coté, certaines de ces formes ne trouveraient pas de passages qui leur faciliteraient la pénétration dans l'éducation interdisciplinaire. De l'autre coté, certaines autres de ces formes continueraient l'œuvre commencée par la purification et l'absence de toute contextualisation sociale de l'éducation scientifique [Fig. 1.1.(2).].

1.2. Cadre législatif et caractères généraux de l'introduction de l'interthématique à l'éducation grecque

L'interthématique comme ensemble de propositions de théorie socio-pédagogique et de pratique éducative et scolaire commence à être introduite en Grèce en 2001 sous forme d'un programme détaillé (« analytique ») en vue d'une reforme éducative.[148] Les décrets sont formulés par de textes concernant l'école primaire et le gymnase. Ils sont très impressionnants en volume.[149] Ils sont aussi accompagnés d'un numéro spécial de nombreuses pages de la revue de l'I.P. intitulée *Revue de questions d'éducation*[150] ainsi que, plus tard, d'une édition consacrée aux programmes interthématiques,[151] parue sous la surveillance éditoriale de l'I.P. Qu'on note que M. Stamatis Alahiotis, président de l'I.P. pendant la période visée, biologiste et professeur à l'Université de Patras, présentait régulièrement l'interthématique aux lecteurs du quotidien *To Vima*[152].

1.2.1. Le contenu des décrets est organisé comme « Cadre intégré interthématique des programmes d'études [DEPPS avec les] programmes analytiques d'études [PAE] de l'éducation obligatoire ».[153] L'extrait du DEPPS des sciences naturelles qui suit présente trois exemples qui contiennent :
1) des axes généraux du contenu et des concepts fondamentaux pour l'approche interthématique visée, Tableau 1.2. (1) ;
2) des objectifs, des unités thématiques, des activités indicatives, Tableau 1.2. (2). ; et

---

[148] Voir J.O. grec : 1366, fasc. B, 18-10-2001 / 1373, fasc. B, 18-10-2001 / 1374, fasc. B, 18-10-2001 / 1375, fasc. B, 18-10-2001 / 1375, fasc. B, 18-10-2001 / 1376, fasc. B, 18-10-2001. Également le DEPPS: J.O. 303 & 304, fasc. B, 13 mars 2003 και J.O. 1196, fasc. B, 26 août 2003. Cadre intégré interthématique des programmes d'études [DEPPS avec les] programmes analytiques d'études [PAE] de l'éducation obligatoire (http://www.pi-schools.gr/programs/depps).

[149] Par exemple: J.O. grec n⁰ 303/2003 pages 335 ; J.O. grec n⁰ 304(2003) pages 327; J.O. grec n⁰ 1366(2001) pages 239 et J.O. grec n⁰ 1373(2001) p. 1-133.

[150] *Revue de questions d'éducation de l'Institut pédagogique*, Numéro spécial consacré à l'interthématique, Numéro 7, novembre 2002, http://www.pi-schools.gr/download/publications/epitheorisi/teyxos7/epitheor_7.pdf).

[151] P.A. Agelidis et G.G. Mavroïdis [Direction éditoriale :], *Les innovations éducatives pour l'école de l'avenir*, vol 1, Athènes, Typôthitô – Dardanos, 2004, p. 5-36.

[152] St. Alahiotis, [gr] « L'école de l'avenir – La rédaction des nouveaux manuels de classe et les "petites universités" » *To Vima*, 24 mars 2002 ; S. Alahiotis, [gr] « Comment l'Education obtiendra-t-elle du "système" ? » *To Vima*, 8 juin 2003 ; S. Alahiotis, [gr] « Du nouveau "système" éducatif », *To Vima*, 12 octobre 2003. L'ouvrage récent de cet auteur (rédigé en collaboration avec E. Karatzia-Stavlioti) propose un regard inédit sur l'itinéraire de l'interthématique grecque. S. Alahiotis & E. Karatzia-Stavlioti, [gr] *Approche interthématique et biopédagogique...*, 2009, op. cit., ch. 9. Alahiotis s'occupait aussi pendant longtemps du journalisme de vulgarisation scientifique par des feuilletons de contenu biologique parus sous forme clairement interthématique.

[153] http://www.pi-schools.gr/programs/depps.

3) des projets interthématiques servant d'exemples, Tableau 1.2. (3). et Tableau 1.2. (4).

TABLEAU 1.2. (1)
AXES DE CONTENU, OBJECTIFS ET CONCEPTS FONDAMENTAUX POUR L'APPROCHE INTERTHÉMATIQUE PHYSIQUE, 2ᵉ CLASSE DU GYMNASE
Source : *J.O. grec 304/2003*

Axes du contenu	Objectifs (connaissances, aptitudes, valeurs)	Concepts fondamentaux dans l'approche interthématique
[...]	[...]	[...]
Chaleur	[...] L'élève doit être en mesure de • comprendre que la chaleur est une forme d'énergie et qu'elle se transforme en d'autres formes d'énergie. • exprimer ces transformations comme des produits technologiques (machine à vapeur, moteur à combustion interne) ainsi que comme des questions environne-mentales tel l'effet de serre, pour être capable de • reconnaître que la compré-hension du concept de la chaleur a contribué considé-rablement <u>à l'évolution de la civilisation humaine</u> [...]	Système Interaction Changement Civilisation

Il ne s'agit pas ici de procéder à des commentaires de ces petits extraits du programme que nous utilisons comme exemples. Nous devons pourtant nous distancier clairement de certaines positions implicites et issues de « l'innocence » avec laquelle le rédacteur du programme se réfère à « la civilisation » – au singulier[154] – et « à son évolution » [c'est nous qui soulignons dans les tableaux 1.2.

---

[154] « Vers 1819, le mot de civilisation, jusque-là au singulier (la civilisation), passe au pluriel ». F. Braudel, *Grammaire des Civilisations*, Paris, Arthaud – Flammarion, 1987, p.37. Voir également R. Breton, *Géographie des civilisations*, Paris, PUF/Que sais-je ? 1991 ; G. Wackermann, *Géographie des civilisations*, Paris, Ellipses, 2008 ; J. Bonnemaison, *La géographie culturelle. Cours de l'Université Paris IV-Sorbonne*, (établi par Maud Lasseur et Christel Thibault), Paris, Éditions du Comité des travaux historiques et scientifiques (CTHS), 2000. Le points de vue de [feu] Joël Bonnemaison sont généralement très intéressants. Nous-mêmes utilisons pour la « civilisation » les définitions suivantes : (1) Le/un résultat de l'accumulation de richesses et de concentration de pouvoir par une société ; (2) Les rapports humains et leurs produits considérés dans un cadre historique, économique et politique précis. I. Rentzos, [gr] *Cours de géographie culturelle*, Université d'Ioannina, 2007-2008, p. 7.

(1) et 1.2. (2)]. L'absence de toute notice explicative sur ces notions non seulement rend manifeste une certaine incompétence des responsables de la rédaction du programme mais en plus introduit des idéologies très spécifiques.

TABLEAU 1.2.(2).
OBJECTIFS, UNITÉS THÉMATIQUES, ACTIVITÉS INDICATIVES
CHIMIE, 2ᵉ CLASSE DU GYMNASE
Source : *J.O. grec 304/2003*

Objectifs	Unités thématiques	Activités indicatives *En cursives les propositions interthématiques*
Les élèves [...] doivent • distinguer les formes naturelle et humanisée de l'environnement [...] • reconnaître les applications utiles de la chimie et celles nuisibles.	• Qu'est-ce que la chimie et pourquoi on l'étudie [...] • La chimie et les autres sciences.	• Regroupement des matériaux de l'entourage par groupes de m. naturels et m. artificiels. • *Les grandes inventions/découvertes en chimie (poudre, engrais, pesticides, peintures, etc.) et conséquences dans <u>l'évolution de la civilisation</u> (EN : histoire, langue, technologie).* • *Recherche bibliographique sur les grandes inventions en chimie.*

TABLEAU 1.2.(3).
PROJETS INTERTHÉMATIQUES PROPOSÉS
Source : *J.O. grec 304/2003*

Thème : Le concept du symbole dans les diverses sciences.
Concepts interthématiques fondamentaux Communication, similitudes-différences, civilisation. Prolongements en physique, biologie, mathématiques, instruction religieuse, langue, histoire, éducation artistique, géographie.

[Autres thèmes] (*) Le trou d'ozone, Les bauxites grecques.
[Des explications succinctes].
(*) Il y en a 12 au total.

Thème : L'eau et la vie.
[La structure de cet exemple est expliquée par des titres-instructions qui sont fournis]. L'eau comme objet artistique ; en poésie et dans la littérature ; comme symbole religieux ; dans le corps des êtres vivants ; les ressources aquatiques dans notre région.

TABLEAU 1.2.(4).
PROJETS INTERTHÉMATIQUES PROPOSÉS
GÉOGRAPHIE/ GÉOLOGIE, 1ᵉ CLASSE DU GYMNASE
Source : *J.O. grec 1196/2003*

Thème : titre	Thème : [contenu]	Notions interthématiques fondamentales *Prolongements*
Les fleuves et les hommes	• Participation à des groupes de travail examinant des exemples concrets qui 1) démontrent la dépendance des humains de l'eau douce et 2) décrivent l'espèce des activités visant à la conservation des ressources hydriques.	• Dimension • Interaction • Interdépendance • Changement *Education sociale et civile/civique, histoire, biologie, langue.*
Vulcains et séismes	• Participation à des groupes de travail étudiant la répartition géographique des manifestations externes les plus caractéristiques de l'action de forces géologiques, catalogage et cartographie de la répartition géographique, explication, influence sur les humains.	• Dimension • Changement • Système • Interaction *Histoire, biologie, langue, éducation sociale et civile/civique.*
Ma ville	• Participation à des groupes de travail étudiant l'histoire, la géographie, l'organisation fonctionnelle des services offerts par la localité, petite ou grande, de l'établissement scolaire mais aussi les problèmes auxquels elle doit faire face.	• Dimension • Changement • Système • Interaction *Histoire, langue, éducation sociale et civile/civique, biologie.*

Ainsi que nous l'avons déjà remarqué, il ne s'agit pas ici de procéder à des longs commentaires sur ces extraits du programme. Cependant, nous devons, ici aussi, procéder à certaines remarques sur le programme de la nouvelle géographie interthématique. Est-ce que la « dimension » est un concept de l'enseignement géographique qui devrait attendre l'avènement de l'interthématique pour entrer dans la pédagogie de cette discipline ? Comment expliquer l'absence des mathématiques dans les « prolongements » didactiques (troisième colonne) ? Le « système fluvial » n'est-il pas un « système » qui aurait dû être examiné par une approche interthématique systémique comme ceci est fait pour « Vulcains et séismes » et « Ma ville » ? Est-ce que les « Vulcains et [les] séismes » sont pédagogiquement équivalents dans une région de grande sismicité telle la Grèce ? Il est cependant très intéressant de remarquer que la notion du « système » fait son apparition dans les programmes grecs. Pourtant elle fait toujours défaut dans les manuels qui sont rédigés pour soutenir l'interthématique !

« L'approche interthématique » comme notion épistémologique et éducative, occupe aujourd'hui en Grèce une place centrale dans le discours pédagogique-scientifique. De plus, elle parait dominante dans le champ plus large de « l'interdisciplinarité » (qui comprendrait aussi tous les autres termes, de petite fréquence ayant comme deuxième partie de composition la *-disciplinarité*). En ce sens, il est intéressant de lire le Tableau 1.2.(5).

TABLEAU 1.2.(5).
**FRÉQUENCE RELATIVE DES TERMES *INTERDISCIPLINARITÉ*
ET *INTER-THÉMATICITÉ* (INTERTHÉMATIQUE) EN GREC ET EN FRANÇAIS**
Source : *Recherche sur internet effectuée le 17 avril 2008*

Terme → Langue ↓	Interdisciplinarité [tous sens confondus]	Inter-thématique/ interthématique/ inter-thématicité/ interthématicité	Pluridisciplinarité/ multidisciplinarité
Français	199 000	326/ 123/ 2/ 0	159 000/ 22 500
Grec	3 690 [diepistimonikotita](*) 136 [Diakladikotita](**)	8 770 [diathematikotita]	448 [polyepistimonikotita]

(*) *di-epistim-on-ikotita* : *di-* = dia [inter], *epistim-* = science, *epistim-on* = savant, scientifique (n. m.).
(**) *Dia-klad-ikotita* : *-klad-* [cf. clado-] = rameau ; branche d'activité générale ou éducative et culturelle. Terme plutôt rare employé dans le domaine de l'éducation artistique et plus souvent en rapport avec l'organisation des forces armées.

Il est certain que « l'interdisciplinarité » comme terme et notion n'avait pas une fonction importante dans le système éducatif grec. Les cinq dernières années d'introduction officielle du terme « interthématique » ont suffit pour que ce dernier soit mis en relief.

Dans le cadre constitué par l'approche interthématique actuelle au niveau de l'éducation générale, les rapports entre l'interdisciplinarité et l'interthématique en Grèce, sont définis, selon le Professeur Elie Matsagouras, vice président de l'I.P., de la manière présentée par le Tableau 1.2.(6).[155] Nous considérons ici utile d'expliquer les points que nous y avons soulignés : 1) [à gauche] L'interdisciplinarité scolaire s'occupe de la « corrélation » entre les contenus des matières distinctes, chose qui n'est pas conforme, par exemple, avec les définitions de Santos et de Jantsch (voir 1.1.). En plus, 2) [à droite] la « suppr[ession] des matières scolaires distinctes », quoiqu'elle constitue une approche impressionnante (même révolutionnaire) du

---
[155] E. Matsagouras, « L'interdisciplinarité, l'interthématique et l'intégration dans les nouveaux programmes d'études : Les modes d'organisation du savoir scolaire », in *Revue de questions d'éducation de l'Institut pédagogique*, Numéro spécial consacré à l'interthématique, Numéro 7, novembre 2002, p. 19-36. http://www.pi-schools.gr/download/publications/epitheorisi/teyxos 7/epitheor_7.pdf).

savoir scolaire, n'offre pourtant aucun élément « nucléaire » de méthode.

TABLEAU 1.2.(6).
DÉFINITIONS DES TERMES *INTERDISCIPLINARITÉ*
ET *INTER-THÉMATIQUE* (« INTER-THÉMATICITÉ ») SELON MATSAGOURAS
Source : Matsagouras, op. cit.

Interdisciplinarité	Interthématique
Diepistimonikotita [terme grec utilisé]	**Diathematikotita** [terme grec utilisé]
Interdisciplinarity [terme anglais utilisé]	**Cross-thematic integration** [terme anglais utilisé]
Manière d'organisation du programme analytique qui préserve distinctes les matières scolaires comme des cadres de sélection et d'organisation du savoir scolaire et essaie, de plusieurs manières, de <u>corréler</u> entre eux les contenus des matières distinctes.	Manière d'organisation du programme analytique qui <u>supprime les matières scolaires distinctes</u> comme des cadres de sélection et d'organisation du savoir scolaire et considère le savoir comme une entité entière à aborder à travers l'investigation (habituellement collective) de thèmes, de sujets et des situations problématiques qui, selon les critères des étudiants, présentent de l'intérêt.

1.2.2. L'adoption et l'évolution de la reforme interthématique au cours des cinq dernières années a été marquée de plusieurs actions et réactions. Elles s'inscrivent toutes dans deux périodes dont on peut facilement distinguer la phase initiale. Sans mentionner la phase préparatoire qui a eu lieu comme « discussion avec la communauté éducative et évaluation interne »,[156] la 1e période commence avec la publication des décrets en 2003 (déjà en novembre 2002) alors que le début de la 2° période, qu'on parcourt encore, coïncide avec la publication en masse des manuels uniques d'Etat[157] en 2006.

Nous ne jugeons pas opportun d'entreprendre ici un enregistrement complet de toutes les données qui représentent « le tournant interthématique ». Cependant, nous sommes en mesure de procéder, de manière préliminaire, à la discussion des interventions caractéristiques qui ont eu lieu pendant les périodes (sous-périodes) de l'introduction de l'interthématique en indiquant des publications et des actions de portée nationale et internationale. Ces éditions/publications comportent plusieurs traits intéressants dont nous nous contentons de mettre en relief ceux qui, à notre avis et à notre connaissance, 1) représentent le mieux la variété de la démarche

---

[156] http://www.pi-schools.gr/programs/depps/
[157] Le « manuel unique d'Etat » constitue une caractéristique principale du système éducatif grec. L'éditeur d'Etat OEDV (Organisme d'édition des manuels scolaires) publie tous les cinq, dix ou vingt ans un seul manuel par classe scolaire, p.ex. « Histoire byzantine de la 2e classe du gymnase », qui est enseigné dans toutes les écoles du pays.

interthématique, 2) ont, pour la plupart, un rapport avec l'enseignement de la géographie[158]. Le Tableau 1.2.(7). constitue un résumé bibliographique par ordre chronologique alors que le texte qui suit complète certains points de notre présentation.

L'article [5] constitue un modèle interdisciplinaire[159] pour l'enseignement du sujet de la nourriture dans le cadre de la chimie[160] scolaire. Pourtant, si l'on le compare avec des publications antérieures (±1982),[161] on voit qu'un autre article que nous connaissons, parue dans une revue scientifique française est plus riche du point de vue de disciplines impliquées et en plus, ce deuxième, qui n'a pas de données didactiques, se centre autour d'une approche anthropologique (voir Annexe 2). [162]

TABLEAU 1.2. (7).
EXEMPLES DE LA BIBLIOGRAPHIE DE L'INTERTHÉMATIQUE GRECQUE DES ANNÉES 2000

	TITRE DU TRAVAIL ET AUTEUR(S)	CONTENU - APPROCHE - FORME	LA PLACE DE LA GEOGRAPHIE
1	*Revue de questions d'éducation de l'Institut pédagogique*, Numéro 7, novembre 2002, op. cit.	Numéro spécial consacré à l'interthématique. Recueil d'articles.	Un des articles est une analyse de la géohistoire de Braudel.
2	*Éducation contemporaine*, numéro 131, 2003.	Numéro spécial de cette revue trimestrielle consacré à l'interthématique.	Rien de spécifique.

---

[158] On n'oublie pas que la « géographie » a pour certains des auteurs des divers travaux <u>moins</u> la signification d'une « <u>science</u> qui a pour objet l'étude des phénomènes physiques, biologiques, humains localisés à la surface du globe terrestre [...] » (selon la première définition du dictionnaire *Le Petit Robert*) et <u>beaucoup plus</u> la connaissance ou l'utilisation de données de l'atlas qui, ces dernières, représenteraient « la réalité physique, biologique, humaine » (selon la deuxième définition du même dictionnaire). *Le Petit Robert*, 1973.

[159] Un sujet similaire est présenté dans un cadre scolaire multiculturel. Voir J.A. Spinthourakis – A. Fterniati, « Approche multiculturelle de la nourriture », in E. Matsagouras, *L'interthématique et le savoir scolaire*, Athènes, Ed. Grigori, 2006, p. 547-570.

[160] Voir également l'édition du professeur A. Varvoglis, ancien auteur des manuels scolaires de chimie organique (éditions des années 1960, 1970) : A. Varvoglis, *La chimie dans l'assiette*, Athènes, Ed. Katoptro, 2008.

[161] Nous nous référons à une photocopie de page de revue scientifique que nous avons produite comme diapositive pour nos enseignements interdisciplinaires dont, malheureusement, nous n'avons pas de données bibliographiques complètes. Voir Annexe 2.

[162] E. Leach, *Lévy-Strauss*, London, Fontana Modern Masters, 1970. Pour une bibliographie sur le sujet voir : Université de Neuchâtel - Institut d'ethnologie, « Anthropologie des usages et systèmes alimentaires: nouvelles approches », Internet : http://www.unine.ch/ethno/biblio/ aliments.html

	TITRE DU TRAVAIL ET AUTEUR(S)	CONTENU - APPROCHE - FORME	LA PLACE DE LA GEOGRAPHIE
3	A. Athanasakis, [gr] « **L'organisation interthématique du savoir scolaire : Les conséquences cognitives, sociales et culturelles et sa perspective** », Actes de la 1ère Conférence de l'Union pour l'enseignement de sciences naturelles, Athènes, Ed. Grigori, 2003, σελ 131-134.	Actes de conférence. Texte d'une communication.	Une conception générale inspirée surtout de l'éducation à l'environnement comme cadre général.
4	A. Kassetas, [gr] « **Confessions du fer en langue interthématique** », 2e Conférence grecque sur « La contribution de l'histoire et de la philosophie des sciences naturelles à leur enseignement », Université d'Athènes, 2003.	Document vidéo d'une représentation musicale – théâtrale.	Géographie culturelle du fer, dans le cadre de l'histoire naturelle et sociale de ce métal « précieux ».
5	A. Mavropoulos, M. Roulia and A.L. Petrou, "**An Interdisciplinary Model for Teaching the Topic "Foods": A Contribution to Modern Chemical Education**" in *Chemistry Education: Research and Practice*, 2004, Vol. 5, No. 2, pp. 143-155.	Article de revue scientifique internationale.	Certaines références sont faites à la géologie et « les sciences de l'environnement ».
6	A. Katsikis, [gr] *Géographie inter-thématique*, Athènes, Ed. Typôthitô, 2004. [*sic* pour le trait d'union à l'intérieur du terme « inter-thématique »].	Une édition complète de géographie physique. Un ouvrage de 320 pages.	L'ouvrage entier est consacré à la géographie. Une analyse détaillée suit (Ch. 3).
7	Chr. Govaris, K. Vratsalis, M. Kambouropoulou, [Sous la direction de:], [gr] *Science et art*, Athenes, Atrapos, 2004.	Ouvrage collectif fait par un groupe d'universitaires et d'enseignants.	Plusieurs chapitres de Géographie (Maritza - Evros, histoire locale de villes, environnement, la paix).
8	Univ. de l'Egee, Union des Physiciens grecs, [gr] *Des Œuvres et des idées pour l'environnement*, 1e Conférence interdisciplinaire, Hermoupolis, Ed. Nastron, 2004.	Actes de conf. sous-titrés « La durabilité comme objectif des sciences et des arts ».	Dans ce recueil très équilibré, la géographie trouve sa place notamment comme géographie culturelle.
9	F. Papadimitriou, « **Geosciences meet Art Cartography and Satellite imagery : Aesthetic Forms, Digital Recreations, Steganography, Education** », in : 1e Conférence internationale interdisciplinaire « Science et art – A la recherche des points communs – Une discussion des différences », 16-19 juillet 2005, Actes, vol. 2e, Athènes, p. 34-36.	Texte de communication de conférence.	De la qualité esthétique des cartes géographiques et des images par satellites à des propositions éducatives et didactiques (« évaluation esthétique comparée ») adressées aux étudiants et aux professionnels.
10	Ch. Doukas, [gr] « **Réfractions de la science à travers l'art – Des topologies spatiales dans la poésie de G. Seféris** », in : 1e Conférence internationale interdisciplinaire « Science et art – A la recherche des points communs – Une discussion des différences », op. cit., p. 101-104.	Texte de communication de conférence.	Approche géographique fondée sur une interdisciplinarité de haut niveau.
11	I. Rentzos, *Geographies humaines de la ville*, Athènes, Ed. Typôthitô, 2006.	Ouvrage consacré à la « poléographie » comme conception interthématique de l'étude de la ville.	Discussion systématique sociologie / GU, économie / GU, cinéma /GU, etc. [GU = géographie urbaine et/ou ville]

	TITRE DU TRAVAIL ET AUTEUR(S)	CONTENU - APPROCHE - FORME	LA PLACE DE LA GEOGRAPHIE
12	Ch. Argyropoulou [Sous la direction de :], [gr] **L'interthématique dans les enseignements philologiques et les projets**, Athènes, Ed. Metaihmio, 2006.	Recueil d'articles issus d'applications dirigées par des enseignants.	La maison ; l'art public ; les lettres conversent avec les autres matières.
13	A. Chronopoulou, [gr] « **L'interthématique à nouveau à l'avant-scène. La confusion de l'I.P.** quant au *thème* », *Éducation contemporaine*, n° 146, 2006, p. 9-16.	Article de « rappel ». Critique d'opposition par une attitude responsable.	Rien de spécifique.
14	A. Chronopoulou, [gr] «**Les nouveaux manuels de mathématiques de l'enseignement primaire – Des exemples sur les valeurs du marché – L'approche interthématique, où s'est-elle cachée ?** », *Anti*, n° 884, 2006, p. 42-44.	Article de critique par une attitude d'opposition féconde.	Rien de spécifique.
15	Pliroforiki Technognosia, [gr] **GAIA - Exploration Interthématique de la Terre**, http://odysseia.cti.gr/seirines/projdescr/16.htm.	Logiciel d'enseignement intégré (physique, géo, maths).	Le système solaire, les planètes, l'échèle, les coordonnées géographiques.
16	M.–Z. Fountopoulou, A. Mastromichalaki, [gr] « **Le manuel scolaire grec: nouveau caractère, nouvelle fonctionnalité** », Colloque international - 11 au 14 avril 2006, Université du Québec à Montréal : Internet, « Le manuel scolaire d'ici et d'ailleurs, d'hier à demain », http://www.unites.uqam.ca/grem/colloque/communications/12avril/23founto.html .	Communication de colloque sur la « réforme, qui est en pleine évolution en Grèce ».	Rien de spécifique.
17	I.G. Pashalis, [gr] **Projets interthématiques**, Ed. Grigori, 2007.	Ouvrage de 200 pages.	Certains chapitres sont consacrés à la géographie.
18	O. Aggelakos, «**The Cross-thematic Approach and the 'New' Curricula of Greek Compulsory Education: review of an incompatible relationship**», *Policy Futures in Education*, 5(4), 2007, pp. 460-467, http://dx.doi.org/10.2304/pfie.2007.5.4.460.	Article dans une revue internationale : Il n'y a pas de reforme interthematique ; rien n'est nouveau dans les programmes.	Quelques références générales.
19	E. Diamantopoulou, Th. Mazioti, « **L'image comme point de convergence de la physique avec la littérature : une proposition d'activité interthématique à travers la familiarisation avec l'impressionnisme** », 2ème Conférence interdisciplinaire « Science et art », Union des Physiciens Grecs, janvier 2008.	Communication de conférence.	La « géographie » des impressionnistes, l'importance de l'image.
20	A.A. Stefos, [gr] « **Κατέβην χθὲς εἰς Πειραιᾶ...** [J'étais descendu hier au Pirée...] », *Peiraïki Filologiki Triiris*, Février 2008, p. 2.	Court article de journal spécialisé.	Histoire, géographie, politique, philosophie
21	I. Vorvi, Th. Hasekidou-Markou, [gr] « Interthématique et interdisciplinarité : "Les quartiers abîmés" de Cosmas Harpantidis », *Filologiki*, Union hellénique de Philologues, 105/oct.-nov.-déc. 2008, p. 36-41.	Article de revue spécialisée.	Les quartiers détruits par l'urbanisation. Un texte de poléographie très riche avec une absence remarquable : le cinéma.

L'édition de géographie [6] est, à notre connaissance, le seul ouvrage universitaire grec dans le titre duquel est compris le terme de l'interthématique (écrit pourtat comme « inter-thématique »). Plutôt physico-géographique qu'inter-disciplinairement interthématique, ce livre constitue un modèle bibliographique d'autant plus que, selon la préface de l'auteur, le seul professeur de didactique de la géographie en Grèce, ce livre « exprime un désir d'éveiller l'intérêt pour les choses géographiques ».

L'article [13] est aussi intéressant spécialement du point de vue de sa référence au « thème ». En effet, l'auteur de cet article affirme que ni par l'introduction de l'interthématique ni par les interventions en sa faveur qui ont suivi n'a été donnée aucune explication claire de ce qu'est le thème. De plus, les rapports du thème avec le contenu des disciplines-matières n'ont jamais été spécifiés alors qu'on attend toujours des instructions pour l'approche didactique du thème. On verra plus loin dans notre étude (chapitre 5) que le « thème » constitue une question clef de l'interthématique grecque.

Le logiciel multimédia GAIA [15], qui est approuvé par le Ministère de l'éducation nationale, constitue une introduction générale aux notions mathématiques de base de la géographie et de la physique (coordonnées, méridiens, parallèles, distances, dimensions, angles, vitesses, champ magnétique, etc.). Il s'agit, en effet, d'une proposition « économique » d'enseignement intégré d'unités qui autrement seraient éparpillées dans divers cours séparés.

Le fameux début de la *République* de Platon (livre I) « J'étais descendu hier au Pirée... », qui est composé de mots qui restent inaltérés en grec moderne « Κατέβην χθὲς εἰς Πειραιᾶ... », intitule l'article [20] qui constitue une petite contribution aux rapports interthématiques de la poésie avec la philosophie. Il s'agit de l'analyse d'un poème composé sur une base philosophique (la justice) et historique (la campagne sur Sicile, -414). En effet, le poète grec Tasos Galatis, couronné par le Prix d'État de la poésie, a eu l'occasion d'une approche interdisciplinaire qui fait émerger le thème du bon et du mal dans la société civile.

Nous avons laissé comme dernier l'article [10] qui représente un effort extraordinaire dans la conjugaison de la poésie du nobélisé grec G. Seféris avec la géographie sociale et culturelle. Dans l'analyse apparaissent les noms et les théories de certains théoriciens tels Henri Lefebvre, David Harvey, Michel Foucault et, tout spécifiquement, Edward Soja. Sur la base de la critique littéraire qui a été faite sur l'œuvre de G. Seféris, l'auteur de l'article évoque les « tiers regards » d'Edward Soja et sa *trialectique* pour analyser la poésie de Seféris à travers sa propre spatialité qui pour l'auteur de l'article est à considérer dans sa relativité, sa symétrie et sa déformation.[163] C'est ainsi que l'espace, cet objet réel et pratique –

---

[163] On sait que dans un cadre très large concernant la géographie humaine dans son ensemble, Edward Soja, très connu pour ses contributions en géographie sociale et politique, introduit la notion du tiers espace (*thirdspace*) visant à étendre le cadre des applications de l'imagination géographique. Dans ses « cinq thèses » tient compte du fait que les sciences humaines ont récemment exprimé un grand intérêt envers la notion de l'espace (spatialité de la vie humaine), comme ils avaient exprimé, traditionnellement, dans le passé, leur intérêt pour le temps (histoire, historicité) et les rapports sociaux (socialité). Soja introduit alors la

localisable, concret et « banal » _[164] une fois de plus et grâce à l'interdisciplinarité physique, poétique et géographique, devient une entité plutôt abstraite et théorique, sans que ceci soit une nouveauté surprenante. Par sa tétralogie alexandrine, *Le Quatuor d'Alexandrie*, Lawrence Durrell nous a enseigné la relativité poétique et humaine de l'espace-temps de la ville (cf. 6.2. *La tradition littéraire urbaine comme source de l'interthématique*).

Comme l'affirme Milton Santos « [les aspects multiples de l'espace] relèvent de disciplines particulières, comme la sémiotique, la sculpture, la peinture, l'urbanisme, la physique, l'astronomie »[165] mais l'occasion nous est ici donnée de regarder la géographie (considérée comme science de l'espace et dans le cadre de la discussion des « deux cultures ») en tant qu'une « troisième culture ». Si ce n'était pas Wolf Lepenies qui avait (dans les années 1980 par son ouvrage bien documenté et consacré à la sociologie[166]) inventé ce terme-notion épistémologique,

---

notion de la triade ontologique concernant l'être humain (historicité, socialité, spatialité) et, sur la base des travaux de Lefebvre et aussi de Foucault, propose un « tiers regard » sur la réalité et la perception spatiales au-delà des dichotomies bien connues de la pensée occidentale (objet-sujet, réel-imaginaire, local-global, nature-culture), de la géographie (centre-périphérie) et de la société même (homme-femme, bourgeoisie-prolétariat, capitalisme-socialisme). Nous sommes ici en face d'une critique qui, sur la base de positions philosophico-géographiques, élargit la recherche des « deux cultures » et aide à poser à nouveau la question des « ponts » et des « scissions » entre les paires des pôles de la conception du réel. E. Soja, "Thirdspace: Expanding the Scope of the Geographical Imagination", in D. Massey, J. Allen and Ph. Sarre (eds), *Human Geography Today*, London, Polity Press, 1999, pp. 260-278 ; E. Soja, *Thirdspace: journeys to Los Angeles and Other Real-and-Imagined Places*, Oxford, Blackwell, 1996, p. 26-82, avec ses excellentes analyses sur l'œuvre d'Henri Lefebvre et les approches « transdisciplinaires » de ce dernier. Celles-ci sont opposées, par Soja, à la pluridisciplinarité qui se fonderait sur l'histoire, la sociologie et la géographie. Ces dernières, étant trop étroites, selon Lefebvre, ne pouvaient être prises séparément, pour constituer pour ce pionnier l'instrument de son travail, dans ses synthèses sur l'historicité, la socialité et la spatialité (E. Soja, op. cit., 1996, p. 6).

[164] Selon une expression de l'économiste François Perroux utilisée par Olivier Dollfus. O. Dollfus, *L'espace géographique*, Paris, P.U.F.,/ Que sais-je ?, 2e, 1973, p. 5.

[165] Il y a plusieurs années que Miltos Santos avait essayé, par un recours majeur à la physique, d'accepter une définition immatérielle de l'espace, comme « ensemble de relations sociales du passé et du présent ». Santos nous rappelle que ce n'est pas la première fois que la science s'accommode avec une identification de la substance visible et matérielle des choses avec des entités éthérées et aériennes. Pour faciliter la compréhension de son écrit, cet auteur fait à ce point-là, une comparaison de l'espace avec un véritable « champ de forces » où ce qui compte c'est l'énergie, qui est représentée en géographie par la dynamique sociale. On n'ignore d'ailleurs pas que pour Dollfus aussi « l'espace géographique apparaît [...] comme le support de système de relations [...] ». Pour Milton Santos, l'idée de départ est qu' « il n'y a pas de difficulté majeure à définir un vase, un gratte-ciel, une planète ou une constellation [...] mais quand on en vient à l'espace humain, la difficulté vient de ce qu'il s'agit de l'habitat de l'homme, de son lieu de vie et de travail ». Santos, op. cit., p. 93-95. Dollfus, *L'espace* ..., op. cit. p. 6.

[166] Wolf Lepenies, *Les trois cultures – Entre science et littérature, l'avènement de la sociologie*, Paris, Éditions de la Maison des sciences de l'homme, 1990.

on pourrait sans doute revendiquer cette place en faveur de la géographie - science de l'espace réel / conçu / perçu. De plus, on sait que la géographie a toujours entretenu des rapports « triangulaires » avec les lettres[167] et la science exacte.

*

Qu'on fasse remarquer ici que la communauté éducative grecque ne s'est pas abstenue de critiquer la publicité très ample qui a été offerte à la reforme interthématique par la presse[168] et elle s'était convaincue que les nouveaux manuels de classe, qui avaient aussi couvert plusieurs pages d'espace publicitaire se prêteraient comme des outils d'enseignement reformé. On procède à une première approche du sujet « manuels » dans la partie qui suit.

---

[167] Pour « John Paul Jones III et Wolfgang Natter » nous dit Paul Claval « "la géographie est faite de textes et d'images, et ceux-ci à leur tour ont trait à la géographie" [_ e]lle devrait donc être proche des humanités, mais l'étude spécialisée des textes et des images a été traditionnellement rattachée à la critique littéraire et à l'histoire de l'art ». Quant à son masque de science exacte il suffirait d'évoquer le nouveau « physique » de cette « physique du social », qu'est devenue la géographie par sa liaison aux noms d'Heinrich von Thünen, d'Alfred Weber, d'Auguste Lösch et de Walter Christaller. P. Claval, *Épistémologie de la géographie*, 2ᵉ édition, Paris, Arman Colin, 2007(2001), p. 222 (Tournant linguistique et déconstruction, p. 221-223) et p. 131 (Ch. 7).

[168] Chronopoulou et Giannopoulos ont compté 34 publications en 6 journaux quotidiens (janvier – août 2003) et 58 actions publicitaires (mai – juin 2003). A. Chronopoulou, et K. Giannopoulos, « Une introduction au supplément interthématique – Considérations théoriques », *Education contemporaine*, n⁰ 131, 2003, p. 14-24.

1.3. Les nouveaux manuels de classe comme instrument de l'interthématique

Ainsi que nous l'avons déjà mentionné, dès l'année scolaire 2006-2007 les manuels uniques ont été publiés au niveau national, rédigés dans l'esprit de la reforme interthématique. La spécificité de l'éducation grecque, selon laquelle l'enseignement est basé sur un seul type de manuel pour chaque cours qui est approuvé au niveau national, impose de nous pencher sur leur présentation.

1.3.1. Nous aimerions signaler que, pour des raisons qui ne sont pas liées à la réforme interthématique, durant l'année scolaire 2006-2007 une vaste polémique s'est levée concernant le manuel d'histoire de la 6e primaire.[169] Les conséquences en furent le retrait du manuel au début de l'année scolaire 2007-2008. Ce manuel a été rédigé conformément au DEPPS de l'histoire; pourtant, selon le Président de l'Académie d'Athènes, il s'écartait substantiellement de celui-ci.[170]

Le débat en question s'est déroulé sur un ton particulièrement élevé tout en réunissant, dans le même camp, des institutions sociales et nationales traditionnellement opposées (telles que, par ex. le Parti Communiste de Grèce et le Synode de l'Eglise de Grèce). D'autre part, il a été suivi par de nombreuses enquêtes à travers toute la Grèce sur la valeur du manuel en cause,[171] pour se transformer ensuite en un débat généralisé sur de nombreux thèmes controversés de l'histoire grecque.[172] Par ce débat un désir s'est exprimé : Montrer que l'histoire nationale n'est plus qu'un mythe et un « débris » de l'idée de la nation – des choses inutiles aujourd'hui à cause de la mondialisation.[173] Enfin, un certain nombre

---

[169] M. Repousi, H. Andreadou, A. Poutahidis, A. Tsivas, [gr] *Histoire de la 6ème classe primaire – Aux temps modernes et contemporains*, OEDV, 2006.

[170] P. L. Vokotopoulos, Président de l'Académie d'Athènes, [gr] « Lettre à Mme le Ministre de l'Éducation nationale du 22 mars 2007 », *To Paron* [quotidien athénienne], 1er avril 2007, p. 10. Pour le texte de l'avis de l'Académie d'Athènes comprenant 150 remarques voir *To Paron*, 18 mars 2007, p. 21-23.

[171] Selon les quotidiens athéniens, 45,1% des questionnés étaient favorables à l'éventualité que le manuel soit retiré, 35,9% préféraient que le manuel soit corrigé et ce n'étaient que 7,2% qui l'acceptaient tel qu'il était. *To Paron*, 8 avril 2007, p. 1 et 13.

[172] Par exemple, 1) « l'école secrète » grecque qui aurait fonctionné aux temps de l'Empire Ottoman pour l'éducation des sujets ottomans de langue grecque et la participation de l'Eglise à la révolution grecque (1821), 2) les mouvements prodromes à la révolution, dits «armatoli et kleftes » [= gens armés et voleurs], 3) la notion de l'ethnogenèse de la nation grecque (en ±1800, au Vème siècle avant Jésus Christ ou même même l'Histoire …) et autres. Voir comme exemples des interventions des universitaires grecs: Y. Yannoulopoulos, [gr] « De la race d'origine [γένος] à la Nation », *I Kathimerini*, 24-25 mars 2007, p. 31 ; Vassilis Kremmidas, [gr] « La réalité historique n'est pas une question de compensations », *I Epohi*, 1er avril 2007, p. 30 ; H. Athanasiadis, [gr] « Nation et histoire scolaire », *Eleftherotypia*, 4 avril 2007, p. 46.

[173] A. Andrianopoulos, [gr] « Le regard lascif vers le passé et les fers du nationalisme », *Eleftherotypia*, 11 avril 2007, p. 48. Andréas Andrianopoulos,

d'enseignants ont déclaré qu'ils refusaient d'utiliser le manuel. Considéré comme un exemple caractéristique d'écriture interthématique, le manuel en question offrait des suggestions sur la rédaction des manuels interthématiques, à savoir : une brève narration de base, la citation exhaustive des sources, de nombreux tableaux et illustrations avec leurs légendes, des glossaires et des exercices. Néanmoins, selon les diverses critiques, le manuel n'a été regardé ni comme un exemple réussi ni comme un exemple raté de la reforme interthématique. De cette manière, l'occasion pour un débat sur l'application du concept de « l'interthématique » fut-elle ratée; en même temps l'absence d'une trame concise et d'un récit continu fut sévèrement critiquée.[174] Devrait-on donc accuser ouvertement l'interthématique qui met le poids sur le choix des thèmes mais qui méprise la « discipline » des continuités ?

En outre, nous devons signaler que le mot-clé de la « persécution » du manuel fut lié à l'histoire de la ville. L'impuissance de l'Éducation grecque de considérer la ville dans son ensemble est apparue une fois de plus en rapport avec ce manuel.[175] Ce qui, durant des décennies, s'appelait en Grèce « le désastre [des Grecs] de Smyrne » et concernait les événements du 27 août 1922 dans le port d'Izmir, sur le quai cosmopolite de la « ville infidèle », *gâvur Izmir*, fut décrit de manière simpliste comme une « affluence dans le port ».[176]

Il est certain que le but de la nouvelle version au niveau des manuels scolaires est d'assouplir un enseignement qui reproduit des représentations cruelles à l'égard du pays voisin, la Turquie. Ceci aurait même pu contribuer à l'amélioration des relations gréco-turques. Toutefois, l'impossibilité de procéder à une approche sociale (« de classe ») – interdisciplinaire – interthématique du concept de la ville a abouti à un résultat quasi dérisoire. Il serait manifestement hors sujet de nous étendre ici davantage sur ce manuel, pour le reste important. L'occasion se présente pourtant pour affirmer que, grâce à l'introduction de l'interthématique et la crise que nous venons de décrire, le concept de la ville qui se prête à des approches interthématiques multiples et qui reste inexploité dans le système éducatif grec, ainsi que dans d'autres systèmes, pourrait trouver, une meilleure place parmi les manuels scolaires.

1.3.2. Poursuivant la présentation de certains manuels, nous sommes amenés à nous occuper aussi des manuels littéraires. Une partie spécifique de chaque unité

---

actuellement membre du Parlement grec, a été secrétaire d'Etat aux Affaires étrangères.

[174] Chr. Katsikas, [gr] « Objectifs et orientations des nouveaux livres de classe de l'histoire », *Filologiki*, Union hellénique de Philologues, 98/janvier-fevrier-mars 2007, p. 8-11.

[175] Ce propos nous a déjà particulièrement préoccupés. Voir : Ioannis RENTZOS, *La ville et son enseignement en géographie dans le contexte socio-éducatif grec*, Thèse de doctorat, sous la direction de Monsieur le Professeur Christian GRATALOUP, Université Denis Diderot, 2002.

[176] « Alors Madame Repousi, "l'affluence au port de Smyrne" ? ». C'est ainsi qu'une journaliste commence à poser les questions d'une interview accordée à la revue *Tahydromos*. R. Georgakopoulou, [gr] « Mme l'histoire », *Tahydromos*, 10 février 2007, pp. 18-21.

didactique - «leçon», inclut des « activités interthématiques »[177] très variées qui ont comme épicentre 1) l'information interthématique, 2) l'observation de l'environnement et de la ville ou bien 3) qui proposent aux étudiants de rechercher des informations particulières en physique, chimie et géographie 1) sur l'Internet ou 2) en interrogeant les enseignants de chaque spécialité, 3) sur la carte géographique ou encore 3) qui seraient dotées d'un caractère créatif (synthèse de différents textes, collages etc.).

En plus, dans certains cas, l'illustration parfaitement soignée pourrait fonctionner comme une proposition didactique autonome pour l'observation et comme une source de conclusions. Mais dans ce cas également, comme dans le cas de l'histoire, on a sévèrement critiqué 1) la destruction de la continuité qu'entraîne l'intervention interthématique, voire la destruction du sentiment qui naît, par exemple, à travers l'enseignement de la poésie,[178] 2) la « juxtaposition », qui résulte de la multiplicité des activités qui sont proposés et qui pourraient « amener à une confusion d'objectifs, moyens et méthodes puisque elle n'unifie pas les objets à enseigner mais les agglutine les uns aux autres »[179].

1.3.3. De même, que devrait-on penser des manuels de géographie ? La géographie n'a-t-elle été pas toujours interthématique et interdisciplinaire ?

Sans faire aucune référence particulière à l'interthématique, le manuel de la 5e primaire [180] partage de nombreuses caractéristiques avec celui de l'histoire : il contient en effet des tableaux, des illustrations, des cartes, des travaux à effectuer, des interventions intertextuelles et des petits glossaires, qui composent le support pédagogique pour des leçons faciles et en font du manuel un bel ouvrage. Le même esprit domine également dans le manuel de la 6e primaire[181] ; en revanche, les manuels du secondaire (gymnase) n'ont pas encore été modifiés conformément à l'esprit interthématique. [182]

---

[177] E. Garantoudis, S. Hatzidimitriou, X. Ntounia, Th. Menti, [gr] *Textes de littérature grecque*, 2e Gymnase, OEDV, 2006 ; P. Kayalis, X. Ntounia et Th. Menti, *Textes de littérature grecque*, 3e Gymnase, OEDV, 2006.

[178] Dans un article, Georgia Dalkou soutient que la poésie (Kayalis, et al., pages 12-14 du manuel de la 3eme classe du gymnase) ne pourrait être enseignée à l'aide de renseignements reçus par recours au profs de géographie et de technologie du gymnase. G. Dalkou, [gr] « La condamnation de Kolokotronis », *Arkadika Nea*, 26 janvier 2007, p. 8. Voir également G. Papakostas, [gr] « De la poéticité des textes à '"interthématicité" », *Anti*, n0 884, 2006, p. 44-47.

[179] Aim. Karali, « Littérature et interthématique dans les manuels du gymnase », Internet : http://www.paremvasis.gr/forum/viewtopic.php?t =101.

[180] K. Koutsopoulos, M. Sotirakou, M. Tastsoglou, [gr] *Géographie 5e Primaire, J'apprends la Grèce*, OEDV, 2007.

[181] K. Koutsopoulos, M. Sotirakou, M. Tastsoglou, [gr] *Géographie 6e Primaire, J'apprends la terre*, OEDV, 2007.

[182] I. Rentzos, [gr] « La géographie au gymnase grec – Une critique des manuels de la 1ère et de la 2ème classes », in *Géographies*, Automne 2004, n^0 8, p. 11-27. Selon les résultats préliminaires d'une recherche effectuée par le KEMETE (Centre d'études et de documentation de la Fédération des fonctionnaires de l'éducation secondaire) ces manuels reçoivent les pires des notes (41,6%) attribuées aux manuels scolaires. Bulletin de KEMETE du 16 mai 2008 et la Presse athénienne de cette date.

Malheureusement, le processus de la production (la rédaction, leur approbation et – éventuellement – leur amélioration constante) des manuels de géographie dans le système éducatif grec[183] ne nous permet pas de les présenter de manière exhaustive. Nous pouvons néanmoins les qualifier de bons manuels scolaires de géographie des années 1950 ou, même, des années 1850.

En effet, le manuel de la 5e primaire a été l'objet d'une critique violente par la Presse parce qu'il serait patriotiquement et racialement trop correct.[184]

Dans le cadre de l'interthématique dont on s'occupe ici (et en faisant attention à la forme de l'intertextualité) les poèmes qu'ont été utilisés et qui ne proviennent pas des poètes reconnus mais sont rédigés par un des auteurs des manuels font preuve d'interventions d'un rimailleur. Des choses pareilles constituent, à notre avis, des éléments qui dynamitent de dedans l'esprit de renouveau qui est exprimé par l'introduction de l'interthématique. Un des exercices du manuel demande aux petits élèves d'étudier un poème et signaler « les éléments qui dénotent l'histoire glorieuse de notre patrie »:[185]

> Oh! ma Grèce,
> les anges prosternés
> embrassent tes pieds,
> les anges du paradis
> les vierges du ciel...

Oh ! mon interthématique...

Des expressions « poétiques » se trouvent dans d'autres parties du livre. On pourrait ici évoquer le cas de la description des extrémités du territoire grec (ses points limitrophes, situés aux 4 points cardinaux). Dans une révision élaborée par l'Institut Pédagogique, après l'approbation et la circulation du manuel de la cinquième classe, pour ces quatre points (Orménio [au nord, N], Gavdos [S], Meyisti [E] et Othoni [O]) sont proposées les simplifications indiquées dans le Tableau 1.3. (1). Le P.I. a proposé un total d'environ 40 corrections de sorte et d'importance diverses ainsi qu'un nombre égal de corrections pour le manuel de la sixième.[186]

Nous remarquons, par exemple, qu'effectivement, l'effacement des expressions « poético-patriotiques » est proposé. Le texte devient « politiquement correct» en rapport avec la conception territoriale du pays, avec des références à la guerre pour l'indépendance de la Grèce (1821-1828), la Seconde Guerre Mondiale et la Guerre Froide. Mais des informations techniques sont également proposées telles que, par exemple, le nom usuel de l'île de *Meyisti* qui est plus connu sous le nom de

---

[183] I. Rentzos, [gr] « La géographie au gymnase grec... », 2004, op. cit.
[184] T. Kambylis, [gr] « Apprends ta géo, mon enfant ! », *I Kathimerini*, 1er juin 2008, p. 39. Consacré de manière exagérée « à nos ancêtres les G[rec]s » alors qu'il est destiné à être enseigné dans des classes ethniquement mixtes, ce manuel de géographie offre à l'auteur de l'article l'occasion de développer sa critique en se fondant sur plusieurs auteurs sensibles aux questions raciales (P.-A Taguieff [*Le Racisme*], R. Lewontin [*Biology as ideology*]).
[185] K. Koutsopoulos, M. Sotirakou, M. Tastsoglou, [gr] *Géographie 5e Primaire, J'apprends la Grèce, Cahier d'exercices*, OEDV, 2007, p. 42.
[186] http://www.pi-schools.gr/lessons/paror/paror_dim/e_taxi/geo_e_dim.pdf, http://www.pi-schools.gr/lessons/paror/paror_dim/st_taxi/geo_st_dim.pdf.

Kastelorizo et qui est ajouté à la version de l'I.P.

TABLEAU 1.3.(1).
CORRECTIONS PROPOSÉES PAR L'INSTITUT PÉDAGOGIQUE POUR LES MANUELS DU PRIMAIRE – COMPARAISON DES DEUX VERSIONS

MANUEL DE LA CINQUIÈME CLASSE	
Version initiale [Nous soulignons]	*Proposition I.P.*
Orménio, la partie qui se trouve le plus au nord du département de l'Evros, à la frontière gréco-bulgare, front du corps grec et en tant que garde frontalier, il veille et est à l'écoute du moindre souffle de vent, de chaque grondement qui vient d'en haut !	Orménio est la partie limitrophe au nord du département de l'Evros, le point limite de notre pays au nord, à la frontière gréco-bulgare.
Gavdos, point le plus au sud de notre pays, avec ses baies et ses caps. Cette île semble représenter les pieds de la Grèce […].	Gavdos est le point limitrophe au sud de notre pays [Il reste immuable].
[L'Île de] Meyisti, point limitrophe à l'est, est la première à saluer le soleil levant. Elle sourit à ses voisins [= Les Turcs], en rappelant que les vents soufflent en toute liberté et que c'est un air d'indépendance qui remplit les poumons des Grecs .	Meyisti, point limitrophe à l'est de la Grèce, est également appelé Kastelorizo. Cette île n'est qu'à deux kilomètres environ des côtes d'Asie Mineure.
Othoni, à l'ouest, la petite île du département de Corfou, « repoussée » tout au bout du pays, tient les clés de la porte de l'Adriatique. La gardienne [= de la guerre gréco-italienne] de 1940.	Othoni ou Fani, la petite île du département de Corfou, est le point limitrophe à l'ouest de la Grèce. Ses habitants sont d'excellents marins et pêcheurs.
MANUEL DE LA SIXIÈME CLASSE	
L'effet de serre est un processus de prévoyance de la nature qui contribue à la conservation de la température moyenne à la surface de la Terre, soit environ 15° C. Ce fait est la condition essentielle pour qu'il y ait vie sur Terre. [Nous soulignons].	[Il reste immuable].

Nous avons l'occasion de noter également ceci en rapport avec la citation tirée du manuel de la sixième : L'I.P propose, dans le deuxième paragraphe de la citation (que nous n'avons pas inclus), une légère différenciation linguistique mais garde immuable l'interprétation téléologique du phénomène de serre – « prévoyance de la nature ». Il s'agit ici d'une synthèse interdisciplinaire importante (géographie – physique – sciences naturelles) qui, parallèlement, représente une position spécifique qui est à la fois anti-pédagogique ainsi qu'anti-scientifique et, évidemment, idéologique. Celle-ci pourrait être tempérée, au niveau linguistique, si, au lieu de proposition subordonnée finale (« pour qu'il y ait vie ») elle devenait proposition subordonnée de cause (« parce qu'il y a l'effet de serre »). Il s'agit ici de la distinction entre la « cause finale » et la « cause efficiente », des quatre causes qui étaient décrites par Aristote dans l'Éthique à Nicomaque.[187]

De façon générale, il devrait être souligné qu'il serait plus juste que les corrections de l'I.P soient proposées avant la parution des manuels.

1.3.4. Le manuel de religion (instruction religieuse) de la 3e classe du gymnase,[188] rédigé, celui-ci aussi, selon le nouveau programme interthématique, ne semble pas suivre une ligne interdisciplinaire ou interthématique particulière. Ce manuel constitue « l'histoire de l'Église » où une synthèse interdisciplinaire (histoire + catéchisme) serait possible – même si des objections peuvent être aisément formulées quant au caractère scientifique de l'enseignement de la « religion dominante » en Grèce. Nous sommes d'avis que l'histoire de *la* religion – ou d'*une* religion – constitue toujours un cas intéressant d'approche interdisciplinaire et interthématique. Les questions purement scientifiques (comme, p.ex., l'approche psychologique et géographique / sociologique) ainsi que les manifestations spatiales du culte (à travers les formes architecturales et artistiques) sont des questions inépuisables d'interdisciplinarité considérée comme une vaste circumdisciplinarité. D'autre part, étant donné que 1) dans la société grecque ont apparu de nombreux types de dialogue interthématique à des aspects religieux[189] et 2) que le cours de religion ne fait pas partie des matières nucléaires pour l'acquisition du baccalauréat (et du bachotage), le manuel aurait très bien pu constituer un exemple de matière interthématique.

1.3.5. Si l'interthématique n'apparaît pas concrètement dans les manuels de géographie et de religion, elle a néanmoins servi de cadre pour la rédaction du manuel de physique de la 2e classe du gymnase, au niveau de sa morphologie et de son élaboration. Que pouvons-nous remarquer dans ce manuel[190], qui concerne la première année du secondaire où cette matière est enseignée ?

Il s'agit d'une édition riche en illustrations et matériaux parallèles (des tableaux et de brèves références) qui réécrit le cours de physique traditionnel, en reprenant tout ce que nous connaissons déjà: MECHANIQUE (mouvements, forces, pression, énergie), CHALEUR (la chaleur, changements d'état, propagation de la chaleur). Dans l'introduction du chapitre « La chaleur », le titre « La chaleur et la civilisation humaine » prédispose déjà à l'interthématique. D'autre part, les petits textes encadrés « *Physique* et ... » (tels que *Physique et Météorologie* ou bien *Physique et Biologie*, mais surtout *Physique et société*, etc.) conservent suffisamment la notion de l'interthématique. Quoiqu'il n'y ait pas de rubrique

---

[187] B. Russell, *The Impact of Science on Society*, London, Allen and Unwin, 1952. Ch. 1, Science and Tradition, point (3) The dethronement of 'purpose'.

[188] S. Karahalias, P. Brati, D. Passakos, G. Filias, [gr] *Instruction réligieuse 3e Gymnase – Chapitres de l'histoire de l'Eglise*, Athènes, OEDV, 2006.

[189] 4.2. Lorsque la lumière est le thème..., 4.2.1.

[190] N. Antoniou, P. Dimitriadis, K. Kambouris, K. Papamihalis, L. Papatsimba, [gr] *Physique 2e Gymnase*, OEDV, 2007.

« Physique et géographie », il parait que la géographie profite parfois de l'illustration abondante du manuel mais l'approche « physique » reste souvent peu sensible au « spatial » : L'ampoule électrique se trouve à côté de la grande usine de production d'énergie ; les données de construction du *Titanic* sont exprimées en m^3 et kg mais non en dimensions réelles de hauteur et de longueur.

Nous aurons plus tard l'occasion de nous rendre compte que le « navire amiral » des enseignements qui sont regroupés autour de la physique, c'est-à-dire la physique elle-même, a eu le temps de se préparer pour l'approche interthématique, pendant les années 1970-80 et 1980-90. Cependant, les grands absents du manuel, dans le cadre des opportunités offertes par l'interthématique dans la direction de l'intégration de la matière, sont 1) le système en tant que notion vivifiante et 2) l'énergie en tant que principe intégrant. De nombreuses autres occasions ne semblent guère être exploitées dans ce manuel. En effet, au sein de l'école, dans ce cours de science et de recherche qui est la physique aux yeux des élèves, à côté des historiettes sur Archimède et Hiéron II, le tyran de Syracuse, d'autres aspects de la recherche et de la découverte scientifique, peut-être moins événementiels, devraient aussi être présentés. Et ceci grâce à l'interthématique et à son aide.

1.3.6. Enfin, beaucoup plus harmonisé avec l'esprit de l'interthématique parait être le cours de la biologie. Les manuels des deux classes où cet enseignement est dispensé, la première[191] et la troisième[192] du gymnase, se servent de la nouvelle pédagogie avec une grâce certaine sinon avec succès. Sur des niveaux multiples – disposition des chapitres de la matière, sélection des aspects interdisciplinaires à mettre en relief, forme et mise en page – le groupe des auteurs montre une compétence sans pareil. Sans mettre en doute la structure « disciplinaire » des enseignements ainsi que celle de leur contenu biologique, les manuels procèdent à des ouvertures sur plusieurs échelles du vivant. Chaque chapitre commence par un tableau de peinture grecque moderne. Les interventions interdisciplinaires sont effectuées par des encadrés intitulés *La biologie et celles d'à côté*. Sous-titrés chaque fois de façon qui permet de voir de quelle comparaison co-disciplinaire il s'agit (par exemple, *mathématiques*, *histoire*, *grec moderne*, etc.), les petits encadrés représentent, entre autres, des courtes interventions linguistiques très informatives liant certains effets biologiques à des expressions et locutions courantes (« Si le cœur est plein d'amertume, ça va sortir par la bouche ») : L'action de l'amylase salivaire sur l'amidon ; le « sang bleu », et autres).

Les manuels de la biologie que nous venons d'examiner ne comportent malheureusement pas d'éléments interthématiques et / ou co-disciplinaires de contenu biogéographique (zoogéographique, phytogéographique). La biologie qui a pu fonder, par les travaux du biologiste et mathématicien écossais D'Arcy Wentworth Thompson (1860-1948), des théories de haut niveau d'interdisciplinarité[193] pourrait, sans doute, nous faire des propositions de

---

[191] E. Mavrikaki, M. Gouvra, A. Kambouri, *Biologie*, 1re classe du gymnase, OEDV, 2007.

[192] E. Mavrikaki, M. Gouvra, A. Kambouri, *Biologie*, 3e classe du gymnase, OEDV, 2008.

[193] Auteur de *On Growth and Form* (1917), D'Arcy Thompson a montré qu'on pouvait passer d'une forme d'une espèce à la forme d'une espèce proche par certaines

parallélisme co-disciplinaire ou, au moins, interthématique entre, par exemple, l'évolution de la biologie, comme transition du niveau cellulaire à celui moléculaire, qui met en relief l'importance de la ville et de la rue comme éléments directeurs de l'organisation du système-monde (Fig. 1.3.(1).). De la même façon que la biologie de la cellule a pu accorder la primauté à l'ADN comme constituant primordial de la cellule et des organismes, la géographie pourrait identifier des parties beaucoup plus petites en dimensions que celles du globe terrestre et des pays – les villes et leurs rues – mais de contenu très important. On sait que les seigneurs de ce monde sont de domicile connu.

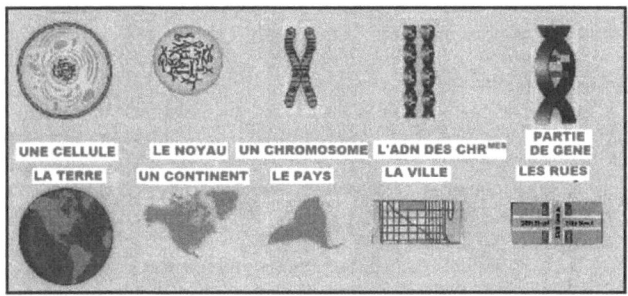

Fig. 1.3.(1). Le parallélisme interthématique / co-disciplinaire entre l'évolution de la biologie et la mise en relief de l'importance de la ville et de la rue comme éléments directeurs de l'organisation du système-monde. *Fortune*, 30 mai 1994, p.62.

1.3.7. Nous aurons l'occasion d'évoquer certains éléments du contenu interthématique des manuels scolaires, dès qu'il sera nécessaire de formuler nos conclusions intermédiaires (voir sous 4.1. À la recherche du thème perdu dans le tournant interthématique – Une comparaison entre divers modèles interthématiques).

Pour le moment, nous constatons que le texte assez riche des introductions et des descriptions du manuel de physique susmentionné renvoie à des phases particulières dans les relations entre l'enseignement de la physique et les réformes de l'enseignement. C'est précisément l'image qui sera évoquée un peu plus tard dans le chapitre 3.

---

transformations géométriques, la thèse centrale de l'ouvrage étant que les biologistes de son époque, en surestimant le rôle de l'évolution par la sélection naturelle, avaient sous-estimé le rôle de la physique et de la mécanique dans la constitution de la forme et de la structure des organismes vivants. On se rapproche ici morphologiquement des représentations « des trames des relations qui se tissent et se désagrègent dans l'espace habitable de notre surface terrestre ». S. Rimbert, *Carto-graphies*, Paris, Hermès, 1990, p. 14.

1.4. Le tournant interthématique et les points de vue des enseignants et des étudiants sur la pluridisciplinarité et l'interdisciplinarité

Arrivés au terme de cette présentation en rapport avec ce qu'on pourrait appeler « tournant interthématique » dans l'éducation grecque nous pouvons soutenir que l'interthématique constitue actuellement un objet de discussion et de débats fervents parmi les enseignants grecs et au sein des organes de leur représentation professionnel et scientifique. Ceci résulte de 1) nos interviews avec des enseignants dans plusieurs gymnases et lycées du pays au cours des années scolaires 2006-2007[194] et 2007-2008 et 2) nos rencontres avec des enseignants du primaire à l'Université de Thessalie pendant l'année académique 2007-2008[195] dans le cadre de notre enseignement de didactique de la géographie au Département de l'éducation de cette Université.

Nous y avons remarqué que 1) il n'y pas d'objections structurées quant à l'éventualité de l'élargissement interthématique de l'enseignement, mais 2) ils manquent les axes clairs pour l'action didactique, alors que 3) la formation professionnelle sur l'interthématique n'est pas suffisante et 4) l'Internet constitue une nouvelle piste pédagogique.[196]

B. Louziotis, vice président du KEMETE (Centre d'études et de documentation de la Fédération des fonctionnaires de l'éducation secondaire, OLME) nous dit[197] :

> « L'image n'est pas tellement idyllique [quant aux objections du personnel] lorsqu'il s'agit des conférences organisées par notre fédération : Il y a ceux qui acceptent l'approche interthématique comme un axe généralisant qui serait, en principe, applicable partout et, puis, ceux – très durs – qui la rejettent absolument en ne la considérant que comme un instrument de la mondialisation ».

Des fondements plus larges de l'interthématique en tant que regard éducatif « progressiste » sur l'école et la société permettent de procéder à une critique plus

---

[194] Au cours d'une enquête sur questionnaire à 24 écoles d'enseignement secondaire où on a eu l'occasion de discuter avec des enseignants sur l'introduction de l'interthématique.

[195] En décembre 2007 on a présenté le modèle interthématique de Loch Ness qui a été apprécié par les enseignants qui participaient au séminaire comme un exemple interdisciplinaire d'importance fondamentale. 4.5. Plongeons le monstre de la thématique encyclopédique et de la didactique « pluraliste » dans le lac de Loch Ness.

[196] Un enseignant nous a fait la déclaration suivante: « Il est relativement difficile de proposer un sujet interthématique. De mes 19 étudiants il n'y a que deux qui disposent d'une connexion internet chez eux ». En plus, dans un article bien documenté concernant l'enseignement de l'histoire, un autre enseignant souligne l'absence de sources en langue grecque. T. Yakoumatou, « Enseigner l'histoire à l'époque de l'Internet », *Filologiki*, Union hellénique de Philologues, 97/octobre-novembre-décembre 2006, p. 69-75.

[197] Communication personnelle du 16 mai 2008. M. Louziotis nous a expliqué que les actes de la dernière conférence consacrée à l'interthématique (novembre 2004) n'ont pas encore paru pour des raisons techniques.

générale et faire des remarques sur le système de l'enseignement.[198] Des aspects didactiques comme par ex. la notion exacte du « thème », la relation de l'interthématique avec l'interdisciplinarité mais aussi avec l'encyclopédisme, la possibilité de conjugaison de la multiplicité thématique avec la gestion économique du cours,[199] l'éventuelle orientation idéologique de l'approche interthématique et autres questions restent ouvertes.[200]

Depuis quelque temps, les enseignants se réfèrent à la série d'articles de G. Grollios, professeur à l'Université Aristote de Thessalonique. Cet auteur signale[201] qu'au niveau de la terminologie II y a eu, du moins, une grande confusion due à l'utilisation 1) du terme « approche interthématique » par l'Institut Pédagogique et le Ministère de l'Éducation Nationale ainsi que, parallèlement, 2) du terme « approche interdisciplinaire », ni l'un ni l'autre de ces deux termes n'étant définis de façon épistémologiquement correcte. En outre, selon Grollios, le nouveau Programme d'Études n'est interthématique ni au point de vue pédagogique ni au point de vue social. Grollios soutient que, sur la base de l'analyse historique de Beane[202] et de la mise en relief de la notion du « thème », un critère fiable est offert quant à la distinction entre l'approche interthématique et l'approche interdisciplinaire que nous reproduisons par nos dessins dans le Tableau 1.4.(1). Cette « confusion » est aussi particulièrement signalée par les enseignants du primaire également.[203]

---

[198] « L'approche interthématique qui est liée historiquement au mouvement de l'enseignement progressiste a été reconnue par l' Institut Pédagogique et le Ministère de l' Education Nationale comme élément crucial pour la construction d'une école centrée sur l'élève, le vécu et la créativité, espace d'apprentissage, de joie de vivre, avec tous les participants (enseignants et apprenants) y contribuant, c'est-à-dire une école qui se réfère au concept fondamental du même mouvement. [Néanmoins], il s'agit d'un engagement qui est reste lettre morte et ceci, parce que 1) le nouveau programme est basé sur l'enseignement de disciplines séparées ;
2) la plupart des processus de réalisation de l'approche interthématique mis en relief sont des processus qui ont rapport à la corrélation interdisciplinaire du savoir ; alors que
3) [le programme] n'est pas intégré dans un projet de transformation globale des structures et des fonctions de l'enseignement [...] ;
4) ni la compétitivité, ni l'individualisme ne sont combattus systématiquement à l'école mais, au contraire, sont renforcés" [C'est nous qui avons souligné].
Mouvement de l'Enseignement primaire, [gr] « Les fondements, les objectifs et les caractères interthématiques du nouveau Programme d'études pour l'éducation obligatoire ». http://www.paremvasis.gr/2005/ek050805c.htm#_ftnref12.
[199] Voir, p. ex., A. Chronopoulou (2006, 2006), op. cit. et O. Aggelakos, op. cit.
[200] Une notion centrale de l'interthématique est la « zone flexible » qui correspond à 2 ou 3 heures du total du programme. Elle permet, en effet, d'aérer le plan d'emploi hebdomadaire par une réorganisation légère du fonctionnement scolaire.
[201] G. Grollios, [gr] « Le nouveau programme d'études et l'interthématique – La confusion autour d'un concept », Internet, http://users.sch.gr/maritheodo/index.php?option=com_content&task=view&id=118&Itemid=40.
[202] J. Beane, *Curriculum Integration – Designing the Core of Democratic Education*, New York, Teacher College Press, 1997.
[203] Fédération des instituteurs de la Grèce – Institut de recherches et d'études pédagogiques, *Les nouveaux programmes analytiques d'études (DEPPS – PAE) et les enseignants*, Par un groupe d'auteurs, Athènes, juin 2006, p. 81.

TABLEAU 1.4.(1).
ORGANISATION DE L'ENSEIGNEMENT
SELON LES APPROCHES INTERTHÉMATIQUE ET INTERDISCIPLINAIRE

ENSEIGNEMENT	PROCESSUS D'ORGANISATION	REMARQUES
Approche interthématique	→ Thème → idées → activités →	• Le thème constitue la préoccupation majeure. • Les lignes de séparation entre les disciplines ne sont pas prises en compte.
Approche interdisciplinaire	$Disc_4$, $Disc_1$, $Disc_3$, $Disc_2$	• Le thème n'est pas une question importante. • Ce qui importe c'est la contribution de chaque discipline ($disc_1$, $disc_2$, etc.).
Approche par noyaux inter-disciplinaires et concepts de niveau superieur	$Disc_4$, $Disc_1$, $Disc_3$, $Disc_2$	• Le thème est une question qui ne peut se poser dans le cadre des disciplines particulières. • Ce qui importe c'est le processus d'approche d'une vérité, d'un savoir.

Pour ce que nous concerne, quoique nous soutenions partout l'idée de l'interdisciplinarité (par entrelacement que nous opposons à la pluridisciplinarité par juxtaposition), nous ne prenons pas une position en faveur d'un thème mais nous considérons le cours (= l'unité didactique, la leçon) comme étant organisé autour d'un ou plusieurs « noyaux interdisciplinaires » (en sorte de « thèmes ») que nous voyons développés sur la base de « concepts de niveau supérieur » par rapport au disciplines/matières de départ. (Pour des exemples voir TABLEAU 2.6.(1). EXEMPLES DE NOYAUX INTERDISCIPLINAIRES ET DE CONCEPTS DE NIVEAU SUPÉRIEUR).

D'autre part, notons que : Alors que l'entrée de l'interthématique dans les niveaux inférieurs de l'éducation ne suit pas une démarche progressive, de classe en classe et de degré en degré, au niveau scolaire supérieur, toutefois, au lycée, l'interthématique y est exclu. Un autre processus d'entrée de l'interthématique pourrait, bien sûr, 1) insérer aussi le lycée, 2) chaque degré, commencer dès la première « classe interthématique » par ex. la 4e du primaire, la 1ère du gymnase, la 1ère du lycée, et 3) continuer dans les classes suivantes (5e du primaire, 2e du gymnase, 2e du lycée). Quant à l'Université, elle pourrait elle aussi, évidemment, être inclue en tant que champ de formation des futurs enseignants.

Monsieur K. Spanos, professeur expérimenté de physique - sc. nat. - géo dans l'enseignement secondaire nous dit :[204]

> « Je me souviens de [Constantinos] Kavassiadis, à l'Université de Thessalonique. Excellent chimiste, il nous faisait de longues introductions historiques pour chaque chapitre et chaque notion de chimie. Pendant son cours, il faisait revivre les alchimistes

---

[204] Propos recueillis le 19 mai 2008.

du Moyen-âge tandis que, parallèlement, il nous présentait les expériences du congrès qu'il avait suivi la semaine précédente. Il nous avait convaincu de l'importance du caractère interthématique, diachronique et vécu du savoir et de l'enseignement. Ainsi, lorsque je me suis installé à Athènes et que j'ai appris qu'une nouvelle « Université d' Attique » allait réunir, dans la région d'Athènes, toutes les institutions universitaires autonomes (l'École d' Agriculture, l'École de l'Économie, l'École de l'Industrie, la Panteios [Sciences Politiques]), j'ai pensé que l'esprit interdisciplinaire allait se concrétiser. Je voulais, du reste, acquérir un second diplôme d'économie agricole ou quelque chose d'équivalent. Cependant, nous avons vu que ces écoles autonomes ont été nommées universités et sont restées indépendantes ! Je les nommerais plutôt « mono-epistim-ia » [205] et non pas « pan-epistem-ia ». En ma qualité de jeune scientifique, je me suis senti offensé. Mais ce n'était pas tout. Maintenant, dans notre pays, on lance l'idée d'universités privées qui pourraient être fondées par l'Association des Avocats d' Athènes ou La Chambre de Commerce de Thessalonique ou l'Église de Grèce. Quel genre d'universités seront ces établissements ? Comment est-il possible que je puisse me fier, en tant qu'enseignant, à mes supérieurs politiques et aux universitaires qui me demandent, maintenant, de l'interthématique ? De ces instituts d'enseignement supérieur, quels sont ceux qui peuvent enseigner dans une pratique interthématique ? »

Nous contresignons les propos mentionnés ci-dessus et complétons en ajoutant qu'en Grèce, ces dernières années, le champ universitaire a subi des changements spectaculaires. Une prolifération d'appartements et de duplex, surtout à Athènes, qui portent des enseignes d'universités anglophones sur leur façade, ont fait leur apparition en tant qu'universités privées. Par ailleurs, au cours d'un entretien téléphonique avec le professeur et ex-recteur de l'Université d'Agriculture d'Athènes, M. Mihalis Loukas,[206] les données que nous avons indiquées ci-dessus nous ont été certifiées. Il nous a informé sur ce sujet, que

1) pour pouvoir être nommées universités, ces « écoles » devaient avoir, au moins, quatre départements (l'ex-Ecole d'Agriculture ou d' « Agronomie » n'en avait que deux, auparavant ; elle en a 7 actuellement) et

2) aujourd'hui, la moitié des professeurs de cette université ne possèdent pas de diplôme d'agronome, considéré comme condition primordiale. En outre, il nous a déclaré que l'objection initiale à cette union au niveau d'une « Université d' Attique », qui n'a été jamais fondée, était due au fait que les deux premières écoles (qu'il nous a mentionnées *off the record*) considéraient les deux autres comme étant de niveau inférieur et qu'elles ne souhaitaient pas un tel partenariat. Toutefois, nous sommes en mesure de savoir, par expérience, que ces deux écoles « inférieures » se sont avérées être des institutions d'enseignement supérieur tout à fait sérieux.

De toute façon, de manière générale, la multidisciplinarité universitaire est une question qui fait l'objet de débats depuis de nombreuses années et qui, probablement, traditionnellement, est repoussée ou envisagée, par certains, avec ironie.

---

[205] « Université » en grec c'est *pan-epistem-io* [= établissement de tous les savoirs, « université », pluriel : panepistemia]. Le jeu-de-mots « mono-epistem-io » (établissement d'un savoir) est compréhensible.

[206] 29 mai 2008.

Dimitris Stamatis, professeur de sciences naturelles, de l'Enseignement secondaire, diplômé de l'ancien Département des Sciences naturelles et de Géographie[207] nous dit :

> « J'étais fier d'avoir suivi mes études dans ce département où j'ai étudié la biologie et la géologie, la paléontologie et l'anthropologie, la chimie et la physique, la sismologie et la cristallographie, la philosophie et la psychologie. A présent que j'évoque cette période, je me souviens de Mitsopoulos qui, pendant le cours de géologie, nous récitait Faust : *"Philosophie, droit, médecine, théologie aussi, hélas! J'ai tout étudié!"* Je me sentais tout à fait compétent pour exercer mes devoirs de professeur d'enseignement secondaire. Mais rien de tout cela ne m'a été nécessaire, presque jamais. Quand j'ai été limogé du service éducatif, pendant le régime de la junte militaire, j'ai dû me remettre à étudier la physique et la chimie pour donner des cours particuliers et gagner ma vie. Je me suis alors rappelé du mot méprisant qu'utilisait *Koumélis* à notre égard : *"Les scolopendromorphes, les scolopendromorphes"* parce que nous n'étions pas physiciens. Professionnellement, bien sûr, les études de physique étaient préférables et plus modernes et rentables mais nos disciplines étaient plus étendues, avec une histoire profonde de la science. En tout cas, le pire, c'est que notre département s'est dissous. Il a été divisé en deux sections indépendantes : biologie et géologie. Quant à la géographie, inutile de la mentionner. Elle a été redécouverte en 1994 en tant que géographie humaine. Les mêmes professeurs qui soutenaient la valeur de la pluridisciplinarité ont découvert les branches distinctes. […] Que le responsable pour l'éducation environnementale au sein de l'Institut Pédagogique ait été un philologue, pendant de nombreuses années, m'étonne encore aujourd'hui ».[208]

Notre interlocuteur pose ici la question, extrêmement sérieuse, de la pluridisciplinarité des sciences naturelles en tant que disciplines et matières. Cette question présente plusieurs aspects. Elle concerne 1) la sous-estimation de la plupart de ces disciplines, à part la biologie et 2) l'éventualité d'épreuves dans davantage de matières pour avoir accès à l'enseignement supérieur.

Nous remarquons que, sur ce point, les élèves qui terminent leurs études dans l'enseignement secondaire émettent des objections quant à la question de la/une pluridisciplinarité qui les soumettrait à de nombreuses épreuves pour qu'ils puissent accéder à l'enseignement supérieur. Des idées de pluridisciplinarité ont prédominé à la fin de la décennie précédente (années 1997-1999) avec « la réforme [du ministre]

---

[207] Il faut distinguer, dans le système universitaire grec, entre le Département de sciences naturelles et de géographie, d'une part, et le Département de physique, d'autre part. Ces départements ont ensuite évolué pour donner des facultés autonomes.

[208] Octobre 2007. Notre interlocuteur se réfère 1) à Maximos Mitsopoulos (1897-1968) professeur de géologie et de paléontologie à l'Université d'Athènes, 2) à Christos Koumelis, maître de conférences à l'Université d'Athènes, Département de physique, 3) au conseiller de l'I.P. M. Elias Spyropoulos, professeur de lettres, dont la thèse soutenue à Paris intitulée « L'accumulation verbale chez Aristophane », a été couronnée du prix de la Société de professeurs et d'hellénistes (français) en 1974. Spyropoulos a été le rapporteur de l'éducation environnementale au gymnase, au niveau de l'I.P. Le fait qu'un professeur de lettres a été chargé à un niveau supérieur de ces tâches est –du point de vue de l'interdisciplinarité– très important.

Arsénis » (Loi 2909/2001) qui prévoyait des épreuves dans quatorze et, puis, neuf matières. Elles sont actuellement au nombre de six. Ces idées étaient également dominantes dans les années '60 lorsque le gouvernement centriste avait assigné à E.P. Papanoutsos (1900-1982) de renforcer l'école pluridisciplinaire dans l'interface des examens d'entrée à l'université.[209]

Un étudiant en première année (P.S., 2006-07) du Département de la Communication et des masse médias de l'Université d'Athènes avec lequel nous avons discuté, soutenait que les arts plastiques et la musique étaient des disciplines scolaires inutiles pour lui, un futur journaliste. A notre grande surprise, un étudiant de l'Université technique nationale d'Athènes (P.F.) s'est chargé d'interpréter les propos de ce jeune homme du même âge que lui, nous rappelant que « le cours de musique était inutile puisqu'on n'y faisait pas de musique mais qu'on y étudiait l'histoire de la musique ». En quoi « la biographie de Tchaïkovski et la vie à Saint-Pétersbourg au XIXe siècle pouvaient-elles leur servir ? », a-t-il ajouté. Nous savons pourtant que le manuel de l'histoire de la musique qui était enseigné pendant plusieurs années au gymnase grec, un livre de 280 pages, était assez intéressant. Certains points, comme la biographie de Richard Wagner, sont très utiles, aussi, du point de vue de l'interthématique : « ... Dans son âme nichait la flamme d'un art

---

[209] Sur ce point, nous devons rappeler que la réforme de 1964 – dont des phases postérieures ont connu une certaine « gestion » durant, également, les décennies suivantes – a tenté de faire face à certaines divisions (par ex. enseignement général et technique) tandis qu'en même temps, elle s'est dirigée vers des propositions unificatrices. Écrivant sur le « apolytirion académique » de 1964 (en tant que titre sanctionnant la fin d'études secondaires et le droit d'entrée dans un établissement d'enseignement supérieur), Papanoutsos note :

« Le sens plus profond de l'examen "apolytirion académique" était que tous les candidats aux universités ou au Écoles supérieures de Technologie étaient tenus d'avoir les mêmes bases éducatives (performances suffisantes en grec ancien et moderne, en histoire, en mathématiques, en physique et plus tard dans une langue étrangère), pas une formation spéciale selon l'École universitaire de leur choix comme cela se faisait avant ». [C'est nous qui soulignons].

Tout du moins, ne serait-ce qu'en tant que juxtaposition pluridisciplinaire (des disciplines), la base éducative unique des savoirs des futurs scientifiques (raison de plus pour ceux qui se dirigeront, par la suite, avec leurs diplômes, vers l'enseignement et l'éducation) favorise l'approche interdisciplinaire du savoir. E.P. Papanoutsos, *Mémoires*, Ed. Filipotis, 1982, p. 131. Le physicien et académicien Dimitris Nanopoulos, dans un entretien interdisciplinaire avec le linguiste et ancien recteur de l'Université d'Athènes Georges Bambiniotis, insiste sur la valeur de la « révolution papanoutsienne ». Nanopoulos, D. et Bambiniotis, G., [gr] *De la cosmogonie à la glottogonie*, 3ᵉ éd., Editions Kastaniotis, 2010, p. 176. En tant que dialogue entre la science et la linguistique, nous considérons cette dernière édition, d'une grande importance dans le contexte pédagogique grec. Considérés de notre propre point de vue les dialogues entre 22 paires de scientifiques et d'écrivains, musiciens, danseurs, architectes et professionnels du domaine de la culture (dont Wilson, Chomsky, Mandelbrot, Byrne et autres) constituent, comme événement de rencontre interdisciplinaire, une démarche de vulgarisation très importante. Voir Adam Bly [Edited by :], *Science is Culture – Conversations at the New Intersection of Science + Society*, New York, Harper Perennial, 2010.

indivisible constituée par la musique, la poésie, la philosophie, l'architecture et la mise en scène... ».[210]

Nous avons demandé l'avis d'un professeur d'une matière « difficile » (par opposition à des matières « moles », telle la géographie), comme le sont les mathématiques. M. Andréas Sverkos, ex-inspecteur-conseiller nous déclare :

> Pour les matières qui ne font pas partie des épreuves du Bac et qui sont les plus nombreuses (10 de 16), les élèves non seulement n'étudient pas mais ne savent même pas que ce cours est à leur programme. Ils n'ont ni livre ni cahier. Dans beaucoup d'écoles et surtout dans certains établissements privés, ces cours sont pratiquement supprimés et pendant ces heures, on leur fait étudier les matières des épreuves du Bac... Alors, comment ces élèves sont-ils notés ? Le système de notation... Voilà encore une triste histoire. L'échelle de 1-20 a été supprimée et la course se porte sur quelle établissement scolaire « aidera » davantage « ses » élèves, en leur offrant des notes fictives qui jouent un rôle pour l'entrée à l'université. L'échelle de 1 à 20 est devenue, dans de nombreux cas, de 19 à 20 ou encore tout simplement 20.

Il est évident que la route de l'interthématique grecque, dans son cadre scolaire naturel qui est conditionné par la pluridisciplinarité et l'évaluation au moyen d'un système de notation des élèves ainsi que toutes les activités scolaires et éducatives n'est pas jonchée de pétales de roses. D'ailleurs, la référence à la notation en rapport avec l'interthématique doit être présupposée car l'interthématique – qui implique un cadre plus souple – ne peut se baser seulement sur une participation facultative.

Notons aussi que la crise de l'évaluation est générale dans le système d'enseignement grec. Les enseignants, de leur côté, n'ont pas le droit ou l'obligation d'être évalués. Un enseignant qui désirerait prendre des initiatives interthématiques

---

[210] S. Vasileiadis, A. Glynas, I. Tsiamoulis, [gr] *La musique à travers son histoire*, 3ᵉ classe du gymnase, OEDV, 1990, p. 88. On sait que dans l'œuvre de Wagner se cachent des trésors de l'interthématique, lorsque cette approche est vue comme une exploration de « deux cultures » ou de « deux philosophies » pour lesquelles on recherche des ponts, des points de rencontre ou, au contraire, des arguments en faveur d'une dissociation entre elles et le rejet d'une d'elles. Gaston Paris écrit : « Quand Richard Wagner, en 1842, composa son drame musical de *Tannhäuser*, il n'était pas encore en pleine possession de toutes les idées qu'il devait plus tard saisir et réaliser avec tant de force, mais elles flottaient déjà dans son esprit [...]. Je veux parler de cette conception grandiose d'après laquelle la musique, étroitement unie à la poésie et sortant de la même âme, doit être l'interprétation la plus profonde et la plus pathétique du mystère de la destinée humaine, suspendue entre l'amour et la mort, entre l'égoïsme et le sacrifice, entre l'aspiration idéale et la fascination des sens. [C'est nous qui soulignons]. G. Paris, « La Légende du Tannhäuser », http://www.biblisem.net/etudes/paristan.htm. Qu'on nous permette d'évoquer ici un cas personnel concernant l'utilisation de la musique wagnérienne à des fins didactiques. Dans les années 1960, le Planétarium du Palais de la découverte parisien se servait de l'ouverture de *Tannhäuser* pour sa séance principale d'astronomie. Après y avoir participé et de retour en Grèce, nous avons eu l'occasion d'enregistrer cette musique avec un commentaire pour présenter à nos étudiants de lycée l'introduction à la géographie mathématique, sur la base d'un « film fixe » français.

devrait se baser sur la collaboration facultative (avec ses collègues), en tout cas, hors du cadre légitime du travail qu'il s'est engagé de mettre en œuvre.

L'évaluation est un facteur qui pourrait conduire à une transdisciplinarité que nous pouvons considérer comme un niveau supérieur fonctionnel de l'école qui pourrait être visé.

Ajoutons ici un dernier point qui a son importance.

Dans le cadre de l'approche interthématique, le caractère collectif et interdisciplinaire de l'action éducative et pédagogique est prôné. Toutefois, dans le numéro consacré à l'interthématique de la revue de I.P.,[211] il n'y a qu'un article qui soit caractérisé par 1) un contenu interthématique innovateur et 2) de constantes références co-disciplinaires à deux sciences, la géographie et l'histoire. Les mots clés de l'article : *géohistoire – Braudel.*[212]

En tout cas, aucun des articles 1) n'est le fruit d'une collaboration ouverte et signée des représentants de deux disciplines ou plus et 2) aucun d'eux ne traite, de façon détaillée, une discipline particulière selon ses « impuretés interdisciplinaires », c'est-à-dire ses éléments qui promettraient un dépassement de ses frontières purement monodisciplinaires.

---

[211] *Revue de questions d'éducation de l'Institut pédagogique...*, op. cit.

[212] G. Karanasios, [gr] « L'interthématique : La géographie et l'histoire comme disciplines cartographiques », in *Revue de questions d'éducation de l'Institut pédagogique...*, op. cit. p. 200-208. Ce n'est pas hors de notre sujet d'attirer l'attention du lecteur au fait que l'auteur de l'article est 1) linguiste et 2) docteur d'une université parisienne.

2. La géographie scolaire sous l'ombre de l'Acropole, de la physique, de la chimie, de la géologie et de l'éducation à l'environnement

2.1. L'interdisciplinarité géographique comme recherche d'un troisième coté du miroir

Bien que les noms de la matière scolaire de « géographie » et de cette science proviennent de Grèce et de sa langue, cet élément culturel – avec tout ce qu'il implique –, n'a pas permis à ce que la géographie soit enseignée par des géographes dans ce pays. Des universitaires s'étant engagés dans une formation de géographes n'ont pas encore atteint l'enseignement universitaire. Dans les deux facultés de géographie du pays (l'Université d'Egée [Mytilène] et l'Université Harokopio [Athènes]), la culture de l'architecte et celle du géologue sont plus répandues que celle du géographe, étant donné que de nombreux professeurs sont géologues ou architectes.

En outre, quinze ans après la fondation en Grèce du premier département universitaire de géographie (Université d'Egée, 1994), l'enseignement secondaire ne compte pas encore de géographes diplômés pour enseigner cette matière. Comme le remarque le Département de Géographie de l'Université d'Egée dans un document qu'il a adressé au Ministère de l'Éducation

> « La Grèce est peut-être le seul pays où, dans l'enseignement secondaire, cette matière est enseignée par des professeurs de n'importe quelle autre discipline et non pas par un géographe »[213].

L'absence de culture « géographique » scolaire et pédagogique est perçue dans tous les contextes éducatifs dans lesquels on attendrait voir aussi la géographie. Elle y est malheureusement absente. Nous prenons ici comme exemple l'ensemble des contenus, comme titres de communications, d'une conférence organisée par la Société pédagogique de Grèce.[214] Le thème de la conférence, basé sur une double actualité scientifique, pédagogique et sociale, était le multiculturalisme et la société de l'information. Quoique cette thématique ait un rapport multiple avec la géographie, cette dernière entendue comme 1) objets de recherche, 2) outils d'applications et 3) contenus culturels généraux, aucun des titres des travaux présentés ne contenait les termes « géographie » et « géographique ». Nous n'y avons décelé aucune occurrence relative à notre discipline tellement multiculturelle et hautement informatisée. Disons, pour des raisons de comparaison, que 1) la littérature et 2) l'histoire, venaient après les termes vedettes (éducation, multiculturalisme, information) alors que « l'interthématique » les précédaient. La « science » ainsi que la « technologie » (cette dernière, par coïncidence, ex aequo avec la « recherche ») avaient aussi une bonne fréquence d'occurrences alors que « l'environnement », occupait en occurrences la même place que la « religion » (l'adjectif « religieux ») –

---

[213] « Intégration des Géographes diplômés des département de géographie des universités dans la catégorie PE de professeurs de l'enseignement secondaire et proposition d'instruction des cours pour la branche des géographes », Université d'Egée, Département Géographie, n° 3145/1-12-2004/1er décembre 2004.

[214] 11e Conférence internationale de la Société pédagogique de Grèce, « Le multiculturalisme et la société de l'information », 21-23 octobre 2005, Rhodes.

curieusement sous-représentée dans ce contexte multiculturel de la conférence. Enfin, la préférence 1) pour la « mondialisation » ainsi que 2) pour le « théâtre », par coïncidence au même niveau, est de plusieurs points de vue intéressante. D'un côté la mondialisation invoque la géographie économique et de l'autre côté le théâtre renvoie à des méthodes de didactique interthématique. Le Tableau 2.1.(1). présente en résumé nos remarques ci-dessus.

TABLEAU 2.1.(1)
FRÉQUENCE DE TERMES FIGURANT DANS LES TITRES DES COMMUNICATIONS D'UNE CONFÉRENCE PÉDAGOGIQUE

ORDRE	OCCURRENCES	**TERME**
1	52	éducation
2	44	école/scolaire
3	34	multiculturel/multiculturalisme
4	27	société
5	23	science/scientifique
6	22	la pédagogique
7	20	information
8	19	interculturel-interculturalisme
9	9	1. technologie, 2. recherche
10	7	culture/culturel
11	6	interthématique
12	5	1. littérature, 2. histoire
13	4	1. mondialisation, 2. théâtre-théâtral
14	3	1. environnement-environnemental, 2. religieux,-se

Si par le titre de cette section nous considérons « l'interdisciplinarité géographique », (entendue bien-sûr dans le cadre scolaire grec comme ensemble d'applications interthématiques) comme le « troisième coté du miroir », c'est dans ce contexte justement que nous le faisons : la géographie doit revendiquer tous les territoires éducatifs que lui appartiennent. Ceci peut être accompli par des interventions multiples et multidirectionnelles de caractère « transdisciplinaire » touchant toutes les matières scolaires et toutes les facettes de l'organisation scolaire.

Examinons pourtant en détail la situation absurde qui est toujours en vigueur et le sera, probablement, pendant de longues années. Pourtant, à l'ombre de l'Acropole d'Athènes, symbole culturel mondial, un cadre législatif singulier pose, inévitablement, pour la géographie les fondements d'une certaine interdisciplinarité (côté sciences).

Le document auquel nous nous référons (cf. plus haut) consistait, il y a quelques années, en une demande officielle qui se basait sur les décisions des sénats de deux universités où est enseignée la géographie, sur le décret présidentiel[215] et prenait

---

[215] D.P. 147, JO [grec] 124/4-6-2002, 1, parag. 3b, qui concerne « Les fonctions professionnelles des diplômés du Département de Géographie de l'Université d'Egée et de l'Université Harokopio ».

également en compte l'appel que l'Union des Géographes de Grèce[216] avait déjà fait par écrit.

Ce document émanant du Département de Géographie de l'Université d'Egée mentionné ci-dessus sollicite la constitution d'une catégorie spéciale d'enseignants « PE » (diplômés universitaires) dans laquelle pourront être intégrés les nouveaux diplômés en géographie dont la qualification professionnelle majeure serait le diplôme de géographe. Comme nous le savons, il y a la catégorie des « physiciens PE4 » (diplômés universitaires « 4 » qui enseignent la physique, chimie, biologie, géologie, géographie) et dans laquelle, jusqu'à présent, étaient intégrés tous les diplômés de sciences similaires. La catégorie des « physiciens PE4 » ou « PE 04 » est structurée, en rapport avec le diplôme en tant que qualification de base formelle, de la façon suivante : PE 04.01 (licence de physique ou titre équivalent), PE 04.02 (licence de chimie ou titre équivalent), PE 04.04 (licence de biologie ou titre équivalent) et PE 04.05 (licence de géologie ou titre équivalent). Le PE 04.03 vacant appartient à l'ancienne branche des diplômés en « sciences naturelles et géographie » suite à la suppression des départements correspondants (années 1970) et à l'absence d'intéressés.

Actuellement (début 2009), nous savons qu'en accord avec la loi 3687/2008[217], les diplômés universitaires en géographie peuvent, désormais, être intégrés à la branche PE 4 (ou PE 04) en tant que PE 04.05, avec les géologues et participer au concours du Conseil supérieur de sélection du personnel (ASEP) pour occuper des postes de « physiciens ».

Le président de la E.GEO, M. Panagiotis Stratakis nous dit :[218]

« Pour la première fois en janvier dernier 2009, des géographes ont eu le droit de participer au concours de l'ASEP. Ils devaient être examinés en tant que géologues vu que, désormais, la matière est appelée « géologie-géographie » et étaient candidats aux postes « PE 4 ». La matière sur laquelle portaient les épreuves était en majeure partie d'ordre géologique. Parmi les trente titres de chapitres, seuls trois ou quatre concernaient des sujets géographiques. Et, n'oublions pas les autres matières, la physique, la chimie et la biologie [...]. Moi-même, j'ai pris part au concours et m'y suis préparé normalement. Dans l'ensemble, je n'ai pas trouvé de grandes difficultés dans la préparation, ayant pour base, mes connaissances générales. Toutefois, la question "géographie" n'a pas évolué ».

En effet, « la question de la géographie », dans les conditions que nous décrivons, n'a pas évolué, avec pour caractéristiques majeures :
1) l'intégration du cours au sein des sciences physiques et non pas dans un domaine général et élargi qui puisse s'ajuster au domaine des sciences sociales,
2) la mise au service du fonctionnement scolaire sur une base plus « économe » et « pédagogique » étant donné que le professeur-géographe PE 4 aura des charges variées et une surface pédagogique plus large.

---

[216] Il s'agit de l'association scientifique et professionnelle de l'Union des Géographes de Grèce (E.GEO.) qui regroupe, principalement, les nouveaux diplômés en géographie.
[217] Loi 3687, « Questions sur le personnel du Ministère de l'Education Nationale et des cultes et autres décrets », *Journal officiel*, fasc. A, 159/1 août 2008.
[218] Communication personnelle, février 2009.

Dans le cadre de cette étude, nous avons souvent l'occasion d'étudier la thématique relative à la pluridisciplinarité ou/et à l'interdisciplinarité (forcée) qui s'élabore maintenant avec la participation, également, de géographes dans la branche PE 4. Cependant, nous examinerons particulièrement les points 1) et 2) et pour cette raison, nous nous reporterons au Tableau 2.1 (2). dans lequel apparaissent 1) la plus petite (colonnes 3 et 4) ou plus grande (colonnes 1 et 2) pluridisciplinarité au sein de chaque branche ainsi que la plus petite ou plus grande multivalence du personnel.

TABLEAU 2.1. (2)
BRANCHES « PE » PLURIDISCIPLINAIRES ET MONODISCIPLINAIRES DANS L'ORGANISATION DE L'ÉDUCATION GRECQUE

1	2	3	4
Instituteurs (PE 70)	Lettres, histoire (PE 02) Physique, chimie, sc. nat. géographie (PE 04) Droit et Sciences Politiques (PE 13)	Religion (PE 01) Mathémat. (PE 03) Français (PE 05) Anglais (PE 06)	Économie domestique (PE 15) Économie (PE 09) Sociologie (PE 10)
← ←PLURIDISCIPLINARITÉ CROISSANTE DES BRANCHES ← ←			
→ → MULTIVALENCE DÉCROISSANTE DU PERSONNEL →→			

PE : Personnel de formation universitaire

Notons ici que la géographie se trouve (de façon intéressante) en « otage » pluridisciplinaire du domaine de la physique et des autres sciences naturelles que parallèlement, elle se trouve isolée des deux sciences sociales importantes, comme l'économie et la sociologie. L'existence de ces deux PE autonomes (économie, PE 09 et sociologie, PE 10) prouve qu'il pourrait y avoir une branche autonome de géographes même si le professeur de géographie n'aurait qu'une fonction limitée dans le programme (les horaires) de chaque établissement scolaire avec ses quelques heures seulement de cours, questions qu'indique le point « 2) » précédent.

La question de la dispersion de l'ensemble des sciences sociales, notamment, par rapport à l'interthématique et l'interdisciplinarité va nous donner l'occasion de nous pencher sur un autre point.[219] Nous pouvons, toutefois, approfondir ici la question « 2) » exposée précédemment. Celle-ci est liée à la question suivante : dans quelle mesure les géographes d'une branche PE autonome et affaiblie pourraient-ils enrichir davantage le programme scolaire et accroître leur participation dans l'œuvre pédagogique ? Comme nous observons dans le Tableau 2.1.(3)., les diplômés des départements de géographie ont la possibilité de prendre en charge et d'enseigner plus de dix matières dans l'ensemble des cours du gymnase et du lycée. Il est à noter

---

[219] Voir 2.6. L'approche interdisciplinaire dans la didactique universitaire : « Discipliner » les sciences sociales en Grèce – « interdiscipliner » sa géographie).

que bien que le document du Département de Géographie de L'Université d'Egée[220] se réfère au rôle multivalent que pourraient jouer les nouveaux diplômés en géographie grâce à leurs compétences pour enseigner tant de matières, il ne s'étend pas sur la cause et les possibilités de l'interthématique ni sur la présupposée concrétisation de la pluridisciplinarité.

TABLEAU 2.1.(3)
MATIÈRES DE PREMIÈRE, SECONDE ET TROISIÈME COMPÉTENCE DES GÉOGRAPHES

Matières de **première** charge compétence ou cours principaux de la spécialité du géographe.	<ul><li>Géographie (1ᵉ gymnase)</li><li>Géographie (2ᵉ gymnase)</li><li>Principes des sciences environnementales (2ᵉ lycée)</li><li>Gestion des ressources naturelles (2ᵉ lycée)</li></ul>
Matière de **seconde** compétence ou cours pour lesquels les géographes pourraient être proposés en cas de besoin.	<ul><li>Instruction civique et sociale (3ᵉ gymnase)</li><li>La culture européenne et ses racines (1ᵉ lycée)</li><li>Histoire des sciences sociales (2ᵉ lycée)</li><li>Histoire des sciences et de la technologie (3ᵉ lycée)</li></ul>
Cours de **troisième** compétence de cours.	<ul><li>Principes d'économie (1ᵉ lycée)</li><li>Technologie (1ᵉ lycée)</li><li>Orientation scolaire et professionnelle (3ᵉ gymnase)</li></ul>

Il est évident que le Ministère de l'Éducation Nationale grec, représentant concret du système abstrait de l'enseignement, ne fait pas encore confiance à la géographie en tant que discipline et outil pédagogique.

---

[220] « Intégration de géographes diplômés... », voir plus haut.

2.2. Propositions d'interthématique et de multidisciplinarité dans l'édition de la « Géographie Inter-Thématique » de A. N. Katsikis.

L'ouvrage « Géographie Inter-Thématique », avec le trait d'union dans le mot-clé de son titre, du professeur Apostolos Katsikis, constitue une proposition de géographie interthématique dans les universités grecques ainsi que pour le milieu pédagogique. Le titre d'un livre de géographie se référant à l'interthématique nous oblige à étudier tout particulièrement cet ouvrage d'autant plus que l'auteur de celui-ci est le seul professeur de la didactique de la géographie dans une université grecque, ce qui nous permet de considérer ce livre comme un support important pour l'enseignement de la géographie.

2.2.1. Comme le note l'auteur dans le prologue du livre

« L'esprit prédominant qui a régi sa rédaction a été le désir d'aider tous ceux qui sont impliqués directement ou indirectement à la géographie et à son enseignement ou qui s'intéressent plus largement aux évènements géographiques et de contribuer à la relance de l'intérêt pour tout ce qui concerne la géographie, offrant une base correcte des savoirs fondamentaux provenant des branches les plus importantes de la géographie physique » [nous avons souligné].

La référence spécifique à la géographie physique (seulement) nous donne une idée sur le contenu du livre. Toutefois, le privilège de la géographie physique étant de constituer la base du savoir géographique sur lequel la discipline géographique, dans sa totalité, peut se construire (ou simplement s'inscrire, comme dans un cadre), le caractère central physico-géographique du livre n'exclue pas (préalablement) un contenu éventuellement interthématique ou/et interdisciplinaire. D'ailleurs, seule la géographie physique, dans le cadre d'une approche « intra-thémathique » (« intradisciplinaire ») qui viserait à une réorganisation didactique, pourrait, théoriquement, se replier de façon interthématique et interdisciplinaire.
Comme de plus l'explique l'auteur

« [l]e contenu du [livre] se base sur la synthèse et offre des données géographiques essentielles sur l'ensemble des parties de la Terre – atmosphère, lithosphère, hydrosphère – sur la base d'une approche interthématique qui, grâce à des prolongements, des transpositions et des dépassements, conduit à la conception prédominant quant au caractère intégral du milieu géographique et à la globalité de la géosphère ». [Nous avons souligné].

Dans ce contexte mis en relief par
1) la référence sur la notion de « l'approche interthématique »,
2) l'emploi des notions « synthèse », « caractère intégral », « globalité » ainsi que
3) le choix de l'auteur pour les termes de « prolongements, transpostions et dépassements »,

nous devons procéder à un exposé détaillé de cet ouvrage et rechercher le caractère interthématique que son titre promet.

2.2.2. Le livre que nous présentons est de 320 pages et se divise en trois parties : La terre en tant que corps céleste (p. 23-75), la problématique de la représentation de l'espace (p. 77-112), le système Terre (p. 113-307). En outre, les dix chapitres particuliers sont les suivants :

> Chap. 1 Le système solaire
> Chap. 2 Description mathématique de la terre
> Chap. 3 Mouvements de la terre et phénomènes conséquents
> Chap. 4 Cartes et cartographie
> Chap. 5 La notion de géosphère
> Chap. 6 L'atmosphère
> Chap. 7 La lithosphère
> Chap. 8 L'hydrosphère
> Chap. 9 La biosphère
> Chap. 10 L'homme et la géosphère

Dans une première approche, il est évident, notamment en termes d'histoire de l'enseignement géographique grec que les quatre premiers chapitres de ce livre reprennent des chapitres courants de la géographie scolaire bien que néanmoins, ceux-ci ne soient pas obligatoirement, des chapitres introductifs de la géographie physique dont traite, presque essentiellement, le livre. [221] D'ailleurs, des deux derniers chapitres qui concernent moins la géographie physique, le neuvième (« La biosphère »), de vingt pages (p. 281-300) donne un exposé complet « éco-géographique » de la matière exposée alors que le dixième (« L'homme et la géosphère ») sous la forme d'un « épilogue éco-géographique » donne en cinq pages (p. 303-307) une certaine fin philosophique au livre.

Dans ses trois cents pages, ce livre regroupe de façon synoptique mais sérieuse voire exemplaire, la matière de cours universitaires tels que la météorologie, la sismologie, la cartographie et évidemment, principalement, la géographie physique. De manière générale, il ne se penche pas sur des thématiques géographiques particulières comme par exemple de contenu historique, économique, social, politique ou géopolitique même s'il ne peut éviter de se référer, à de rares exceptions, à des données historiques ou de géographie humaine (par ex., systèmes fluviaux et homme).

L'interthématique du livre en tant que proposition didactique se limite à quelques courts paragraphes de deux ou cinq lignes au plus à la fin de chaque chapitre qui formulent ainsi sommairement des « approches - prolongements interthématiques ». Dans ces formulations synoptiques 1) est indiquée la partie du chapitre correspondant 2) est exprimé ou sous-entendu le noyau des thèmes, 3a) sont proposés certains thèmes 3b) suivent les titres des disciplines dans lesquelles est introduite de façon pluridisciplinaire ou interdisciplinaire la concrétisation du thème correspondant. Dans le Tableau 2.2.(1). que nous avons rédigé sur la base

---

[221] Voir, par exemple, l'ouvrage classique du professeur Panagiotis Psarianos : P. Psarianos, *Géographie physique*, Athènes, 1969.

des courts paragraphes interthématiques correspondants du livre, nous notons quelques exemples que nous analysons, chacun, en trois colonnes.

TABLEAU 2.2.(1).
PROPOSITIONS « APPROCHES INTERTHEMATIQUES – PROLONGEMENTS »
Telles qu'elles sont formulées à la fin des chapitres du livre
Géographie Inter-Thématique

Partie de chapitre	[Centre du thème]	[Thèmes/Disciplines]
Structure et composition de la Terre	–	Minéraux, roches, Métaux, Gisements
		Pétrologie, Minéralogie, Étude des gisements, Géologie, Géophysique
La surface de la terre	Polymorphie du relief continental et sous-marin.	Géographie physique, Géographie humaine Organisation urbaine
	Interaction de l'environnement naturel et de l'homme.	Géographie économique
Érosion	Activités humaines et environnement.	Géomorphologie, Géographie humaine, Eco-géographie
Hydrosphère	Présence d'eau et organisation urbaine.	Etude de l'hydrosphère - Urbanisme
Biosystèmes	Subsistance, Activités dans les différentes formes de biosystèmes.	Biogéographie, Géographie raciale, Organisation du territoire, Géographie économique, Géographie culturelle

2.2.3. La parution du livre de géographie que nous présentons coïncide avec la première période de mise en œuvre de l'interthématique dans les écoles grecques. Son titre se rapporte à cette réforme de l'enseignement en Grèce.

Sur le plan international, les livres de géographie dont le titre se réfère à une synthèse ou à une reconstitution de la matière constituent l'objet de critique minutieuse quant à la concordance du titre et du contenu. Graham Chapman,[222] professeur à l'Université de Lancaster (Royaume Uni), a cherché à approfondir le caractère de « synthèse » que promet le titre du livre de Peter Haggett

---
[222] G. Chapman, « "-graphy" – The remains of a British discipline », Internet : http://www.gees.ac.uk/events/2005/ac05/gc.ppt.

« discutablement le géographe le plus célèbre de la seconde moitié du 20ème siècle » intitulé *Geography : a Global Synthesis*[223]. Il le compare à un livre plus ancien, celui de Dudley Stamp, ayant pour titre *The World : a General Geography*[224]. Se servant d'une méthodologie d'analyse du contenu, Chapman codifie, en ce qui concerne le contenu, la terminologie et le vocabulaire, pas moins de 500 points du livre de Haggett (images et encadrés) et 412 images du livre de Stamp. Sa conclusion en est que l'excellent et utile livre de Haggett 1) ne constitue pas une synthèse (« notamment entre la géographie physique et la géographie humaine », 2) il n'est pas global (« en dépit de ce que promet son titre ». On sait que Haggett commence son ouvrage par une approche sur le niveau individuel, avec des personnes sur une plage – *sur le rivage* – pour présenter des idées sur le modelage spatial et sur des processus physiques dynamiques. Mais selon Chapman, il est évident là et dans tout le livre, que les rapports entre le matériel physique et celui de l'être humain sont faibles et souvent non explicites. Un certain genre de processus « osmotique » de l'intégration de la matière est laissé au lecteur. « Puisqu'il n'y a aucun axe de géographie régionale systématique, analogue à celui de Stamp, un foyer intégrateur continuel en est absent ».

Dans le cas présent, du livre grec que nous présentons, nous jugeons que celui-ci ne comprend pas d'outils de support visible pour la géographie interthématique. En outre, malgré son caractère clairement scientifique, cet ouvrage est loin de prendre position, par chapitre et par objet, en rapport avec le caractère de développement pluridisciplinaire ou/et interdisciplinaire des thèmes proposés.

Les questions qui pourraient être posées en ce qui concerne le livre du professeur Katsikis sont les suivantes :
1) Quels arguments prouvent le caractère interthématique de la Géographie Interthématique ? De quelle façon ce caractère est-il mis en relief ?
2) La synthèse de Géographie physique + Géographie humaine est-elle réalisable par un non spécialiste (qui serait, par exemple, un diplômé de la section pédagogique de l'enseignement primaire) ou, tout du moins, par un spécialiste (p.ex. un géographe ou géologue qui suivrait l'évolution de la matière de ce livre) ?
3) Les « prolongements interthématiques » de la fin des chapitres peuvent-ils être considérés suffisamment explicites ?
4) Depuis la parution du livre, est-il apparu un matériau relatif d'essai-exemplaire d'élaboration de la matière, par ex. de la part des étudiants, qui puisse, éventuellement, être utilisé par des enseignants ?

---

[223] P. Haggett, *Geography, A Global Synthesis*, revised 3rd ed., New York, Harlow, Prentice Hall, 2001. La "synthèse" apparait aussi dans l'édition précédente du livre: P. Haggett, *Geography, A Modern Synthesis*, 3rd ed., New York, Harper-Collins, 1983.

[224] D. Stamp, *The World: a General Geography*, London, Longmans, Green, and Co, 1960 (1934)

2.2.4. Nous avons voulu connaître la position réelle de l'auteur qui a eu l'amabilité de nous répondre en toute franchise.[225] D'ailleurs, son point de vue général sur l'interthématique, par rapport à l'enseignement géographique est le suivant :

« [P]our la géographie et les géographes, l'intervention interthématique était toujours considérée comme quelque chose allant de soi. L'enseignant intéressé n'attendait pas les nouveaux programmes et manuels pour la mettre en œuvre. [...] C'est très vexant de remarquer que, quelques uns qui ont découvert récemment l'enseignement interthématique, le considèrent comme une panacée qui résoudra comme par magie tous les problèmes de l'Éducation grecque. Est-ce aussi simple ? C'est plutôt naïf pour ne pas dire irréfléchi. »

De façon plus détaillée, l'auteur, le professeur A. Katsikis, nous dit qu'il est d'accord avec l'idée qu'

« il s'agit d'un « manuel » de Géographie plutôt générale, de type classique, qui met l'accent sur la Géographie physique et [que le livre] a été écrit dans le but de regrouper les notions fondamentales de la Géographie, une fois que l'auteur et notamment d'autres enseignants se sont rendu compte qu'un tel ouvrage manquait dans la bibliographie grecque ».

En bref, l'auteur considère que le livre est

« utile pour quelqu'un qui veut avoir le "savoir géographique fondamental" »

D'ailleurs, l'auteur nous déclare en toute honnêteté qu'en effet :

« il ne s'agit pas d'une géographie interthématique [....et qu'] il ne peut en être ainsi [puisque] <u>pour que tous les thèmes y soient inclus, cet ouvrage devrait avoir la forme d'une encyclopédie</u> » [Nous avons souligné].

De plus il nous informe franchement que

« L'ajout du préfixe "Inter-" s'est fait sur le conseil de l'éditeur [...], probablement influencé par l'esprit de l'époque. [Toutefois], les approches interthématiques, à la fin de chaque chapitre, constituent simplement des indications des points qui pourraient être explorés de façon interthématique dans le cadre des disciplines-branches qui sont citées ».

En faisant une digression épistémologique, comme la caractérise l'auteur, défenseur de interdisciplinarité, il déclare également que

« pour un géographe et raison de plus pour un "maitre" [= enseignant de géographie], l'approche de l'interdisciplinarité et de l'interthématique de l'*espace*, dans son sens le plus large, [...] constitue un besoin évident puisque l'espace, de toute façon, est exprimé et représenté de multiples manières et sous divers aspects. Par conséquent, il va de soi qu'il doit être étudié, interprété et être présenté/enseigné ainsi ».

---

[225] Communication personnelle, 17 novembre 2008.

Nous jugeons qu'il n'est pas inutile, dans le cadre de nos analyses, de compléter la citation déjà longue du professeur Katsikis.

D'après lui,

« les spécialités en géographie, donc le « démantèlement » correspondant cognitif de l'approche de l'espace, ont résulté du caractère des études des professionnels, bien sûr, sous l'influence également de la composante quantitative ».

D'ailleurs, lui-même

« considère tout à fait pertinente l'opinion qui prédomine ces derniers temps quant
- au caractère global de l'espace,
- à l'unité du monde et
- par conséquent, quant au besoin d'une l'approche globale de leur géographie (à tous points de vue, c'est-à-dire physique, humaine, écologique) ».

2.3. Le modèle intégré de l'enseignement des sciences naturelles et de la géographie comme proposition interthématique

Comme nous l'avons vu dans ses réponses, le professeur Katsikis 1) considère que, d'une manière générale, l'interthématique est une caractéristique traditionnelle élargie de l'enseignement de la géographie et que 2) la géographie n'a pas attendu l'arrivée de la réforme interthématique pour l'appliquer. Selon A. Katsikis, durant une période plus ancienne d'interventions de normalisation administrative et de réforme, indépendamment du cadre administratif particulier – tel qu'il est maintenant – qui soutient l'esprit interthématique, la géographie fonctionnait de façon interthématique. Il nous dit :

> «Qu'on se souvienne [...] du programme et des manuels du cours « Étude du milieu » des années 1980 qui constituaient une expression excellente de l'interthématique à cette époque-là».

Il est intéressant de nous pencher particulièrement sur le programme que nous indique l'interviewé et d'examiner ce manuel qui était encore utilisé récemment, en étudiant sa part de contribution dans l'enseignement interthématique de la géographie.

Fig. 2.3.(1). Le manuel scolaire de l'étude du milieu, intitulé « Nous et le monde » a constitué dans les années 1980 et au niveau de l'édition une proposition d'intégration physique - sciences nat. – géographie.

Le manuel « Nous et le Monde »[226] avec pour sous-titre « Étude du milieu » a été publié pour la première fois en 1984 par l'OEDV (Organisme d'édition des manuels scolaires), en deux tomes et couvrait la matière géographique de la classe

---

[226] A. Leontaris, A. Benekos, Y. Christias, S. Christodoulou, *Nous et le monde – Etude du milieu*, Athènes, OEDV, 1988 (4ᵉ edition).

de quatrième de l'enseignement primaire. Permettons-nous ici de nous reporter à la critique du livre que nous avions faite. [227]

[*Forme et contenu :*]

Le manuel de la quatrième classe, *Nous et le Monde*, (1e partie) commence par une introduction photographique et cartographique correcte à l'échelle du village. Il continue ensuite avec la ville et le département pour aboutir à la région administrative et à la Grèce. En fait, il s'agit d'une présentation plus systématisée des données qui ont été transmises en troisième du primaire. La présentation de toutes les caractéristiques particulières et des sujets d'étude géographique du pays tels que les montagnes, les plaines, les fleuves ainsi que les ponts, les ports et les aéroports est faite de manière introductive. Il s'agit, évidemment, d'une énumération qui créerait de nombreux problèmes pédagogiques – courants en géographie – s'ils devaient être tous mémorisés.

Le temps et le climat sont introduits sous la forme d'exercices illustrés et cartographiés qui mènent à des observations et des conclusions. Les autres thèmes mis en évidence sont
- l'intérieur de la terre,
- les mouvements et le climat de la terre,
- la répartition de la population grecque,
- les interventions humaines dans l'espace
- des éléments géographiques des Balkans ainsi que
- des questions en interaction avec l'histoire et l'éducation civique.

Un tiers du livre, à la fin [du premier tome], est consacré à la botanique, à la zoologie et à l'étude de l'environnement.

Il est évident que la matière et son agencement ne nous permettent pas de caractériser ni d'intituler avec un titre quelconque de « monographie » ce matériau géographique d'introduction.

[*Critique des enseignants :*]

Deux des enseignants avec qui nous nous sommes entretenus ont parlé
- « de lacunes quant à la terminologie géographique » pour les enfants, avec les conséquences induites et
- « d'un amalgame de la matière de façon anti-pédagogique ».

[*L'importance du caractère interthématique :*]

A notre avis, le manque de caractère systématique dans la présentation de la matière qui est nettement centrée sur la Grèce, ne constitue pas un désavantage. Au contraire, le passage d'un chapitre à l'autre avec un côté inattendu par rapport à la structure et à la continuité, accroît l'information. Plus grand est l'effet de surprise plus il est porteur d'informations.

[*Le système éducatif grec centralisé et la géographie locale :*]

---

[227] I. Rentzos, « L'enseignement de la géographie dans le primaire et le secondaire : Manuels et méthodes », 1994, op. cit.

Toutefois, ce qui doit être inscrit au passif du livre, dans le cadre du système éducatif centralisé et uniforme de la Grèce, c'est sa faiblesse à mettre en relief, lors de son itinéraire pédagogique du proche au lointain, le lieu d'habitation réel de l'élève. Que l'élève vive à Agpa, dans l'île de Lesbos ou à Zografos (Athènes), il/elle sera obligé/e de suivre le parcours unique choisie dans le manuel unique : Argalasti-Volos-Magnésie. Les enseignants avec lesquels nous nous sommes entretenus [à Mytilène] ont critiqué le fait que l'ancien livre de géographie de l'île de Lesbos, pour la troisième et la quatrième classe, ne [pouvait] plus être utilisé puisque le programme a[vait] changé. Il est évident que la question de la géographie locale et du manque de toute structure décentralisée, de la production de la matière scolaire correspondante se pose.

Notre présentation se focalise sur le premier des deux tomes de ce livre (de 140 pages). Le même esprit régit le second tome (de 130 pages) dont une partie importante est concentrée sur la zoologie, l'anthropologie (biologie humaine) et la physique. De nombreuses applications géographiques comme les références à l'agriculture grecque (ayant rapport à la botanique), l'élevage (ayant rapport à la zoologie), la minéralogie ou l'électrification et l'approvisionnement en eau des agglomérations, sont liées aux questions de sciences physiques correspondantes (électricité, l'hydraulique).

Nous recherchons, dans ce livre, les éléments interthématiques ou/et interdisciplinaires. Prenant pour base la grille qui sera établie plus tard, dans le Tableau 4.1.(1)., nous élaborons le Tableau 2.3.(1). A première vue, nous remarquons que le manuel en question, rédigé au début des années 1980, hors de tout cadre interthématique institutionnel, répond à de nombreux critères interthématiques, davantage même que le récent manuel de Géographie de la 6e du primaire de 2007 écrit dans le climat, supposé, de l'interthématique.

TABLEAU 2.3.(1).
ELEMENTS INTERTHÉMATIQUES / INTERDISCIPLINAIRES DANS LE MANUEL INTEGRÉ
NOUS ET LE MONDE

Histoire/Histoire des sciences	Géographie	Civilisations/Cultures	Biographie	Intertextualité	Langage/langue	Calcul	Contextualisation
+	+	+	-	+	+	-	+
Re-contextualisation	Carte géographique	Photographie	Tableau de peinture	Dessin linéaire	Gravure	BD / caricature	Tableaux de données
+	+	+	+	+	-	+	+

Toutefois, il ne serait pas sérieux de se fier à ce jugement superficiel et de considérer ce manuel comme étant interthématique/interdisciplinaire. Sans négliger les nombreux éléments d'une co-disciplinarité que les auteurs tentent d'introduire avec grand enthousiasme, sur de nombreux points de leur élaboration, le manuel *Nous et le Monde* devrait surtout être caractérisé comme le résultat d'un effort d'édition intégrée. A notre avis, pour une classe de ce niveau du primaire et dans le cadre des sciences physiques et naturelles dans lequel la géographie est insérée – des éléments du domaine de l'histoire et des autres sciences sociales qui y existent sont rares – on ne pourrait s'attendre à aucune autre composition interthématique /

interdisciplinaire. L'intégration, sans dépasser la juxtaposition de chapitres qui étudient le monde qui nous environne et notre monde intérieur, soutient les méthodes d'enseignement de ces chapitres sans toutefois, exiger des élaborations plus profondes ou envisager une reconstruction des contenus de la matière. La partie du chapitre qui suit (2.4.) nous montre que des approches purement interdisciplinaires (ni simplement interthématiques, ni artificiellement intégrées) qui garantissent ou annoncent de tels changements existent. Elles ne proviennent malheureusement pas de la géographie mais de l'éducation à l'environnement urbain. En effet, la « poléographie » propose un certain modèle d'interthématique intedisciplinaire.

2.4. L'éducation à l'environnement urbain comme opportunité d'approche de l'interthématique géographique et l'enseignement poléographique

> – Je ne sais ce que vous en penserez mais pour répondre à votre question s'il y a quelque chose qui m'a particulièrement frappée dans mon étude sur «New York en tant qu'objet et lieu de développement des Beaux Arts », je dirai que j'ai réalisé pour la première fois que New York n'était pas la capitale des Etats-Unis ».
>
> [Réponse d'une étudiante lors de la soutenance de son mémoire de semestre pour le cours de géographie culturelle du Département de gestion de l'environnement culturel de l'Université d'Ioannina, Juin 2008].

Nous avons remarqué [voir 1.2.] qu'indépendamment du cadre établi par le programme de la géographie scolaire, la ville entre dans le jeu de l'interthématique par des vois parallèles aux chemins pratiqués par la géographie scolaire et ses programmes. En effet, grâce à un support qui est offert par l'éducation environnementale, une poléographie interthématique, a déjà fait son apparition dans le système éducatif grec.

Nous présentons ici deux ouvrages pédagogiques parascolaires dont l'utilisation n'est pas imposée en tant que matériau pédagogique. Ces livres sont proposés comme supports facultatifs ou constituent un matériau de base dans les stages d'éducation à l'environnement de courte durée organisés par les « Centres de l'éducation à l'environnement » de chaque département administratif.[228] Nous présentons également les travaux d'un de ces stages dans le but d'offrir une vue complète des potentialités de l'enseignement de la géographie des villes dans le cadre du système éducationnel grec.

2.4.1. Le livre intitulé « J'explore ma ville »[229] s'adresse aux élèves des dernières classes de l'enseignement primaire et des premières classes de l'enseignement secondaire. Dans la notice à l'intention des enseignants, les auteurs prennent une position pédagogique audacieuse dans laquelle ils condamnent, ni plus ni moins, « le mauvais traitement et la dégradation du territoite, de l'environnement, de l'histoire et du patrimoine » dans le pays et considèrent ces phénomènes comme étant « le triste résultat d'une conception spéculative inconsidérée et d'une consommation excessive ».

---

[228] Voir 2.4.3. Le matériau pédagogique relatif est utilisé, généralement, pour le plan et la mise en place de programmes dans la thématique d'Éducation à l'environnement et est envoyé par le Ministère de l'Éducation Nationale aux bureaux des Responsables de d'Éducation à l'environnement et aux Conseillers scolaires qui les prêtent aux écoles du Primaire et du Secondaire. Certains titres : *Énergie* (cd-rom), *Éducation à l'environnement, Énergie – développement – environnement, Une boite remplie d'eau, Explorant l'environnement de l'Europe, Le Fleuve, Villes viables,* etc.

[229] M. Dimopoulou, E. Bambila, A. Frantzi, M. Hatzimichaïl, *J'explore ma ville - Propositions de projets interthématiques*, Athènes, Kaleidoscopio, 2003.

Dans le livre en question, le matériau se focalise sur un quartier central et historique d'Athènes, le quartier de Monastiraki, qui a pour avantage de réunir, de façon apparente et ce, dans un périmètre limité, de nombreuses fonctions urbaines courantes et spécifiques. En outre, c'est un quartier familier aux enseignants d'autres villes qui connaissent Athènes et, par conséquent, qui peuvent s'ils le désirent, transposer les sujets enseignés et traités dans ce support selon les conditions particulières qui existent dans leur propre ville.

Les cinq unités du livre sont :
a) La ville ; activités générales d'observation et son étude ;
b) Le *marché aux puces* athénien et les autres activités liées au marché ;
c) La station du métro athénien (de Monastiraki) où se croisent deux grandes lignes du métro ;
d) Le tourisme et le flux des visiteurs étrangers dans le quartier de Monastiraki qui se trouve près de l'Acropole d'Athènes
e) Les monuments du quartier qui offrent, d'ailleurs, une représentation multiculturelle de l'espace urbain.

Avec la partie d'introduction [voir a) ci-dessus], qui concerne la ville et son observation, une approche de découverte du quartier s'effectue en classe ainsi que dans l'espace étudié.

La (première) unité thématique, qui constitue une introduction à la vraie étude de la ville, comme une vraie poléographie, comprend les chapitres suivants :

- le plan de la ville,
- l'organigramme *en toile d'araignée*,
- la première visite de repérage,
- l'organisation du plan de travail,
- le regroupement de données et l'élaboration en classe d'un « coin de la ville »,
- l'étude du nom des rues,
- la recherche de témoins vivants,
- l'entretien avec des acteurs du quartier tel qu'un urbaniste, un écrivain ou un guide, la collecte d'anciennes photos et représentations picturales (gravures),
- l'étude de l'environnement, des questions de nettoyage urbain,
- la verdure dans l'espace urbain étudié,
- l'étude des sons et des bruits,
- des suggestions de jeux avec rôles correspondant aux conflits des groupes sociaux du quartier, et
- une réalisation de la maquette du quartier.

Nous jugeons qu'il n'est pas nécessaire d'entrer plus en détail dans la structure et le contenu de cet ouvrage. La seule remarque de la part de quelqu'un qui connaît le quartier concernerait l'étude des constructions, des bâtiments, des trottoirs, des rues piétonnes et se porterait sur leur fonction et leur esthétique ou, plus précisément, sur le soin de régénération des lieux les plus fréquentés de la ville, comme espace public, dont la dégradation et les dégâts sont plus que visibles.

2.4.2. Le dossier-mallette intitulé «Éducation à l'environnement pour la ville viable »[230] s'adresse aux enseignants qui, comme dans le cas du livre précédent, enseignent dans les dernières classes élémentaires et dans les premières classes du secondaire. La mallette ne constitue pas un matériau qui s'insère, chronologiquement, dans le tournant interthématique que nous étudions puisqu'il a été élaboré et publié un peu avant l'an 2000. Cependant, nous pouvons dire que ce sujet marque le courant interthématique. En outre, cette édition constitue indubitablement un fait remarquable, notamment dans la mesure où sa valeur est reconnue dans la « phase interthématique » présente (voir 2.4.3.). La mallette comprend :
1) six brochures de 20 pages de grand format ;
2) une trentaine de diapositives ; et
3) douze paquets de feuilles comme projets de travail en classe.

Dans son ensemble, la mallette représente un matériau didactique très soigneusement étudié, focalisé sur la ville.
Les six brochures de 20 pages comprennent (titres) :
Livre 1 : *Les villes et les hommes*
Livre 2 : *La nature de la ville*
Livre 3 : *L'eau de la ville*
Livre 4 : *L'atmosphère et la pollution de la ville*
Livre 5 : *Les transports – la pollution sonore – les déchets*
Livre 6 : *Instructions pédagogiques et méthodologiques*

La dernière brochure constitue l'introduction méthodologique des données qui explique que le matériau pédagogique proposé
1) tente « une approche scientifique systémique » puisque « tout dans la ville est système »,
2) <u>recherche une approche interdisciplinaire pour l'approche systémique suivie, avec la collaboration des sciences physiques, des mathématiques, des sciences sociales, de la morale, de la littérature et des arts</u>, [ce que nous soulignons] et
3) propose l'approche vécue et l'apprentissage actif en tant que méthode pédagogique.

Les diapositives que nous mentionnons plus haut offrent les agrandissements des plans des brochures procurant ainsi un matériau sommaire pour l'enseignant qui désirerait l'utiliser en classe. D'ailleurs, les « projets de travail » réorganisent le matériau initial en le disposant en plusieurs parties et en nombreuses activités. « Les villes et les hommes » comme « livre 1 » est divisé en 3 projets (La ville dans le passé et de nos jours ; la ville en tant que ruche multiculturelle ; le plan de la ville et les sources d'énergie) et 32 activités ciblées de durée prevue, d'une ou deux heures (par ex. 1.7. Temps libre dans la ville, 2.4. Regard d'un émigré, 3.1. Villes sans véhicules – La ville aux courtes distances).

En tant que concept et réalisation, « Les villes viables » doivent être considérées comme la proposition la plus exhaustive de l'interthématique / interdisciplinarité

---

[230] A. Trikaliti, R. Palaiopoulou, *Éducation à l'environnement pour la ville viable*, Athènes, Société hellénique pour la protection de l'environnement et du patrimoine culturel, 1999.

introduite dans l'enseignement grec, d'une part dans le cadre de l'éducation à environnement mais, d'autre part, tant en rapport avec la géographie locale qu'à la ville. Il est regrettable que ce matériau ne fasse pas partie des programmes ordinaires et de plages horaires ainsi que des démarches scolaires régulières qui comprennent, à tort ou à raison, les examens, des éditions de supports parascolaires et, dans le cadre de l'enseignement grec, le fonctionnement d'établissements privés (« frontistiria ») pour élever le niveau du cours aux dépens d'autres disciplines (dont la géographie). Il est évident que ces mécanismes fonctionnent, pour le moment, aux dépens des « villes viables » avec ou sans guillemets. Dans ce sens, nous ne pouvons dire qu'en ce qui concerne la question de l'enseignement de la ville, une démarche didactique porteuse d'espoir digne de ce support soit entreprise. Le système de l'enseignement grec ne donnera pas l'occasion à nombre de diplômés et, particulièrement, de filles diplômées qui revendiqueront des postes dans l'enseignement primaire et secondaire, d'apprendre que « New York n'est pas la capitale des États-Unis ».

Le rattachement du matériau pédagogique et du programme relatif à la ville à « l'environnement » pourrait être considéré comme élément qui s'oppose à l'idée d'une plus large didactique interthématique de la géographie des villes comme poléographie. Certes, le cours « environnement », (notamment sous sa version de l'éducation à l'environnement) par ses aspects vécus, a une dimension qui n'est pas simplement géographiquement descriptive. Néanmoins, certaines occasions pour une géographie des villes plus attrayante sont perdues. Il est à noter que l'un des auteurs, Mme R. Palaiopoulou, diplômée en physique et docteur en physique et chimie, professeur dans l'enseignement secondaire, originaire de Constantinople, est également l'auteur de plusieurs ouvrages littéraires, c'est-à-dire avec un potentiel poléographique notable qui pourrait être exploité si la ville (en tant que culture poléographique liée aux cours de géographie) tenait une place plus importante dans le programme. En outre, l'intérêt pour l'interthématique de Mme A. Trikaliti, docteur en chimie et inspectrice-conseillère scolaire en physique, chimie, sciences naturelles, géographie auteur de livres scolaires, est bien connu.

2.4.3. Nous nous rendons compte que, dans une certaine mesure, la ville fait partie de l'education à l'environnement realisée dans le cadre du fonctionnement d'un centre d'éducation à l'environnement. Une combinaison pareille (ville - environnement) n'est pas surprenante [231]. Nous pensons qu'il serait utile de présenter ici le fonctionnement d'un centre d'éducation à l'environnement et ses activités en rapport avec l'enseignement poléographique. Nous choisissons le « Centre d'éducation à l'environnement de Neapolis »[232] (en Crète, à l'est de l'île) et ses activités avec le titre « Séminaire d'environnement urbain » qui s'est tenu les 4-6 décembre 2008, à Neapolis.

Le Centre d'éducation à l'environnement de Neapolis a été fondé en 2004, sur décret du Ministère de l'Éducation nationale et autres décisions qui règlent les

---

[231] Voir, par exemple, les « parcours urbains d'éducation à l'environnement » décrits dans le livre suivant : St. Vitale, *Scopro la mia città*, Roma, Ed. Carocci Faber, 2006.
[232] http://www.kpeneapolis.gr/index.php

questions concernant le fonctionnement, les objectifs, les activités, les programmes, les collaborations, l'encadrement et la gestion financière. Dans le cadre qui a été fixé, le C.E.E de Neapolis vise au transfert de connaissances et de valeurs de base pour les élèves afin qu'ils puissent développer des positions responsables et des comportements de participation qui contribueront à la protection de l'équilibre écologique, à une qualité de vie et un développement durable.

Le fonctionnement du C.E.E de Neapolis constitue l'application des décisions : de la Conférence Mondiale pour l'Environnement et le Développement (Rio, Agenda 21, chap. 36) du 5e Programme Communautaire d'Action pour l'Envrionnement et le Développement durable, des recommandations de l'Université d'été de Toulouse (1994) et la déclaration de la Conférence de Thessalonique (1997). Le C.E.E de Neapolis offre ses services, en priorité, aux écoles du Département de Lassithi où il est installé. De façon générale, il couvre, 1) pour l'enseignement primaire, les départements d'Heraklion, de Lassithi et de Rethymnon, de La Canée et 2) pour l'enseignement secondaire, des départements de l'est de l'Attique, du Pirée, d'Evros, d'Heraklion, des Cyclades, de Lassithi, de Rethymnon, de La Canée.

Le séminaire de l'environnement urbain s'est adressé à environ 50 enseignants de l'enseignement primaire et secondaire des régions administratives du ressort du C.E.E de Néapolis. En tant que partie théorique, les travaux du séminaire comprenaient les sept rapports/interventions suivants :
- *Les divers aspects de la qualité de vie dans les villes modernes ;*
- *La capacité des écosystèmes comme mesure de la qualité de l'habitat - L'approche de la juridiction ;*
- *Une pédagogie pour la conquête de la ville grecque - Propositions de poléographie ;*
- *Approches modernes de la planification en vue d'une « démocratisation » des conditions de mobilité à l'intérieur de l'espace urbain ;*
- *Nature et ville - Particularités de la flore dans l'environnement urbain ;*
- *Pollution atmosphérique, changements climatiques et vie dans les villes, et*
- *Neapolis : Situation, problèmes, perspectives.*

Signalons que la dernière intervention a été la contribution du maire de Neapolis qui se trouvait être un enseignant de l'enseignement primaire en congé de fonctions d'élu.

La partie pratique comprenait quatre cours de deux heures pendant lesquels les enseignants qui suivaient le séminaire y participaient exactement comme leurs élèves, auxquels seront transférés, dans leurs écoles, les savoirs et les compétences acquis. Les thèmes étaient : « Qualité de vie et ville », « Exploration de ma ville », « Élaborer une étude de terrain dans mon quartier ».

Le séminaire a pris fin avec une visite, d'une durée d'une demi-journée, dans l'une des agglomérations de la commune de Neapolis.

2.4.4. Il est incontestable et d'ailleurs évident que l'éducation à l'environnement est très importante puisqu'elle contribue à l'apport de savoirs et au développement de valeurs. En termes relatifs, sa connexion avec la géographie est indubitable. En outre, ce que l'éducation à l'environnement offre à la géographie des villes (en tant qu'approche interthématique de la ville) devient pratique voire applicable.

TABLEAU 2.4. (1).
REPONSES A LA QUESTION : « CONSIDEREZ-VOUS QUE L'EDUCATION A L'ENVIRONNEMENT SERAIT UN OBJET INDISPENSABLE DANS LE PROGRAMME SCOLAIRE ?»

Réponses	N	%	
Oui, en tant que discipline obligatoire avec des heures précises dans l'emploi du temps.	35	56,5	▬▬▬▬▬▬▬▬▬▬
Oui, avec diffusion dans les divers cours du programme analytique.	14	22,6	▬▬▬▬
Oui, en tant que discipline facultative.	12	19,4	▬▬▬
Je ne sais pas/je ne suis pas sûr/-e	1	1,6	▬
Non, à mon avis elle n'est pas nécessaire. Les visites des élèves dans les Centres d'éducation à l'environnement suffisent.	0	0	▪

Comme nous l'avons soutenu également dans 2.4.2 pour ce qui concerne l'édition « Les villes viables », le fonctionnement du C.E.E. ainsi que l'enseignement environnemental constituent et doivent être considérés comme une proposition complète interthématique et interdisciplinaire d'action, notamment en rapport avec la géographie locale aussi bien que la ville (poléographie) . Toutefois, le caractère participatif facultatif des enseignants et des enseignés n'inclut pas les activités relatives dans les programmes réguliers et les emplois du temps ainsi que dans les démarches scolaires habituelles (examens et préparation). Par conséquent, le fonctionnement des C.E.E et l'éducation à l'environnement s'exposent à une grande précarité.

Le caractère obligatoire de l'éducation à l'environnement constitue une question cruciale de cette modalité pédagogique. En effet, le C.E.E de Neapolis, dans un sondage relatif effectué parmi les enseignants montre les résultats que nous voyons dans le Tableau 2.4. (1). L'aspect obligatoire apparaît certes prédominant (56,5%) mais tout aussi importantes sont exprimées les tendances

1) d'une diffusion dans le reste des cours du programme analytique (22,6%), ce qui renforce l'interthématique et l'interdisciplinarité et

2) le caractère facultatif de l'éducation à l'environnement (19,4%) qui en fait en quelque sorte, une modalité d'initiés avec tout ce que cela implique.

Comme nous le savons, la question de l'éducation à l'environnement est toujours ouverte, tout du moins quant à une évaluation.[233] D'ailleurs, sa connexion avec la

---

[233] Voir, par exemple, Inspection générale de l'éducation nationale, « L'éducation relative à l'environnement et au développement durable », Rapport à Monsieur le ministre de la jeunesse, de l'éducation nationale et de la recherche, Monsieur le ministre délégué à l'enseignement scolaire, Rapporteurs : Gérard BONHOURE et Michel HAGNERELLE, Avril 2003, Internet ftp://trf.education.gouv.fr/pub/edutel/syst/igen/rapports/rap_educ_envrt.pdf ; Le projet pédagogique selon Gérard

géographie et la géographie des villes (ou la poléographie interthématique et interdisciplinaire) devient plus vive dans le cadre, par exemple, du risque climatique global surtout lorsque l'on tient compte de l'extrême vulnérabilité de certaines villes (Dacca, Alexandrie, Lagos). On n'ignore pas que 3 351 villes et 380 millions d'habitants vivent dans certaines zones côtières de faible altitude (moins de 10 m).[234] D'autre part « alors que plus de la moitié de la population mondiale vit désormais en ville, la responsabilité des agglomérations dans le réchauffement global semble écrasante : celles-ci n'occupent que 2 % de la surface de la planète, mais elles concentrent 80 % des émissions de CO_2 et consomment 75 % de l'énergie mondiale ».[235] Indépendamment de l'approche environnementale, l'aspect « mer » de la ville devient toujours de plus en plus intéressant. En citant Guy de Maupassant, qui écrivait de Saint-Tropez qu'il s'agit d'une « fille de la mer », le Professeur Jean-Pierre Paulet signale à son lecteur que « la grande majorité des agglomérations [d'aujourd'hui] parmi les plus importantes, sont "des filles de la mer" ».[236] *Nylonkong* aussi.[237]

Il est certain que l'éducation à l'environnement aspire à un changement de comportements vis-à-vis de l'environnement. Le système éducationnel doit donc encourager le libre choix de participation des élèves et des enseignants. Néanmoins, en Grèce, le fonctionnement du *frontistirio* (cours privés) impose des contraintes, d'où résulte une pression des horaires disponibles dans l'emploi du temps. En ce qui concerne l'enseignement des cours de géographie (et donc de la ville et de l'interthématique), le caractère obligatoire de l'éducation à l'environnement comme enseignement environnemental sera, par conséquent, profitable à la géographie aussi.

Une dernière chose : Selon les résultats de la dernière réponse, il est impressionnant qu'aucun des enseignants ne croit que « les visites des élèves dans les Centres d'éducation à l'environnement suffisent » et que « l'éducation à l'environnement n'est pas nécessaire ».

Bonhoure, et la place du projet pédagogique pluridisciplinaire dans l'éducation à l'environnement et au développement durable, juin 2006.

[234] UN Habitat, *State of the World's Cities 2008/2009 – Harmonious Cities*, London, Earthscan, 2008, Ch. 3.3. Cities at Risk from Rising Sea Levels, p. 140-155.

[235] Gr. Allix, « Les atouts des villes dans la lutte contre la pollution », Le Monde, 5-6 avril 2009 ; D. Dodman "Blaming cities for climate change? An analysis of urban greenhouse gas emissions inventories", *Environment and Urbanization*, Vol. 21, No. 1, 185-201 (2009).

[236] J.-P. Paulet, *Les villes et la mer*, Paris, Ellipses, 2007, p. 3.

[237] Notre référence est ici faite à la couverture de la revue internationale *TIME* (January 28, 2008) qui présentait ce terme produit des noms des villes New York, Londres et Hong Kong. Au début de cette décennie, « L'histoire des trois villes » de Saskia Sassen renvoyait à New York, Londres et Shanghai. S. Sassen, *The Global City: New York, London, Tokyo*, Princeton University Press, 2nd edition, 2001.

2.5. L'interthématique scolaire en rapport avec la discipline géographique, son interdisciplinarité et son intradisciplinarité.

> « Voilà cinq ans que j'ai terminé mes études. Lorsque j'ai reçu mon diplôme, je ne savais pas ce que j'avais étudié. J'en prenais conscience à chaque fois que je voulais répondre à des amis et des gens que je connaissais quand ils me demandaient ce que j'avais étudié. La seule chose dont je me souviens clairement, c'est que dans notre Département, on nous disait que les SIG seraient l'avenir de la géographie. De quelle géographie ? ».
>
> Déclaration de V.K., Diplômé en géographie, au cours de l'assemblée générale des Géographes (Mars 2009).

Dans les parties précédentes de ce chapitre, nous avons eu l'occasion de présenter certaines données relatives au fonctionnement de la géographie en tant que cours scolaire en Grèce. Il est évident que la géographie scolaire se trouve dans un état précaire, sur plusieurs plans. Cette précarité concerne

1) le personnel enseignant, puisque le cours n'est, en aucun cas, enseigné par des diplômé(e)s en géographie qui terminent actuellement leurs études universitaires ;
2) la participation du cours dans l'éducation et la formation scolaire puisque la géographie cesse d'être enseignée après la 2ᵉ du gymnase (à treize ans) ;
3) son importance dans l'organisation scolaire et la préparation à l'enseignement supérieur puisque la géographie n'est pas incluse dans les épreuves du bac et la dynamique des *frontistiria*,
4) son éloignement institutionnel des autres sciences sociales, dans le programme, aussi bien de l'histoire qui, traditionnellement, appartient au cycle des cours des lettres, que de l'économie et de la sociologie qui sont indépendantes,
5) le manque d'intérêt quant à la recherche pour un enseignement de la géographie en tant qu'aspect des études géographiques puisqu'il n'y a pas une « masse critique » d'intéressés.[238]

Dans ce cadre déterminé, les rapports de la géographie en tant que cours scolaire avec l'interthématique en tant qu'activité scolaire, qui sont plus que nécessaires, semblent extrêmement difficiles. Néanmoins, comme on a vu, différentes occasions se présentent pour que l'information géographique encadre et

---

[238] Au cours de la dernière conférence (8ᵉ) de la Société hellénique de géographie qui s'est tenu en octobre 2007, en collaboration avec la Faculté de géologie et de géo-environnement de l'Université d'Athènes, trois ans après la 7ᵉ conférence, la séance consacrée à l'éducation géographique ne comprenait que huit interventions de la part de 14 chercheurs. Ajoutons que leur thématique était la suivante : Géographie économique / humaine, Enseignement interthématique (2), Géologie / Volcans, Évaluation de l'enseignement géographique en Grèce, Cartes géographiques numérisées et interactives (3).

améliore la matière d'autres cours et activités et pour que la géographie y occupe, ne serait-ce qu'occasionnellement, une place substantielle.[239]

La tradition qui veut que la géographie soit considérée en Grèce comme appartenant aux sciences exactes conduit à son insertion à la branche PE4. De plus, le grand nombre de diplômés en géologie ne permet pas au pouvoir politique de reconnaître aux géographes, le droit d'exercer leur métier (dans l'Éducation), de façon indépendante, par l'enseignement d'un cours dont le nom et la matière seraient nommés « géographie ».

Nous remarquons que, dans l'histoire de la géographie grecque, lors de la phase difficile de sa naissance en Grèce, ressurgissent curieusement les difficultés que cette discipline a éprouvées au cours de son évolution internationale. Le vieux principe biologique énoncé par Ernst Haeckel (1834 – 1919) selon lequel « l'ontogenèse récapitule la phylogénèse » s'applique au cas de la géographie grecque, d'une manière ironique et ridicule.

Déjà en 1887, un article du célèbre ethnologue Franz Boas commençait ainsi :

> « Presque tous les géographes distingués ressentent le besoin d'exprimer leurs points de vue sur les buts et les objectifs de la géographie, d'empêcher qu'elle soit désintégrée et engloutie par la géologie, la botanique, l'histoire et d'autres sciences traitant de sujets semblables ou identiques à ceux de la géographie ».[240]

Un siècle plus tard presque et alors que, désormais, la géographie s'était développée en tant que discipline scientifique, Pierre George, personnalité éminente de cette science, émet des réserves quant aux progrès de la géographie, à savoir dans quelle mesure celle-ci répond à un contenu précis gnoséologique :

> « Perfectionnisme, scientisme, sectorialisme de la recherche, perte de vue de l'objectif et finalement atomisation. Que reste-t-il de la géographie ? Un écriteau sur la porte d'où partent des couloirs qui mènent aux laboratoires de géomorphologie, de pédologie, de

---

[239] Soulignons ici, en rapport avec l'éducation à l'environnement, qui est, bien sûr, l'*alter ego* de la géographie, que l'incertitude de la géographie « pour accueillir » la thématique environnementale a conduit à une situation selon laquelle l'environnement est « partout [en général] et nulle part [en particulier] dans la science de la géographie ». J.A. Matthews & D.T. Herbert, *Geography – A Very Short Introduction*, Oxford University Press, 2008, p. 152. Cependant plusieurs géographes mettent en avant la valeur interdisciplinaire de cette discipline quant à l'approche de l'environnement. Dans son éditorial du *Geoforum*, David Demeritt évoque l'allocution présidentielle du président de l'Association des Géographes Américains R. Marston (8 mars 2006) qui affirme que « la géographie est la science originale d'intégration environnementale ». D. Demeritt, « Geography and the promise of integrative environmental research », *Geoforum*, 40(2009), p. 127-129. En plus, pour ce qui concerne la pensée française, voir: Denis Chartier et Estienne Rodary, « Géographie de l'environnement, écologie politique et cosmopolitiques », *L'Espace Politique* [En ligne], 1 | 2007-1, mis en ligne le 15 juillet 2009, Consulté le 18 juillet 2009. URL : http://espacepolitique.revues.org/index284.html.

[240] Franz Boas, « The Study of Geography », in *Science*, vol. **9,** pp.137-141 – Repris dans : J. Agnew, D.N. Livingstone & A. Rogers, *Human Geography – An essential Anthology*, Oxford, Blackwell, 1996, p. 173-180.

sédimentologie, de climatologie plus ou moins météorologique, mais aussi de structures agraires, de démographie, d'urbanisme, d'étude des transports où s'affairent des techniciens qui s'ignorent les uns les autres… ».[241]

Si ce texte était rédigé de nos jours, l'accent serait mis en outre sur les aspects numériques de la géographie des systèmes d'information géographique qui séduisent en tant qu'outil efficace. En Grèce où leur version officielle terminologique est « systèmes géographiques d'information » avec le mot « géographiques » mis en tête (γεωγραφικά συστήματα πληροφοριών, ΓΣΠ), personne ne peut mettre en doute leur valeur « géographique », d'autant plus que ces dix dernières années, les besoins de numérisation ont permis à un assez grand nombre de diplômés en géographie de se faire recrutés pour des applications techniques et l'enseignement dans des écoles techniques. Ce n'est pas surprenant, par conséquent, que dans l'exposé franc basé sur des expériences d'un jeune géographe (v. au début), nous avons entendu ce que P. George remarquait en le déplorant, il y a quelques années.

La question qui se pose est dans quelle mesure il y a une interdisciplinarité en géographie qui exprime la volonté d'une collaboration interdisciplinaire et une autre intradisciplinarité qui exprime, dans cette branche, des conditions de maturité menant à une synthèse. Dans l'étude présente, nous n'avons pas l'intention de poser le problème dans sa généralité car notre attention se porte essentiellement sur l'enseignement général dans lequel 1) le dialogue interdisciplinaire (en tant qu'interthématique) se fait, visiblement, avec les autres matières scolaires, à leur niveau scolaire respectif et 2) l'analyse intradisciplinaire (en tant qu'interthématique également) concerne la matière scolaire de la géographie à son niveau scolaire (entendue, pourtant, plus élargie qu'elle est actuellement).

Les géographes n'ignorent pas que leur discipline est considérée comme interdisciplinaire et chargée de fonctions interdisciplinaires de haut niveau. La déclaration programmatique de Halford J. Mackinder (1861 – 1947) sur l'avenir de la géographie qui avait paru, d'ailleurs, la même année (1887) que l'article de Boas mentionné ci-dessus, est très importante et connue depuis longtemps :

> « Un des plus grands fossés se situe entre les sciences naturelles et l'étude des humanités. C'est le devoir du géographe de jeter un pont au-dessus du fossé qui, pour beaucoup, perturbe l'équilibre de notre culture ».[242]

Toutefois, la place de la géographie en tant que « pontife solitaire » – nous utilisons la notion de pontife dans son sens étymologique direct – « entre les sciences naturelles et les sciences sociales » ne semble pas acquise. Derek Gregory dont ces estimations ont été formulées presque en même temps (1978) que celles de P. George mentionnées ci-dessus, nous rappelle :

---

[241] P. George, « Difficultés et incertitudes de la géographie », Ann. De Géog. LXXXVe année, [1976] Vol. 85, no 467, pp. 48-67), p. 53.

[242] Halford J. Mackinder « On the Scope and Methods of Geography », Proceedings of the Royal Geographical Society, **9**, 141 – 160, 1887, repris dans J. Agnew et al., op. cit. 1996, p. 154 – 172.

« Comme nous le savons tous, des revendications semblables ont été très souvent mises en avant dans le passé mais la plupart du temps, comme des vœux pieux ou une expression d'excuse sympathique plutôt que comme des propositions sérieuses. Elles ravivent la foi dans l'idée que la géographie offrira, éventuellement, la grande synthèse, la contribution réelle. Néanmoins, *jusqu'à présent*, elle n'a pas fait de progrès parce que les sciences naturelles et les sciences sociales sont dirigées vers des directions différentes ».[243]

D'autre part, dans quelle mesure la géographie et les géographes peuvent-ils se vanter du caractère ouvert de cette science ? Santos affirme que malgré les apparences et la connivence du métier, les géographes « ne sont pas mieux que les autres ». De plus, la géographie « cette science de synthèse, est sûrement celle qui, dans sa pratique quotidienne, maintient le moins de rapports avec les autres sciences ».[244] Selon Santos, la géographie, éventuellement, ne souffre pas seulement d'une faible interdisciplinarité, plus que toute autre science, mais aussi d'un « isolement »[245]. Comment serait-elle alors en mesure de procéder à des dialogues et à des synthèses interdisciplinaires qui soutiendraient l'interthématique ?

On se souvient qu'un des principaux arguments de P.K. Schaefer, dans son débat avec Richard Hartshorne sur « l'exceptionnalisme en géographie »[246], se fondait justement sur le fait qu'une géographie des « régions uniques » s'isolerait des autres sciences humaines des « lois générales ».

TABLEAU 2.5.(1)
LES DIFFÉRENCES CARACTÉRISANT LA DICHOTOMIE
« DIFFÉRENCIATION SPATIALE » - « SCIENCE SPATIALE »

LA GÉOGRAPHIE COMME ÉTUDE DE LA DIFFÉRENCIATION SPATIALE	LA GÉOGRAPHIE COMME SCIENCE SPATIALE
Géographie régionale	Géographie systématique
Lieu	Espace
Synthèse	Abstraction
Idiographique	Nomothétique
Évocation des particularités	Recherche des lois
Empirique	Théorique
Descriptive	Analytique/explicatif
Tradition 'arts/lettres'	Tradition 'sciences'

Il est bien connu que les caractéristiques « d'isolement », dans l'analyse épistémologique plus générale des cloisonnements de la géographie,[247]

---

[243] D. Gregory, Ideology, *Science and Human Geography*, London, Hutchinson, 1978, p. 170 – 171.
[244] op. cit., p. 79
[245] Op. cit., p. 80 - 81
[246] F.K. Schaefer, « Exceptionalism in geography: a methodological examination », *Annals of the Association of American Geographers*, **43**, 1953, p. 226-249.
[247] Géographie physique / géographie humaine, géographie systématique / géographie régionale, géographie idiographique / géographie nomothétique etc. ; A. Holt-

appartiennent [248] aux caractéristiques de « différenciation spatiale » (« areal differentiation » selon R. Hartshorne, dans sa « nature of geography »[249], de 1939, voir Tableau 2.5.(1).). Toutefois, nombre de ces caractéristiques comme le lieu, l'approche idiographique et surtout les « arts/lettres », constituent d'importants supports pour une approche interdisciplinaire d'une géographie au niveau de l'enseignement secondaire. Nous pourrions même dire que ces caractéristiques introduisent une interthématique générale qui serait accessible aussi bien aux élèves du gymnase (collège grec) qu'aux élèves du lycée, tandis que les caractéristiques de la géographie comme science spatiale (nomothétique, recherche des lois, 'sciences', voir Tableau 2.5.(1).) s'insèrent davantage dans une interthématique particulière au niveau du lycée grec.[250]

La notion du **lieu**, notamment, dans la problématique générale de l'unification de la géographie[251] en tant que synthèse de la terre et de l'homme, un équilibre entre le subjectif et l'objectif[252], et une création en dehors de toute échelle[253], au-delà de la dichotomie géographie physique/géographie humaine, situé à la confluence entre l'anthropologie et la géographie[254] et en relation avec la géographie humaniste, au-delà de la région, l'aire, le paysage, comme environnement, sol et territoire, comme valeurs et significations, comme images et impressions, à travers l'espace et le temps, constitue une notion particulière et importante de la pédagogie géographique. On n'oublie pas encore que selon Carl Sauer, dans son écrit fondamental intitulé *The Morphology of Landscape* « les faits de la géographie sont des faits de lieu ».[255]

C'est dans un tel cadre que s'insère la proposition que nous développons dans l'étude présente pour une approche interthématique de la ville en tant que géographie urbaine où la ville est abordée d'une part, en tant que « vie et action, science et technique, économie et écologie » mais, où, parallèlement, elle est

---

Jensen, *Geography – Its History & Concepts*, London, Ed. Harper & Row, 1980, p. 101.

[248] Il serait plus juste de dire que c'est l'approche de la « différenciation spatiale » qui est accusée d'isolement anti-scientifique qui, ce dernier, se prête à des interprétations causale particulières telles que, par exemple, la tradition littéraire de la géographie en France. E. Vigneron, op. cit., p. 4.

[249] R. Hartshorne, « The nature of geography », *Annals of the Association of American Geographers*, XIX, 1939.

[250] C'est dans cet esprit que nous avons recherché certains points de contact interdisciplinaire entre la géographie et la physique, Fig. 5.3.(4).

[251] J.A. Matthews and D.T. Herbert, *Unifying Geography*, op. cit. p. 163-168.

[252] Yi-Fu Tuan, "Litterature and Geography: Implications for Geographical Research", in D. Ley, & M. S. Samuels, [Ed. By], *Humanistic Geography*, London, Croom Helm, 1978, p. 205. Cf. Cassirer de l'opposition "I/World" (« moi/monde »), p. 30.

[253] Yi-Fu Tuan, *Space and Place – The Perspective of Experience*, Minneapolis, University of Minnesota Press, 1977, p, 161.

[254] Bonnemaison, p. 119 de la traduction anglaise (Tauris, London, 2005) de l'op.cit. (2000).

[255] Tim Cresswell, *Place – A Short Introduction*, Oxford, Blackwell, 2004, p. 15.

considérée comme « référence et abstraction, mot et nom, image et narration... »²⁵⁶.
La ville c'est le lieu par excellence : Dans l'espace et dans le temps, c'est elle qui détient « le pouvoir, étant son symbole le plus perdurant pour toute l'humanité » ²⁵⁷.
La poléographie, ça sert d'abord à faire la paix...

Le lieu, surtout lorsqu'il est considéré comme région, peut englober la géographie régionale et la géographie systématique qui, dans le tableau ci-dessus, semblent s'opposer. Peter Haggett qui utilise le paradigme de l'analyse géographique de la sécheresse dans le Sahel²⁵⁸, a recours à l'emploi systémique des nombreux facteurs qui se manifestent dans un problème régional comme celui de la sécheresse au Sahel et de ses conséquences. L'analyse systémique, en tant que chapitre relativement moderne et totalement interdisciplinaire de la géographie systématique, soutient ainsi le volet traditionnel de la géographie régionale.

Pour terminer cette partie, nous soutenons une fois de plus que les rapports entre la géographie et les autres sciences n'atteignent pas seulement un niveau épistémologique-scientifique supérieur mais concernent directement la pratique scolaire en tant que rapports horizontaux dans la pédagogie des matières. Nous avons eu l'occasion de nous pencher sur l'histoire de la musique en tant qu'histoire d'un cours scolaire (voir 1.4.). Le sujet de l'histoire des disciplines est beaucoup plus important qu'il n'y paraît.

On sait que parmi les divers enseignements, les sciences se réservent une place à part quant à la présentation des scientifiques. Des maximes, des gravures ou de simples parenthèses chronologiques « entre crochets » permettent aux étudiants d'établir un contact, ne serait-ce que momentanément, avec le scientifique *et* son nom. C'est ainsi qu'en général, les étudiants grecs écrivent correctement *Lavoisier* et savent lire/prononcer de *Broglie*. Toutefois, même certains professeurs de géographie n'écrivent pas correctement *(von) Heumboldt* et *Vidal de la Blanche*²⁵⁹. Dans un livre universitaire grec *Émile Durkheim*, à cause peut-être de la terminaison en *e* de son prénom, est présenté comme étant une femme.

Remarquons pourtant que la présentation des scientifiques est souvent trop succincte, parfois anecdotique, caricaturée et toujours socialement incorrecte²⁶⁰.

---

[256] Ioannis Rentzos, « Une pédagogie pour la conquête de la ville grecque – Propositions de poléographie », Centre d'éducation à l'environnement de Neapolis, Actes du séminaire de l'environnement urbain, Décembre 2008, p. 19-26.

[257] Harm de Blij, *The Power of Place*, Oxford, 2009, p. 183.

[258] P. Haggett, *The Geographer's Art*, Oxford, Blackwell, 1990, p. 14. Le vieil article de F. Di Castri avec G. Glaser publié en résumé au *Courrier* de l'Unesco, est toujours d'actualité pédagogique. F. Di Castri et G. Glaser, « Iles et Montagnes : Ecosystèmes en péril », *Le Courrier* de l'Unesco, avril 1980, p. 6-10.

[259] Il est dommage que ce voyageur de la Grèce, nommé aussi à l'Ecole française d'Athènes, soit si peu connu. Non seulement pour la place éminente qu'il occupe dans la science géographique mais aussi pour certains détails de sa biographie : normalien historien, fils d'enseignant dont la conversion en géographe a eu lieu au cours de la préparation de sa thèse en Asie Mineure, Paul Vidal de la Blache constitue, à notre avis, un cas à part dans l'étude de la pédagogie de l'interdisciplinarité.

[260] I. Rentzos, [gr] « Progrès scientifique, nation et société », *PhC*, 57/janvier 1977, p. 14.

Dans un chapitre intitulé « Après l'histoire des rois, celle des grands scientifiques », Gérard Fourez affirme :

> « [Les manuels donnent] quelques éléments de l'histoire des sciences. Celle-ci apparaît d'une manière assez anecdotique, liée à des scientifiques individuels. [...] C'est là, sans doute, une conception de l'histoire qui correspond à celle que la plupart de nos professeurs de sciences ont reçu dans l'enseignement secondaire. N'est-elle pas dépassée par les développements récents de sciences historiques? Un minimum d'élaboration interdisciplinaire aurait pu être utile à cet égard : historiens et scientifiques doivent apprendre à travailler ensemble »[261].

Ceci dit, l'initiative de certains auteurs russes de manuels de géographie de suivre la pratique des manuels de la physique et d'accompagner leurs textes de notes biographiques (avec images) des géographes n'est pas mauvaise[262] (Fig. 2.5.(1).), pourvu que le « portrait » ne devienne pas une « prosopologie » trop étendue.

Fig. 2.5.(1). De gauche à droite : Nikolai N. Baransky (1881-1963). Il est considéré comme le fondateur de la géographie économique russe. Aleksandr Ivanovich Voeikov (1842-1916). Il a introduit la notion de la « ville millionnaire » (*gorod-millioner*) et décrit les conditions de création de telles villes sur la terre. Benjamin Semënov Tian-Shansky (1870-1942). Il a prévu la création de nouvelles villes russes et introduit des lois géographiques pour les villes comme des systèmes planétaires. D'après Alekseev et Nikolina (2002), op. cit.

Nous entendons par ce terme toute forme d'évocation des chercheurs en « héros » par escamotage des aspects exprimant la dynamique et la dialectique sociales. L'anthropologue Peter Farb affirme :

---

[261] G. Fourez, *Pour une éthique de l'enseignement des sciences*, Lyon, Ed. Chronique sociale, 1985, p. 19.
[262] A. I. Alekseev, V.V. Nikolina, *Geografija : Naselenija i Khozjajstvo Rossii*, 9, Moskva, « Prosvescenije », 2002, p. 10, 221.

« Si nous avons l'habitude de raisonner en termes de grands hommes, c'est notamment parce que les grands hommes eux-mêmes le souhaitent ».[263]

La géographie, étant plutôt « une science de la réalité [terrestre] » que « la réalité [terrestre] » elle-même, devrait aussi être conçue et enseignée comme « un savoir qui se fait » plutôt qu' « un savoir qui se dit »[264]. Ceci signifie qu'il y a toujours eu, et à chaque instant de l'évolution de la géographie, sinon de « grands géographes » tout au moins des chercheurs qui ont pris l'initiative d'étudier, de décrire et de codifier la réalité terrestre de manière innovante. Par conséquent, tout comme la physique et la chimie scolaires qui produisent la biographie de leur personnalités éminentes, la géographie peut « iconographier » les siennes. Cependant, bien que ces géographes aient « fait de la géographie » en tant que pionniers, ils ont pourtant bénéficié d'un environnement social et scientifique bien défini pour pouvoir réaliser ces premiers pas. Farb nous dit :

« Si Newton avait passé sa vie en humble patron de taverne au lieu d'aller à Cambridge, il est certain que quelqu'un d'autre aurait découvert les lois de la gravitation car la culture de l'époque exigeait [qu'un tel progrès] fût fait »[265].

C'est pour cette raison que tout en présentant les biographies des « grands » géographes, on doit aussi tenir compte de la réalité sociale et scientifique dans leur totalité. En conclusion, la géographie, notamment scolaire, doit imiter la physique et bénéficier du masque « scientifique » qui serait offert par des « parenthèses » interdisciplinaires historico-biographiques et géographiques mais sa pédagogie doit, parallèlement, rester ancrée dans le social et la dialectique de ce dernier.

---

[263] P. Farb, *Les Indiens* – Essai sur l'évolution des sociétés humaines, Seuil, 1972, p. 124.
[264] En commentant les définitions (*Le Petit Robert*) de la géographie, Emmanuel Vigneron remarque : « Il se trouve que la géographie n'est pas souvent pratiquée comme une science mais bien plutôt comme une manière originale, éclairée, de rendre compte de la réalité physique, biologique et humaine de la terre et de sa diversité. Ainsi conçue, la géographie se dit beaucoup plus qu'elle ne se fait ». E. Vigneron, *Géographie et statistique*, Paris, P.U.F., 1997, p. 3.
[265] P. Farb, op. cit. p. 124-125.

2.6. L'approche interdisciplinaire dans la didactique universitaire : « Discipliner » les sciences sociales en Grèce – « interdiscipliner » sa géographie

*Dédié à la mémoire
d'Angelos Elefantis (1936-2008)*

Nous désirons dans le cadre établi par ce chapitre d'exposer nos propres propositions didactiques sur la géographie comme elles sont formulées dans leur contexte chronologique (années 1980 et 1990) et éducatif (« Didactique des sciences sociales », Département d'Anthropologie sociale [266] et « Education et didactique de la géographie » Département de Géographie humaine[267] de l'Université de l'Egée).

2.6.1. L'enseignement de la didactique des sciences sociales à un département universitaire qui venait d'ouvrir ses portes et qui était le premier avec un tel contenu constituait une démarche éducative intéressante. Un problème primordial se devait au fait que les cours enseignés ne correspondaient pas à des matières scolaires. La seule exception concernait l'histoire à laquelle ce nouveau département attribuait une grande importance en des termes académiques. En fait, quelques ans plus tard (1999) il l'a comprise dans son titre. C'était la première fois dans l'histoire académique de la Grèce que l'histoire ne faisait pas partie des études de lettres ou de la science politique mais de l'anthropologie.

Les matières du gymnase et du lycée qui sont caractérisées de contenu s'inscrivant ou ayant trait aux sciences sociales sont les suivantes : Sociologie, histoire, géographie, science politique, économie, littérature, religion, psychologie. En outre, certaines matières pourraient être considérées comme de futurs enseignements scolaires. Il s'agit des matières suivantes : Ethnologie / folklore,[268] anthropologie sociale, anthropologie physique, démographie, psychologie sociale, géographie urbaine, linguistique, sociolinguistique et ethnolinguistique, histoire locale, études européennes. Bien entendu, il s'agirait plutôt de grands chapitres qui s'inseraient dans les matières existantes par des programmes qui mettraient en relief les caractères spéciaux de ces contenus nouveaux. Qu'on se souvienne que les disciplines mentionnées (p.ex., la psychologie et la sociologie) n'avaient pas d'expression universitaire en Grèce jusqu'au début des années 1980 où sont fondées les premières écoles univeritaires correspondantes.

Chacune de ces matières (entendues comme de futurs enseignements scolaires) correspondrait à une logique à part qui serait liée à 1) un élargissement éventuel du champ des choix des étudiants (au gymnase et/ou au lycée), au niveau d'une reforme ou 2) une satisfaction éventuelle des revendications de nouveaux licenciés qui, ces derniers, mettraient en relief la valeur de leur science/discipline et entreprendraient

---

[266] I. Rentzos, «Teaching Methods in the Social Sciences», Internet, [Visite du site web 16 avril 2008. Internet : http://www.aegean.gr/Social-Anthropology/socialanthren/ECTS-Syllabi.htm#3RD%20SEMESTER.
[267] Le terme « humaine » a été supprimé plus tard.
[268] En grec « laographie», cf. laïque.

l'enseignement de la matière correspondante.

Certaines correspondances évidentes entre 1) des matières et 2) de nouvelles (ou anciennes) écoles universitaires ou nouvelles formations et licences seraient les suivantes :

Anthropologie	→	Anthropologues sociaux,
Géographie culturelle	→	Géographes, licenciés d'environnement culturel,[269]
Diverses possibilités	→	Licenciés des sciences de l'éducation,
Histoire locale	→	Historiens (hors des filières « lettres »),
Études européennes	→	Diverses possibilités,
et autres.		

Qu'on note ici que les licenciés en sciences de l'éducation, avec leurs études actuelles très approfondies dans diverses disciplines, pourraient être mis en valeur dans un cadre d'ouverture vers une pédagogie interthématique, également au premier niveau du secondaire (gymnase). En outre, un autre cas à examiner est celui des architectes. Il est vraiment très intéressant du fait que ce potentiel « géoculturel » de haut niveau qui est produit par les universités n'a presque aucun rapport avec l'enseignement (secondaire). [270]

On sait pourtant que les rapports « études ⇆ recrutement » sont beaucoup plus complexes.

Angelos Elefantis, un des intellectuels Grecs de culture parisienne, éditeur de la revue de réflexion sociale et politique, en langue grecque, *Politis*, affirmait, par exemple, que la suppression de la sociologie au niveau du baccalauréat grec en faveur de l'économie politique n'était pas une question de différence de valeur et d'utilité entre les deux matières/disciplines. Elle était plutôt due aux pressions exercées par les diplômés en économie qui étaient plus nombreux. [271] On est alors ici en face d'un phénomène d'usage social de la division des disciplines[272] ou d'évolution

---

[269] Sujet explicité dans notre rapport détaillé soumis au vice-recteur de l'Université d'Ioannina, Prof. Christos Massalas, président du Comité directeur de l'Université d'Etolie – Acarnanie, qui serait fondée prochainement. Les enseignements du « Département de Gestion de l'environnement culturel et des nouvelles technologies » sont d'un côté 1) des cours de géographie culturelle et d'histoire et de l'autre côté 2) des cours de théorie et de pratique du domaine des ordinateurs. C'est pour cette raison que nous avons proposé un engagement formel du Département dans le domaine de la géographie culturelle avec un éventuel changement de direction et d'appellation. Voir I. Rentzos, [gr] « Le Département de gestion de l'environnement culturel et de nouvelles technologies – Regards d'un géographe ». Propositions pour l'introduction de cours et de direction d'études de géographie culturelle. Juillet 2004.

[270] Nous nous occupons de cet aspect dans : 1) I. Rentzos, « Une pédagogie pour la conquête de la ville grecque – Propositions de poléographie » « Centre d'éducation à l'environnement de Neapolis », Actes du séminaire de l'environnement urbain, Décembre 2008, p. 19-26 ; 2) I. Rentzos, "Poléographie" : Éducation et formation à l'environnement, l'interculturel et l'interthématique à travers l'étude de la ville et de la vie en elle », Université de Crète, Faculté de l'éducation de Rethymno, Conférence sur la formation des enseignants, Mai 2009.

[271] A. Elefantis, [gr] « Querelle pour les sous », *I Epochi*, 6 novembre 1994.

[272] N. Defaud, V. Guader, *Discipliner les sciences sociales : les usages sociaux des frontières scientifiques*, Paris, Lavoisier, 2002. D. Vinck également se sert des

des rapports de force (estimés en effectifs de candidats de recrutement) entre disciplines telles que l'économie et la sociologie. [273] Elefantis était d'avis que la meilleure solution aurait été une introduction générale et commune mais sérieuse, aux sciences sociales, pour tous les types de lycées. [274]

Dans ce cadre il est évident que – notre parti pris, en didactique, en faveur d'une réorganisation transdisciplinaire / interdisciplinaire ou même interthématique de la matière – cette idée se présentait comme une solution bonne et « disciplinée ».

Dans la voie de recherche de l'interdisciplinarité, notre cours de la didactique, essentiellement multidisciplinaire, et articulé sur plusieurs niveaux (travaux d'étudiants,[275] assistance dans des classes et réalisation de cours modèles par les étudiants eux-mêmes, participation à des recherches scolaires et autres enquêtes sur les lieux[276]), s'est basée sur des « noyaux thématiques » et des « exemples

---

[273] rapports entre l'économie et la sociologie comme exemple de dialogue entre disciplines. Voir D. Vinck, op.cit. p. 53-55.
F. Pavis, « L'évolution des rapports de force entre disciplines de sciences sociales en France : gestion, économie, sociologie (1960-2000) », ESSE, Pour un espace des sciences sociales européen, Internet : http://www.espacesse.org/fr/files/ESSE1129719850.pdf. En citant Bourdieu Pavis affirme : « Les disciplines sont ici considérées dans leur triple dimension, de construction savante proposant des savoirs et des catégories d'analyse, d'organisation académique associée à des filières de formation et au recrutement et à la carrière des enseignants chercheurs [P. Bourdieu, 1984] et enfin de production culturelle à valeur marchande sur le marché des biens et des services. [Pierre Bourdieu, *Homo Academicus*, Paris, Minuit, 1984].

[274] Elefantis, op. cit.

[275] Les titres des presque 150 travaux sont à voir, comme titres et/ou en résumé détaillé dans le site du cours : http://geander.com/102_05.html.

[276] Nous mentionnions ici un tel travail sur le thème « métiers traditionnels » : « ...Un enseignement interdisciplinaire doit être de caractère " vivant, concret, global ". Sur la base de ces principes donc les idées et les propositions doivent être liées à une série d'autres objets d'enseignement et centrées autour d'activités d'enseignement et d'apprentissage collectifs qui satisfont non seulement au critère d'acquisition de connaissances mais aussi aux intérêts-besoins des élèves. [...] Les élèves pourraient à travers l'étude de la littérature et de l'histoire locales découvrir le rôle des métiers traditionnels dans la société de leur région. Un champ intéressant qui s'ouvrerait 1) l'enquête de la tradition artisanale-artistique de la région spécialement dans la mesure où les métiers traditionnels sont encore considérés comme des " arts " et 2) la recherche de la relation entre la perception courante de l'art et de " l'art " comme ceci est entendu dans le cadre de ces métiers. On sait, par exemple, qu'aujourd'hui certains des objets fonctionnels du passé (comme les fabrications en bronze ou les ustensiles en cuivre) sont achetés par les visiteurs estivaux de la ville pour servir des fonctions assez différentes de celles qu'ils ont eues initialement ». E. Dounia, Y., Chasiotis, S. Xanthopoulos, « Prévéza : les métiers traditionnels », Université de l'Égée, Département d'Anthropologie sociale, janvier 1999, Internet, http://geander.com/prev06.html. Voir également la contribution de Heidegger sur ce point particulier de la signification de l'art ($\tau\acute{\epsilon}\chi\nu\eta$) en grec (1.1. L'interdisciplinarité comme un cadre conceptuel et terminologique général pour l'interthématique. La notion et les limites de la « circumdisciplinarité »).

interdisciplinaires de concepts de niveau supérieur »[277] [voir TABLEAU 2.6.(1).].

TABLEAU 2.6.(1).
EXEMPLES DE NOYAUX INTERDISCIPLINAIRES ET DE CONCEPTS DE NIVEAU SUPÉRIEUR

	NOYAUX INTERDISCIPLINAIRES	CONCEPTS DE NIVEAU SUPÉRIEUR
1	Economie et sociologie de la découverte scientifique.	La découverte scientifique et l'invention simultanée.
2	Agressivité et guerre.	« La guerre n'est pas dans nos gènes » (R. Leakey).
3	Sociologie du métier.	Mobilité sociale et rapports de classe.
4	Le monstre de Loch Ness.	La lutte contre l'irruption de l'irrationalisme.[278]
5	Pédagogie de l'éducation sexuelle.	La relativité des mœurs sexuelles.[279]
6	Génocide, ethnocide et glottophagie (linguicide).	L'Etat occidental comme mécanisme ethnocidaire.[280]
7	Pourquoi « papa » et « maman » dans toutes les langues ?	Phonologie et énergie.[281]
8	« L'exode » grec.	Des colonies grecques anciennes au sous-développement grec actuel (20ᵉ siècle).
9	Totem et tabou.	Le minimum irréductible de société humaine – La parenté – La prohibition de l'inceste.[282]
10	Les fondements de la sociologie selon N. Poulantzas.	Marxisme, psychanalyse, linguistique.[283]

Qu'on signale ici que les étudiants avaient aussi suivi en première année le cours de « Géographie humaine »[284] où nous exposions notre conception de base pour le développement de la matière sur l'axe interdisciplinarité - système. Dans ce sens une théorie de l'interdisciplinarité venait naturellement.

À notre avis, la question pédagogique centrale, dans le cadre de l'interdisciplinarité des sciences sociales, parait être la suivante : Dans quelle mesure une discipline anthropologique / sociologique large ou restreinte pourrait-elle représenter les sciences sociales dans le programme scolaire ? L'interdisciplinarité ainsi que l'interthématique

---

[277] I. Rentzos, [gr] *Dossiers thématiques de didactique des sciences sociales*, partie II, Mytilène, 1993, p. 24.
[278] Voir 4.5. Avant de conclure : Plongeons le monstre de l'encyclopédisme éducatif dans le lac de Loch Ness
[279] Cf. Fig. 5.3.(3).
[280] P.C. C(lastre), « Ethnocide », in Encyclopaedia Universalis, *Universalia*, 1974, p. 287. Pierre Clastre (1934-1977) ; ethnocide = destruction d'une culture.
[281] R. Jakobson, *Langage enfantin et aphasie*, Paris, Les éditions de Minuit, 1969, p. 119 – 130. Le chapitre est intitulé « Pourquoi " papa " et " maman " ».
[282] P. Farb, op. cit., p. 31-37.
[283] N. Poulantzas, [gr] « Morcellement et unité des sciences sociales », *Kapa*, 19/30 octobre 1987, p. 27-30
[284] I. Rentzos, [gr] *Géographie humaine* I, Mytilène, 1993, 250 pages.

peuvent ici nous secourir dans la recherche et le mouvement vers une vision des éléments de la société humaine qui ne sont plus réductibles dans le fonctionnement de la société et de son étude. Le concept de la société comme un système global pour lequel nous acceptons, selon Durkheim, que « Il est faux de dire qu'un tout soit égal à la somme de ses parties »[285] constitue une idée centrale importante pour la reconstitution du programme scolaire des sciences sociales.

2.6.2. Comme nous avons déjà vu dans la section 2.5. la science géographique en tant que discipline reçoit plusieurs approches et critiques de caractère épistémologique étant considérée tantôt comme une discipline-pont, par excellence, tantôt comme faiblement interdisciplinaire ou même formellement isolée.[286]

L'enseignement interdisciplinaire et intégré a constitué un intérêt pédagogique central de l'auteur.[287] Cependant, l'éventualité 1) d'un enseignement interdisciplinaire, interthématique ou intégré dans l'éducation grecque et 2) la constitution d'un cours universitaire de didactique interdisciplinaire de la géographie résulte de quelques considérations éducatives objectives qui sont relatives à l'histoire de l'enseignement de la géographie dans l'enseignement secondaire. Quelles sont-elles ?

Comme nous avons déjà expliqué, le premier département universitaire de géographie en Grèce est fondé en 1994, à l'Université de l'Egée, initialement comme « Département de géographie humaine », pour continuer comme « Département de géographie ». Jusqu'en 2000, il n'y avait pratiquement pas de « géographes », c'est-à-dire des professeurs qualifiés pour l'enseignement de cette matière. Selon la tradition éducative établie, ils étaient, en principe, les « physiciens » qui étaient chargés de cet enseignement. Nous rappelons que la branche PE4 (PSNCG) des « physiciens » comprenait les licenciés 1) en physique, 2) en chimie, 3) en sciences naturelles - géographie et (après la reforme universitaire des années 1970-80) ceux 4) en géologie et 5) en biologie. Vu pourtant le manque en personnel (considéré comme) qualifié, d'autres licenciés universitaires étaient aussi chargés de l'enseignement de la

---

[285] « La science positive de la morale en Allemagne » par Émile Durkheim (1887), Revue philosophique, 24, 1887, pp. 33 à 284. Réimpression dans Émile Durkheim. Textes. 1. Éléments d'une théorie sociale, pp. 267 à 343. Collection Le sens commun. Paris: Éditions de Minuit, 1975. Document en version numérique par Jean-Marie Tremblay, p. 8, Internet, http://classiques.uqac.ca/classiques/Durkheim_emile/textes_1/ textes_1_12/sc_pos_morale_allemagne.pdf.

[286] Milton Santos fait une critique ironique de la géographie : « Cette science de synthèse, [qui] est sûrement celle qui, dans sa pratique quotidienne, maintient moins de rapports avec les autres sciences ». M. Santos, 1984, op. cit., p. 79.

[287] I. Rentzos, L'enseignement géographique en Grèce, Thèse de doctorat, Directeur Etienne DALMASSO, Paris VII (Jussieu), 1982, p. 288-294 ; I. Rentzos, [gr] L'Education géographique, Ed. Epikairotita, 1984, p. 241-247 ; I. Rentzos, La ville et son enseignement en géographie..., Thèse de doctorat, op. cit. En outre, dans l'édition collective de géographie humaine de l'Université de l'Egée, nous avons tout récemment procédé à des approches absolument interdisciplinaires de deux chapitres, 1) de la géographie de la population 2) de la géographie des langues. Voir I. Rentzos, [gr] « Géographie de la population » in Th. Terkenli, Th. Iosifidis, I. Horianopoulos [Edition collective sous la direction de :], Géographie humaine – Les humains, la société, le territoire, p. 99-122, Ed. Kritiki, 2007 ; I. Rentzos, [gr] « Géographie des langues » in Th. Terkenli et al., p. 146-150 + 152-153.

géographie (et ils continuent à le faire). Il s'agissait des professeurs du grec, de l'histoire, de la religion, des matières artistiques ainsi que de ceux de la musique et de l'éducation physique.

Ces données nuisibles au prestige de la géographie, en tant que discipline, n'avaient pas que des aspects exclusivement négatifs. Certes, la plupart des professeurs mentionnés, qui n'avaient jamais suivi un cours universitaire de géographie dans le cadre de leurs études, voyaient cet enseignement comme une situation qui leur était imposée administrativement, par la force. Il y avait pourtant ceux qui profitaient de l'occasion pour faire introduire à cet enseignement des éléments liés à leur propre qualification et à leur personnalité. Ceci

1) créait un climat favorable pour un enseignement interdisciplinaire-interthématique de la géographie vu que les expériences du passé pourraient être transmises aux jeunes géographes enseignants ;

2) pourrait avoir comme objectif d'adoucir un certain caractère positiviste – orienté vers les applications liées à des promesses de débouchés – caractérisant la formation des jeunes géographes qui est obtenue dans les départements actuels de géographie ;

3) s'intégrerait, éventuellement, au cadre institutionnalisé de l'interthématique qui aurait commencé à être constitué dès le début des années 2000 après l'introduction formelle des programmes d'études interthématiques.

C'est dans cette logique et de manière préliminaire quant une évolution vers l'interthématique que nous avons considéré comme objectif du cours « Education et didactique de la géographie » au Département de Géographie humaine de l'Université de l'Egée de : [288]

> sensibiliser l'étudiant/l'étudiante à l'égard des multiples prolongements interdisciplinaires de la discipline géographique et, dans l'esprit de la *Dual Culture*, ayant comme départ ses études spécialisées et par référence aux représentations de l'environnement géographique dans la société grecque saisir l'occasion de a) promouvoir la critique sociale, culturelle et éducationnelle et b) profiter des rapports de sa science avec l'art.

En outre, au niveau du programme d'enseignement, pour les 2e/3e ou 3e/4e semaines, nous placions l'interdisciplinarité géographique sur une base concrète :

[2]. Géographie et interdisciplinarité (A). La géographie comme science naturelle et sociale. Approche didactique monodisciplinaire, pluridisciplinaire et interdisciplinaire / systémique. Des rapports et entrelacements avec d'autres matières. L'interdisciplinarité et le rôle centrale de la géographie scolaire. Les matières afférentes […].
[4]. Géographie et interdisciplinarité[289] (B). La géographie comme art. Des approches interdisciplinaires didactiques et par moyen des arts géographisants.[290] Le caractère

---

[288] http://geander/pro_dige.html.
[289] Notons qu'il s'agit ici d'un abus terminologique. L'art n'est pas une discipline scientifique. Le terme grec « diakladikotita » est plus large (-klad- = branche d'activité). Voir 4.4. et Tableau 1.2.5.
[290] Ph. Dagen, « La peinture à l'épreuve de la géographie et du régionalisme », *Le Monde*, 16.7.2005, p. 22 ; « Eroberung der Strasse – Von Monet bis Grosz », http://www.schirn-kunsthalle.de/index.php?do=exhibitions_archive&lang=de&year =2006.

didactique de l'œuvre des peintres (Magritte, Johns, Hopper, Caillebotte).[291] L'espace hors-scène comme départ didactique (*La Cour des miracles* d'Iakovos Kambanelis, *La Cerisaie* d'Anton Tchekhov). Littérature, photographie et cinéma dans l'enseignement géographique.

Ce cours, comme d'ailleurs celui de la « Didactique des Sciences sociales », était articulé sur plusieurs niveaux (travaux d'étudiants,[292] assistance dans des classes et réalisation de cours - modèles, réalisations d'enquêtes dans des établissements scolaires).

2.6.3. Qu'on nous permette ici d'ajouter que nous avons vu l'enseignement de la géographie en Grèce, au niveau du secondaire comme un exemple particulier d'application de l'idée de l'interdisciplinarité 1) comme interdisciplinarité proprement dite et 2) comme transdisciplinarité qui, selon Lenoir, pourrait conduire à une « mobilisation pédagogique transversale dans le cadre d'un projet » (voir TABLEAU 1.1.(1). CLARIFICATIONS TERMINOLOGIQUES SELON YVES LENOIR).

En effet, dans notre édition intitulée *Éducation géographique*[293] nous procédons pour chaque discipline (matière) enseignée à une analyse des caractères 1) co-disciplinaires (géographie + une autre discipline) et 2) « hors discipline », jugés comme tels par l'intermédiaire de la logique géographique appliquée à l'autre discipline. Nous nous contentons ici de 1) présenter les titres des petits chapitres correspondant à chaque combinaison d'approfondissement interdisciplinaire et 2) fournir une explication succincte du contenu de chaque matière (Voir Tableau 2.6.(2).).

Ce n'est pas par simple coïncidence que nous avons terminé ce tableau par référence à l'art et aux matières artistiques. Qu'on se souvienne ici du projet planétaire et très largement interdisciplinaire proposé par Roger Garaudy :

> « L'étude des civilisations non occidentales occupe[ra] dans les études une place au moins aussi importante que celle de la culture occidentale [et] l'esthétique occupe[ra] une place au moins aussi importante que l'enseignement des sciences et de techniques ».[294]

En plus, les particularités de la géographie (contenus régionaux et locaux, aspects sociaux, possibilités d'ouverture interdisciplinaire par l'élaboration de programmes au niveau des académies régionales d'Enseignement) auraient pu constituer un modèle éducationnel qui serait introduit par des programmes élaborés au niveau local/régional par une mobilisation transdisciplinaire du personnel. Nos propositions transdisciplinaires se sont basées sur le tableau d'opposition entre « l'enseignement traditionnel » et « l'enseignement interdisciplinaire » élaboré par J.D. Godin.[295] Voir Tableau 2.6.(3).

---

[291] Voir « Annexe 3. La trahison des images : Magritte procède à des remarques didactiques ».
[292] Voir notre CV et http://geander.com/102_05g.html. Pour une partie de ces travaux il y a aussi une description détaillée de chacun.
[293] I. Rentzos, *Éducation géographique*, op. cit. p. 155-189.
[294] R. Garaudy, *Pour un dialogue des civilisations*, Paris, Denoël, 1977, p. 155.
[295] L. Apostel et al., *L'interdisciplinarité*, OCDE/CERI, 1972, p. 55.

TABLEAU 2.6.(2). LA GÉOGRAPHIE COMME MODÈLE D'APPROCHE CO-DISCIPLINAIRE ET OUTIL DE DÉTECTION DES ÉLÉMENTS « HORS DISCIPLINE »

Discipline	Approche géographique (*)	Thèmes co-disciplinaires et (≠) « hors discipline »
L'instruction religieuse	La fonction anti-géographique de la supériorité du christianisme.	La religiosité presque universelle, l'expansion du christianisme ; (≠) le cadre de l'endoctrinement de l'école.
La langue et la littérature grecques	Des entrelacements prolifiques et des problèmes à résoudre.	L'*Anabase* de Xénophon, les étymologies, la littérature et l'émigration grecque, (≠) « l'enjolivement » de la Grèce.
L'histoire	Une *topo*-logie engagée dans la lutte conte les lieux géographiques	L'homologue littéraire de la géo, (≠) le « quadripartisme » historique, les « -centrismes ».
Les mathématiques	Quand la *géo*métrie, la *topo*logie et la *sta*tistique ne géographient pas	La mathématisation des situations, création de liens avec la nouvelle géo, (≠) la tendance à l'abstraction sans support terrestre et matériel.
Les langues étrangères	Des occasions d'aujourd'hui et dans l'avenir.	Langue ⇆ pays, (≠) l'absence d'une géographie (p. ex.) de la Francophonie.
La physique	L'absence du territoire, des régions, de certains pays.	Météorologie, transports, barrages, satellites, électrification de la Grèce, (≠) l'eurocentrisme.
La chimie	Des lectures inattentives de la carte géographique.	Aspects comparés : la carte géographique ⇆ le tableau périodique des éléments, (≠) une discipline entre le labo et les cieux.
Les matières biologiques	Une biogéographie cachée et méprisée.	La biosphère, ses systèmes, les aspects anthropologiques, (≠) l'absence du langage cartographique.
L'instruction civique	Quand les éducations politique et géopolitique sont absentes	Un complément indispensable à l'enseignement géographique, (≠) instruction nationale plutôt qu'internationale + régionale.
La cosmographie	Une géographie sous une autre échelle.	Les fuseaux horaires, les marées, (≠) absence de prise de position sur la diffusion de l'information astrologique, les hiérophanies cosmiques etc.
La psychologie	[n'est] Ni la psychogéographie ni la psychologie sociale	Une aide à l'apprentissage géographique (p.ex., les règles mnémotechniques, l'identification des formes), (≠) enseignée par les profs de lettres, donc impossibilité d'interdisciplinarisation coté sciences.
L'orientation professionnelle	Quand le territoire et les métiers du territoire dont absents	Une corrélation positive, (≠) absence totale de la répartition des professions sur le plan national, régional et local.
L'éducation physique	L'autre moitié du programme.	La terre à l'état pure et sans intermédiaire.
Les matières artistiques	Un académisme anti-géographique.	Les langages de communication visuelle, (≠) absence de la description des formes artistiques chez les divers peuples.

Source : Ioannis Rentzos, [gr] *L'Education géographique*, Ed. Epikairotita, 1984, p. 155-189. Ioannis Rentzos, *L'enseignement géographique en Grèce*, Thèse de doctorat, Directeur Etienne DALMASSO, Paris VII (Jussieu), 1982, p. 105-144.
(*) Dans la colonne du milieu figurent les titres des nos commentaires pour chaque discipline-matière.

TABLEAU 2.6.(3). LA GÉOGRAPHIE COMME MODÈLE INTERDISCIPLINAIRE – TRANSDISCIPLINAIRE D'UNE RÉFORME ÉDUCATIVE

[On lit soit les colonnes 1+2, soit les colonnes 1+3.]

[1] L'enseignement	[2] traditionnel…	[3] Interdisciplinaire…
…est de caractère	«scolaire» abstrait fragmentaire	vivant concret global
visant	la transmission dans un sens unique d'un savoir/ d'un savoir ancien	la diffusion par des interactions d'un savoir faire d'un savoir renouvelé
par la mise en pratique d'une pédagogie	de la répétition et des examens	de la découverte et de la mise en valeur des connaissances
et en privilégiant	les contenus et les lois spéciales	les structures et les principes généraux.
Il se fonde sur une	acceptation passive d'un découpage définitif du savoir et d'une méthode didactique consacrée	réflexion permanente épistémologique, sociale et didactique,
présuppose	les dichotomies savoir/réalité, école/société, disciplines littéraires / disciplines scientifiques etc.	des continuités et des interconnections.
repose sur	un programme sclérosé imposé par le centre	des unités d'enseignement structurées selon les besoins et les intérêts
et sur des compétences définies	administrativement	fonctionnellement
favorise	l'isolement et/ou la concurrence aux divers niveaux (entre élèves, entre enseignants).	les activités d'enseignement et d'apprentissage collectives.

<u>Source</u> : Ioannis Rentzos, *L'enseignement géographique en Grèce*, op. cit., p. 293 ; Ioannis Rentzos, [gr] *L'Education géographique*, op. cit., p. 246. Tableau élaboré sur la base de Léo Apostel et al., *L'interdisciplinarité*, OCDE/CERI, 1972, p. 55.

3. L'interthématique comme une proposition éducative au cours de la *Metapolitefsi*

> « La chimie conduisait au cœur de la Matière, et la Matière était justement notre alliée parce que l'Esprit, cher au fascisme, était notre ennemi. »
> Primo Levi, *Le Système périodique*.

 Je dédie ce chapitre à Lefteris Tsiloglou, un excellent pédagogue, auteur multivalent et combattant de la démocratie en Grèce.

[296] **3.1. La reforme linguistique et éducative de 1976 comme opportunité et processus de formulation de propositions interthématiques d'innovation didactique**

La chute (1974) du gouvernement militaire (1967-1974) a eu de nombreuses répercussions sur tout ce qui concernait l'Éducation nationale. (Il est dommage de rappeler que depuis cette période dictatoriale, la géographie perd toujours en valeur dans le cadre de l'Enseignement secondaire : les cinq classes d'enseignement de géographie sont devenues deux et les huit heures hebdomadaires quatre). En plus de l'action majeure qu'a été l'instauration de la langue démotique (1976) en tant que moyen et objet de l'enseignement et sa reconnaissance en tant qu'outil de l'Administration et élément de l'expression publique, une tentative a été faite pour l'introduction de nouveaux programmes d'instruction et la rédaction de nouveaux manuels. Cependant, dans une première phase, il a semblé qu'il suffisait simplement de traduire (par « metaglottisi », voir page suivante) les livres déjà publiés. Pendant cette phase stationnaire, les collaborateurs de différents organes scientifiques et associations tels que l'Union des Physiciens Grecs (EEF), la Société Grecque des Mathématiciens, la Fédération des fonctionnaires de l'éducation secondaire (OLME), l'Union *Nea Paideia* (= Nouvelle Éducation) et d'autres, ont fait diverses interventions par des éditions et des articles.

La période du retour à la démocratie (*Metapolitefsi*), notamment à ses débuts (1975-1977), a constitué une situation favorable pour la formulation et la mise en avant d'idées qui remettaient en question le cadre pédagogique en vigueur. Son histoire était longue, enracinée bien avant les sept ans de la dictature militaire. Des éléments comme 1) les programmes, la forme et le contenu des manuels d'enseignement, 2) l'enseignement normalisé comme « méthode tripartite », 3) le caractère exclusivement préparatoire de certaines matières (« bachotage »), 4) les processus d'évaluation de l'école (personnel et activitlés) et beaucoup d'autres données particulières et occasionnelles formaient un cadre qui se trouvait en

---

[296] [Note de la page précédente]. Composé d'une vingtaine de chapitres-éléments du tableau périodique de Mendeleïev « Le Système Périodique » est un des plus beaux textes de Primo Levi (1919-1987). Mondialement célèbre pour son ouvrage « Si c'est un homme » avec ses témoignages et analyses du système concentrationnaire nazi, Primo Levi (1919-1987), au début trop chimiste pour être un homme des lettres et, après, tellement épris de justice devant le tragique des choses pour ne pas rester qu'un technicien, cet écrivain, est également connu pour ses points de vue très originaux sur « les deux cultures ». Présentés dans son recueil de textes intitulé « Le métier des autres » et sous-titrés « Notes pour une redéfinition de la culture » ces textes sont « des incursions dans les métiers des autres, des braconnages en chasse gardée, des brigandages au pays de la zoologie, de l'astronomie et de la linguistique, toutes sciences qui, faute de les avoir étudiées méthodiquement, exerç[ai]ent sur [lui] le charme prolongé des amours éternelles non payées de retour […] ». En 1987 Primo Levi mit fin à ses jours à Turin, sa ville natale, comme l'avait fait trente-sept ans auparavant Cesare Pavese (1908-1950), poète de cette ville. D. P. Sotiropoulos, « Primo Levi – Rudolf Hess : le martyre et l'autre », *Nea Estia*, 1821/avril 2009, p. 707-742 ; Primo Levi, *Le métier des autres - Notes pour une redéfinition de la culture*, Traduction française de M. Schruoffeneger, Paris, Gallimard 1992, p. 9.

contradiction radicale avec l'esprit de liberté et d'aspiration du « nouveau » que le retour à la démocratie symbolisait.

A cette époque-là, l'interthématique aurait pu constituer une proposition et être mise en œuvre, ne serait-ce qu'à titre expérimental. La géographie, de son côté, aurait pu revendiquer de nouveaux contenus, plutôt culturels que physiographiques et adminstratifs.

En effet, les bases de la réforme linguistique et éducative (Loi 309/1976) se présentaient comme une occasion (et une démarche) de formulation ou/et de concrétisation de propositions didactiques innovatrices. Des enseignants qui avaient un poste dans le Centre (la région de l'Attique), étaient désignés par les organes et associations scientifiques (par ex. l'Union des Physiciens Grecs) pour qu'ils participent, bénévolement, à des groupes de travail pour la rédaction de nouveaux programmes, dans le cadre du fonctionnement du (à l'époque) KEME[297] (équivalent à l'Institut Pédagogique actuel).

Une intervention pédagogique remarquable de cette époque – ayant un contenu de toute évidence interthématique et géoculturel sur plusieurs niveaux – était le fonctionnement expérimental de la Télévision scolaire[298] dont les émissions étaient suivies sur des téléviseurs couleurs (à l'époque, très peu de foyers possédaient un poste de télévision couleurs) dans certaines écoles du pays qui participaient à l'évaluation qui devait suivre après. Les films étrangers du programme, évidemment plus saisissants et argumentés qu'un cours scolaire habituel – quoique : vivant – déterminaient grâce à leur projection/visionnage, un cadre plurithématique voire interthématique d'enseignement et d'apprentissage.

Ce cadre apparaissait – au-delà de tout espoir – de par la diversité et le nombre important de questions que posaient les élèves qui reconstruisaient le cours et l'unité didactique sur une base véritablement situationnelle/relationnelle, et, par conséquent, en tant que telle, plurithématique/interthématique. D'ailleurs, la tendance du programme de la Télévision scolaire à être interthématique était clairement visible par le fait qu'en plus des films selon les disciplines (physique, géographie, histoire etc...) une série de films intitulée *Connaissances générales* était également proposée. Ceux-ci étaient suivis par les élèves sous la responsabilité d'un enseignant qui souhaitait intervenir dans ce domaine du programme scolaire et non pas sous les directives d'un professeur de spécialité ou d'un autre qui pourrait être considéré comme étant le spécialiste correspondant. La notice d'instructions qui était envoyée dans les écoles avec la description du film offrait au professeur un modèle d'élaboration pédagogique. Pour la première fois la Bulgarie faisait son apparition dans le réseau scolaire par un beau film. Cependant, le film consacré à la Yougoslavie a dû être présenté sans évocation des noms des six républiques (Croatie, Serbie, ...,) pour eviter l'utilisation du nom de la Macédoine.

---

[297] Centre d'Etudes de l'Education.

[298] L'auteur de l'ouvrage présent, en collaboration avec l'Office français de techniques modernes d'enseignement (OFRATEME), a été le rapporteur pour l'ensemble du programme de la première année de fonctionnement de la Télévision scolaire. Voir Th. Karzis, [gr] *Télévision et enseignement*, Athènes, 1979. I. Rentzos, [gr] « L'évaluation du film d'enseignement », *Nea Paideia*, 13/1980, p. 77-83.

Une autre intervention pédagogique de cette époque est celle de la *metaglottisi* (traduction des manuels rédigés en grec *katharevousa* en grec *démotique*) qui a eu lieu en 1976/77. La langue *Katharevousa* (langue cultivée, puriste) qui était soutenue par l'Etat et les forces sociales qui se sont exprimées, jusqu' à cette époque, par le pouvoir politique de l'après-guerre, y compris la guerre civile (1946-1949), et par la dictature des forces armées, devait laisser place à la *démotique* (langue populaire et littéraire, parlée dans des situations sociolinguistiques non contrôlées par l'Etat). La traduction (*metaglottisi*) a un rapport réel avec l'interthématique puisqu'elle a mis en contact les spécialistes des différentes disciplines qui se sont chargés de la traduction (par ex. physiciens, chimistes) avec les linguistes responsables (professeurs du grec expérimentés et auteurs reconnus) qui la supervisaient ou qui eux-mêmes l'avait assumée, dès le début.

De nombreuses questions de phraséologie et de terminologie n'étaient pas résolues ni normalisées car l'attachement formel à la grammaire grecque antique qui datait de longues années, notamment pendant la période de la dictature, ne permettait pas la mise en valeur et l'adoption de nouvelles propositions. On peut aisément le constater dans l'utilisation ou la façon de calquer 1) des mots et des termes en *–isation/ification* [299] et 2) des acronymes [300], ce qui créait un cadre interthématique de discussion/recherche sur un plan central.

Beaucoup plus qu'un « bilinguisme » (diglossie), l'opposition *katharevousa/ démotique* représentait en Grèce un « biculturalisme ». Mentionnons ici, sous forme d'anecdote terminologique, le problème posé par le nom de *Ceylan*. Il aurait fallu « traduire » ce nom par *Sri Lanka*. Cependant une question a été posée. Qu'est-ce qu'on ferait de l'expression commerciale célèbre « thé de Ceylan », d'autant plus qu'en grec il existe deux versions du mot thé : celle d'outre-mer, européenne (*te*, en grec « tèïo ») et la version terrestre asiatique-russe (*tchà*, en grec « tsài »). Est-ce qu'on devait la rendre par «tsài de Sri Lanka » ? En outre, le nouveau nom « Sri Lanka », étant donnés les différends ethno-raciaux (donc aussi les conflits linguistiques) dans cette île, prenait-il position en faveur des uns et contre les autres ?[301]

---

[299] I. Rentzos, [gr] « La poésie des mots et la poétique des termes » - *T, comme terminologie*, Parlement européen, Bureau de Terminologie, n° 2/1989, p. 54-64. Cet article est de contenu technique. Les mots « poésie » et « poétique » renvoient, étymologiquement et ironiquement, à la « fabrication » et, respectivement, à la « technique de la fabrication » des termes grecs en *–isation* et *–ification*.

[300] I. Rentzos, [gr] « Lecture et connaissance des acronymes grecs » - *Terminologie & traduction*, Commission des Communautés européennes, Service de traduction, Unité de terminologie, n° 2/1990, p. 81-91. Article de contenu technique qui met en évidence les phénomènes liés à la lecture presque exclusivement syllabique des sigles en grec, rappelant systématiquement le sigle VERDI (Vittorio Emanuele, roi d'Italie).

[301] Le Sri Lanka possède deux langues officielles, le cingalais et le tamoul, mais la première est prédominante dans la plus grande part du pays (85 % contre ±12% du tamoul). La « République démocratique socialiste du Sri Lanka » est dite « Sri Lankā Prajathanthrika Samajavadi Janarajaya » (en singalais) et « Illankai Chananaayaka Chosalisa Kudiyarasu » (en tamoul). Ne serait-ce que pour des

Bien sûr le nom de l'Etat deviendrait « Sri Lanka », qui était le seul reconnu dans le cadre des relations internationales. Serait-il pourtant correct de changer aussi le nom de l'île comme ensemble et entité de géographie physique ? Enfin un autre aspect est apparu : l'ancien nom grec réel datant de l'époque de Strabon (-63 – 21) et, connu aussi après, à travers les travaux de Cosmas Indikopleuste (6ème siècle), qui est « Taprobane ». Pourquoi le perdre ? Qui est-ce qui décide dans une langue des noms des îles, lorsque ceux-ci ont des racines très anciennes ? Finalement, on a gardé le titre « SRI LANKA (CEYLAN) ». En outre, le « teïodendron » ([arbre-à-thé]) est devenu tout simplement « teïoden<u>tro</u> », accompagné de l'explication « l'arbre-à-tsài ». [302]

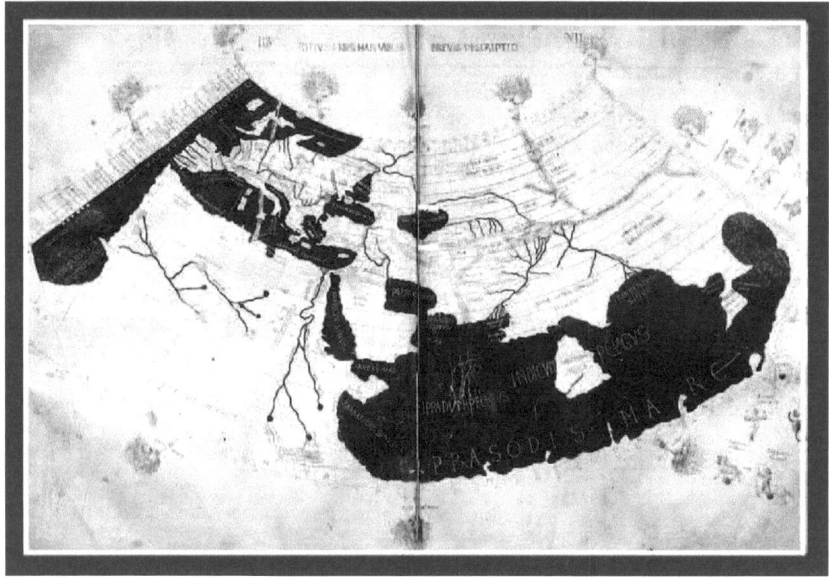

Taprobane dans la carte du monde par Ptolémée.
Reconstituée au XVe siècle à partir de sa *Géographie*, cette carte indique les pays de Serica, Sinae (Chine) à l'extrême droite, au-delà de l'île de Taprobane (Sri Lanka, trop grande) et l'Aurea Chersonesus (Asie du Sud-Est).

D'autres résultats créatifs qui sont issus de ce contact peuvent être recherchés au niveau de l'*amélioration* qui était prévue dans la circulaire ministérielle se rapportant au processus de traduction (metaglottisi). En géographie de troisième

---

[302] raisons de prononciation, le mot « Sri Lanka » n'est clair que dans la version cingalaise.
Panayotis Gabreseas, [gr] *Géographie des continents*, 3ᵉ du gymnase, Athènes, OEDV, 1976, p. 73-75.

classe du gymnase, l'illustration a été alors introduite[303] 1) avec un objectif culturel - ethnologique (par ex. le théâtre d'ombres en Indonésie, une carte géographique esquimaude sculptée sur bois, des aquarelles de l'africaniste Leo Frobenius, 1873 – 1938) alors que 2) dans certains cas, les images étaient accompagnées de légendes avec des indications sémiologiques (par ex. sur la matière et la forme d'une sculpture sur bois coréenne).

Enfin, l'esprit interthématique, considéré comme élément d'opposition aux cours habituels de l'heure didactique et qui étaient à regarder comme des réminiscences du passé politico-social, peut être recherché également dans l'institution des *activités culturelles*. Ces activités scolaires faisaient sortir, de manière responsable, les élèves de la salle de classe et les mettaient en contact avec la société et son espace, ses problèmes et ses propositions directes (par ex. pour étudier l'environnement urbain de l'école, assister à un concert de l'Orchestre National d' Athènes).

Nous pourrions soutenir aussi que la fonction et la diffusion de la revue *Génération Libre* sur laquelle nous allons nous pencher particulièrement avait un caractère analogue (voir 3.5. Propositions interthématiques et interdisciplinaires de la revue *Génération libre* (GL) – De la géographie aux microgéographies).

Nous terminons cette partie en rappelant que toujours dans le même cadre de cette époque, la Fédération des fonctionnaires de l'éducation secondaire (OLME) coordonnait des actions de critique pédagogique, par exemple en mettant en contact des enseignants-chercheurs avec des journalistes de journaux athéniens qui informaient un large public, des problèmes de l'enseignement. D'autre part, la Fédération des Enseignants du secondaire a pris alors l'initiative de l'édition et de la diffusion d'une revue pédagogique, intitulée « Logos et praxis ». Le comité de lecture des articles constituait une équipe créative atypique de plurithématique - interthématique [304] qui exposait ses conclusions, monothématiques sans aucun doute, en tant que publication des études qui avaient été agréées (par article et discipline).

---

[303] L'auteur du présent en tant que responsable de l'illustration de la *Géographie des continents*, dans le cadre du fonctionnement du groupe de travail de révision du manuel, avait mis à la disposition du groupe sa collection pédagogique d'images. P. Gavreseas, op. cit.

[304] En tant que membre du comité de lecture et de publication l'auteur du présent doit se référer à un article proposé qui n'a pas été publié pour des raisons techniques. Cet article proposait l'officialisation de l'enseignement de la géographie par les philologues - historiens. En effet, les professeurs du grec et de l'histoire enseignaient, eux aussi, la géographie pour pallier les éventuelles carences de recrutement en personnel spécialisé. Etant donné qu'à l'époque il n'y avait pas de géographes, c'étaient les physiciens qui enseignaient, par préférence, la géographie. L'article introduit l'idée de l'interdisciplinarité comme enseignement basé sur la formation du philologue – historien. Th. Mavropoulos, [gr] « L'enseignement de la géographie à nos écoles », Archives de *Logos et praxis*, 1978. D'ailleurs, notre article sur la lecture de notations et de symboles en langue démotique constituait un cas d'approche interdisciplinaire. I. Rentzos, [gr] « Les notations scientifiques et la démotique », *Logos et praxis*, n° 4 /hiver 1977, p. 5-9.

3.2. Les efforts de l'Union des physiciens grecs (*EEF*) en vue de l'introduction de l'interdisciplinatirité / interthématique au cours de la *Metapolitefsi* : Les approches du *Physicos Cosmos*[305] (*PhC*)

Si l'on compare le changement dans la pédagogie des sciences naturelles, de la géographie et de la physique avec le changement dans la pédagogie du grec (par exemple l'introduction du grec moderne et l'étude de la littérature grecque moderne), l'enseignement des sciences PSNGC ne semble pas avoir bénéficié en particulier de la réforme de 1976.[306] En tout cas, si l'on se contente de l'aspect quantitatif des choses, le « grand perdant » fut la géographie.

L'esprit de réforme de cette époque est, peut-être, le mieux exprimé par l'action à multiples facettes de l'Union des physiciens grecs. Nous nous contentons ici simplement d'évoquer 1) la création du Comité de l'éducation, alors que des activités de durée plus longue et de caractère pédagogique, nous nous occupons en particulier 2) de la nouvelle conception du fonctionnement et de la diffusion de la revue *Physicos Cosmos*.

Le magazine a constitué un outil d'enseignement et de présentation expérimentale d'articles et de notes qui pourraient :

1) attirer l'attention des enseignants et – s'il arrivait d'avoir l'acceptation de la communauté des enseignants de physique et des sciences naturelles -

2) être adoptés par les organes de planification éducative et intégrés dans les programmes scolaires et les manuels.

Notons ici que la *Revue de Physique* publiée pour la première fois en Janvier 1979 (et qui donnait, par périodes, sa place au *Bulletin de l'Union des Physiciens grecs* ainsi qu'aux *Points de vue du Physicos Cosmos*),[307] a inclus de manière programmatique une thématique éducative et interdisciplinaire.[308]

Des données relatives, à notre avis, au caractère d'avant-garde et innovant (du point de vue de l'interthématique) de la matière du magazine *Physicos Cosmos*,

---

[305] Le *Physicos Cosmos* = « Monde naturel », mais aussi allusion à d'autres notions : « Monde de la physique » et « Monde des physiciens ».

[306] Voir I. Rentzos, [gr] « La réforme éducative et l'enseignement de la physique », *Nea Paideia*, Hiver 1979, p. 125-134. Nous signalons comme élément de nouveauté pédagogique du programme des « lycées classiques » – une centaine – la possibilité d'enseignement des sciences sur la base de textes anciens de contenu scientifique.

[307] Le *Bulletin de l'Union des Physiciens grecs* ainsi que les *Points de vue du Physicos Cosmos*, grâce à leur souplesse d'édition et de circulation ont constitué une tribune pour plusieurs interventions sérieuses. Les *Points de vue du Physicos Cosmos* étaient distribués avec le magazine *Physicos Cosmos*.

[308] En tant que membre du comité d'édition nous avons participé à l'élaboration du moule initial interdisciplinaire de la *Revue*. Trois des sept points des propositions de la matière ont eu un caractère interdisciplinaire (physique et autres sciences ; histoire des sciences ; physique, art et société). Article de rédaction collective, « Lettre ouverte », *Revue de Physique*, vol. 1, n⁰ 1, janvier 1979, p. 4-5. Voir, aussi, beaucoup plus tard, *Revue de Physique*, [gr] vol. 5, novembre 1989, p. 3-20: P. Redondi, [gr] « La Révolution française et l'histoire des sciences », [traduction de la revue française] *La Recherche*, Numéro 208 - Mars 1989.

nous les avons présentés, avec des éléments indicatifs et documentaires dans une autre occasion.[309]

Dans le contexte que nous discutons, la proposition interdisciplinaire/ interthématique que nous constatons dans la matière du *PhC* de la première période de la *metapolitefsi* (1975-77),[310] est articulée par les caractéristiques suivantes :

1) mise en doute de la primauté du texte spécialisé et scientifique dans le magazine mais aussi
2) introduction du texte scientifique en tant qu'outil de commentaire du texte littéraire,
3) mise en relief des relations entre la science et la société et en particulier de celles entretenus entre la physique et la société,
4) introduction d'une interdisciplinarité / de l'interthématique à l'intérieur des branches (des disciplines) et non simplement de discipline en discipline),
5) favorisation du texte poétique et théâtral ainsi que de celui littéraire, mais aussi
6) des pages consacrées à la science fiction, la BD de vulgarisation scientifique et/ou la pédagogie systématique par l'illustration même décorative,
7) mise d'accent sur l'étude de la langue en tant qu'outil de compréhension de la nature et de la société, par la publication de textes linguistiques de synthèse,
8) sensibilisation face aux dualités épistémologiques dans le cadre de la pédagogie de la « Dual Culture » et de l'interdisciplinarité,
9) mise en doute de la physionomie unique et héroïque de l'inventeur et reconnaissance de la dynamique sociale dans le processus de la découverte/invention,
10) mise en doute de la primauté de l'Occident et développement de sympathie à l'égard de l'Orient et du Tiers monde, de la Chine, de la Russie (non spécialement en tant qu'Union Soviétique de l'époque),
11) mise en relief d'une « matérialité » de l'Antiquité et de l'art ainsi que de l'interdisciplinarité archéométrique,
12) un effort de contrôle de l'irrationalisme, de l'occultisme et de l'esprit métaphysique,
13) des références en matière d'origine de la vie, de son organisation économique et recherche de continuités à l'intérieur de la biologie des animaux et de l'homme, dans le cadre de l'opposition majeure nature/culture,
14) un mouvement vers l'anthropologie culturelle et sociale et plus systématiquement vers la géographie humaine.

Ces traits se mettent en relief principalement comme[311]

---

[309] I. Rentzos, « Interdisciplinarity and the Two Cultures in *Φυσικός Κόσμος* », op. cit.
[310] Nous avons soumis un rapport d'évaluation du magazine au professeur M. Hulin. Voir I. Rentzos, [gr] « Critères d'évaluation de la matièrè du *Physicos Cosmos* : Cent numéros de solitude ou d'accompagnement ? », *Bulletin d'informations de l'Union des Physiciens grecs*, mars 1986, p. 32-34.
[311] Toutes les données sont basées sur des articles et notes pédagogiques publiés. Voir également les comptes rendus de la réunion de la EEF du 5 décembre 1975, où nous parlons d'un «tracé de l'interdisciplinarité de la matière à publier », *Bulletin de l'EEF*, mars 1976, n° 2, p. 12. Voir I. Rentzos, [gr] « Critères

1) des tendances entrevues au niveau du contenu ;
2) des propositions pour la rédaction d'articles de la part des collaborateurs ; et
3) des propositions sous forme de suppléments ;

La thématique émergée pourrait / aurait pu
1) enrichir certains chapitres des manuels déjà approuvés par le Ministère de l'éducation nationale ;
2) constituer la base de chapitres complémentaires ;
3) contribuer à la restructuration de la matière enseignée.

Il n'est pas nécessaire d'analyser en détails le caractère évidemment interthématique / interdisciplinaire par excellence d'une revue. Grâce à la diversité de son contenu, la revue
1) présuppose un agencement du savoir sous
   1.1. une forme attrayante, et
   1.2. un contenu ludique
Néanmoins, ce contenu
2) paraît être plutôt
   2.1. en dehors ou au-delà du programme ;
   2.2. « encyclopédique » tendant à servir un idéal sous-jacent d'encyclopédisme ;
   2.3. diffus et défavorable à toute économie de cours ;
   2.4. déconnecté ou n'ayant que peu de rapport avec le « noyau » scolaire des matières scolaire ; et
   2.5. choisi de façon arbitraire.
Ces éléments qui, pour les ennemis de l'interthématique tout du moins, paraissent être « interthématiques »,
3) peuvent constituer des outils pédagogiques sérieux dans la mesure où
   3.1. la revue perçoit l'importance de son intervention interthématique/ interdisciplinaire ;
   3.2. elle communique aux enseignants ses objectifs interthématiques/ interdisciplinaires précis ;
   3.3. les enseignants intègrent la lecture assidue de la revue et son archivage soigneux à leurs propres buts et objectifs pédagogiques quant à la fonction du cours[312] et

---

d'évaluation du *Physicos Cosmos* – Cent numéros de solitude ou d'accompagnement ? », op. cit.

[312] Ces objectifs représentent un minimum pour une bonne relation de l'enseignant et de la classe avec la revue. La relation peut être encore plus dynamique si l'enseignant pose les objectifs suivants :
1) traitement de la matière en classe à des heures réservées pour cette activité ;
2) directives données aux élèves pour la rédaction de travaux pour la revue ; et
3) prise en charge par l'enseignant d'études qui conduisent à l'élaboration écrite d'articles pour la revue. Ces remarques faites ci-dessus résultent de notre expérience dont les résultats ont été fructueux quant à l'accomplissement de ces objectifs. Notons que faute de bibliothèques scolaires, c'est à l'enseignant lui-même et aux élèves qu'incombe le travail d'archivage.

3.4. les élèves peuvent participer activement à l'acquis du savoir interthématique / interdisciplinaire et s'expérimenter de façon créative, dans le cadre de l'établissement scolaire ou pendant les heures de loisirs et en autoformation.

A notre connaissance, la revue *PhC* n'a pas été soumise à une évaluation systématique pour ce qui concerne sa fonction au sein du système scolaire. En outre, nous ne pouvons estimer la dimension de sa contribution interthématique / interdisciplinaire sur l'étendue générale des cours enseignés, notamment du point de vue du contenu géographique.

3.3. La pédagogie linguistique et artistique du *PhC* et les approches interdisciplinaires de la physique comme une géographie culturelle.

> « Nous voilà maintenant arrivés à cette branche de l'arbre métaphysique poétique dont découle la sève de la science poétique pour se répandre dans la physique, dans la cosmographie et l'astronomie dans la chronologie et la géographie ».
> Giambattista Vico, (1668-1774),
> *Principes d'une Science Nouvelle Relative a la Nature des Nations.* [313]

Dans l'esprit universaliste, interdisciplinaire et poétique de son époque, Giambattista Vico, ayant averti ses lecteurs que la chronologie [histoire] et la géographie dérivaient de la physique, de la cosmographie et de l'astronomie, avait commencé à parler de la physique. Dans le cadre interdisciplinaire qu'instauraient les physiciens, le *Physicos Cosmos*, partant de la poésie, a fait de même... Comme nous l'avons signalé plus haut [voir point 3.2. trait 7)], l'ouverture interdisciplinaire du *PhC* a été caractérisé d'une emphase particulière mise sur l'étude du langage comme outil de compréhension de la nature et de la société. Ceci a eu lieu par la publication de textes de linguistique qui n'étaient pas sans rapport avec les débats de cette époque- là sur la recherche d'une autre norme linguistique.

Cette recherche relativisait, évidemment, la valeur incontestable, jusqu'à ce temps-là de la langue imposée par la loi et par conséquent elle posait une question plus générale d'axiologie linguistique. Centré autour de la langue grecque ancienne et sa forme puriste, artificiellement restructurée, la *katharevousa*, le système éducatif grec, soutenait l'unicité de la langue conservative. Une question multiple se posait : Quelle serait dans l'avenir la langue et la terminologie de l'enseignement de la physique en tant que discipline scientifique, par excellence ? Quelle serait, également, la langue des sciences naturelles et de la géographie ?[314]

La question était beaucoup plus profonde. Une *glottophobie* diffuse se répandait dans le système éducatif. Antonis Vasileiou, professeur de sciences naturelles - géographie, nous dit :

> « J'avais proposé à la revue *Génération libre* du Ministère de l'éducation un morceau relatif aux dauphins, et ceci en vue d'une évaluation et éventuelle publication. Il se fondait sur une traduction qui provenait d'une petite édition encyclopédique. À ce temps-

---

[313] G. Vico, *La science nouvelle* ... [Responsabilité éditoriale :] Cristina Belgioioso, Cristina Trivulzio de Belgiojoso, Paris la Librairie Jules Renouard. Internet. Rappelons certains titres de chapitres de cette œuvre philosophique : *De la physique poétique, De la physique poétique de l'homme ou de ta nature héroïque, De la cosmographie poétique, De l'astronomie poétique, Démonstration astronomique physico-philologique, De la chronologie poétique*, p. 359-378. http://books.google.com/ books?id=kBhHAAAAIAAJ&ots=48GeIe542M&dq= vico% 20 science%20nouvelle&pg=PA402&ci=150,1086,822,302&source=bookclip.

[314] Nous nous sommes occupés de la problématique de la terminologie scientifique dans notre intervention suivante : I. Rentzos, [gr] « Questions de base pour la terminologie "démotique" de la physique », *Actes de la 1ᵉ Conférence de Physique*, Athènes, 1977, p. 379-382.

là il y avait assez de discussions – qui continuent encore – sur le langage des dauphins, tandis que le manuel scolaire n'en mentionnait rien. Je ne m'intéressais pas tellement à savoir si les dauphins parlaient mais présenter plutôt à mes cours certains éléments de ce qu'on entend par « langage ». Peu de semaines après on m'informait que le morceau ne serait pas publié. En passant par les bureaux de la revue ils m'ont expliqué que l'article avait des problèmes linguistiques. Comme exemple, ils m'ont expliqué qu'on ne pourrait pas écrire « les animaux des cirques » mais « les animaux de chaque *circo* » pour éviter de décliner « le cirque » qui est un mot étranger (jusqu'à quand ?). Ces choses-ci m'ont paru bizarres. Je me suis occupé du sujet du rejet de mon article et peu de temps après je me suis renseigné que l'article « aurait été coupé » par l'écrivain théologisant, connu et couronné par des prix littéraires, M. Kostas E. Tsiropoulos qui, à la phase initiale de parution de la revue, était chargé du contrôle idéologique. Ceci signifiait que les dauphins ne devraient pas mettre en doute l'unicité linguistique des humains. J'ai donné l'article, beaucoup plus tard, au *Physicos Cosmos* ».[315]

Dane le cadre de l'interdisciplinarité, même des questions linguistiques théoriques, comme l'opposition verbo-nominale,[316] ont affaire à la physique, voire la Relativité, et à une géographie linguistique. L'exception de la langue amérindienne hopi,[317] où cette opposition verbo-nominale connait une autre forme, met en relief ce rapport du langage avec la Relativité. L'expression latine *hic et nunc* qui implique des rapports spatio-temporels spéciaux est trop difficile à traduire en hopi, pas moins que l'est l'expression « neuf jours ». Y-a-t-il, en réalité, un deuxième, un troisième, ..., ou un neuvième jour *en même temps* que le premier jour ? Apparemment, non ! Comment, alors, faire l'addition ?

Pour un géographe qui voudrait mettre en relief la problématique du « relationnel » comme ceci est conçu dans certains travaux de Harvey et de Massey,[318] la photo d'Albert Einstein avec les Hopi serait une bonne idée (Fig. 3.3.(1).) pour commencer le cours. Il s'agirait d'un cours profondément interdisciplinaire qui pourrait, par exemple, poser les bases pédagogiques, comparables sinon semblables, de la

---

[315] Nous avons vérifié certains de données qui nous ont été fournies. Il s'agit d'un article qui reprend, en traduction, les éléments présentés dans une édition de Favrod (cf. ci-dessous). Antonis Vassiliou, [gr] « Le dauphin », *PhC*, 68/janvier 1979, p. 29 ; Ch.-H. Favrod, *La vie animale*, Le livre de poche - EDMA, 1975, p. 84-85. Pour ce qui concerne le langage des dauphins, « une question toujours controversée », voir, p.ex., http://www.dauphinlibre.be/langage.htm.

[316] L'opposition verbo-nominale nous permet de faire la distinction entre le temps/verbes et l'espace/substantifs et elle impose dans plusieurs langues la règle selon laquelle l'action-*pluie* est un substantif mais l'action de la pluie (*il pleut*) un verbe. A. Martinet, *La linguistique synchronique*, PUF, 1970, p. 203. Voir aussi O. Anochina, « Sur le statut référentiel des noms abstraits et leur unicité notionnelle avec les verbes », in Cécile Brion et Éric Castagne, *Nom et verbe : Catégorisation et Référence*, Actes du Colloque International de Reims 2001, Presses Universitaires de Reims, 2003, p. 13-34.

[317] J. B. Carroll, [Ed.], *Benjamin Lee Whorf*, op.cit. p. 57-111.

[318] D. Harvey, *Social Justice...*, op. cit. p. 178; D. Massey, *For Space...*, op. cit.p. 92. Voir aussi : I. Rentzos – *Notes de cours inédites*, Annexe 4.1.1. – Génératrices de l'interthématique / intrathématique dans l'éducation et l'enseignement – Énergie et histoire-geographie de la physique – La relativité linguistique et les relativités spatio-temporelles.

physique et de la géographie, quant à la catégorie de l'espace, sans pour autant négliger les difficultés épistémologiques soulevées par ce parallélisme.[319]

Fig. 3.3.(1). Une photo d'Albert Einstein avec les Hopi est un moyen de didactique interthématique (physique, linguistique, ethnologie, géographie théorique et culturelle).

Mais du point de vue pédagogique, la question était plus profonde. Les programmes scolaires – les règles grammaticales de la langue grecque ancienne mises à part – ne comprenaient pas d'éléments ayant trait à la science de la linguistique, à la philosophie du langage et à la communication. Ajoutons que les programmes scolaires laissaient sans contrôle des idéologies racistes sur l'infériorité des autres langues des autres communautés linguistiques dans le monde. Dans ce cadre on a pu saisir l'occasion pour une approche pluridisciplinaire et, même, interdisciplinaire, allant de la physique de la phonétique jusqu'à la géographie culturelle des langues africaines avec une largeur spectrale qui comprendrait aussi bien la psycholinguistique que l'ethnolinguistique. Et même beaucoup plus.

L'article intitulé *La communication animale et le langage humain*,[320] essaie de constituer un panorama des capacités communicationnelles des animaux. Adressé à des enseignants ainsi qu'à des élèves/étudiants, lecteurs du *PhC* visait à offrir un ensemble de données pour compléter le programme analytique ou, encore, un

---

[319] « [...] L'espace sur lequel [...] travaillent [les géographes] est complexe et multiplement différencié. C'est pourquoi, à côté de sa représentation banale en espace euclidien, de nombreuses possibilités alternatives existent. La géographie connaît donc, comme la physique, toutes sortes d'espaces susceptibles d'être modélisés par les "nouvelles" géométries issues de la réflexion des mathématiciens de la fin du XIXe siècle ». D. Parrochia, « Pour une théorie de la relativité géographique... », op. cit.

[320] I. Rentzos, [gr] « La communication animale et le langage humain », *PhC*, 59/mars 1977, p. 5-8.

modèle d'unité didactique (leçon) qui pourrait être comprise, telle quelle, dans les manuels.

Par des mots-clés tels que *dauphins, abeilles, chimpanzés, loups-garous* ou *lycanthropes, double articulation, aire de Broca et aire de Wernicke* ainsi qu'une bibliographie récente de cette époque, l'article propose un contenu de programme où l'on ne fait pas d'exception, par exemple, de la structure de l'ADN.[321] Cette dernière, d'ailleurs, est comparée par Roman Jakobson [322] avec la « double articulation » du langage humain (phonèmes/monèmes [sons et mots]) qu'André Martinet[323] a considéré comme « le trait qui semble distinguer spécifiquement les langues humaines de tous les autres systèmes de communication »[324].

L'article ose proposer un pont entre la cellule, l'animal et l'homme. L'homme non pas dans son acception générale – ce qui renvoie exclusivement à la civilisation de l'Occident – mais aux diverses formes culturelles. Dans deux autres articles (2000 mots) intitulées *Les signaux des tambours africains*[325] et *Les langues des Primitifs et les concepts de la physique*[326] les capacités linguistiques et communicatives des sociétés traditionnelles sont mises en relief.

En outre par l'article *Les couleurs de la nature et celles du langage* [327]
- est présentée la théorie de la relativité linguistique de Benjamin Lee Whorf,
- une introduction anthropologique et « géo-culturelle » plus générale se fait à la théorie des couleurs,
- des rudiments d'une géographie linguistique sont mis en relief, et
- le nombre « magique » des sept couleurs du spectre de la lumière blanche est commenté.[328]

Nous n'avons pas utilisé le mot « magique » au hasard. Certains aspects de l'enseignement amenaient le magazine à poser des questions qui ne paraissaient

---

[321] I. Rentzos, [gr] « Le code génétique », *PhC*, n° 59/mars 1977, p. 4-5.
[322] R. Jakobson, op. cit.
[323] A. Martinet, op. cit.
[324] G. Mounin, 1975, op. cit., p.58-59.
[325] I. Rentzos, [gr] « Les signaux des tambours africains » *PhC*, n° 59/1977, p. 28-30.
[326] I. Rentzos, [gr] « Les langues des Primitifs et les concepts de la physique », *PhC*, n° 59/1976, p. 5-8.
[327] I. Rentzos, [gr] « Les couleurs de la nature et celles du langage », *PhC*, n° 54/1976, p. 9-10.
[328] On sait que Wittgenstein pose toutes les questions possibles sur les couleurs. L. Wittgenstein, *Remarks on Colour*, Edited by G.E.M. Anscombe, London Blackwell, 1977, p. 20 pour notre exergue « Tu sais ce que signifie "rougeâtre" » ? En grec il n'y a pas de distinction terminologique claire entre *bleu* et *indigo*. Pour cette raison on a recours à la paire de deux termes *bleu* et *bleu foncé*. Ceci pose de petits problèmes pédagogiques au niveau de l'(a)symétrie terminologique. Pourquoi *bleu* et *bleu foncé* mais *rouge, orange, vert* sans contre parts *foncés* ? Est-ce que c'est bien à cause d'une sorte de croyance concernant les pouvoirs magico-religieux de ce nombre – 7 – que les physiciens grecs ne veulent pas se débarrasser de ce terme ? On sait que, l'œil humain étant relativement insensible aux fréquences de l'indigo / « bleu foncé », certains esprits critiques dont Isaac Asimov ont suggéré que l'indigo ne devrait pas être regardé comme une couleur mais simplement comme une ombre du bleu ou du violet. Voir Internet : http://fr.wikipedia.org/wiki/Lumi%C3%A8re_visible.

pas simples : Qu'est-ce que la réalité dans l'éducation scientifique ? Quels sont les rapports entre les mots et les termes, les nombres et la réalité, la langue et l'imagination ? Nous procédons ici à une longue citation. [329]

> Wolfgang Pauli, grand physicien idéaliste de l'Europe alpine (Vienne 1900 - Zurich 1958), attendait avec persévérance sa mort prématurée dans la chambre 137 de la clinique universitaire. Dans son cerveau ils faisaient tourner de diverses idées. Le dieu unique, la Sainte Trinité, la lampe aux sept branches, un, trois, sept... A ces visiteurs, aussi longtemps qu'il pouvait, il demandait s'ils avaient fait attention au numéro de sa chambre. Il était le 137, qui lui était devenu quelque chose d'obsession pour de nombreuses années, dans sa vie, dans sa recherche. Il est l'inverse de la « constante de la structure fine » qui exprime combien de fois la vitesse de la lumière est plus grande que la vitesse de l'électron de l'atome de l'hydrogène. Une série incroyablement simple de puissances du π nous donne une bonne valeur approximative pour le 137. Voilà : $4\pi^3 + \pi^2 + \pi = 137, 036...$ Il en existe aussi d'autres approximations...

$$\circ 137 \circ$$

Fig. 3.3.(2). Un nombre lié à la vie et à la mort de W. Pauli.

Cependant le 137 est également une autre chose. « L'autoroute les extraterrestres », dans le Nevada, près de « l'Area 51 », où sont gardées les découvertes des UFO... Comment toutes ces choses s'associent-elles ?
Lorsque je me suis trouvé là, à Rachel (Nevada), en juillet 2001 – quelle chaleur horrible dans cet après-midi – je ne savais pas que je deviendrais moi aussi un morceau de l'histoire...
En désirant, après mon retour, travailler sur mon journal de voyage, j'ai consulté une encyclopédie pour voir la date de l'adhésion du Névada aux Etats-Unis. C'était en 1864 que le Névada est devenu un État américain. « La même année que ma patrie, l'île de Corfou, est devenue grecque » je me suis dit. Mais il y avait aussi une autre chose beaucoup plus importante. 137 ans après cette double date importante, je me suis trouvé là, le 13 juillet (13.7), de la première année du nouveau millénaire, dans l'autoroute 137, l'Extraterrestrial Highway ... Il était une heure de l'après midi. Un peu plus tard, 13 heures 7 minutes...

Cette citation longue, provenant d'un exercice de rédaction créative proposé aux étudiants sous notre direction et sur la base de données cohérentes, pourrait être trouvée sur les pages d'un roman ou d'un récit de science fiction. Pas tellement grâce à sa qualité et à son originalité mais à cause du fait que l'entrelacement des faits réels aux données irréelles mène à la « réification » de l'imaginaire, le vraisemblable devient quasi réel.
En principe, le jeune, comme lecteur, par exemple, de la science fiction, pourrait par ce contact gagner en connaissances informatives en perdant, bien sûr, en

---

[329] I. Rentzos, [gr], «Les physiographies et les sociographies de la géographie humaine – Une approche critique interdisciplinaire de l'irrationnel», *Actes de la 1ᵉ Conférence de la Faculté des Sciences Sociales de l'Université de l'Egée*, Mytilène, 31 mars, 1 & 2 avril 2006, Athènes 2007, Editions Sakkoula, p. 489-507.

savoirs formatifs. Il est certain qu'il en résulte un solde débiteur en formation. Comment alors chercher un contrepoids qui, d'un coté, garantirait l'intérêt inépuisable de l'élève, sans préjudice, de l'autre côté, quant à la qualité pédagogique des connaissances offertes ?

Alors que les textes littéraires annotés et commentés sont assez répandus, des textes semblables pour le « genre » de la science fiction sont moins nombreux. Certes, très souvent, des critiques de la « physique » et des descriptions scientifiques de le SF voient le jour.[330] Elles commentent, par exemple, le bien fondé des séries télévisées américaines de SF. Dans un cadre un peu plus spécifique nous avons proposé au PhC le récit de SF de l'auteur soviétique d'anticipation scientifique Alexandre Kazantsev (1906–2002).

3.3.(3).a.   3.3.(3).b.   3.3.(3).c

Fig. 3.3.(3). [**a**, à gauche] La BD proposée par le *Physicos Cosmos* jetterait un pont : Elle pourrait réconcilier le public juvénile avec les pédagogues conservateurs. **Fig. 3.3.(3).** [**b**, au milieu] « *Le privilège du panoptique réservé au Superman serait-il moins propice à la stimulation de l'imagination ?*». **Fig. 3.3.(3).** [**c**, à droite] « *Al-Biruni, un esprit universel en Asie centrale : botaniste, astronome, physicien, géographe, historien, philosophe, poète, humaniste* ». Pour plusieurs raisons ce numéro (*Le Courrier*, Juin 1974) constitue un modèle pour le PhC

Cet auteur emprunte quelque chose à la technique de Bertold Brecht, quant à la création de l'effet de la « distanciation ». En désirant créer chez le lecteur un détachement critique vis-à-vis des procédés littéraires ainsi qu'une prise de conscience sur le caractère fictif du déroulement, Kazantsev fait entrer dans son

---

[330] B. Parker, *The Fantastic Physics of Film's Most Celebrated Secret Agent*, Baltimore, The Johns Hopkins University Press, 2005. Le professeur Parker procède à des analyses de la physique des films de James Bond. La géographie et la cartographie du fameux agent secret sont aussi présentées en tout détail dans : *James Bond 007 - The Ultimate Dossier*, MGM/Eidos, 1996.

roman, en hors-texte mais en parallèle, page par page, des questions-réponses de contenu scientifique sur le sujet développé. C'est ainsi que le lecteur, grâce à ce détachement, est amené à mettre en question les descriptions et les hypothèses scientifiques du texte de la SF. Cette technique qu'on a repéré dans le récit d'anticipation scientifique intitulé *Le messager du cosmos* [331] nous a permis de présenter cet œuvre de SF comme modèle pédagogique de promotion de l'interdisciplinarité, [332] par sa forme ainsi que par son contenu.

Dans les toutes premières lignes de son texte Kazantsev crée un climat de présence de scientifiques provenant de diverses disciplines et de coopération entre eux :

    – Ce soir, on arrangera une entrevue avec les savants, me dit un jour Boris Efimovitch.
    Je savais que le géographe Vassiliev, chef de l'expédition se rendant à un archipel lointain, s'était embarqué avec le paléontologue Nizovski sur notre bateau.
    De plus, nous avions au bord ... un astronome. [...][333]

Dans une logique pareille à celle qui nous a permis de proposer la traduction et la publication de la nouvelle de Kazantsev, nous avons aussi proposé une BD à contenu de vulgarisation scientifique.[334]

Il était, dans les années 1970, très tôt pour faire accepter dans l'école grecque la BD. Mais il n'était pas impensable.[335]

On sait que le public grec a connu les BD en 1951 par les *Klassika Eikonografimena* (« Classics Illustrated » américains, « Les Classiques illustrés ») traduits, une série de bandes dessinées adaptées de la littérature classique. Leur premier numéro grec était *Les misérables*, suivi d'*Oliver Twist*.

Les *Klassika Eikonografimena* (KE) grecs des Editions Pehlivanidis ont constitué un sigle très spécial d'autant plus que le mot grec *Klassica*, traduit de l'anglais, a toujours gardé, par erreur, les deux ss de sa version latine (et par là de celles française et anglaise). De plus, par leurs réimpressions successives, les KE sont toujours à chercher, encore aujourd'hui, dans les librairies alors que tout récemment, printemps 2009, un grand quotidien d'Athènes offrait à ses lecteurs, pendant quelques jours, des numéros des KE. Nous avons feuilleté *Alice au pays*

---

[331] A. Kazantsev [fr], *Le messager du cosmos*, Editions en langues étrangères, Moscou, ± 1960, p. 70-103.

[332] A. Kazantsev [gr], « Le messager du cosmos », *PhC*, n°s 52/novembre 1975 – 55/mars 1976.

[333] A. Kazantsev [fr], *Le messager...* Op. cit., p. 70.

[334] J. Castan, *Sophie et Bruno au pays de l'atome*, sans mention d'éditeur, 1963. Pour la version grecque : J. Castan [gr], « Alice et Alex au pays des atomes », [trad. I. Rentzos], *PhC*, n°s 52/novembre 1975 – 56/mai 1976.

[335] Vagelis Fotinopoulos a soumis au concours par avis d'appel pour la rédaction de Physique de 2e de gymnase (1979) son manuscrit qui comprenait plusieurs éléments de BD. Sa forme a aidé de façon inattendue à l'amélioration de l'illustration des autres manuscrits sur la base d'un raisonnement faisant appel à l'introduction de la BD de la part du *Physicos Cosmos*. I. Rentzos, [gr] « L'appel d'offres pour les manuels de physique, est-il une garantie de bons livres ? », *PhC /Points de vue*, Février 1986, p. 16-20. Voir aussi V. Fotinopoulos, [gr] *Physique par BD*, Athènes 1987.

des merveilles de Lewis Carroll – pseudonyme du mathématicien britannique Charles Lutwidge Dodgson (1832-1898) – pour arriver là où une très grande planche cartographiée enseigne que « la capitale de Paris est Londres et celle de Rome est Paris » !...

Est-ce qu'il est pédagogiquement correct d'enseigner la géographie par les BD ?

C'est une question aussi naïve que celle qui est posée par plusieurs pédagogues à propos de la valeur littéraire des BD. Les KE ont été malheureusement vus comme des adversaires de la littérature. En tant que tels ont été violemment critiqués. Dans ce climat d'hostilité, l'occasion a été aussi ratée de préconiser, par contre, les moyens d'illustration offerts par les KE, qui, dans les cas où leur choix technique, au niveau de l'édition initiale, se faisait de manière attentive, l'image seconderait sérieusement le texte littéraire. Si les KE et les BD en général et surtout les « romans graphiques » ne constituent pas un accès à la littérature, les diverses formes de l'expression graphique peuvent garantir un apprentissage facile et représenter devant les jeunes un moyen didactique géo-graphique attrayant.

C'est là la raison pour laquelle nous avions proposé la BD *Sophie et Bruno au pays de l'atome* en sorte de pont : Elle pourrait réconcilier le public juvénile avec les pédagogues conservateurs et c'est avec un grand plaisir de voir, plus tard, dans des éditions scolaires, l'adoption de ce moyen d'enseignement.

Pourtant il y a encore beaucoup à faire. Si les *Klassika Eikonografimena* ont fait leur apparition en Grèce par deux chefs-d'œuvre de la littérature mondiale, *Les misérables* et *Oliver Twist*, ils ont en même temps dépeint et décrit deux villes très importantes, Paris et Londres. La BD, comme on l'a bien démontré, peut contribuer à l'enseignement interthématique de la ville. [336] L'observation des images comme lecture et, à un niveau beaucoup plus élevé, comme vision d'*une* réalité pourrait aussi incorporer l'imagination. Denis Cosgrove qui l'affirme, recherche par son ouvrage intitulé *Geography & Vision*, le parcours qui permet de « voir, imaginer et se représenter le Monde ». [337]

En recherche et pédagogie géographiques, il s'agit selon Cosgrove, d'un parcours qu'a été mis en relief grâce au comportementalisme, à la phénoménologie et à la critique idéologique, qui, avec la littérature et les humanités, ont cédé à l'étude de l'imagination une place importante dans les travaux des géographes. [338] Et aussi dans ceux des cartographes. Ces derniers se posent la question de savoir laquelle de deux catégories de cartes sert mieux l'imagination « poléographique ». Est-ce bien celle correspondant au « London A-Z » de Phyllis Pearsall avec les représentations londoniennes en labyrinthe ou, plutôt, la carte panoptique newyorkaise selon Hermann Böllmann ? Cosgrove nous rappelle que l'expérience urbaine dans la *dérive* de la ville – selon Guy Débord – provient plutôt du sentiment

---

[336] I. Rentzos [gr], «Les villes du possible: fiction interdisciplinaire dans la BD urbaine», Conférence du Département de Technologie culturelle et de communication de l'Université de l'Egée « Nuances de deux mondes : BD et science fiction », Mytilène, 20-22 mai 2005 (http://geander.com/comix3.htm) ; I. Rentzos [gr], *Géographies humaines de la ville*, Editions Typôthitô, 2006, p. 151-163.

[337] D. Cosgrove, *Geography & Vision*, London, I.B. Tauris, 2008, p. 8.

[338] D. Cosgrove, op. cit., p. 8.

horizontal dans ses rues.[339] On dirait que le privilège du panoptique réservé au Superman serait moins propice à la stimulation de l'imagination (Fig. 3.3.(3). [b, au milieu]). Plein d'imagination le « poème en bande dessinée »[340] de Dino Buzzati, appartenant au domaine de l'imaginaire, commence par un plan habituel de Milan.

Plusieurs renseignements bibliographiques nous parvenaient souvent par *Le Courrier* de l'Unesco qui, comme édition culturelle mensuelle, et, selon l'expression qui complète son logo de la couverture, n'est pas moins importante qu'« une fenêtre ouverte sur le monde ». Tel était le cas de la BD *Sophie et Bruno* que nous l'avons connue grâce au *Courrier*. Soulignons que *Le Courrier* pratiquait sur plusieurs niveaux de conception et de structure l'interdisciplinarité comme celle-ci était recherchée par le *Physicos Cosmos* à cette époque-là   (voir Fig. 3.3.(3). [c, à droite]).

Plus généralement, la position qu'avait prise la revue *Physicos Cosmos* quant aux rapports de la science avec la culture et l'étude de ces rapports était à cette époque très favorable à l'égard d'une pédagogie pareille. Il parait qu'à cette époque le climat intellectuel était aussi favorable à ces rapprochements. Il serait certainement difficile de faire le recensement des interactions positives entre l'art et la science dans les diverses époques et calculer la fréquence d'apparition de ces phénomènes par période... Nous nous souvenons pourtant, comme exemple, d'un feuilleton de journal quotidien signé par le professeur Fanis Kakridis, titulaire de la chaire de la littérature grecque à l'Université d'Ioannina, intitulé « Un cas hydrostatique » dans lequel il analyse deux textes de la littérature grecque, ancienne et moderne, en s'appuyant sur les lois de ce chapitre de la physique.[341] Et ceci comme hommage aux événements du 17 novembre 1973 (par lesquels a commencé la chute de la junte militaire) et à l'action des étudiants dans les locaux de l'Université Technique Nationale (*Polytechneion*).

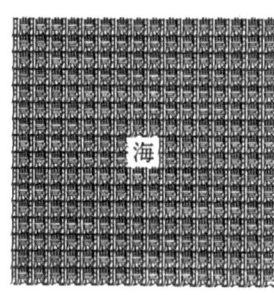

Fig. 3.3.(4). La pollution. Dans le poème du Japonais S. Nikuni, le caractère central prononcé *umi* signifie « la mer » et celui qui se reproduit autour, pourtant homonyme, signifie « le pus ». *PhC*, n° 53, p. 11 (v. H. L. Guest, K. Shôzô, *Post-War Japanese Poetry*, Penguin Books, 1972).

Le recteur en cette époque K. Konofagos, d'ailleurs, ancien élève de l'École centrale des arts et manufactures, engagé aussi dans le mouvement culturel franco-hellénique, a été l'auteur d'un recueil de poésie consacrée aux rapports de la

---

[339] D. Cosgrove, op. cit., p. 181.
[340] Dino Buzzati, *Orfi aux enfers*, Paris, Actes Sud, 2007.
[341] F.I. Kakridis, [gr] « Un cas hydrostatique », *To Vima*, 11 décembre 1975, p.1.

physique avec la poésie[342]. Rappelons de plus que le reportage artistique et culturel de cette époque-là, sous forme d'articles publiés dans les journaux grecs avait comme provenance dominante la capitale française.[343] En rapport avec la capitale française et sans nous référer spécifiquement aux arts mais plus généralement à l'interthématique qui est l'objet de notre étude, nous avons remarqué que plusieurs événements, faits et personnages d'origine en apparence grecque ont un passé intellectuel parisien, sinon simplement français.

Qu'on nous permette d'évoquer ici l'article *Poésie et Physique*[344]. Publié en décembre 1975, et dédié au trentenaire de la mort de Paul Valéry, ce texte de 3000 mots, a constitué un spécimen des intentions interthématiques plus larges du *PhC* à cette phase de son édition. L'article était illustré avec caractères japonais associant physique, géographie et poésie et il reflétait un effort de recherche dans les multiples chemins de la « circumdisciplinarité », situé peut-être hors d'un mouvement de « co-disciplinarité » cohérente.[345]

Comme nous avons dit auparavant, les choix interdisciplinaires du *PhC* sont apparus comme une référence aux données sociales, ainsi qu'aux données idéologico-politiques de la période de *Metapolitefsi* (qui a suivi la chute de la junte), à la fin des années '70. Toutefois, nous pourrions avancer une hypothèse d'interprétation des choix du comité de rédaction et de lecture en référence aux données sociales, scientifiques et artistiques des années '60. Il s'agit d'une époque qui à plusieurs reprises a été considérée comme particulière et notoire grâce à son caractère varié et *subversif*. Comment concilier cela avec la nouvelle approche « sociocentrée » sur laquelle se basait le périodique ?

En termes de la situation idéologique de la *Metapolitefsi*, plusieurs thèmes peuvent se résumer comme suit[346]: La mission sociale de la science en tant que « science humaine », entendue, par exemple, selon la pensée marxiste (comme le relève Raymond Williams[347] et de la manière dont les choses apparaissaient au lendemain de la chute du gouvernement militaire) peut être servie par une pensée pédagogique qui éventuellement ne pourrait pas trouver un champ propice dans une

---

[342] K.L. Meranaios, *Physique et poésie*, Athènes, [s.d. d'édition, ± 1970].
[343] Nous ne sommes pas en mesure de savoir l'état actuel de la pénétration de la culture française dans la société grecque. Il n'est pourtant pas une simple coïncidence que notre étude ait décelé que plusieurs enseignants et universitaires grecs, francophones, ont soutenu le mouvement de l'interdisciplinarité. Indépendamment de la critique plus générale portant sur le rayonnement actuel de la culture française, cette tradition des rapports culturels franco-helléniques doit être soutenue des deux cotés. Voir N. Herzberg et E. de Roux, « Culture française – Déclin ou mutation », *Le Monde*, 21 décembre 2007, p. 22-23. *Time* magazine, 3 décembre 2007, *The Economist*, 28 October 2006.
[344] I. Rentzos, [gr] « Poésie et physique », *PhC*, n⁰ 53/1975, p. 9-11.
[345] Un exemple co-disciplinarité : R.A. Leacock, H.I. Sharlin, « The Nature of Physics and History : A Cross-disciplinary Inquiry », *Am. J. Phys.* 45(2), February 1977, p. 146-153.
[346] I. Rentzos, "Interdisciplinarity and ...", 2005, op.cit.
[347] R. Williams, *Marxism and Literature*, Oxford University Press, 1977, p. 182.

société à classes sociales et surtout dans la société capitaliste, comme l'affirmait George Thomson[348],

Nous nous trouvons peut-être dans une phase de conflit entre les « deux cultures » – comprendre le deuxième axiome de la thermodynamique ou/et connaître *Hamlet* de Shakespeare. C.P. Snow[349] soutenait la position des sciences exactes, grâce à leur importante contribution à la société, mais l'idéal de la « double culture » (« science *et* art » ou « science *à travers* l'art ») a été considéré à l'époque par le *PhC* comme étant sans pareil. Cela n'était pas surprenant pour cette époque-là – des années '60 et juste après[350] – où intervient un net resserrement des liens entre ces deux édifices.[351] C'était comme si les physiciens grecs, quelques vingt-cinq siècles après Platon, recevaient de nouveau dans leur cité les poètes qui étaient chassés par le grand philosophe et prenaient une position dans la fameuse querelle[352] entre la poésie et la philosophie.

---

[348] G. Thomson, *The Human Essence*, China PSG, 1974, p. 110.

[349] En 1959 C.P. Snow a donné une conférence bien connue « la conférence Rede » à Cambridge, où il a déploré la situation, à savoir le fossé de plus en plus étendu entre les activités littéraires et technologiques, entre les arts et les sciences, entre les deux différentes formes de culture. Les « deux cultures » (The Two Cultures) constituent, comme nous le savons, un élément important pour la thématique de la théorie littéraire. Voir à ce propos J. Cuddon, *Literary Terms and Literary Theory*, Penguin, 1999, 4ème edition; C.P. Snow, *Les deux cultures*, Trad. Claude Noël, Paris, Jean-Jacques Pauvert éditeur, 1968 ; R. Bieniek, 'Evolution of the Two Cultures controversy', *Am. J. Phys.* 49(5), May 1981.

[350] Dans ce vide entre les deux cultures, les matériaux de Nicolas Witkowski en vue d'une éventuelle synthèse culturelle, comme ils sont présentés dans son « Dictionnaire culturel des sciences », explorent un grand nombre de sujets qui seraient considérés comme des ponts virtuels entre les sciences et les humanités. Witkowski, visant à illustrer et vulgariser ce nouveau domaine de culture double, son effort pourrait être considéré comme quelque chose de nouveau et important dans le débat de deux cultures, en particulier du point de vue pédagogique. C'est dans ce nouveau cadre que les interventions interdisciplinaires et biculturels du *PhC* peuvent être mieux comprises. N. Witkowski, [Editor:], 2001, *Dictionnaire Culturel des Sciences*, Seuil/Regard, Paris. L. Degoy, « Nicolas Witkowski: Dictionnaire Culturel des Sciences », *L'Humanité*, 31 Sept. 2001.

[351] I. Rentzos, [gr] « Le dialogue de la science avec l'art dans les années 1960 – Documentation et écho de cette période », *in* : 1e Conférence internationale interdisciplinaire « Science et art – A la recherche des points communs – Une discussion des différences », 16-19 juillet 2005, *Actes*, vol. 1e, Athènes, p. 136-142.

[352] St. Rosen, *The quarrel between philosophy and poetry: studies in ancient thought*, London, Routledge, 1988. S. B. Levin, *The Ancient Quarrel between Philosophy and Poetry Revisited: Plato and the Greek Literary Tradition*, Oxford University Press, 2000.

3.4. « Terre et humains » : Une rubrique consacrée à la géographie et à ses propositions d'interthématique géographique.

La physique étant l'enseignement central des « physiciens », le *PhC* s'est occupé principalement d'une pédagogie interdisciplinaire et « biculturelle » de la physique[353] sans pour autant négliger les sciences naturelles et la géographie d'autant plus que la période de la *Metapolitefsi* est accompagnée de reformes de la structure universitaire. En effet, le Département de physique de la Faculté de sciences (p.ex., de l'Université d'Athènes) n'offrirait plus les enseignements des Sciences de la Terre (géographie, géologie, sismologie, géophysique) alors que le Département des sciences naturelles et de la géographie s'est scindé en deux : Département de géologie et Département de biologie. Désormais ne sortiraient plus des géographes. Un département de géographie (comme Département de géographie humaine, au début) a été fondée en 1994 à l'Université de l'Égée (Mytilène). À l'avenir la branche des diplômés « physiciens » dit « PE4 », qui représentait la matière de géographie dans le cadre de l'enseignement secondaire ne serait pas alimenté par des individus qui, une fois dirigés vers l'enseignement secondaire, auraient un certain rapport avec la géographie.

Dans une telle situation la *EEF* et le comité de rédaction et de lecture du *PhC* ont décidé d'introduire à la revue une rubrique permanente de géographie. Elle aurait l'objectif précis de faire paraître des questions avec un intérêt didactique qui, sous la forme de notes de 200 à 500 mots, pourraient aussi constituer des propositions de programme de géographie provenant de l'Union des physiciens grecs. Qu'on rappelle ici que jusqu'alors 1) la géographie faisait l'objet d'épreuves à des concours divers après le lycée et 2) la géographie humaine était objet d'épreuves pour l'entrée dans l'éducation universitaire. Cependant son programme analytique restait sans changement depuis les années 1960.

Dans le premier numéro de 1976[354] il a été déclaré dans l'éditorial qu'un effort serait entrepris dans le sens du renforcement des enseignements scolaires de sciences naturelles par la revue. Simultanément a apparu la rubrique *Terre et humains* (TeH, **Γη και άνθρωπος**). Le sous-titre de la rubrique était « Environnement, cultures, économie, démographie ». On estimait que la rubrique fonctionnerait comme une « revue » qui recueillerait les notes de lecture qui seraient fournies par les membres du comité de rédaction et de lecture du *PhC* ayant comme axe de référence le contenu indicatif du sous-titre.[355]

Les contenus de la TeH du numéro de mois de février 1976 étaient :
- Civilisation – génocide – ethnocide dans les nouveaux manuels ;
- Les travaux de la famille des anthropologues Leaky ;
- L'ethnie des Tasaday (Philippines) ;

---

[353] Voir pour nos propres contributions, dans notre « *Notes de cours inédites* » : Annexe 4.1.1. Génératrices de l'interthématique / intrathématique dans l'éducation et l'enseignement – Énergie et histoire-geographie de la physique – La relativité linguistique et les relativités spatio-temporelles.

[354] *PhC*, n⁰ 54 / Février 1976.

[355] Pour la période 1976-1981 la rubrique n'a compris que des apports de IR.

- L'architecture des abeilles et l'économie dans la nature ;[356]
- Un « kiosque magique » qui dénonce l'irrationalisme.[357]

Avant de procéder à la présentation d'autres données concernant le contenu de la rubrique, nous jugeons utile de remarquer que son sous-titre explicatif faisait référence, avec « l'environnement », dont la gestion avait commencé à préoccuper les scientifiques, à trois disciplines ou des branches (« Cultures », « économie », « démographie ») au lieu de mentionner leur versions géographiques (géographie culturelle, géographie économique, géographie de la population).

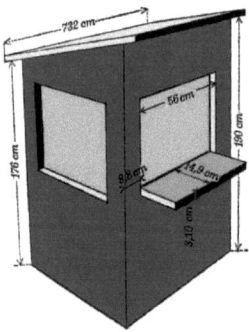

Fig. 3.4. (1). « Le kiosque magique » de l'Avenue Wagram, Paris.
Le calcul du $\pi = 176/56 = 3, 142...$

Nous profitons ici de l'occasion de mentionner l'allocution (*presidential address*) de Glenn T. Trewartha, président alors de l'*American Geographical Society*, qui proposait que « la population » tienne une place plus centrale, comme élément de la compréhension de la Terre et nouveau paramètre, avec « la Terre physique » et « la Terre culturelle »[358] (Fig. 3.4. (2)., point 3). Ferons aussi remarquer qu'à la TeH

---

[356] K. von Frisch, *Vie et mœurs des abeilles*, J'ai lu, 7e édition, 1964, p. 26. Pour le « théorème du nid d'abeille » du « plus petit périmètre », démontré par Hales en 1999, voir http://fr.wikipedia.org/wiki/Honeycomb_Conjecture.

[357] Il s'agit d'une « blague académique » par laquelle un chercher français exprime son ironie à l'égard de la pyramidologie de cette époque. C'est lui-même qui a « découvert » un kiosque de l'Avenue Wagram à Paris qui, par ses dimensions peut conduire à la révélation de divers secrets de la Terre et de la science. En effet, le chercheur a mesuré les dimensions du kiosque et effectué ensuite des calculs qui par la combinaison des dimensions révèlent des « constantes » et des formules ($\pi = 3, 14...$, $C_{10}H_8$ – formule de la naphtaline, etc.). [Paru dans *Le Monde*, archivé sans date]. La pyramidologie et la cosmologie contemporaines sont appuyées sur des éditions telles que: S. Skinner, *Géométrie sacrée - Déchiffrons le code*, Paris, Ed. Véga, 2007 [voir, par exemple, « la géométrie des pyramides » (p. 117) mais aussi « la géométrie des agroglyphes » (p. 114)] ; R. Bauval, *Le code mystérieux des pyramides*, tr. Matthieu Farcot, Paris, Pygmalion, 2006 ; D. Hani-Marai, *Géographie & architecture sacrées, - L'homme face au cosmos*, Paris, Ed. Dervy, 2007 (... un panorama complet des immeubles, des sites et des cités ou des villes à caractère symbolique, rituel et cosmique...).

[358] J. Bähr, *Bevölkerungsgeographie*, 2. Auflage, Stuttgart, Umer, 1992, p. 15-16; K. Pandit, [Ed.] (2003) "Introduction: The Trewartha Challenge" in Forum: Fifty years

nous avons introduit un nouveau – toujours vieux – paramètre, l'économie (Fig. 3.4. (1).) La didactique de la géographie suit alors soit le sens *Terre* → *Terre physique + Terre culturelle* → *Terre physique + Terre culturelle + population* → *Terre physique + Terre culturelle + population + économie*, soit l'inverse, comme intégration interdisciplinaire, la place de l'économie au sommet du tétraèdre étant un choix pédagogique. [359]

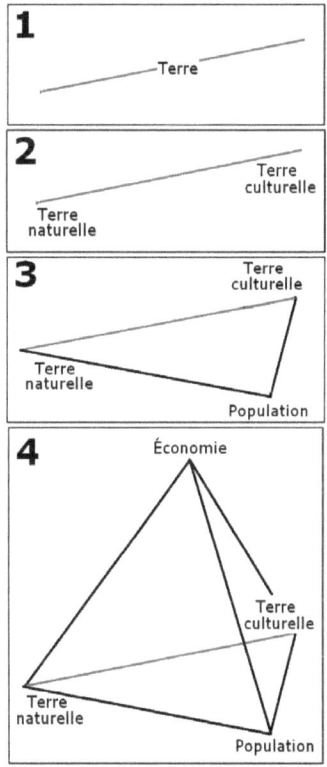

Fig. 3.4. (2). Des formes de la terre enseignée et de ses approches. Le n⁰ 4 correspond à l'approche qui a été proposée par la rubrique *Terre et humains*.

Il est évident qu'une partie de la thématique proposée appartient à la Géographie culturelle, qui était encore enseignée et constituait, avec la géographie économique,

---

[359] since Trewartha: The Past, Present, and Future of Population Geography, Internet: http://www.colorado.edu/ibs/POP/silvey/pubs /Trewartha_1_Forum.pdf.
Nous renvoyons pour la description du contenu de la rubrique TeH à notre CV détaillé, en fournissant des exemples des « notes » publiés dans certains numéros.

une matière d'épreuves pour le baccalauréat grec. Par le « tournant culturel »,[360] la géographie culturelle pourrait obtenir une valeur centrale pour la matière géographique scolaire et sa didactique. Par cette contribution, la EEF, proposait dans les pages du *PhC* des sujets – et des thèmes – qui enrichiraient les programmes analytiques de la géographie culturelle et de la géographie économique.[361]

Il est également certain que beaucoup des « notes » (esquisses pédagogiques), qui constituaient la rubrique, renvoyaient, dans une large mesure, à ce qu'on appelle actuellement « géographie dissidente »[362] qui combat la pédagogie dominante de la géographie qui est encore maintenue en Grèce et acceptée, malheureusement, sans contestation de la part des enseignants[363] et de leurs chefs directs et politiques.

Terminons cette description de la rubrique *Terre et humains* en soulignant qu'elle était « en contact » direct avec le manuel scolaire de géographie par des propositions et des commentaires d'exploitation pédagogique (sémiologie de l'image) de la nouvelle édition traduite en grec moderne (« metaglottisi », 1977).[364]

---

[360] P. Claval, *Géographie culturelle*, Paris, Armand Colin, 2003, p. 31-32.

[361] Cette dernière se présentait toujours comme une géographie des produits et moins comme une géographie de la consommation, des inégalités économiques et des interventions spatiales d'ordre économique (par exemple les grands travaux publics et leur problématique environnementale). Il est certain que cette «discipline-carrefour » qui « explique tout », après qu'elle ait récemment constitué une référence centrale du prix Nobel (décerné à Paul Krugman, 2008), obtient un nouvel intérêt pédagogique. Paul Claval, *Eléments de géographie économique*, Paris, 1976, p. 9 ; Paul Claval, *Principes de géographie sociale*, Paris, 1973, p. 338 ; I. Rentzos « Propositions pour une géographie scolaire : de la géographie économique à la géographie humaine », Association des professeurs de sciences naturelles [- géographie] de Grèce du Nord, Colloque de sciences naturelles du 10 & 11 avril 1986 – Thessalonique, 11 avril 1986. http://geander.com/fysiog1.html. L'intervention interdisciplinaire (sur-titrée justement « Boundary Crossing ») publiée en 2009 dans les *Transactions of the Institute of British Geographers* par un groupe de sept géographes montre que les rapports entre les deux disciplines, la géographie et l'économie, ne sont pas claires. Voir J. Rigg, A. Bebbington, K.V. Gough, D.F. Bryceson, J. Agergaard, N. Fold and C. Tacoli, "The World Development Report 2009 'reshapes economic geography': geographical reflections", *Trans Inst Br Geogr* NS 34 128–136 2009.

[362] A. Blunt, J. Wills, *Dissident Geographies*, Prentice Hall, 2000.

[363] Pour nos positions detaillées, voir I. Rentzos, « La géographie au gymnase grec ... », op. cit., 2004.

[364] P. Gavreseas, *Géographie des continents*, Athènes, OEDV, 1976. Responsable de l'illustration I. Rentzos.

3.5. Propositions interthématiques et interdisciplinaires de la revue *Génération libre* – De la géographie aux microgéographies

Le caractère de l'interdisciplinarité et de l'interthématique que nous avions recherché dans la revue *PhC* peut également être observé dans la revue *Génération libre*,[365] (*GL*) qui a paru pendant la période février 1976 - mai 1980. Les articles de géographie de la *GL* sont de contenu variable [366] et beaucoup d'autres articles, par leur illustration et leurs références, comportent une documentation de caractère géographique. Si une image (photo) constitue à elle seule un événement spatiotemporel géographique, beaucoup d'autres éléments de descriptions (par exemple la « coïncidence » du domaine de la vulgarisation scientifique – la fameuse pomme de Newton…) constituent des cas microgéographiques d'une valeur certaine (pourquoi là ?).

3.5.1. Sur la base de certains de nos travaux qui, quoique de contenu culturel, microgéographique et historique, n'ont pas d'appartenance formelle à la géographie scolaire[367] mais s'insèrent dans le cadre interthématique / interdisciplinaire, nous

---

[365] La *Génération libre*, « mensuel pour les communautés d'élèves » paraissait pendant des années scolaires 1975-1976 jusqu'à 1979-1980. Il comprenait des articles et des suppléments thématiques (l'eau, le folklore grec, la physique moderne, l'environnement et autres). Son directeur, K.N. Papanikolaou, inspecteur-en-chef de l'Enseignement secondaire, était assisté par une équipe d'enseignants.

[366] Quelques exemples :
« En route », série d'articles dont chacun était consacré à un département grec ;
« Les beautés de notre pays », série d'articles dont chacun était consacré à une région pittoresque grecque ;
« Les minéraux industriels en Grèce », *GL*, **5**, p. 33-34 ;
« Notre capitale à l'an 2000 » *GL*, **13**, p. 37-39.
« Les déserts et la désertification », *GL*, **20**, p. 12-13 ;
« La structure urbaine du territoire grec », *GL*, **20**, p. 38-39 ;
« Le surpeuplement », *GL*, **24**, p. 14-15 ;
« Le bois dans les civilisations », *GL*, **25**, p. 13.

[367] Ayant déjà présenté la notion du système en géographie dans la rubrique « Terre et humains » du *PhC* nous la complétions dans la *GL* par l'article « Qu'est-ce qu'un système? » (d'une longueur d'environ 2000 mots). Il était basé sur de simples notions de la physique scolaire (avec comme exemple spécial le levier) et s'étendait interthématiquement sur la biologie, en grande partie sur la linguistique, l'électronique et la politique. Il est à souligner qu'une expression qui contenait la notion du « référendum », a été jugée exagérée par le comité de lecture des articles, en raison de sa signification politique, puisque notamment cette notion était alors liée à de sérieuses questions de régime politique (référendums du gouvernement militaire, référendum sur la monarchie). Le bref article insistait sur les notions de la structure et du fonctionnement ainsi que, particulièrement, sur la notion de l'évolution des systèmes. Il était complété par une brève bibliographie donnée à titre indicatif. C'est ainsi que Von Bertalanffy, fondateur du systémisme, avait été depuis lors inclus dans la bibliographie scolaire grecque. I. Rentzos, « Terre et humains », *PhC*, 71/octobre 1979, p. 33 – 34. I. Rentzos, [gr] « Qu'est-ce qu'un système ? », *EG*, 11/mars 1977, p. 26-27.

désirons ici constituer une grille pour mettre en évidence certains aspects de l'interthématique.

1 En se focalisant sur la vie et l'activité scientifique du chimiste allemand Friedrich August Kekulé von Stradonitz à qui l'on doit la définition « matérialiste » de la Chimie organique (en tant que science des composés du carbone), cet article présente les formules structurelles.[368] En y exposant, dans cet article, l'historique de la conception de la formule structurelle du benzène que Kekulé « a vue » alors qu'il s'était assoupi dans un autobus londonien – un serpent qui s'enroule en un simple cercle pour se mordre la queue –[369] quatre questions se posent sur ce sujet interthématique :

    1) Cette formule, aurait-elle été découverte si ce chimiste, et particulièrement celui-ci, ne s'était pas assoupi ou l'aurait-il conçue lui-même en état d'éveil ?

    2) Doit-on (par conséquent...) se fier aux rêves ?[370]

    3) La chimie organique « matérialiste » ne serait-elle pas plutôt la chimie des compositions lucratives de l'industrie chimique ? et

    4) La véritable chimie organique ne serait-elle pas la biologie d'aujourd'hui (sous une considération purement matérialiste) ?

2 Identique à la structure de l'article précédent était la structure sur le centenaire de l'ampoule à incandescence,[371] comportant des notes biographiques sur Thomas Edison, des données sur les techniques d'éclairage, avec une brève référence féministe à l'épouse d'Edison. L'article se termine avec des éléments de la pédagogie de la découverte, rappelant la découverte simultanée de l'ampoule par Joseph Swan (1828-1914) qui, ce dernier, bien qu'ayant précédé Edison dans sa découverte, n'est pas glorifié dans les manuels scolaires.

3 Dans un hommage à la fête nationale du 25 mars [1821], est inclue la biographie du médecin et écrivain d'une physique expérimentale Konstantinos Vardalachos (1755-1830)[372]. Son livre ainsi que les activités de Vardalachos en tant

---

[368] I. Rentzos, « Le rêve de Kekulé et la structure du benzène », *EG*, 21/avril 1978, p. 34-36.

[369] Depuis le temps d'Adam et d'Ève jusqu'à l'apparition de l'ouvrage très intéressant de Carl Sagan, le serpent représente à lui tout seul un objet interdisciplinaire / interthématique : C. Sagan, *The Dragons of Eden*, New York, Coronet, 1978.

[370] La revue britannique de vulgarisation scientifique *New Scientist* s'est occupé sérieusement de cette question en proposant à ses lecteurs de résoudre des problèmes dans leur sommeil : M. Schatzman, « Solve your problems in your sleep », *New Scientist*, 8 June 1983, p. 692-693 ; M. Schatzman, « Sleeping on problems really can solve them », *New Scientist*, 11 August 1983, p. 416-417. Sur la frontière qui sépare le rationnel de l'irrationnel, les rêves faisaient aussi partie de la culture publique du monde grec ancien. E.R. Dodds, *The Greeks and the Irrational*, Berkeley, University of California Press, 1951(2001), Ch. *IV. Dream Pattern and Culture Pattern*, p. 102-134.

[371] I. Rentzos, [gr] « Le centenaire de l'ampoule à incandescence », *GL*, 33/octobre 1979, p. 28-29.

[372] I. Rentzos, [gr] « Le centenaire de l'ampoule à incandescence », *GL*, 33/octobre 1979, p. 28-29. I. Rentzos, (gr) « Vardalachos, un physicien de la Révolution grecque », GL, 20 mars 1978, p. 11. Ce petit article a été dépouillé par le Modern Greek Philosophy Research Center, University of Ioannina, School of Philosophy, Department of Philosophy, Paedogogy and Psychology, Section of Philosophy.

qu'enseignant et écrivain d'une grammaire y sont présentés. Par la même occasion, deux autres personnalités de la science, presque contemporaines de Vardalachos, sont présentées. Il s'agit de l'Anglais Joseph Priestley (1733-1804) et du Russe Mikhail Lomonosov (1711-1765) qui, eux aussi, ont écrit, dans leur langue, des grammaires remarquables. Dans ce petit article, c'est l'idéal des « deux cultures » qui est mis en évidence.

4 Dans le but de rétablir un certain équilibre par rapport à la « pyramidologie » qui était répandue à une époque et les pouvoirs magiques que possédaient les pyramides, on propose comme sujet un calcul du « travail », c'est-à-dire du travail laborieux, des ouvriers qui ont construit les pyramides.[373] Suite évidemment à une présentation technique et historique, « l'énergie potentielle » de la masse d'un corps solide qui a la forme de pyramide est calculée, avec une référence au calcul intégral. L'article est illustré de manière attrayante et tout à fait dans le style égyptien, avec une pyramide à degrés de Saqqarah très utile pour le calcul et les monuments d'Abou Simbel.

5 A l'occasion de l'introduction de la langue « démotique », une position est prise,[374] du point de vue physique et naturelle, sur la description phonétique des sons qu'adopte également la pédagogie de la « démotique » (grec moderne parlé) face à la focalisation pédagogique de la langue puriste sur les lettres. En abolissant l'ordre alphabétique et plaçant les consonnes en une série « naturelle », on voit qu'elles sont organisées en une « corrélation de voix », selon deux axes /p/, /t/, /k/, /s/,... (quatre sons sans voix) et /b/, /d/, /g/, /z/,... (quatre sons avec voix). Ceci nous permet de voir que nous avons, par ex., 4 articulations (une pour p+b, une pour t+d, etc...) et un ou deux ordres à exécuter (+voix et -voix) pour produire 4x2 = 8 sons. Il y a donc une économie qui est due à l'organisation du système des sons qui évoluent comme si ces sons abandonnaient leur disposition rectiligne (en une série) pour se disposer en deux séries et, ensuite, plus symétriquement, en carré.[375]

3.5.2. Après la présentation des contenus des articles du *PhC* et de la *GL* que

---

[373] (http//www.kenef.phil.uoi.gr/en/dynamic/alphabeta_book.php?Letter=%CE%9A).
I. Rentzos, [gr] « Labeur et travail chez les ouvriers des pyramides d'Egypte », *GL*, 37/février 1980, p. 14-15.

[374] I. Rentzos, [gr] « Les sons de notre langue et la physique », *GL*, 8 /décembre 1976, p. 30-31.

[375] A. Martinet, *Économie des changements phonétiques*, Berne, Éditions Francke, 1955, 3e édition, p. 104-106. Nous remarquons qu'une structure abstraite, le « système » des consonnes, tend à devenir optimal exactement comme une forme matérielle réelle. S'il s'agissait d'un terrain quadrangulaire clôturé, plus les deux côtés tendent à devenir égaux, moins de matériel pour la clôture est nécessaire : « L'économie par la symétrie », règle inter-systèmes, nous permet de faire des approches d'étude interthématique et interdisciplinaire. Le même principe s'applique également dans le cas des vases communicants dont les deux récipients cylindriques contiennent un (seul) liquide et sont reliés à leur base. Les hauteurs du liquide dans les deux récipients sont égales pour des raisons d'économie énergétique. Nous n'oublions pas la référence faite par Ernst Fischer à « la beauté pure » des cristaux qui résulte, d'après le philosophe allemand, d'une condition de minimisation d'énergie. E. Fischer, *The necessity of art – A Marxist Approach*, London, Penguin Books, 1963.

nous avons effectuée et qui semblent être interthématiques ou/et interdisciplinaires, nous considérons nécessaire de poser la question sur ce qu'est l'interthématique et l'interdisciplinaire et d'essayer d'en venir à certaines conclusions – ne serait-ce que provisoirement.

Nous nous baserons, principalement, sur le contenu et les propositions des articles de *GL*.

En nous basant sur la présentation sommaire de quelques uns des articles de *GL*, nous essayons de mettre en valeur certains caractères dont la présentation pourrait nous aider à caractériser un cours comme étant interthématique et qui s'organise de manière semblable à celle des textes 1 – 5. Les cinq cours/sujets enseignés sont : le benzène, l'ampoule à incandescence, l'homme du Siècle des Lumières grec Vardalachos, le travail et l'énergie, les sons de la langue.

TABLEAU 3.5.(1).
EXEMPLES D'ÉLÉMENTS INTERTHÉMATIQUES / INTERDISCIPLINAIRES

0 INTERTHÉMATIQUE →	1 Kekulé Interdisc.	2 Edison Invention	3 Vardalachos Deux cultures	4 Pyramides Phys.- hist.	5 Phonétique Systèmes
Histoire	−	−	+	+	−
Histoire des sciences	+	+	+	−	−
Géographie/microgéographies	+	+	+	+	−
Economie	+	+	−	−	−
Civilisations / cultures	+	+	+	+	+
Biographie	+	+	+	−	−
Psychologie	+	+	−	−	−
Idéologie sociale	−	−	−	+	+
Les deux sexes	−	+	−	−	−
Classes sociales	−	−	−	+	−
Dialectique de l'invention	+	+	−	−	−
Résolution d'un problème	+	+	−	+	−
Appel à un regard critique	+	−	−	−	+
Critique de l'irrationalisme	±	−	−	±	−
Meta-interdisciplinarité	+	−	+	−	−
Disciplines scientifiques	+	−	+	−	+
Epistémologie	+	−	+	−	−
Matérialité d'une structure	+	+	−	+	+
Avantage mnémotechnique	+	+	−	−	+

Pour des raisons pratiques, nous n'analyserons pas le contenu entier de chaque texte mais nous nous reporterons au Tableau 3.5.(1) avec une donnée supplémentaire : Les caractères « interthématiques » de la colonne *0* ont résulté en tant que totalité de chacun des cinq textes. Si nous avions à notre disposition davantage de textes, la colonne pourrait être enrichie de leurs propres caractères interthématiques au cas où ils en auraient d'autres. Quels sont les caractères interthématiques mis en valeur ?

Des matières telles que l'histoire et l'histoire des sciences, la géographie (avec ses contenus microgéographiques – n'est-ce pas vrai que la physique des pyramides est une microgéographie ?), l'économie et les civilisations (et les cultures) qui enrichissent un cours sont incontestablement considérées comme étant essentiellement interthématiques. En outre, l'enseignement qui comprend la biographie – non pas, évidemment, une biographie héroïque excessivement élogieuse, mais l'élément d'un épisode biographique pertinent – d'un savant qui se trouve être considéré, à une certaine époque, comme le premier dans son domaine, constitue un élément interthématique d'enrichissement du sujet/thème. Naturellement, la « dialectique de la découverte » en tant que solution du problème est relative à ces sujets, particulièrement par rapport au problème qui se pose dans le cas la « découverte simultanée ».

De telles facettes comme certaines conditions psychologiques des savants les plus importants (s'il s'agit de question habituelle d'enseignement des sciences) et l'idéologie sociale qui est liée au sujet/thème principal sont également des caractères interthématiques d'un sujet autrement « neutre ».

De toute évidence, les approches délicates ayant rapport aux différences de deux sexes et aux classes sociales sont d'une importance particulière en rapport avec l'interthématique.

Le caractère interthématique qui incite à la position critique ou mène à la critique d'éléments irrationnels qui ne cessent de subsister revêt une importance particulièrement pédagogique.

D'autre part, la meta-disciplinarité (ou meta-thématique) en tant que réflexion générale ou principale sur l'interdisciplinarité elle-même (ou l'interthématique) est tout à fait admise. Elle précise la position interthématique ou interdisciplinaire du cours ainsi que certains aspects du thème principal qui ne pourraient être perçues sur une base mono-thématique / mono-disciplinaire. Cette discussion peut, évidemment, être accompagnée d'une critique sur la division des disciplines scientifiques et – épistémologiquement – sur la méthode, l'objet et la valeur de chaque discipline scientifique.

Sur de telles données qui s'étendent de
(1) la mise en valeur interthématique de la matérialité d'une structure (même des structures considérées comme n'étant pas matérielles) jusqu'à
(2) la découverte interthématique d'un avantage mnémotechnique qui concerne (facilite) le sujet qui l'étudie

il y a bien évidemment des dimensions pédagogiques très importantes.

.

**4. Thèmes et thématiques de l'interthématique –
Thèses et synthèses de l'interdiciplinarité**

4.1. A la recherche du thème perdu dans le tournant interthématique – Une comparaison entre divers modèles interthématiques

Nous avons vu dans la section « 3.2. Les efforts de l'Union des physiciens grecs (EEF) ... » les idées qu'ont été mises en avant comme conception et interprétation de l'interdisciplinarité éducative de la période de la *metapolitefsi*. Les quatorze points qui y sont présentés, plutôt des articles de foie sur ce qui est l'interthématique / interdisciplinarité, ne constituent pas une grille de fondement des thèmes et des thématiques interthématiques. A notre avis, ils représentent des éléments d'une revendication en sa faveur. L'interthématique (comme résultat de l'approche interdisciplinaire-herméneutique) devient en quelque sorte une idéologie éducative. Dans ce chapitre nous allons nous occuper de formes variées de l'interthématique et de l'interdisciplinarité et défendre la position selon laquelle l'interthématique (entendue, répétons-le, comme résultat de l'analyse interdisciplinaire préalable) est une position en faveur de l'épanouissement de la raison critique qu'il faut revendiquer dans la société et dans l'éducation.

Nous tenterons d'abord de comparer les caractéristiques propres aux manuels qui font l'objet de cette étude[376]. Pour ce faire, nous nous permettrons d'abord d'ouvrir une parenthèse, d'une part, pour tenir compte de la position des enseignants et enseignantes face aux manuels en question et, d'autre part, pour évaluer le rôle d'un manuel scolaire plus ancien mais tout aussi intéressant.

Nous avons demandé l'avis d'un professeur de lettres, Mme M. T., docteur en histoire d'une université française et disposant d'une longue expérience en matière d'enseignement dans des Ecoles européennes où elle a enseigné. Voici son témoignage :

> Je demeure perplexe face au raz-de-marée qu'a provoqué l'introduction de l'interthématique dans le système scolaire. J'ai été éblouie, stupéfiée, à l'annonce que l'on allait publier deux cents nouveaux manuels. Je ne partage pas l'avis d'un grand nombre de mes collègues qui parlent d'une « invasion », d'une entreprise de manipulation de l'école publique par les intérêts que représente le secteur privé, sous sa forme nationale ou internationale. Tout va : on craint les maisons d'édition tout aussi que les entreprises de construction qui, à croire les analyses les plus pessimistes, se chargeront de mettre au point des programmes scolaires élaborés par leur bureaux de formation. Un jour un collègue m'a dit : « Tiens ! Cette brochure de DELTA [industrie laitière grecque de grande renommée] est publiée par la Direction d'enseignement. Il n'y a qu'une seule explication – ils veulent faire du Ministère de l'éducation leur propre fief ». À mon avis, lui ai-je dit, il s'agit tout simplement de la Direction de formation de l'entreprise, qui a pour but de former son propre personnel... Par ailleurs, j'ai remarqué que peu de nouveaux manuels font mention explicite, dans leur introduction, de la méthode interthématique. Quels sont au juste les « thèmes » introduits ? Le manuel de l'histoire du Moyen Âge et de l'histoire moderne, qui s'adresse aux écoliers de la deuxième classe du Gymnase[377], un livre qui, à mon avis, est très soigné, ne propose

---

[376] Voir 1.3. Les nouveaux manuels de classe comme instrument de l'interthématique
[377] I. Dimitroukas, Th. Ioannou, [gr] *Histoire du moyen âge et moderne*, 2e de gymnase, Athènes, OEDV, 2006. Ce manuel est vraiment soigneusement rédigé. La

aucun sujet d'enseignement et d'évaluation qui repose sur l'interthématique. C'est à moi d'en inventer un et je peux bien le faire. Pour mettre en évidence les faiblesses de ce livre je m'appuie largement sur l'analyse critique approfondie qui a été proposée par Touliatos.[378] Il suffit de citer l'exemple de l'Islam et du monde islamique. Les écoliers s'y sont fortement intéressés. Quoi qu'il en soit, j'estime que les manuels qui font systématiquement appel à la méthode interthématique ne le font que de manière artificielle. Leurs auteurs ont-ils jamais eu l'occasion de développer à fond les unités d'enseignement des manuels en question et les mettre à l'épreuve ? À mon avis, il s'agit d'une sorte d'expérimentation pédagogique confiée à de simples pédagogues et non à des enseignants de spécialité. Pavlakos avait tout à fait raison de parler de fétichisation de la pédagogique...[379]

Il faut dire d'emblée que, dans le cas des manuels scolaires, l'interthématique ne peut pas fonctionner comme mécanisme de clonage. Cela s'explique de plusieurs façons. D'abord, la notion de l'interthématique renvoie, en principe, à la créativité, la diversité et la différenciation/diversification. Ensuite, il faut se demander quelle serait la « norme génétique de départ » à partir de laquelle on pourrait imaginer et concevoir des manuels scolaires « homomorphes ». Se pose alors une question tout à fait légitime : L'interthématique peut-elle conduire à la création des « produits » qui se ressemblent du point de vue structure, forme et même contenu ?

Quel qu'en soit le cas, il faut également s'interroger sur la position qu'adoptera et l'action qu'assumera l'enseignant ou l'enseignante interthématiste. Notons à ce sujet l'avis d'une enseignante (E.N.):

> L'année dernière, on a fêté le centenaire de la naissance de Nikos Engonopoulos, le grand poète et peintre surréaliste [1907-1985] ; l'hiver précédant le centenaire, dans le métro d'Athènes, on voyait partout des affiches inspirées des poèmes et des peintures

---

[378] carte géographique de la page 22 indiquant la densité de toponymies slaves par millier de kilomètres carrés (/10^3 km^2) de territoire actuel grec est très originale du point de vue interdisciplinaire (co-disciplinarité de langue, histoire, géographie/cartographie). Également, le diagramme de la page 111 indiquant la diminution rapide de la population des indigènes de l'Amérique d'après Pierre Chaunu est rare pour un livre scolaire grec [P. Chaunu. *L'Amérique et les Amériques*, Paris, A. Colin, 1964]. Cependant, l'utilisation répétée, dans le manuel, du terme consacré « évolution », pour l'annihilation de la population amérindienne, sans commentaire interdisciplinaire / interthématique, est tragiquement ironique.
Sp. Touliatos, « L'enseignement de l'histoire et les nouveaux manuels de la 1e et 2e classe du gymnase », *Filologiki*, Union hellénique de Philologues, 96/juillet-août-septembre 2006, p. 72-75.

[379] M.T. se réfère à un article d'un inspecteur-conseiller qui critique le concours récent pour le recrutement d'inspecteurs-conseillers qui ne prévoyait pas d'examens et de sujets différentiés selon la spécialité des participants mais cédait la primauté aux questions théoriques de pédagogie. Sans, peut-être, le savoir, M.T. pose une question importante de l'organisation interthématique. S'agit-il d'un chapitre de la pédagogie générale ou bien de multiples interventions dans le corps des disciplines enseignées ? Voir : K. Pavlakos, [gr] « La pédagogie en autocrateur et sa fétichisation », *Filologiki*, Union hellénique de Philologues, 98/janvier-février-mars 2007, p. 2-3.

d'Engonopoulos. Le manuel de la troisième classe du Gymnase[380] contient *Bolivar*, un de ses poèmes les plus connus. Il s'agit d'un atlas géographique de l'Amérique latine. La phrase célèbre « Bolivar, tu es beau comme un Grec » est devenu un slogan. Me voici alors devant le dilemme suivant : l'activité interthématique que propose le manuel scolaire, en fin du chapitre, m'oblige-t-elle d'interpréter le poème d'un point de vue « national », en le rapprochant de Constantin Paléologue, le dernier Empereur byzantin ? Je m'y voyais mal. Fallait-il m'y conformer pour ne pas faire de ce chapitre une leçon Castro-Che-ique ? En fin de compte, Engonopoulos était de la gauche. Toujours inspirée par ce poème, une autre activité interthématique renvoie l'écolier au prof de géo et l'invite à repérer les différents pays sur la carte. [...] Le poème avait une référence géographique dont j'ignorais le sens. Il s'agit du mot « Misiri ». J'ai par la suite trouvé que « Misiri » provient de « Misr », qui, en arabe (égyptien) et en turc, veut dire « Egypte ». C'est ainsi que j'ai également appris que la fameuse chanson de Tsitsanis, *Misirlou*, contient le mot « Misr ». Cette chanson a fini par faire une carrière internationale[381]. Tarantino l'a même empruntée pour son film *Pulp Fiction*. [...] En discutant un jour avec la prof de français [elle est Grecque], j'ai fus convaincue que l'expression « beau comme un Grec » ne devrait pas être une expression grecque. Elle l'avait entendue pour la première fois en français mais jamais en grec, sauf sa version sarcastique « beau en tant que Grec » qui fut par ailleurs le titre d'une émission télévisée sur des profils biographiques de grandes personnalités grecques. Cette information fort précieuse fut source d'inspiration : Comment allais-je expliquer aux étudiants de ma classe que l'accentuation utilisée par Engonopoulos, sa préférence de dire Bolivàr au lieu de Bolívar, n'était autre chose qu'un calque du français ? N'est-ce pas que sa famille après avoir quitté Constantinople a déménagé à Paris et c'est là où Engonopoulos a eu son bac ? [...] Ma décision était prise, j'allais montrer en classe un extrait du film *Pulp Fiction*, juste le tout début, où l'on entend la musique. N'était elle pas une ouverture digne d'un surréaliste ?

À quel point ce que nous venons de lire sous forme de commentaire d'une enseignante interthématiste est-il ou n'est-il pas compatible avec l'interthématique et sa pédagogie ? A quel point les écrivains, les poètes et tous les créateurs sont-ils proches ou même éloignés de l'interthématique par leur œuvre ?[382] Les créations artistiques et littéraires ne sont elles pas, par leur dialectique de la création et de la finition, des approches interthématiques ? Il est certain pourtant que l'incertitude et l'ampleur de la matière à étudier, telles que nous venons de les décrire, touchent davantage la littérature et la poésie que les autres disciplines scolaires. En plus, les poètes dont il faut étudier l'œuvre et fournir des données biographiques n'appartiennent pas tous à l'école surréaliste.

Nous avons présenté la même question à Andréas Kassetas, auteur et professeur de physique. À notre avis, ce pédagogue grec est une véritable machine inépuisable de création interthématique. Il jouit d'une autorité indéniable dans le monde du système éducatif grec. Fort d'une expérience didactique de longue date et d'une activité auctorielle originale, Kassetas redécouvre le langage et ses

---

[380] Kayalis, et al., op. cit. p. 179-180. Le poème est traduit en français par Franchita Gonzalez Battle.
[381] http://fr.wikipedia.org/wiki/Misirlou
[382] V. Baker, "Versace and Mona Lisa: The Promise of Interdisciplinarity in the Humanities," *Interdisciplinary Humanities* 15: 2 (Fall 1998): 187-99.

fonctions didactiques dans un climat intellectuel de phénoménologie bachelardienne grâce à de nombreux livres d'enseignement et des livres à caractère interthématique (allant de *Ma physique, ta physique*[383] jusqu'à *La pomme et le quark*[384] et bien d'autres). Il a donc le droit de faire de la critique. Voici ce que Kassetas pense des tentatives d'enseignement aussi audacieuses et fracassantes que celles proposées par E.N. :

«1. Le signifié correspondant à « l'approche interthématique », à savoir la formulation du terme *Cross Curricular Theme* ou *Thematic Teaching*, ou « enseignement par thème » en français reste à « digérer » par les enseignants grecs pour que ceux-ci soient à mêmes de définir, ou au moins de décrire, ne serait-ce que dans les grandes lignes et de manière collective, « ce qui n'est pas interthématique ». Pour autant que cela reste à faire, chacun pense qu'il suffit de faire référence à diverses disciplines pour pratiquer l'interthématique.
» 2. En ce qui me concerne, « l'approche interthématique » doit être envisagée comme une planification qui part d'un thème central pour arriver à la définition des idées (ou des notions) ayant rapport avec le sujet traité, et des activités que l'on pourrait mettre en relief pour mieux approfondir les idées et les notions qui nous intéressent. La planification se fait sans tenir compte des lignes qui séparent les différentes disciplines scolaires, car l'essentiel, c'est d'analyser le thème traité.
» 3. Si l'on examine l'approche adoptée par le philologue de notre exemple, on constate :
a. qu'il y a des éléments que l'on pourrait utiliser comme partie d'une approche interthématique cohérente ;
b. que l'enseignante fournit sa propre définition à l'approche interthématique ; il devient donc difficile de répondre à la question : « Quel est le THÈME ? »
c. une suite logique qui finit par aboutir à Quentin Tarantino et qui, selon nous, n'est pas compatible avec le signifié dominant de *Thematique Teaching*. Il faut l'admettre, l'association d'idées de l'enseignante, à savoir Engonopoulos égale Bolivar qui signifie Misiri qui mène à Misirlou qui renvoie à Tsistanis pour aboutir à *Pulp Fiction* est sans doute originale mais n'a rien à faire avec l'approche interthématique. »

Les positions de Kassetas nous sont fort utiles d'autant plus que Kassetas a aussi joué un rôle important à la rédaction d'un manuel scolaire de physique considéré toujours comme interthématique/interdiciplinaire. Ce manuel fut rédigé par une équipe de trois auteurs, dont deux étaient enseignants du secondaire ayant fait des études à Paris. Ce livre[385] pourrait constituer un modèle de comparaison pour les éditions interthématiques.[386] Sous forme de volume I, le livre fut publié pour la

---

[383] A. Kassetas, [gr], *Ma physique, ta physique,* 2, Athènes 1974.
[384] A. Kassetas, [gr], *La pomme et le quark*, Editions Savvalas, Athènes, 2004.
[385] N. Dapontes, A. Kassetas, St. Mourikis, *Physique*, 2ème lycée, OEDV, Athènes 1989.
[386] M. N. Dapontes nous dit : « L'esprit français était diffus et omniprésent dans notre "atelier". Mais c'était aussi l'encouragement que nous avons reçu à cette époque-là par la publication du projet de la physique de Harvard ». On sait que le nom du professeur Gerald Holton, liée notamment à l'histoire de la science et aux autres aspects humanistes de l'enseignement scientifique est toujours un symbole de l'interthématique. Au niveau des illustrations, les gravures, les BD et les caricatures du manuel grec ont été considérées comme une innovation très satisfaisante, pourtant la textualité historique très riche du manuel a été jugée comme une sorte de verbalismes. P. Peristeropoulos, « La physique du lycée

première fois en 1985 afin d'être enseigné dans les Lycées multivalents des années 1980.

C'est dans ce livre que des éléments jusqu'alors inconnus ont fait, ne serait-ce que timidement, leur apparition. On essaie de repérer ces mêmes caractéristiques dans certains des manuels que nous avons mentionnés plus haut (1.3. Les nouveaux manuels de classe comme instrument de l'interthématique). Le tableau 4.1.(1) propose une synthèse des résultats de notre recherche.

TABLEAU 4.1.(1).
ÉLÉMENTS INTERTHÉMATIQUES / INTERDISCIPLINAIRES DANS LES MANUELS

	1	2	3	4	5
	1989	2007	2007	2007	2007
MANUEL →	Physique 2e Lycée	Histoire 6e Primaire	Littérature 2e Gymnase	Géographie 6e Primaire	Biologie 3e Gymnase
CONTENU TEXTUEL					
Histoire/Histoire des sciences	+	+	+	-	+
Géographie	+	+	+	+	+
Civilisations/Cultures	+	+	+	+	+
Biographie	+	+	+	-	+
Intertextualité	+	+	-	+	+
Langage/langue	+	-	+	-	+
Calcul	+	+	-	+	+
CONTEXTUALISATION					
Contextualisation	+	±	±	-	-
Re-contextualisation	+	±	±	-	-
MOYENS D'ILLUSTRATION					
Photographie	+	+	+	+	+
Tableaux de peinture	+	+	+	-	+
Dessin linéaire	+	-	-	+	+
Gravure	+	+	-	-	-
BD / caricature	+	+	-	-	+
Tableaux de données	+	+	-	+	+
Carte géographique	±	+	-	+	±

---

multivalent et les élèves », *PhC / Points de vue*, Décembre 1985, pp. 27-31. À propos des gravures et des dessins v. F. Khantine – Langlois, « Un siècle de physique à travers un manuel à succès – Le traité de physique de Ganot », (http://www.sfc.fr/Langlois_Ganot_SFC_2006.pdf) ; N. Zeldes, « Illustrated Natural Philosophy - The charm of 19th century scientific illustrations », (http://www.nzeldes.com/Miscellany/Ganot.htm).

Caché sous le terme de l'intertextualité, le caractère spécifiquement interdisciplinaire et interthématique du manuel de Dapontes et al. est encore entendu comme un essai de contextualisation ou de re-contextualisation de ses divers chapitres. Ce livre crée ainsi un cadre de recherche des traces des luttes qui ont eu lieu en faveur de la construction de la nouvelle vision du monde. Celle qui a été recherchée par les savants juste après Paracelse, non seulement jusqu'à Newton[387] mais aussi jusqu'à nos jours. Pour tous les autres manuels cet élément est encore à chercher.

---

[387] Ch. Webster, *From Paracelcus to Newton – Magic and the Making of Modern Science*, New York, Dover Publications, 1982.

4.2. Lorsque la lumière est le thème, quelle en serait la thématique et où chercher l'interthématique ? De la nature des physiciens aux images « géo-culturelles », « géo-sociales » et « géo-politiques »

> *Dédié au Professeur Georges Grammatikakis*
> *interlocuteur et biographe de la lumière.* [388]

L'Inspection régionale du Secondaire de Thessalonique, a organisé le 11 mars 2009 une rencontre de professeurs et d'étudiants consacrée au grand collisionneur d'hadrons du CERN et à la recherche du « boson de Higgs ». Par son annonce-invitation l'Inspection a essayé de rendre plus naturel l'événement par recours aux aspects réels de la construction et de la géographie physique de la région.

> « Le grand collisionneur d'hadrons (LHC), la mégamachine expérimentale qui a été fabriquée sous les frontières entre la Suisse et la France attend les scientifiques dans un tunnel souterrain circulaire, sous les prairies pittoresques de la région »...

La notion de la nature n'étant malheureusement pas un terme technique de la science physique, au moins dans son approche scolaire élémentaire, les organisateurs ont essayé de rendre leur texte plus romantique... On sait bien que la version de la physique enseignée à l'école n'est que l'enfant de la révolution industrielle. Comment s'apercevoir de la nature à travers les fumées de cette époque là ?

Pour la géographie aussi, la question de la nature reste en suspens. Jacques Lévy remarque :

> « La place de la nature dans la discipline géographique n'est pas évidente dans le dispositif épistémologique actuel, au sein duquel l'objet de la géographie tend à devenir la dimension spatiale des sociétés ». [389]

Il est certain que, quant la *geography matters*, [390] tant dans les discussions sur la géographie physique [en grec : géographie *naturelle*] que sur celle humaine, la

---

[388] Nous nous référons, par exemple, à ses travaux très connus de vulgarisation inter-thématique / interdisciplinaire « L'autobiographie de la lumière » (son ouvrage best-seller) et « Entretiens avec la lumière » (ouvrage et représentation musicale – théâtrale).

[389] Jacques Lévy, « Revisiter le couple géographie physique / géographie humaine », http://fig-st-die.education.fr/actes/actes_99/geophy_geohum/article.htm. L'édition 1999 du Festival International de Géographie de Saint-Dié-des-Vosges étant consacrée à l'approche de la nature en géographie nous ne faisons qu'à renvoyer aux Actes du FIG où sont présentés plusieurs aspects de cette problématique (par exemple, l'approche de la nature dans l'enseignement de la géographie). *Les Actes du FIG* 1999, http://fig-st-die.education.fr/actes/actes_99/default.htm.

Une thématique extrêmement riche sur la géographie humaine de l'approche de la nature dans le contexte grec a été aussi présentée par les travaux communiqués à la conférence (« La revendication de la campagne ») qui a eu lieu en mars 2008 au sein du Département de l'architecture de l'Université de Thessalie : http://www.arch.uth.gr/ypaithros/.

nature vient à l'avant-scène. Nous évoquons ici le titre connu du recueil d'articles sur la « nature »/nature de la géographie, pour laquelle, très souvent, le point de départ des discussions théoriques c'est la nature même.[391] Il est certain que comme en géographie, selon Massey – ainsi qu'en physique, nous en affirmerions –

> « la question de la conceptualisation de la nature est indissolublement liée avec la forme et l'ordre sociaux ».[392]

Il est à déplorer que la nature de la physique (l'approche de la nature qui se fait en physique) ne soit pas en mesure d'enrichir la problématique pédagogique de l'enseignement géographique. Une fois « vaincue » et « soumise » la nature, on n'en a pas besoin...

Nous avons pourtant l'occasion rare, dans le cadre de notre recherche, de comparer deux approches interthématiques qui avaient, par coïncidence, le même objet naturel, la lumière. Un intervalle d'environ trente ans (1977-2005) sépare les deux approches (deux publications). Comment la géographie participe-t-elle dans ces approches ? Notons ici que, si nous nous intéressons à la physique, ceci n'est pas dû aux rapports pédagogiques – plutôt administratifs – entre la physique et la géographie qui sont signalés au sein du système éducatif grec. Il y a encore une raison plus importante.

Notre intérêt exprimé à l'égard de la géographie de la ville nous fait penser à la structure aucunement naturelle mais absolument physique de la matérialité urbaine. Les infrastructures et l'architecture de la ville ne sont/font que de la physique.[393] Ce n'est que la physique par laquelle est exprimée, au niveau scolaire, la technologie.[394] Nos métropoles[395] ne sont-elles pas des constructions physiques ?[396] Et, que dire des villes ayant été mises au monde du Désert d'Arabie?[397]

---

[390] Nous le lirions « la géographie importe » mais aussi « des matières, des choses géographiques ».

[391] D. Massey, J. Allen, J. Anderson (Edited by:), *Geography Matters! A Reader*, Cambridge University Press, 2003 (1984).

[392] D. Massey, "Introduction: Geography Matters" in D. Massey, J. Allen, J. Anderson, op. cit. p. 10, où Massey commente les articles de Mick Gold intitulé « A history of nature » et de Robert Sack intitulé « The societal conception of space », p. 12-27.

[393] A. Latham, D. McCormack, K. McNamara, D. McNeill, *Key Concepts in Urban Geography*, London, Sage Publications, 2009. Le chapitre 2 comprend la nature, la matérialité, les infrastructures et l'architecture (p. 54-87). « ...L'urbain ne se trouve pas en rapports diamétriquement opposés avec la nature », p. 54.

[394] Dans notre these (« L'enseignement de la ville... ») nous affirmons : « Les sciences exactes et la technologie peuvent s'intégrer dans le cadre de l'interdisciplinarité, à l'étude de la ville. Par cela, nous entendons que les connaissances théoriques apportées par les diverses matières, correspondant aux disciplines respectives peuvent être mises en valeur dans le cadre de la géographie humaine et y trouver une place intégrée. Dans un de ses livres, James Trefil restructure certaines connaissances et propose des interprétations basées sur des exemples exacts du fonctionnement des grandes villes contemporaines. Le système de sécurité des ascenseurs *OTIS* inventé par Elisha Otis (1853) en fait partie ». J. Trefil, *A Scientist in the City*, Doubleway, 1994, pp. 161-163.

Si pour la géographie *"nature matters"*, pour la « poléographie » aussi *"physics matters"*.

4.2.1. Commençons pourtant notre critique comparée. La première édition a été présentée comme supplément spécial d'un numéro du *PhC*[398] tandis que la deuxième constitue un recueil de conférences et d'articles d'auteurs qui ont participé à des rencontres de contenu interdisciplinaire de l'*EEF*.[399]

Sous le titre « Lumière », l'éditorial[400] du *PhC*, présente le supplément du *PhC* ainsi :

> « Dans les cultures, dans l'histoire de l'humanité, la lumière a été utilisée maintes fois comme symbole et allégorie et encore comme élément mythologique. Elle a été toujours liée avec le bon, le juste et l'utile et a été aussi opposée au mal, à l'erroné et au nuisible, ce que les humains ont appris à identifier à l'obscurité. Mais aussi dans la physique, dont le progrès, fondé sur la logique, a chassé l'obscurité de l'ignorance et la pénombre du mythe, la lumière a existé comme quelque chose de distinct. Les plus grandes théories de la physique, comme la théorie électromagnétique et la Relativité, s'occupent dans une grande mesure de la « qualité » qui s'appelle « lumière ». Des notions fondamentales telles que l'énergie, les ondes, les corpuscules sont raffinées et elles s'élargissent lorsqu'elles sont corrélées à la lumière […] ».

---

[395] D. C. Goodman, C. Chant [Eds. :], *European Cities & Technology: Industrial to Post-industrial City*, Open University, 1999.

[396] « Ainsi, à travers l'évolution de la forme et des constructions physiques de la ville bâtie, l'espace est investi d'une culture, de signes culturels. La stratification de l'Histoire et donc de la mémoire culturelle d'une société est alors inscrites dans les constructions physiques et l'organisation spatiale d'une ville». Marc Vachon, « Survol critique de la géographie littéraire et des études littéraires sur l'espace romanesque montréalais » J. Lintvelt and F. Pare, [eds. :], *Frontières flottantes: Lieu et espace dans les cultures francophones du Canada / Shifting Boundaries: Place and space in the francophone cultures of Canada*, Collection Faux Titre, Amsterdam, New York: Rodopi, 2001.

[397] Ayant emprunté le texte qui suit, le Professeur Mohammed Allal Sinaceur, directeur de la Division de philosophie de l'Unesco et ex-membre du CNRS nous dit : « Pour un musulman, […] l'expression "mère-nature" est intraduisible. Le musulman n'est pas écologiste […] L'Islam est implanté dans des régions où la nature se montre le plus souvent hostile à l'homme […] Son idéal est le monde artificiel : la ville, le système d'irrigation, le jardin […] La poésie de la culture islamique urbaine ne décrit pas des paysages vierges, mais des fleurs du jardin ». Voir M. A. Sinaceur, « L'Islam bâtisseur », *Le Courrier de l'Unesco*, juillet 1978, p. 20 ; renvoi à l'original : Hans Küng – Joseph Van Ess, *Le christianisme et les religions du monde*, Seuil, 1986. Il est certain que l'apprivoisement de l'eau à des fins d'irrigation a constitué un des fondements majeurs (avec la concentration de main-d'œuvre plus ou moins spécialisée et les esclaves) des villes. Chr. G. Boone and Ali Modarres, *City and Environment*, Temple University Press, Philadelphia, 2006, p. 4. Charles Keith Maisels, *The Emergence of Civilization: From Hunting and Gathering to Agriculture, Cities and the State in the Near East*, London, Routledge, 1990.

[398] *PhC*, numéro 60, avril 1977.

[399] Union des Physiciens grecs, *Lumière – Une approche interthématique*, Athènes, 2005.

[400] Rédigé par nous-mêmes comme responsable d'édition.

Les principaux articles du *Physicos Cosmos* étaient les suivants[401] :
- La vision des animaux.
- Les matrices de transfert dans les problèmes de l'optique. [402]
- L'expérience de Michelson-Morley comme repère entre l'optique classique et l'optique relativiste.
- Oulough Beg, le petit-fils de Tamerlan, astronome à Samarcande.
- Des lentilles pour voir dans l'obscurité de la nuit.
- La formation de l'image aux lentilles et aux miroirs – Une présentation complète.
- Rayonnement naturel et irradiation artificielle.
- Rayons Laser.

Le numéro comprenait également une série d'exercices d'optique ainsi que quelques articles qui ne faisaient pas partie du supplément.

Quant au deuxième recueil sur la lumière (2005) sa thématique était la suivante :
- La lumière, une approche scientifique.
- La lumière, un parcours dans les religions.
- La lumière illumine les siècles.
- Une approche philologique de la notion de la lumière.
- Les dieux de la lumière.
- Les récits de la lumière – Une introduction mythopoïétique / mytho-poétique.
- Une approche théologique de la lumière.
- L'île de Lefkas, ombre et lumière.
- Parcours de lumière – Un chemin imagier.

En comparant les deux recueils on remarque que tous les deux sont traversés d'un esprit culturel et interculturel. Cependant il est évident que les deux centres de gravité ne coïncident pas. Clairement technique et « scientifique » le premier (lentilles, optique) et ponctuel, se trouve en face d'une approche de la lumière, représentée par le deuxième, qui est plutôt philosophique voire métaphysique et, même, pleinement encyclopédique. En termes des analyses du recueil « Geography matters ! » [403] nous pourrions parler de deux approches différentes de la nature.

L'une d'elles est quelque peu industrielle (certes, avec des éléments culturels) mais relativement éloignée de la tradition poétique, qu'avait été à peine instaurée par le PhC. Par ce numéro est, en quelque sorte, acceptée, la « destruction de l'imaginaire » [404] de la nature, de laquelle Keats avait accusé Newton et son prisme d'analyse de la lumière blanche.

---

[401] Pour alléger la description nous avons omis les noms des auteurs. Qu'ils nous en excusent.

[402] I. Rentzos, « Les matrices de transfert dans les problèmes de l'optique », *PhC*, 60/avril 1977, p. 10, 11, 30.

[403] Mick Gold, « A history of nature » in D. Massey, J. Allen, J. Anderson, op. cit. p. 23, " Two natures: Industrial and Romantic".

[404] L'avancée des sciences conduit-elle à « désenchanter le monde » ? On sait que Richard Dawkins repond par la negative. R. Dawkins, *Unweaving the Rainbow*, London, Penguin, 2006(1998), p. 39 ; R. Dawkins, *Les mystères de l'arc-en-ciel*, Paris, Bayard, 2000.

TABLEAU 4.2.(1).
UNE COMPARAISON DE DEUX ÉDITIONS INTERTHÉMATIQUES / INTERDISCIPLINAIRES ABORDANT LES CONCEPTS DE LA LUMIÈRE

Édition →	Numéro spécial du magazine *Physicos Cosmos*	Le recueil d'articles « La lumière »
Contenu, sujet, thème (s).	La/les lumière (s). Mise en valeur – apprivoisement de l'énergie rayonnante. Acheminer et capter les rayons.	La lumière. La lumière avant (et devant) la physique. Un symbole universel traduit par les cultures.
Aspects interthématiques et/ou interdisciplinaires.	Lumière, rayonnements, laser. Physique / mathématiques. Homme / animal.	L'interthématique comme interculturel. Textualités et intertextualités. Étymologie.
Disciplines, enseignements scolaires relatifs.	Optique, relativité, zoologie, histoire, géographie.	Plusieurs chapitres de la physique, histoire, religion, géographie.
Caractéristiques	Une sélection d'articles trop étroite par rapport à l'ampleur du champ étudié.	Une sélection d'articles aussi variés que rares quant à l'objectif visé (?).
Idéologie et philosophie pédagogiques	Approfondissement de la matière scolaire ; nouvelle approche scolaire.	Présentation de principes non scientifiques. Centre de gravité théologique.
Fil conducteur de l'exposé pédagogique	Les diverses approches de l'étude des lentilles.	Langage, mythologie, théologie, science.
Etendue de données	Limitée, sans ouverture préscientifique, culturelle.	Très vaste, dans les champs de l'irrationnel.
Place de la géographie/ géographie culturelle	Une dimension de géographie culturelle réduite.	Une dimension de géographie culturelle et régionale prometteuse.
Elément(s) en commun	« La lumière » comme idée principale des deux recueils.	
Elément(s) différentiel(s)	Centre de gravité *sciences*. Essai d'intra-disciplinarité. Propositions de programme.	Centre de gravité *cultures*. Effort interthématique.
Place du « thème »	Reconnaissable.	Inconnue.
Un mot-clef pour designer l'approche.	Optique.	Encyclopédisme.
Expression d'un « sentiment » général qui désignerait l'approche.	Un mouvement vers une réduction plus poussée de « l'arc-en-ciel en couleurs du prisme ».[405]	Retour à la poésie de la nature...

La deuxième approche serait désignée comme romantique (mais pas tellement innocente). Ce deuxième recueil comprend aussi un petit texte de critique de l'art figuratif, pourtant sans illustration, qui trouve son contrepoids dans la couverture du *PhC* qui, représentant une statuette zoomorphe, est dédiée aux applications du

---

[405] Notre référence est ici faite au fameux entretien/débat (1817) entre Keats et Wordsworth concernant Newton qui, selon Keats, par l'analyse de la lumière, a décousu l'arc-en-ciel en lui ôtant tout son mystère poétique.

laser relatives à l'évaluation de la sculpture orientale. En outre, l'approche zoologique du PhC (voir La vision des animaux) n'a pas d'équivalent dans les contenus de la deuxième édition – où, parait-il, tout se joue entre Dieu et les hommes. Certes, le regard géographique de cette deuxième (L'île de Lefkas, ...) constitue, avouons-le, une proposition très intéressante.

En raison de notre participation à la préparation du numéro spécial du PhC nous ne sommes pas en droit de procéder à une comparaison plus profonde des deux publications.[406] Si l'on suivait Gilles Deleuze (1925-1995) dans les analyses sur la lumière et la visibilité réalisées par Foucault, on pourrait 1) se demander si l'interthématique doit être « plus proche de Goethe que de Newton »[407] et 2) admettre qu'un certain éloignement du génie de Newton représenterait une volonté interthématique. Nous renvoyons le lecteur au Tableau 4.2.(1). par lequel nous procédons à une présentation « parallèle » de deux approches.

4.2.2. Et quoi à propos du « romantisme » d'actions pareilles ? Comment tout ça peut évoluer dans la société grecque ?

Le 6 avril 2008) l'EEF a organisé un colloque interdisciplinaire intitulé « Science et orthodoxie chrétienne. La rencontre ».

Comme objectifs du colloque ont été fixés « La croissance des champs de connaissance et de compréhension mutuelle ainsi que la recherche des relations entre la cosmologie moderne et les visions orthodoxes ». La présentation inaugurale, de la part de P. Ligomenidis, académicien, détermine, peut-être l'esprit du contenu du colloque : « Le savoir scientifique en tant que pont dans le temple de dieu » (C'est nous qui soulignons les deux points). Des autres présentations, certaines ont un contenu interdisciplinaire clair :

• « Monde invisible et physique moderne » par E. Theodosiou, professeur d'astrophysique de l'Université d'Athènes,

• « Conditions de vision théologique des sciences naturelles » par M. Kolovopoulou, professeur de la Faculté théologique de l'Université d'Athènes,

• « Orthodoxie et sciences humanistes » par Michail Vellas, professeur émérite de l'Université d'Athènes.

Est-ce qu'on se trouve ici en face à un élément d'approche pluraliste de la vérité à travers un dialogue et prise de positions ? Pouvons-nous donc nous attendre à une meilleure approche de la substance des choses ?

---

[406] I. Rentzos, [gr] « Les matrices de transfert dans les problèmes de l'optique », PhC, op. cit. Nous faisons remarquer que notre article constituait une composition utile de la théorie mathématique des matrices avec l'optique traditionnelle. En particulier, cette première et unique introduction des matrices à la physique scolaire grecque a visé à offrir des idées pour la rédaction du nouveau programme auquel, comme nous nous étions renseignés, l'optique était un chapitre sous raccourcissement ou élimination. Notre version proposait une solution prête à être utilisée.

[407] G. Deleuze, Foucault, Paris, Les éditions de minuit, 2004(1986), p. 65, 66. « Pas plus que le visible ne se réduit à une chose ou qualité sensibles, l'être-lumière ne se réduit à un milieu physique : Foucault est plus proche de Goethe que de Newton ».

La question des relations de la science avec la religion est certainement beaucoup plus complexe de ce que nous pourrions analyser ici. Au niveau de notre propre approche et dans l'environnement national qui nous concerne principalement, des questions telles que 1) la relation des ministres de l'église avec les scientifiques, 2) les pôles de pouvoir qui émergent à travers l'organisation religieuse-ecclésiastique, 3) l'hégémonisme de la religion officielle prédominante, et 4) les nouvelles marges d'intervention idéologique voire religieuse qui sont créées par l'interthématique ont un intérêt particulier.

Les métaphores poético-théologiques qu'on voit parfois dans des textes sérieux.[408] ainsi que les références à la déité sont très souvent utilisées dans la vulgarisation scientifique. Dans un climat d'euphorie internationale (2007-2008, août-septembre 2008), l'expérience au CERN à l'aide du « grand collisionneur d'hadrons » (LHC), liée à la recherche du « boson de Higgs », est baptisée « recherche de la particule de Dieu ». Elle est accompagnée, par exemple en Grèce, de propositions d'ouvrages sur le grand mystère. Science ou Dieu ? Les noms de John Polkinghorne et de Stephen Jay Gould ainsi que – dans le cadre de la philosophie et des engagements de la physique moderne – ceux de Jonathan Powers et de Steven Weinberg ont vu le jour.

Des questions concernant les rapports de la religion avec la science, non seulement au niveau du discours de vulgarisation et d'enseignement mais dans toute leur ampleur, sont examinées, par John Hedley Brooke, dans son ouvrage intitulé *Science et religion*.[409]

Après avoir approfondi les aspects des créations (de l'univers, de la Terre, et de l'homme) ainsi que les conflits de la science (de scientifiques importants) avec la religion (des églises) sur les « hérésies » (comme celle héliocentrique), Brooke arrive au vingtième siècle.[410] Un sujet qui paraît réchauffer le débat sur les relations de la science avec la religion, serait la notion du système en tant que fondement de la vision holistique de l'organisation du monde. Brooke mentionne la grande impression qu'ont fait les travaux de Capra, sur 1) la corrélation systémique des points de vue scientifique et mystique et 2) l'hypothèse de la marche commune de la science et du mysticisme de l'Orient quant aux questions des rapports de l'homme avec la nature. Le capital correspondant s'ouvre à des questions d'étude des théories de Heisenberg (« principe de l'incertitude »), de Bohr (« principe de complémentarité ») et de Wittgenstein (compréhension de la réalité et fonctionnement de la langue), pour passer à l'examen des valeurs de la société humaine en des termes de la théorie interdisciplinaire – par excellence – qui est la sociobiologie d'Edward O. Wilson.

---

[408] Comme exemple, dans un ouvrage de vulgarisation de qualité élevée, le professeur Lefteris Economou, présente l'histoire de l'univers pendant les six « jours » de sa *création*. Il pose là la question cruciale si l'« hubris » – tout ce qui dépasse la mesure – des nucléaires permettra que nous passions au « septième jour de la création » ou nous régressions vers le cinquième. E. N. Economou, [gr] *Cohabitation sans avenir – Le nucléaire et la civilisation humaine*, Héraklion, Ed. universitaires de Crète, 1985.

[409] J. H. Brooke, [gr] *Science et religion*, Trad. V. Vakaki, Héraklion, Ed. universitaires de Crète, 2008.

[410] J. H. Brooke, [gr] op. cit. p. 382-412, chapitre intitulé « Postscripum ».

Ainsi qu'elle est présentée la situation dans l'analyse de Brooke, on pourrait considérer comme justifiée l'émergence des positions religieuses et ecclésiastiques en équivalence et en dialogue avec celles scientifiques par des éditions et des colloques dans le cadre de fonctionnement d'organes scientifiques et pédagogiques.

<u>Faut-il ériger des ponts entre la religion et la science ou serait-il la tâche de l'nterthématiste de discuter leur bien fondé</u> ? Est-il justifié d'opposer (ou ne pas opposer) à priori religion et science et chercher (ou ne pas chercher) des incompatibilités ? N'est-il pas de coutume pour les organisations religieuses de comparer le(ur) *verbe qui fut au commencement* avec le discours de la science moderne ?[411] En plus, une question pareille est-elle purement académique ? « Si le débat sur l'organisation du cosmos peut revêtir une grande importance théorique » est-ce qu'est c'est vrai que « sa portée pratique reste à démontrer » comme le pose le professeur Jean-Michel Sallmann ?[412]

4.2.3. C'est justement sur ce sujet que l'intervention du professeur Kostas Gavroglou est digne d'être mentionnée. Comme souligne Gavroglou, dans sa préface de l'édition grecque de l'ouvrage de Brooke,

Fig. 4.2. (2). Enseignement de cartographie balkanique *ex cathedra*, par le Métropolite de Thessalonique Anthimos.

---

[411] Voir, par exemple, Z. Naik, *The Qur'ân & Modern Science – Compatible ou Incompatible* ? Darussalam Maktaba, 2007. Les travaux du Docteur Maurice Bucaille (1920 - 1998) sont aussi très connus.

[412] J.-M. Sallmann, « Science et religion », in *Sciences et religions – De Copernic à Galilée*, Actes du Colloque international (décembre 1996), Ecole française de Rome, 1999, p. 457-465, (citation p. 460).

« la revendication du pouvoir politique par les Ministres du Culte [...] a amené les partis politiques à exprimer une « sensibilité » particulière soit [à l'égard] des prêcheurs évangélistes soit [en faveur] des évêques de l'Eglise de la Grèce qui <u>sont essentiellement eux qui définissent l'ordre du jour, sinon d'autres choses, de la politique extérieure [de la Grèce] pour les Balkans</u> ». [413] [C'est nous qui soulignons].

Ainsi abordée la question par Gavroglou, elle invoque des aspects connus et récents tels, par exemple, l'organisation, dans la décennie de 1990, par l'Eglise, de manifestations pour le nom « officiel » (en termes de géopolitique obscure des langues internationales[414] et de géohistoire des territoires traditionnels[415]) de la *Republika Makedonija*) ou les sermons comprenant des cours de cartographie balkanique et de terminologie géographique (2008, voir Fig. 4.2.(2).). Tout ceci pourtant ne justifie pas les interruptions sauvages de transmission télévisée des sermons comme celle du 4 juillet 2010, au moment où Mgr Anthimos analysait un ouvrage du ministre turc des affaires étrangères M. Davutoglou (chaine publique ET3, dimanche à 10h30).

Quant à l'interthématique géographique et l'interdisciplinarité, on se souvient de l'intervention de l'Eglise qui, par le Saint Synode permanent, a demandé en février 1985 que le manuel scolaire de l' « histoire du genre humain » du professeur Lefteris Stavrianos[416] ne fût plus utilisé. Ce manuel, a été, en effet, retiré l'année suivante. Comme nous avons affirmé, le manuel de Stavrianos constituait, en quelque sorte, un texte de « dramatisation » de la Géographie humaine et culturelle. Cette géographie n'était plus enseignée au lycée, ceci étant dû à l'impasse pédagogique dans laquelle elle se trouvait depuis les années '60 et '70. L'*histoire* de Stavrianos a offert à cette époque-là une alternative rajeunissante qui pourrait renforcer les rapports histoire - géographie et revaloriser la place de la géographie dans le programme scolaire. [417]

---

[413] K. Gavroglou, « L'histoire des sciences et les rapports de la science avec la religion », [préface] *in* Brooke, [gr] op. cit. p. 1-8.

[414] Pour l'auteur du présent un cas obscur d'intervention linguistique d'origine géopolitique est la règle grammaticale, concernant la mégapole Istanbul, selon laquelle en français on doit écrire « istanbul » mais prononcer « istanboule ».

[415] Pour l'auteur du présent le cas de l'appellation de la *Republika Makedonija* par auto-détermination, quoiqu'exagéré, puisque ce pays n'occupe qu'*une partie* (moins de 50%) de la Macédoine, est absolument légitime. (C'est le cas des États-Unis d'*Amérique*). Mais le fonctionnement d'un « principe géohistorique » visant l'unification géo-historique du passé macédonien avec le présent *makedonski*, qui est facilitée dans toutes les langues du monde par le carcan des langues internationales et leurs traducteurs, opère dans un champ de mondialisation qui normalise l'histoire universelle ainsi que la géographie en se fondant excessivement sur une « aréographie » (entendue comme « science des aires »). Pour les concepts des « principes » géohistoriques, voir : Chr. Grataloup, *Lieux d'histoire - essai de géohistoire systématique*, Reclus, 1996.

[416] L. Stavrianos, [gr] *Histoire du genre humain*, Athènes, OEDV, 1984. Voir http://geander.com/stavri.html.

[417] I. Rentzos, « L'enseignement de la géographie dans le primaire et le secondaire : Manuels et méthodes », Fondation Sakis Karagiorgas, 17 décembre 1994, Université Panteion, Internet http://geander.com/nikaria.html.

En outre, quant à l'organisation de dialogue sous le toit d'un organe scientifique et professionnel comme l'EEF, ceci ressemble à la « méthode d'enseignement pluraliste en dialogue ». Ce que caractérise cette méthode est la discussion libre ou le débat qui permet l'émergence de toutes les positions et la participation de tous les représentants (étudiants mais aussi des groupes d'experts) de ces positions.

Cette méthode d'enseignement qui permet de rapporter toutes les positions est certainement caractérisée de l'avantage que la réalité est observée de plusieurs points autour d'elle. Ceci est en contraste évident avec les méthodes d'enseignement caractérisées de la dominance du maître, ce qui correspond aussi à l'organisation autoritaire et hiérarchique de la société.

Dans l'environnement éducatif grec, la méthode pluraliste a remplacé l'enseignement traditionnel qui est dominé par l'enseignant mais, comme le soutient de manière documentée, déjà depuis les années 1970, le professeur Fragos[418], cette méthode n'ouvre pas de chemin vers la vérité cherchée.

C'est ce même auteur qui prend ouvertement position en faveur de la « méthode dialectique d'enseignement »[419] à la quelle « le thème de base [...] fonctionne comme un *système* [qui définit la marche] ou comme une *structure* [qui s'adapte ou se modifie dialectiquement] ». Notre position est que cet enseignement (structure → système → dialectique, ou dialectique → système/fonction → structure) n'est pas loin de l'approche interthématique qui résulte de la préparation systémique/ interdisciplinaire de l'enseignement. En cette méthode nous voyons une approche dialectique de recherche qui mène (→) au déchiffrement d'un fonctionnement systémique qui, à son tour (→) fait émerger une structure matérielle (ou immatérielle et schématique). La section 4.5. présente un tel thème.

L'étude des couloirs, des ponts et des dichotomies entre science et parascience devient à présent, avec l'interthématique, une actualité pédagogique brulante. L'humble géographie qui involontairement cartographie ces activités contre-attaque (5.2.) et s'offre, elle-même, en tant que modèle d'interdisciplinarité (5.3.). Les juxtapositions innocentes de l'interthématique peuvent être contrôlées par les entrelacements élaborés de l'interdisciplinarité. La géographie nous permet de formuler notre proposition : La pédagogie interthématique devient l'opération de la reconnaissance de ce qui est à joindre, dans l'enseignement, par un pont ou à rejeter par une coupure. L'enseignant honnête interthématiste sera ainsi secondé plutôt par l'interdisciplinarité que par une pluridisciplinarité.

Nous nous occuperons des sujets de cette partie (4.2.) en détail dans le chapitre suivant (5.).

---

[418] Chr. P. Fragos, [gr] *Psychopédagogie*, 1977, Ed. Papazisi, p. 419-422.
[419] Chr. P. Fragos, op. cit. p. 422-424.

4.3. Un spectre hante l'interthématique grecque : le thème – À la recherche des objectifs de l'enseignement

Des dimensions idéologiques pareilles à celles présentées à 4.2. émergent dans d'autres contextes aussi.

Nous allons nous occuper ici de la notion du « thème » dont nous avons suivi l'émergence sur plusieurs points de notre approche de la didactique interthématique (cf. 1.2., 4.1). Il est certain que l'emploi du « thème » renvoie à des usages éducatifs plus généraux, en philosophie[420] mais également en histoire[421]. Il peut s'agir, par exemple, « d'ensembles[s] de contributions vouées chacune à l'analyse et à l'interprétation d'un moment significatif de l'histoire [...] » ou « de l'histoire philosophique d'une notion ». La tradition pédagogique ainsi que la représentation que se fait le grand public de l'école et de l'enseignement des diverses matières scolaires favorise certaines « continuités », ou « séquences ininterrompues» et « ensembles entiers ». Ceux-là ne doivent admettre aucune approche par sélection de points ou de moments « significatifs » (« thématisation »).

La continuité naturelle du globe et celle du temps – cette dernière étant confondue avec la continuité des événements historiques qu'ont été choisis par les historiens – rendent populaires la continuité de la description géographique ainsi que du récit historique, qui sont ainsi considérées comme neutres et naturelles. Un choix « thématisant » serait regardé comme ayant de mauvaises intentions. L' « Histoire en miettes »[422] est devenue en Grèce un terme pédagogique pour designer, comme exemple, toutes les « thématisations » du savoir qui sont introduites par les nouveaux programmes et manuels interthématiques.[423] « Thématisation » signifie pour certains auteurs, offrir, dans le contexte néo-libéral, un minimum de connaissances utiles pour le marché du travail qui ne permettent pourtant pas à l'individu d'accéder à une synthèse de vrai savoir.[424]

Dans le contexte de l'interthématique « officiel » grec, selon Matsagouras, vice-président de l'I.P.

> « les thèmes (themes [en anglais]) constituent des objets d'étude qui présentent un intérêt personnel, social ou académique et s'offrent à l'élaboration d'un petit ou plus long traité. Dans ce sens, la notion du thème est représentée par tout élément du monde naturel et social qui, dans le cadre de l'approche interthématique est examinée comme

---

[420] J.-Chr. Goddard [Sous la direction de :], *Le corps*, Paris, Ed. Vrin, 2005. La collection s'intitule « Thema – Θέμα ».
[421] Autori Vari [Collectivité d'auteurs], *Temi svolti – Storia contemporanea*, Roma, Ed. CieRre, 2008.
[422] F. Dosse, *L'histoire en miettes – Des Annales à la « nouvelle Histoire »*, Paris, La Découverte, 1987.
[423] Chr. Katsikas, [gr] « Les nouveaux programmes et manuels : L'état profond de l'ignorance », *Filologiki*, Union hellénique de Philologues, 103/avril-mai-juin 2008, p. 71-74.
[424] G. Grollios, [gr] « Education et restructuration néolibérale », in Christos Katsikas, Giorgos Kavvadias [gr] *Crise de l'Ecole et politique pour l'éducation*, Athènes, Ed. Gutenberg, 1998, p. 30-53.

une unité, sans références et limitations imposées par le système des disciplines scientifique ».[425]

En outre, cet auteur donne plusieurs exemples des travaux et des activités d'enseignants-chercheurs, comme Ernest L. Boyer (1928–1995) alors que l'ouvrage de Matsagouras est complété par des contributions de projets élaborés par des collaborateurs-enseignants, tels que : *l'abeille, histoire locale, la nourriture, approche multiculturelle de la nourriture, la Méditerranée* et autres.

En partant de l' « abeille » (qui correspond à un court chapitre de la zoologie[426]) jusqu'à la « Méditerranée » (qui aurait pu être la géographie d'une année entière, pendant plusieurs mois) le « thème », une idée didactique, multivalente et renouvelante, traverse de manière asymétrique mais sous des formes variables, toutes les matières. Elle offre à l'enseignant l'occasion d'enrichir ou de reconstituer sa matière à enseigner à sa volonté ou selon des intérêts et ses habiletés. Le thème de la nourriture est, comme on peut remarquer, très populaire.[427] Et à juste titre.

La recherche du thème a été projetée devant nous de façon inattendue dans une conférence de géographie. Nous y avons présenté[428] un sujet relatif à la perception que se font les élèves grec(que)s de l'espace historique de la Ville de Prévéza, au nord - ouest du pays, et de sa région. Notre enquête s'est appuyée sur un questionnaire comprenant, entre autres, une question de nature historique. Ce questionnaire a été lancé à 419 élèves de gymnases et de lycées du pays, repartis dans les différentes régions grecques, et s'est basé sur une photo de la sculpture

---

[425] E. Matsagouras, *L'interthématique et le savoir scolaire*, Athènes, Ed. Grigori, 2006, p. 100.

[426] En fait, pas aussi court qu'on le considérerait. Les abeilles ainsi que les entomologistes sont toujours à la une de l'actualité interthématique comme recherche interdisciplinaire, action de vulgarisation scientifique et de réflexion philosophique. Parmi beaucoup d'autres, tels Edward O. Wilson, Karl von Frisch, l'exemple de Giorgio Celli en est convaincant. Giorgio Celli. *La mente dell'ape – Considerazioni tra etologia e filosofia*, Editrice Compositori, collana Quadrifogli, 2008.

[427] Rappelons l'article des Mavropoulos et al. (op. cit.). On sait qu'également le Festival international de Géographie de Saint-Dié de 2004 l'avait choisi comme thème principal : « Nourrir les hommes, nourrir la planète. Les géographes se mettent à table », 30 septembre – 3 octobre 2004. Le supplement paru, entre autres journaux, dans la *Libération* et *To Vima*, est toujours digne de mémoire. Trois noms, Claude Fischler et Philip et Mary Hyman, mais aussi un titre d'article : « Le goût du mélodrame » (par N. Bakounakis) et les plats des réligions donnent des idées précises pour l'organisation des cours interthématiques gastronomiques. *To Vima*, 29 décembre 1996. La « gastronomie moléculaire » est aussi très connue. Enfin, une géographie complète de l'interthématique gastronomique est à chercher dans l'édition suivante : G. Fumey – Ol. Etcheverria, *Atlas mondial des cuisines et gastronomies – Une géographie gourmande*, Ed. Autrement, 2004. Elle commence par le triangle culinaire de Lévi-Strauss. Voir ici Annexe 1.

[428] I. Rentzos, [Gr], « La perception de l'environnement géohistorique – Exemples de la Ville de Prévéza », *Actes de la 6ème conférence de la Société Hellénique de Géographie*, 3-6 octobre 2002, Thessalonique, Journée de l'environnement, CD Rom, p. 10-18. En fait, le texte est repris de notre thèse « L'enseignement de la ville... ».

gigantesque par laquelle le sculpteur grec Georges Zogolopoulos a représenté la scène de la fameuse « Danse de Zalogo ».

Par cette question on attendait des élèves appelés à répondre par référence à l'événement historique (ou légendaire quant à ses détails) de l'attaque qu'a subi un groupe de 57 femmes Souliotes de la part d'une troupe militaire d'Ali Pacha de Tebelen (Tepelenë), pacha d'Ioannina. Ceci se passe en 1803, à la suite d'un traité avec Ali Pacha, au moment où les Souliotes commencèrent à quitter leur village Souli et les femmes, faisant preuve de courage extraordinaire, ont préféré se jeter, en dansant, après avoir été poursuivies, dans le ravin de Zalogo que montre la photo. Pour ceux qui connaissent un peu la région, près de la frontière gréco-albanaise, Zalogo se trouve sur l'axe géographique formé par l'Albanie du sud (ou « Epire du nord »), le Département d'Ioannina, le Département de Prévéza et la région de Missolonghi.

Le questionnaire avait la forme suivante:

« Sur cette photo [Fig. 4.3.(1)] figurent les rochers d'où les femmes Souliotes se sont lancées dans le vide, ainsi que le monument érigé en commémoration de leur acte.

Fig. 4.3. (1). Le monument des femmes Souliotes sur le rocher de Zalogo (La photo avait été fournie sans légende)

1) Ecrivez le nom de l'endroit représenté sur la photo:＿＿＿[Zalogo]＿＿＿
2) Dans quelle région se trouve ce monument ? Mettez une croix devant la réponse que vous jugez correcte:

　　　　　(2.1)　　☐ Epire du nord
　　　　　(2.2)　　☐ Département d'Ioannina
　　　　　(2.3)　　☒ Département de Prévéza
　　　　　(2.4)　　☐ Région de Missolonghi ».

Les bonnes réponses sont indiquées avec les questions alors que le dépouillement des feuilles du questionnaire nous a permis de distinguer quatre catégories (I, II, III, IV), selon le site indiqué (Souli, Zalogo, Missolonghi, aucune réponse de site) et plusieurs sous-catégories selon l'aire géographique indiquée (de 2.1. à 2.4).

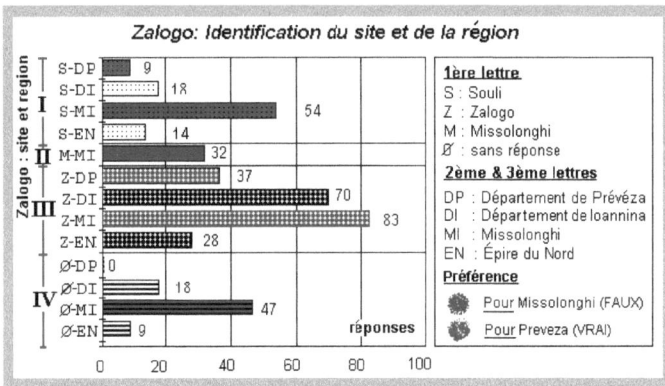

Fig. 4.3. (2). Les réponses des élèves concernant la position de Zalogo et de sa région

Dans la question numéro 2, où le nom de la petite ville de Prévéza (d'où aussi le nom du « département de Prévéza ») aurait dû être dégagé, vient partout en dernière place. Certes,
1) l'Epire du Nord (nom de l'irrédentisme hellénique pour l'Albanie du Sud) est logiquement liée avec le « Turco-albanais » Ali Pacha,
2) le département et la ville d'Ioannina sont toujours les mots-clés de la géographie d'Epire et siège d'Ali Pacha d'antan, alors que
3) le toponyme de « Missolonghi », exprime une fonction spécifique et symbolique liée à l'« héroïsme » de cette époque là. Notre hypothèse selon laquelle « *un lieu héroïque peut en cacher un autre* » avait été confirmée.

Dans le cadre de notre présentation à la conférence mentionnée, le Professeur Koutsopoulos, en tête de tous les groupes de rédaction des manuels scolaires de géographie au sein de l'Organisme d'édition des manuels scolaires (OEDV) nous a posé une question sur le vrai sens de notre intervention. Certes, le problème qui se posait n'était pas que les enfants avaient préféré la « noyade » de femmes Souliotes dans la lagune lointaine de Missolonghi au lieu de les « jeter » dans le gouffre de Prévéza, d'ailleurs proche de leurs foyers souliotes. La question pédagogique était de toute autre nature. L'idéologie de l'enseignement scolaire a éliminé l'information correcte, de la même façon que, dans la fameuse expérience de Allport et Postman la personne qui tenait un grand rasoir, devant un groupe de gens assis, aurait été de couleur noir puisqu'il faisait quelque chose de mauvais. Pourtant l'image qui avait été montré aux sujets de l'expérience représentait un Blanc![429] [Fig. 4.3.(3).].

---

[429] Voir M. Bantou, *Sociologie des relations raciales*, Payot, Paris, 1971, p.321 et J. Mathieu [Collection dirigée par:], *Initiation aux faits économiques et sociaux*, Fernand Nathan, 1969, t. II, p. 78, 80. Il s'agit de l'étude effectuée par Gordon Allport and Joseph Postman et publiée en 1947 sous le titre *Psychology of Rumor*.

Fig. 4.3. (3). L'image montrée aux sujets de la fameuse expérience des psychosociologues Allport et Postman. Qui est-ce qui tenait le grand rasoir en main ? L'homme noir (à gauche) ou le Blanc (à droite) ? ALLPORT, Gordon Willard & Leo Joseph POSTMAN, *The Psychology of Rumor*. New York, Russel & Russel, 1965 (1947).

Comme nous avions déjà l'occasion de soutenir

> « le cadre dans lequel, soit le sujet [du suicide de femmes Souliotes] a été enseigné aux enfants soit ces derniers en ont entendu parler, <u>ne leur a pas permis de [l']associer à l'espace mais plutôt à d'autres thèmes</u>. Ces thèmes sont, avec une précision géométrique:
> (1) l'idéologie héroïque et la manière dont elle est [associée avec] Missolonghi,
> (2) la grande ville ou la ville centrale (Ioannina), [et son importance] et
> (3) la région de l'Albanie du sud, [et son caractère] qui est géopolitiquement bien spécifique ».[430]

Nous pourrions alors affirmer que dans le cadre du système éducatif grec les thèmes sont de nouveaux « objets », des « choses » approchées par les enseignants eux-mêmes, qui mettront en relief « des points de vue scientifiques différents, complémentaires plus que juxtaposés »[431]. Ces derniers auront le courage de critiquer le système éducatif et contester les savoirs établis et transmis dans un climat de servilité par les routines pédagogiques. Il s'agira, selon Vinck, d'un acte héroïque.[432]

Qu'est-ce que c'est qu'un « objet » ? Claude Paul Bruter nous donne quelques exemples de cette notion :[433]

1) Une grève, comme celle des Services publics […],
2) La pomme de M. Newton […],

---

[430] I. Rentzos, « La ville et son enseignement … », thèse, 2002.
[431] G. Hugonie, op. cit., 1992, p. 91.
[432] Vinck, op. cit. p. 57.
[433] Cl. P. Bruter, *Topologie et perception*, Tome 1, Paris, Doin Éditeur, Maloine Éditeur, 1974, p. 14. L'édition de cet ouvrage qui est préfacé par R. Thom fait partie de la collection « Recherches interdisciplinaires » dirigée par Pierre Delattre.

3) Les objets tels qu'ils sont définis par le *Robert* [...],
4) Des classes *et* des objets [...] d'après [le mathématicien] Gödel [...].

Ce ne sont donc pas que la Terre ou un fleuve qui constituent les objets d'étude géographique mais aussi plusieurs autres sujets et situations qui doivent être objectivés, c'est-à-dire, thématisés. L'idée-clé serait peut-être d'élargir l'objectif de la géographie pour comprendre non seulement l'étude des objets matériels qui sont vus mais aussi les relations. L'approche relationnelle comme elle est connue, entre autres, par l'intervention de Claude Raffestin en faveur de Michel Foucault qui « aurait pu révolutionner la géographie »[434] joue dans le sens de la thématisassions « sans frontières ».

Mutatis mutandis, dans le système éducatif grec et peut-être ailleurs aussi, on se trouve dans un état pareil à celui auquel a dû faire face Durkheim à son époque. Quand la première édition des « Règles de la méthode sociologique »[435] d'Émile Durkheim a paru, comme ce père fondateur de la sociologie le remarque au début de la préface de la deuxième édition, elle avait soulevé « d'assez vives controverses ». Sa proposition scandaleuse, de celles qui avaient provoqué le plus de contradictions était celle d'après laquelle les faits sociaux devraient être traités comme des « choses » qui sont l'opposé des « idées ». D'après Durkheim « on peut dire [...] que tout objet de science est une chose, sauf peut-être, les objets mathématiques [...] ». On n'ignore pas que la question fondamentale que se sont posée Latour et Woolgar, dans l'époque du « publish or perish » n'était autre que « Comment un fait est-il un fait ? »[436]. Pour ce qui nous concerne, nous estimons que l'œuvre de la pédagogie serait de contrôler la réification de certaines idées (la civilisation française est identifiée par la publicité grecque avec la Disneyland) ainsi que l'idéalisation de certaines choses (Missolonghi – la capitale du sous-développement de la Grèce de l'Ouest – s'identifie avec l'héroïsme).

---

[434] Cl. Raffestin, « Foucault aurait-il pu révolutionner la géographie? » in J. W. Crampton and S. Elden [Edited by:], *Space, Knowledge and Power – Foucault and geography*, Hampshire, Ashgate, 2008 (2007), p. 129 (Version anglaise).
[435] É. Durkheim, *Les règles de la méthode sociologique*, Internet : http://t.m.p.free.fr/textes/durkheim_rms_prefs.PDF. Également: É. Durkheim, [gr] *Les règles de la méthode sociologique*, Tr. K. Th. Papalexandrou, Ed. Aetos, 1949, p. 8-9.
[436] Latour et Woolgar, op. cit.

4.4. Les formes de l'interdisciplinarité et de l'interthématique dans l'éducation grecque

Nous considérons ici opportun, notamment avant d'approfondir à certains aspects de l'interdisciplinarité comme ceux qui vont apparaitre dans le chapitre 5, de présenter l'horizon de ce qu'est accepté comme interthématique pour aborder ensuite, dans la section 4.5., un exemple intégré d'interdisciplinarité géographique.

Dans le texte que nous avons développé ici, nous avons exposé plusieurs exemples de modèles et de cas qui sont caractérisés de contenu et/ou de forme provenant de plus qu'une discipline ou branche d'activité. Dans le cadre de l'approche interthématique nous pouvons considérer tous ces cas comme appartenant à la didactique interthématique. Tous ces cas sont aussi caractérisés d'une pluridisciplinarité parallèle ou croisée et parfois d'une interdisciplinarité authentique.

Nous considérons que les efforts que font les enseignants pour élargir l'objet de leur enseignement et pour l'illuminer de plusieurs angles différents, grâce à des parcours qu'ont suivis eux-mêmes ou de leurs expériences sociales personnelles et leurs vécus peuvent avoir un résultat positif à double face, tant pour l'éducation que pour eux-mêmes. Les formes de l'interdisciplinarité et de l'interthématique, déjà pratiquées et applicables dans l'éducation grecque peuvent être résumés comme suit :

1) L'encyclopédisme comme une action sur plusieurs niveaux qui tend de placer l'objet étudié dans un champ plus large de temps, de lieux, de personnages, d'activités et de renseignements, c'est-à-dire d'éléments qui ne sont pas actuellement « scientifiques » ;
2) La pluridisciplinarité comme approche simultanée et par juxtaposition de disciplines telles l'histoire et la géographie sans entrelacement des méthodes et des méthodologies de l'une et de l'autre dans la recherche d'une explication ou d'un mouvement vers une réduction ;
3) L'interdisciplinarité élargie / « activité interbranche » ou circumdisciplinarité comme approche simultanée ou complémentaire à travers d'activités intellectuelles comme p. ex. la physique et la peinture[437] ainsi que l'analyse des rapports de ces activités ou la zoologie et la peinture éponyme[438] même comme un simple effort pédagogique de décoration des moyens d'enseignement;
4) L'interdisciplinarité profonde (structuraliste, systémique et réductionniste) comme recherche de structures de fond qui régissent plusieurs catégories de « phénomènes » (= états d'apparence) et qui correspondent à plusieurs fonctions ;

---

[437] G. Skouras, [gr] « Physique et peinture », Colloque scientifique organisé par l'Union des Physiciens grecs et la Municipalité de St. Stéphanos (Attique), 17 et 18 novembre 2007.
[438] Voit Fig. 4.4. (1a, 1b).

5) L'interdisciplinarité élargie / inter-activité [439] pédagogique comme approche simultanée ou complémentaire de contenu organisationnel et/ou didactique à travers activités comme p.ex. la physique et la poésie ainsi que la mise en relief organisationnelle de ces activités par le truchement d'une exposition, d'une conférence ou d'une représentation théâtrale ;
6) La bi-disciplinarité / co-disciplinarité comme approche simultanée et parallèle à travers des disciplines séparées telles que la géographie et la statistique ainsi que l'analyse des rapports de ces disciplines ;

Fig. 4.4. (1a, 1b). La peinture de Max Ernst intitulée *Histoire naturelle* avait été proposée comme couverture du manuel scolaire de botanique-zoologie. Notre proposition a conduit les auteurs de ce manuel à chercher l'image d'un cadre-relief en céramique (matière inorganique) du céramiste grec Panos Valsamakis avec une représentation d'arbre et d'animal (matière vivante). [440]

7) La bi-thématique / biculturelle comme une transcription évidente du contenu d'un cours par les moyens d'une activité non-scientifique telle que l'animation théâtrale d'un dialogue qui analyse l'unité didactique d'un cours ou la représentation de l'ensemble d'un cours ou d'une leçon par le dessin d'images et de BD ;
8) L'approche interdisciplinaire dialectique et/ou dialogale comme une marche vers la reconnaissance d'une vision scientifique de la nature et de la société et ceci comme contrepoids aux dépositions de scientifiques inspirés de visions du monde théologisantes et spirituelles ou comme une juxtaposition avec des idées d'un humanisme ;
9) L'intradisciplinarité comme une nouvelle approche d'un chapitre traditionnel par les moyens d'autres chapitres, branches ou principes généraux du même champ cognitif/gnoséologique comme p.ex. l'application du concept de l'énergie à des questions qui traditionnellement sont étudiées sur la base de la notion de la force ;
10) L'intertextualité comme approche simultanée ou parallèle, par intervention, en

---

[439] J. Barda, O. Dusantes, J. Notaise, *Dictionnaire du multimédia,* Paris, AFNOR, 1995.
[440] M. Tsonou – Polatou, Communication personnelle, mars 2002.

complément ou complémentaire à travers des descriptions et des récits provenant, par exemple, de l'histoire de la science et des astuces des lieux dans le Monde, ainsi que
11) La textualité comme emploi de texte enrichi mais secondairement informatif et la mise du texte au service d'un idéal pareil qui atteint une poéticité à des tons expressifs, affectifs et, même, personnels ;
12) L'interdisciplinarité entendue comme un essai de contextualisation ou de re-contextualisation de divers chapitres et unités d'enseignement (leçons) dans un cadre de recherche de(s) traces (qui sont effacées) des luttes qui ont eu lieu pour le passage de la magie à la science ;
13) L'interspatialité / interculturalisme comme approche de révision et de complément à travers des éléments provenant d'autres espaces et cultures en dehors de la civilisation occidentale dominante (Méditerranée, Europe, Atlantique) ;
14) L'interdisciplinarité inter-sexe entendue comme approche de révision de « l'humain » comme dimension du sexe masculin et la mise en relief de la dimension féminine ;
15) L'interdisciplinarité subalterne entendue comme approche et mise en relief de la contribution des subalternes au mouvement des sociétés humaines qui comprend un vaste éventail de cas étendus des classes sociales opprimées jusqu'aux « seconds » de la recherche scientifique ;
16) La diachronie ou sa mise en doute comme éléments de recherche d'approches permanents ou en révision dans le cadre du mouvement historique (= des présupposes et des convergences) ou de simples chroniques (= événements) ;
17) Une approche interthématique au sens propre du terme comme une action didactique ponctuelle qui se fonde sur le thème sélectionnée avec des nuances qui sont en apparence hors thème ou mises – inévitablement – au service de l'encyclopédisme et qui pourraient être inspirées de toutes les autres approches ;
18) L'interdisciplinarité comme étude des dichotomies Nature / culture, monde / langage, Occident / Orient, travail / capital, religion / science, physique / métaphysique, savoir / réalité, école / société, école / frontistirio, σχόλη / σχολή, disciplines littéraires / disciplines scientifiques, création artistique / création scientifique, théorie / action, apprentissage / évaluation et beaucoup d'autres encore telles que langue / dialecte, ville/campagne, culture (comme partie fonctionnelle d'une civilisation) / folklore (comme élément dégénéré d'une civilisation), etc.

Nous devons mieux expliciter le dernier point 18.

Nous nous fondons sur l'approche que Bruno Latour, anthropologue connu pour ses recherches sur les conditions réelles de la production du savoir dans les milieux des spécialistes,[441] fait sur les rapports entre le monde et le langage. L'article de Latour[442] décrit les détails d'une expédition effectuée au Brésil et qui concernait l'étude des rapports entre l'avance de la forêt tropicale et la progression

---

[441] Br. Latour et St. Woolgar, *La Vie de laboratoire…*, op. cit.
[442] Br. Latour, « Le "pédofil" de Boa Vista – montage photo-philosophique », in *Petites leçons de sociologie des sciences*, Paris, La Découverte, 2006(1993), p. 171-225.

de la savane. Lequel de deux phénomènes était plus intense ? Quelles en seraient les traces de cette transition (forêt/savane) sur la composition du sol ? Il s'agissait en effet d'une recherche profondément interdisciplinaire, géographique et botanique, dont Latour, qui avait lui-même participé, observe les étapes successives et analyse les rapports (les textes) qu'ont été rédigés au terme de la recherche.

L'activité scientifique consistant, selon Bloomfield, en des « actes of speech »,[443] l'analyse sémiotique a permis à Latour de nous rappeler que

> « [l]a philosophie du langage fait comme s'il existait deux ensembles disjoints séparés par une coupure radicale et unique qu'il fallait ensuite s'efforcer de réduire par la recherche d'une correspondance, d'une référence, entre le monde et les mots [Fig. 4.4.(2).]». [444]

Latour passe ensuite, par <u>changement d'échelle</u>, à sa propre critique selon laquelle

> « [l]a connaissance [...] ne réside pas dans un face à face d'un esprit et d'un objet, pas plus que la référence ne vient designer une chose par une phrase ainsi vérifiée [...A]u contraire [...] à chaque étape un operateur [liant] matière [et] forme se distingue de l'étape suivante par une rupture et s'enchaîne en une série [d'operateurs] qui traverse la différence des choses et des mots ». [445]

Ce n'est pas ici une façon figurée (« ...changement d'échelle... ») de dire que Latour détaille sa pensée et procède à sa critique. Pour un géographe, qui sait que l'échelle ou le changement d'échelle re-présentent (ou occultent) la réalité, cette « micro-spatialité » par laquelle Latour étudie la « macro-opposition » entre le monde et le langage peut nous servir de modèle pédagogique plus large.

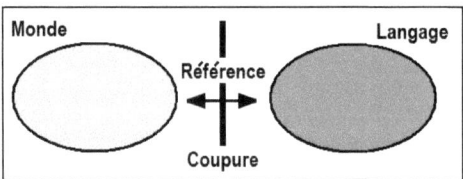

Fig. 4.4.(2). « La philosophie du langage fait comme s'il existait deux ensembles disjoints séparés par une coupure qu'il fallait réduire par la recherche d'une référence entre le monde et les mots ». D'apres Latour, *Petites leçons de...*, op. cit., p. 215.

Au point 18 et à plusieurs reprises dans notre texte nous évoquons les dualités qui interviennent dans l'éducation (et la société) comme éléments de l'approche interthématique / interdisciplinaire. Entendues comme « interfaces »

---

[443] L. Bloomfield, *Linguistic aspects of science* (International Encyclopedia of Unified Science), v. 1, n° 4, Chicago, Ill., The University of Chicago Press 1974[11](1939), p. 1.
[444] Br. Latour, *Petites leçons de sociologie des sciences*, op. cit., p. 215.
[445] Br. Latour, *Petites leçons de sociologie des sciences*, op. cit., p. 216.

ou « coupures » laissées pour compte dans les mains de la pédagogie actuelle, ces dualités, avec beaucoup d'autres (Fig. 4.4.(3).) telles que celle entre le monde et le langage, que nous avons approchée grâce à l'analyse de Bruno Latour, ne doivent pas être simplement considérées comme oppositions globales. Leur recherche pédagogique, doit avoir lieu par un changement d'échelle qui, dans une nouvelle micro-spatialité, pourra re-présenter les vraies conditions sociales, cognitives, disciplinaires et gnoséologiques qui aideront à la compréhension du surpassement du contenu globale de leur opposition. L'approche micro-géographique et micro-historique, sociale et culturelle, devient une nouvelle pedagogie. En Grèce, nous avons connu la coupure ou l'opposition sociolinguistique de *katharevousa/ démotique* qui, tout en représentant un « biculturalisme » global (État/société, droite/gauche, administration/littérature…), a dû être confrontée par une pédagogie de micro-échelle (phonétique, grammaire, lexique…).

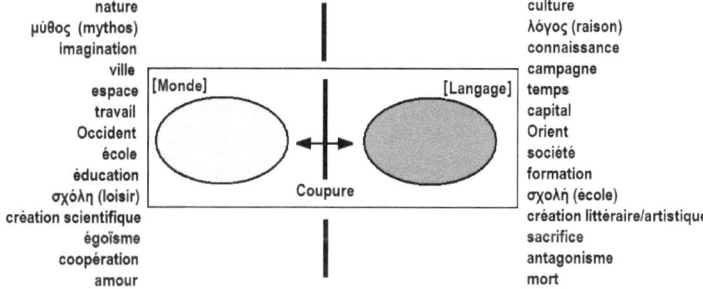

Fig. 4.4.(3). Le modèle de l'opposition monde/langage constitue un exemple pour la recherche interthématique et interdisciplinaire de l'essence de plusieurs coupures.

Combien théorique et extrascolaire parait, dans la fig. 4.4.(3)., la référence à l'opposition « amour/mort ». Et pourtant. La vie d'innombrables femmes dans le monde – viols et meurtres de femmes, filles et sœurs tuées pour l'« honneur de la famille », la grossesse hors mariage et l'infanticide féminin comme élimination du nouveau-né, des morts survenant lors de l'accouchement ou juste après – ne se définit pas simplement par l'opposition théorique « Eros/Thanatos » mais, pour ces femmes, l'amour et la mort deviennent les deux faces d'une même médaille « micro-géographique » et « micro-historique ». (C'est pour cette raison que, en essayant de mettre en relief, à titre d'exemple, le potentiel interdisciplinaire de la géographie de la population, nous la considérons comme la branche scientifique de *l'étude de l'inégalité* dans la vie, devant la mort et dans les océans des rapports humains et sexuels)[446].

---

[446] « 5.3. Nous vivons presque tous sur le rivage: l'approche interdisciplinaire de la géographie de la population (GP) comme modèle d'interdisciplinarité des enseignements ». La « géographie féminine de la mort » est vraiment horrible. Selon une étude coordonnée par *TrustLaw*, une entité de la Fondation Thomson Reuters, cinq pays, avec en tête l'Afghanistan, constituent une « aire » très

Les deux concepts 1) celui de l'interdisciplinarité (qui, dans certains cas, peut être conçue comme une interactivité [cf. 5)] en haut), dont l'importance doit être considérée comme primordiale et 2) celui de l'interthématique – comme il figure dans le sous-titre de ce travail – recouvrent tous les autres concepts. En tous cas, dans une première approximation nous proposons la conjonction didactique suivante, où, évidemment, les termes utilisés (analyse interdisciplinaire, synthèse interthématique) nécessitent à chaque cas une explication concrète.

1. *CONJONCTION DIDACTIQUE* PROPOSÉE DANS LE CADRE DE L'INTERDISCIPLINARITÉ/INTERTHÉMATIQUE	
Préparation du cours par une analyse interdisciplinaire.	Présentation du cours par une synthèse interthématique.

Enfin il est utile de nous exprimer ici sur les deux aspects complémentaires de notre démarche : Il s'agit, d'une part, de l'aspect *pédagogique*, et d'autre part de celui *culturel*. Nous les traitons de « complémentaires » du fait que, selon notre avis, ils constituent les deux aspects de la même monnaie éducative. Le cadre interdisciplinarité/ interthématique devient un outil pour une nouvelle relation de l'enseignant 1) avec la société et 2) avec la production et la vulgarisation du savoir.

2. *CONJONCTION ÉDUCATIVE* PROPOSÉE DANS LE CADRE DE L'INTERDISCIPLINARITÉ/INTERTHÉMATIQUE	
Relation de l'enseignant avec le savoir et l'information.	Relation de l'enseignant avec l'autoformation et l'enseignement.

Dans ce cadre, en sortant de sa propre spécialisation, l'enseignant non seulement 1) s'engage dans un domaine social et professionnel mais aussi 2) exerce un droit social et culturel. Ce droit d'un coté 1) sous-entend sa propre autoformation tandis que de l'autre coté 2) il exprime sa participation au devenir social. ...Mais qu'est-ce que nous serions censés faire au cas où les femmes souliotes auraient préféré (dans les esprits de nos jeunes) de se jeter dans les eaux troubles du lac de Loch-Ness, un peu plus loin des rivages de Missolonghi ?

---

dangereuse pour les femmes. La République démocratique du Congo, le Pakistan, l'Inde et la Somalie suivent dans ce classement mondial établi sur des critères allant des mariages forcés, des viols et des mutilations génitales jusqu'au risque que court une femme de mourir lors d'une grossesse ou en donnant naissance à un enfant. *Le Monde*. 15 juin 2011.

4.5. Plongeons le monstre de la thématique encyclopédique et de la didactique « pluraliste » dans le lac de Loch Ness

Nous considérons ici opportun d'aborder la problématique du thème d'une manière ironique et pédagogiquement agressive.

En 2007, 453 086 surfers ont consulté la page électronique très visitée *YouTube* et ont suivi une des dernières apparitions du monstre du Loch Ness.[447] Il s'agit, en l'occurrence, d'un cas de « géographie mystique », c'est-à-dire où le repérage d'un « évènement » mythique, légendaire ou surnaturel se prête à la vérification d'éléments. Les moyens d'un tel processus de « vérification » et de divulgation de ses éléments se sont multipliés de nos jours.

Nous allons nous pencher ici sur la matière pédagogique, exemplaire au point de vue interdisciplinaire qui est offerte par Robert Craig, depuis des années, dans son effort pour démontrer que le monstre du Loch Ness n'existait pas.[448] Ce chercheur britannique aborde le sujet en exprimant son étonnement. Comment se peut-il qu'à notre époque, après cinquante ans de recherches (c'est-à-dire plus de 80 ans aujourd'hui) il ne soit pas possible de repérer avec certitude l'*animal* (plutôt *monstre*, d'apres la definition) en question. De plus, Graig fait remonter à la surface une ancienne hypothèse d'interprétation des apparitions du monstre qu'avait émise un enseignant local, un instituteur du primaire. Selon cette hypothèse, il s'agirait de troncs d'arbres qui émergeraient à la surface du lac.

Fig. 4.5.(1). Le monstre du Loch Ness émerge du lac.
Un carré du film monté au site web «YouTube».

Mais comment cela se fait-il ?

---

[447] Visite du site web le 12 avril 2008. Origine du document TTK Turkiye, une chaîne TV turque.
[448] R. Craig, "Loch Ness : The Monster Unveiled", *New Scientist*, 5 August 1982, p. 354-357.

Dans une première phase, l'article signale que jadis, les apparitions de monstres « avaient lieu » dans de nombreux lacs d'Ecosse qui en compte 500. Ces dernières années, celles-ci se sont limitées à trois seulement dans des lacs qui ont, comme point commun, leur grande profondeur : le Loch Tay, le Loch Ness et le Loch Morar. La profondeur du Loch Ness est de 250 mètres. La notion de grande profondeur joue un rôle déterminant dans la démarche démonstrative de Craig car la grande profondeur correspond à une forte pression hydrostatique dont nous allons voir plus loin l'importance. Les 250 mètres donnent une pression de 25kg (poids)/cm^2.

Continuant son argument, Craig rappelle que, ces dernières années, suite à la découverte de gisements de pétrole dans la Mer du Nord, on a soutenu que les apparitions du monstre devaient être des explosions de rafales de grosses bulles d'air. Cependant, cette hypothèse a été abandonnée lorsque la rumeur a couru selon laquelle des objets longs et étroits apparaissaient et qui ressemblaient à des poteaux électriques. Cette donnée conduit à la révision de la question avec pour élément essentiel, l'espèce d'arbres qui se trouvent au bord des lacs. Il s'agit de pin sylvestre (Pinus sylvestris) qui sont des arbres pouvant atteindre 40m de haut et s'engloutissent dans les lacs quand ils vieillissent.

Fig. 4.5.(2). Une hypothèse d'interprétation des « apparitions» du « monstre» de Loch Ness soutient qu'il s'agirait d'émersions de troncs d'arbres qui ont coulé et sont restés au fond du lac de longues années. (I.) Le tronc a coulé. (II.). Il reste sur le fond du lac où (III.) il forme des « boursouflures » pleines de bulles de gaz (méthane) produit par la putréfaction. Le gaz est protégé par les résines. La putréfaction rend le tronc plus léger (IV.). Il monte sous l'effet de la poussée d'Archimède. Il s'agit de l'apparition du monstre. Sous la pression atmosphérique, qui est beaucoup plus petite que celle dans le lac, les gaz explosent et le tronc disparaît pour toujours.

Ces arbres se trouvent autour des trois lacs profonds – Tay, Ness et Morar – contrairement au Loch Lomond, profond lui aussi, mais qui n'est pas entouré de cet espèce de conifères et ne « produit » pas de monstres puisque ces pins à résines, phénols et sucres divers ne coulent pas dans ce lac.

Une série de réactions chimiques qui a lieu à l'intérieur des troncs immergés provoque la production de gaz formant des vésicules et des boursouflures tandis qu'en même temps, le poids du tronc diminue en raison de l'altération de sa matière. Le tronc commence alors sa remontée vers la surface.

L'émersion à la surface ne s'effectue pas de façon absolument régulière. D'après les calculs de Craig, à 60 mètres de profondeur, c'est-à-dire après une montée de 100 ou 150 mètres, la pression intérieure retenue par les vésicules et sous laquelle elles s'étaient formées, est plus importante que la pression à 60, 50, …, 0 mètres.

« *Voilà le monstre* ! »

Le tronc atteint la surface. Les vésicules éclatent, le tronc replonge dans l'eau...

Une synthèse cohérente de savoirs de géologie, de géographiephysique, de géographie végétale, de physique et de chimie a ainsi conduit à une hypothèse d'interprétation plausible des « apparitions » du « monstre ». Comme nous le voyons, celle-ci soutient qu'il s'agit d'émersions de troncs qui ont coulé et sont restés pendant de longues années au fond du lac. Ce qui explique, d'ailleurs, la raison pour laquelle les troncs ne restent pas immuablement à la surface afin qu'ils puissent être examinés en tant que tels et repérés [voir Fig. 4.5. (2).].

Il est évident que dans ce cas d'analyse interdisciplinaire bien que n'appartenant, peut-être, à aucune discipline distincte, se développe sur un axe d'interprétations de niveau supérieur *en relation avec le contrôle de l'occultisme et de divulgations irrationnelles incontrôlables de situations surnaturelles et miraculeuses*. Visiblement, il s'agira d'objectifs dotés d'un souffle supérieur au sein d'un système éducatif. Malheureusement, de manière générale, les disciplines particulières ne prennent pas en charge, une telle tâche d'*enlightenment*.

Pour chaque tentative de fondement interdisciplinaire et interthématique, la rénovation des matières cache divers dangers : alors que, par exemple, la recherche interdisciplinaire peut contribuer à la recherche de ce qui constitue l'essence d'un objet en cours d'étude, l'enseignement correspondant ne peut se libérer, éventuellement, du niveau d'un encyclopédisme pluridisciplinaire, superficiel et désorientant. <u>La surface de l'objet-thème enseigné sera éclairée sur plusieurs côtés sans approcher son essence</u>. L'interdisciplinarité aboutira ainsi « à un amalgame laxiste »[449].

Tout encyclopédisme « représente une menace directe pour l'instruction et l'enseignement [puisqu'] il comporte en lui le danger que l'élève reste limité de façon unilatérale et abusive uniquement dans la matière au programme ».[450]

Notre position est que l'interthématique ne doit être appréhendée, en aucune façon, comme une forme éducative moderne d'un encyclopédisme masqué. Le but de l'interdisciplinarité plus étendue et, dans une certaine mesure, de l'interthématique ponctuelle devrait être la recherche et la mise en œuvre d'un objectif prédominant. Ces actions devraient résulter d'une coordination de concepts de niveau supérieur au-dessus et au-delà de la problématique et de la hiérarchisation des visées de matières distinctes scolaires ou/et disciplines.

Nous pouvons signaler plusieurs autres exemples.

Au sein du « nouvel » espace que nous avons vu, délimité par les relations de la physique et de la parapsychologie, un auteur britannique[451] avait signalé que les instruments de mesure utilisés pour que les manifestations surnaturelles puissent être crédibles, ne sont pas fiables. Par exemple, l'E-meter, le psychomètre électrique dont il a été fait une assez grande publicité, n'est qu'un ohm-mètre qui calcule la résistance du corps humain et dont, évidemment, les indications se modifient selon l'humidité des mains de la personne mesurée qui tiennent les pôles.

---

[449] G. Hugonie, op. cit. 1992, p. 91.

[450] J. Engert, [gr] « Encyclopédisme », *Grande Encyclopédie Pédagogique*, deuxième tome, 1964, Ellinika grammata, p. 291.

[451] Chr. Evans, *Kulte des Irrationalen*, Rowoht, 1976, ch. 4.

Ceci ne veut pas dire que les modifications quant à la résistance révèlent l'état psychique. Dans le livre, sont examinés également quelques autres instruments scientifiques-parapsychologiques comme le dynamisateur, le réflexophone etc... Néanmoins, les manuels et les ouvrages scientifiques de physique ne s'attellent à ces « hérésies » dans le cadre de l'enseignement de ce genre de questions (Loi de Ohm).

Ni les célèbres « anastenaria »[452] qui ont lieu dans le village de Sainte-Hélène dans le département de Serres, en Macédoine (Grèce) auxquels participent de danseurs croyants, les anastenarides (singulier : *anstenaris*), ne sont expliqués dans les livres scolaires. Est-ce la foi des danseurs qui les protège de brûlures aux pieds quand, la veille de la Saint Constantin et Sainte Hélène (le 21 mai), ils continuent sur des charbons ardents, la danse qu'ils avaient commencée nu-pieds sur un terrain normal. Voyons ce cas.

Dans la dernière partie (17e) de son livre[453] connu dans lequel, comme dans les autres, l'écrivain Michael Shermer examine le mysticisme, reprenant dans celui-ci le titre de son livre, il se demande pourquoi les gens insistent *vraiment* dans leur foi en l'irrationnel. Il se réfère, sur ce point, – et c'est une coïncidence intéressante pour le l'enseignant grec – aux « anastenaria » de mai 1996 au cours desquels il a marché, lui aussi, sur des charbons ardents bien qu'il ne soit ni croyant ni pratiquant.

Nous pouvons nous rappeler, ici, les traces de vapeur des larmes qui coulaient des yeux de Michel Strogoff lorsqu'il voyait sa mère, pour la dernière fois. Ces larmes l'ont protégé de la cécité qu'aurait provoqué « la lame incandescente [qui] passa devant ses yeux » de la même façon, la sueur protège la plante des pieds des anastenarides, du village de Sainte-Hélène de Serres.

Comme un bon maître-interthématiste, Jules Verne nous explique :[454]

« Michel Strogoff n'était pas, n'avait jamais été aveugle. Un phénomène purement humain, à la fois moral et physique, avait neutralisé l'action de la lame incandescente que l'exécuteur de Féofar avait fait passer devant ses yeux [...]. La couche de vapeur formée par ses larmes, s'interposant entra le sabre ardent et ses prunelles, avait suffi à annihiler l'action de la chaleur ».

Et pour développer pleinement sa pensée interthématiste, Jules Verne conclut :

« C'est un effet identique à celui qui se produit, lorsqu'un ouvrier fondeur, après avoir trempé sa main dans l'eau, lui fait impunément traverser un jet de fonte en fusion ».

*

---

[452] Activité consistant à marcher sur des charbons ardents, des pierres brûlantes ou des cendres chaudes sans se brûler la plante des pieds.

[453] M. Shemer, *Why People Believe Weird Things*, New York, Freeman & Company, 1997, p. 273.

[454] Extraits de: Michel Strogoff: Moscou-Irkutsk, by Jules Verne, Rendered into HTML on Saturday July 19 14:44:16 CST 2003, by Steve Thomas for The University of Adelaide Library Electronic Texts Collection. Internet : http://ebooks.adelaide.edu.au/v/verne/jules/v52ms/index.html. Nous avons souligné les points d'intérêt interthématique.

Nous avons évoqué deux fois dans ce chapitre le nom de Jules Verne... Et si l'imagination était plus importante que la connaissance, comme l'affirmait Albert Einstein ?

Dans une interview,[455] Gilbert Durand, un des précurseurs des recherches sur l'imaginaire, déclare :

> « [N]otre civilisation est empreinte d'un réductionnisme rationaliste. Il n'y a que peu de temps que l'imaginaire fait l'objet d'une interrogation systématique et approfondie ».

Élève de Gaston Bachelard, Durand évoque en même temps les travaux de Gerard Holton selon lequel c'est « l'imaginaire des savants [qui] détermin[e] leur représentations de l'objet d'étude, donc leur méthode, donc leur résultats ». Ayant constitué un répertoire des constellations des « images humaines », Durand a aussi intégré les apports de plusieurs disciplines dans une synthèse interdisciplinaire anthropologique – « la science de l'homme » au singulier , selon lui-même – pour ainsi arriver à une cartographie complète de l'imaginaire.

Nous n'avons pas laissé à côté l'imaginaire dans nos approches interthématiques qui suivent.

---

[455] Philippe Cabin, [Propos recueillis par :], « Une cartographie de l'imaginaire – Entretien avec Gilbert Durand », *Sciences humaines*, no 90, janvier 1999, p. 28-30.

5. L'interthématique scientifique aux confins de la géographie des structures, des cultures et des sociétés

> *PHÈDRE*
> Nous sommes bien toujours sur le rivage de la mer ?
> *SOCRATE*
> Nécessairement. Cette frontière de Neptune et de la Terre, toujours disputée par les divinités rivales, est le lieu du commerce le plus funèbre, le plus incessant...
> Paul VALERY, *Eupalinos*.

[456] 5.1. Des lignes spectrales des sciences naturelles et physiques projetées sur la terre et ses sociétés

« Tout rapport social, est aussi un rapport avec la nature »

Henri LEFEBVRE (1901-1991)
Méthodologie des sciences[457]

Si, selon Massey, « la question de la conceptualisation de la nature est indissolublement liée avec la forme et l'ordre sociaux »,[458] comme nous l'avons vu, parler de la nature et en donner une description, comme l'affirme Mick Gold, est aussi une leçon de géographie sur la société elle-même. Encore plus, étudier les représentations de la nature est une leçon de morale.[459]

Nous abordons ici les représentations qui ont été très populaires au cours de ces dernières décennies dans les sociétés modernes. Nous savons que Carl Sagan (1934-1996) a apporté, il y a quelques années, peu avant sa mort, une importante contribution par son ouvrage *The Demon-Haunted World*[460] paru en 1995. Dans le premier chapitre, il procède à un bilan géographique courageux, recensant de pays en pays l'image mondiale déplaisante de l'adhésion à l'irrationalisme. L'auteur se montre, du reste, particulièrement critique vis-à-vis de son pays, les E.-U., mais également envers « sa patrie intime », la Science.[461]

Durant de nombreuses années, grâce à l'« officialisation » qui est offerte par la presse et les autres médias, ainsi que par le cinéma, un certain état d'adhésion collectif à certains aspects de la nature voit le jour. Avec les inoffensifs (?) signes zodiaques, cet état s'accompagne d'une inertie face au flux de l'occultisme alors que l'irrationnel se répand dans la société grecque comme dans beaucoup d'autres.

Des sujets toujours prisés (tels la signification des rêves et les fonctions intuitives) et des questions auxquelles la localisation géographique accorde une certaine vraisemblance (tels que le monstre du Loch Ness et le Triangle des Bermudes) s'inscrivent dans la thématique correspondante ; laquelle, du reste, lorsque l'histoire et l'archéologie ne suffisent pas (Atlantide, Pyramides), s'est enrichie des recherches sur l'intelligence extraterrestre et la reconnaissance des soucoupes volantes-OVNI[462], la vérification expérimentale de la perception extrasensorielle (ESP) et, à un certain stade, le classement des photos Kirlian.

---

[456] [Note de la page précédente] Paul Valéry, « Eupalinos » in *Eupalinos, L'Ame et la danse, Dialogue de l'arbre*, Paris, Gallimard, 1945, p. 64.
[457] H. Lefebvre, *Méthodologie des sciences*, Paris, Ed. Anthropos, 2002, p. 122.
[458] D. Massey, "Introduction: Geography Matters", op. cit. p. 10, voir ici même 3.6.
[459] Mick Gold, "A history of nature" op. cit. p. 12.
[460] C. Sagan, *The Demon-Haunted World*, New York, Random House, 1995, p. 22.
[461] C. Sagan, op. cit., p. 22.
[462] Il est très intéressant que le *Monde diplomatique* consacre cinq pages constituant un dossier sur l'idéologie, la culture, la science et la politique de (ou : contre) l'obscurantisme ayant affaire aux « extraterrestres ». *Le Monde diplomatique*, juillet 2009, p. 11-15.

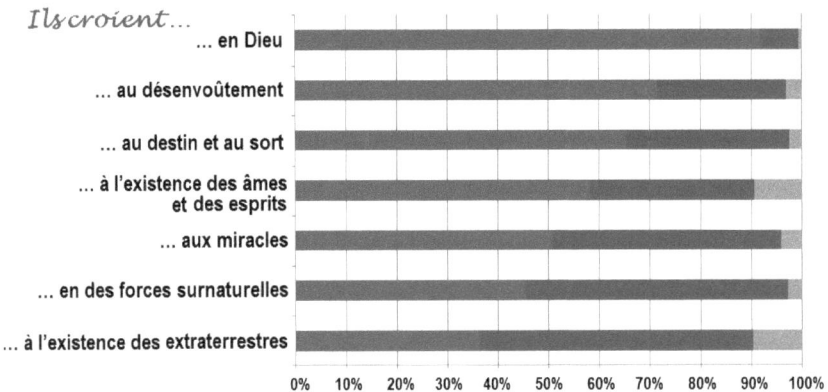

Fig. 5.1.(1). Beaucoup de croyances irrationnelles sont ancrées dans l'âme du peuple grec.

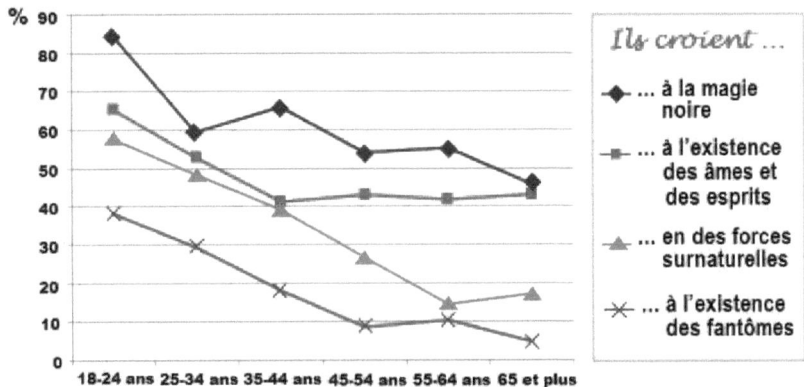

Fig. 5.1.(2). Les jeunes grecs constituent dans la population hellénique un groupe d'âge à des idées très rétrogrades.

Dans ce contexte, il semble que la physique *elle-même*, au discours presque toujours convaincant et irréprochable, et les physiciens, habituellement représentants fiables du rationalisme, s'incorporent au « monde des esprits ». Certains auteurs différencient bien sûr leur position, soit en rappelant le jeune âge de la science physique – et par conséquent combien elle est vulnérable aux maladies infantiles – soit en ayant recours à une « géographie » (= présentation de la répartition géographique) des cas correspondants et des informations induites.[463]

Assez récemment, des lieux mythiques, tels que les « patries perdues » de l'hellénisme, ont acquis des « lettres de magie ». La très regrettée Smyrne (Izmir) a séduit, il y a quelques années, avec ses magiciennes.[464] Il semble que la « géographie », en tant que localisation, comme nous l'avons dit, à travers l'usage de symboles géographiques/géopolitiques et « poléographiques » éternels, aide à promouvoir, non seulement des idéaux territoriaux mais également d'autres genres, ainsi que l'attestaient les ventes figurant pendant assez longtemps dans les bulletins bibliographiques.[465] On n'ignore pas que la littérature et l'art en général, qui peuvent et doivent enrichir la pédagogie interthématique – comme nous l'avons déjà affirmé – ne se situent pas loin des chemins « magiques » de la pensée.[466] Comme l'affirmait, il y a plusieurs décennies, Bertold Brecht, « la superstition chez les artistes est une survivance intéressante dans notre siècle scientifique ».[467] Quant à l'interthématique, soulignons que, au lieu d'être, par une pédagogie plutôt lâche, un vecteur d'une tradition spiritualiste ou de la pensée métaphysique, elle pourra soutenir une vue objective du réel par la raison (comme seul moyen de connaissance du réel) sans s'éloigner de la philosophie, de la littérature et de l'art.

C'est en effet une grande opportunité pédagogique, celle qui est offerte par l'interthématique et par des véhicules naturels ou des encadrements concrets tels que la géographie (et/ou l'histoire), de pouvoir « interdiscipliner » dans l'espace (et dans le temps) des connaissances qui, autrement, resteraient disparates.

Mais pourquoi s'occuper de ces aspects de la pédagogie dans la société grecque ?

---

[463] Un supplément mensuel du quotidien grec *To Vima*, intitulé *La tribune des idées* (avril 2010) est consacré à la question très actuelle de l'héritage des Lumières. Dans un des articles, le professeur Stéphane Trahanas, physicien à l'Université de Crète, procède à une critique acerbe de la géographie qui est propagée dans la société grecque (Triangle des Bermudes, Pyramides, etc.) et qui est, malheureusement, soutenue, selon Trahanas, aussi par des universitaires. Sa conclusion : « Il n'existe pas de doute que nous nous trouvons devant un recul massif de la science et de la mentalité scientifique en tant qu'éléments de base de l'éducation générale des citoyens ». Stéphane Trahanas, « En défense de la science », *To Vima*, *La tribune des idées*, 36, avril 2010, p. 12, 13.

[464] M. Meïmaridi, [gr] *Les magiciennes de Smyrne*, Ed. Kastaniotis, 2001.

[465] Ce titre a vendu 350 000 exemplaires, presque autant que le fameux roman intitulée *Terre de sang* de Dido Sotiriou (Confluence-Hatier, 1996) sur la Smyrne de 1922-23, vue de deux cotés, turc et grec. Très connu aussi en Turquie il est considéré comme le roman le plus lu en Grèce – 369 000 exemplaires jusqu'à juin 2008. (Informations provenant des maisons d'édition, juin 2008).

[466] B. Anger, *Littérature et expérience spirituelle*, Université Catholique de l'Ouest – Cahiers du centre interdisciplinaire de recherche en histoire, lettres et langues (CIRHiLL), 1996.

[467] B. Brecht, *Sur le réalisme*, Paris, L'Arche, 1970.

Une enquête relativement récente[468] réalisée en Grèce montre que beaucoup de croyances irrationnelles sont ancrées dans l'âme du peuple grec (voir Fig. 5.1.(1).). Mais ce qui est très intéressant est le fait qu'au sein de la population juvénile se manifestent des tendances métaphysiques à des pourcentages inquiétants (voir Fig. 5.1.(2).). L'école grecque ne peut pas se féliciter de ces trouvailles. En commentant une autre enquête, le Professeur Georges Prévélakis, dit[469] : « Les résultats de l'enquête révèlent une société ayant des sentiments d'insécurité, qui est conservatrice et effrayée ». Nous sommes d'avis que ceci s'applique également aux résultats de l'enquête précédente qui n'est pas sans rapport avec la situation signalée par le professeur de philosophie, Eftychis Bitsakis, il y a bon nombre d'années dans un article, sur la crise idéologique de la société grecque : [470]

> « Ces dernières années, on observe dans notre pays une poussée du mysticisme et de l'irrationnel. Athènes, la ville de la déesse de la Sagesse, est envahie par les médiums, les mages, les exorcistes et autres thaumaturges. [Cette] poussée constitue la manifestation – dans la pratique quotidienne et plus largement dans la superstructure – de la crise de la société grecque ».

TABLEAU 5.1.(1). RÉSULTATS DU SONDAGE DE RATIONALISME ET DE PHYSIQUE EFFECTUÉ EN JUIN 1985 PAR LA *SOFRES* ET PUBLIE À *S&A*[471]

	Questions	VRAI	FAUX	SANS RÉPONSE
	[posées à 1009 personnes]	Réponses en pourcentage (%)		
1	Le soleil tourne autour de la Terre.	25	70	5
2	Pensez-vous que la science pourra rendre les hommes immortels ?	9	87	4
3	Vous-même, croyez-vous que des extraterrestres se sont déjà manifestés sur la Terre ?	21	68	11
4	Croyez-vous que des voyantes et des voyants puissent vraiment prédire l'avenir ?	22	72	6
5	Vous êtes dans un wagon clos dans un train qui roule à 150km/h. C'est sa vitesse de croisière. Vous jetez une boule en l'air verticalement, Où cette boule va-t-elle retomber ?	Devant vous ?		9%
		Dans votre main ?		40%
		Derrière vous ?		35%
		[SANS OPINION]		16%

N'oublions pas que bien longtemps auparavant, le philosophe italien Ludovico Geymonat exprimait des réflexions analogues en évoquant les magiciennes de Rome, tandis que des faits similaires avaient lieu dans d'autres pays. Le nom de Georges Charpak, prix Nobel de physique de 1992, est actuellement lié en France avec la dénonciation des « magiciens », dans ce climat de diffusion des pratiques

---

[468] Sofia Tsiligianni, [Gr] « En quel Dieu croyons-nous ?», *Tahydromos*, 19 mars 2005, p. 36-43. Kapa Research, 841 ménages grecs, 7 fevrier 2005. Les règles ESOMAR y sont appliquées. Pour avis scientifique, le Professeur A.-I. D. Metaxas.
[469] G.-S. Prévélakis, « Greek Blues», *I Kathimerini*, 28 decembre 2008, p. 6.
[470] E.I. Bitsakis, [gr] «La crise idéologique et l'irrationnel», *Ta Nea*, 13 oct. 1983.
[471] *Sciences et Avenir*, Hors série, n⁰ 56, op. cit.

magiques, occultes ou paranormales qui a été, selon Charpak, curieusement rapide.[472] Certes, selon Jacob Bronowski, l'homme est un animal dont la marche scientifique est irréversible,[473] mais dans un cadre de négation, dans les sociétés, de valeurs telles que le rationalisme, un devoir pédagogique s'impose : combattre toute espèce d'idéologie anti-Lumières[474].

Ayant focalisé notre attention sur un tournant « métaphysique » qui s'est opéré au début des années '70 et lié au principe dit *anthropique* (voir plus loin dans ce chapitre), nous avons cherché dans notre archive certaines publications et documents remontant à cette époque. Bien évidemment, ils concernent plusieurs pays. On connaît, par exemple, les « illusions au pays des Lumières » de l'époque de départ pour notre analyse (1975-1985). La revue française de vulgarisation scientifique *Sciences et Avenir*,[475] avec le soutien du CNRS, avait confié à la SOFRES la réalisation d'un sondage sur la percée des « sciences parallèles » dans la population française. Onze millions de Français pensaient que le soleil tournait autour de la terre. [476] Les cinq questions posées sont échelonnées de façon exemplaire, de la géographie élémentaire (question 1) jusqu'à la physique de base (5), en passant par des points renvoyant à un certain (ir)rationalisme biologique. Ci-après les résultats du sondage [voir Tableau 5.1.(1).]. La question est toujours d'actualité. [477]

Comme il apparaît dans une enquête de cette époque, de curieuses tendances métaphysiques se manifestent[478] au sein de la population des élèves du Royaume Uni. Plus précisément :
- 40% des élèves croient aux fantômes et aux esprits,

---

[472] Parmi d'autres titres : G. Charpak, H. Broch, *Devenez sorciers, devenez savants*, Paris, Ed. Odile Jacob, 2002.
[473] J. Bronowski, *Magic, Science, and Civilization*, New York, Columbia University Press, 1978, p. 2.
[474] Z. Sternhell, *Les anti-Lumières. Du XVIIIe siècle à la guerre froide*, Fayard, 2006.
[475] *Sciences et Avenir*, Hors série, n⁰ 56 [1985].
[476] S. Deligeorges, « L'irrationnel face à la science », *Sciences et Avenir*, op. cit. p. 6.
[477] Par référence à un article publié dans les Cahiers de Institut International de Recherches et d'Explorations [...] et signé par Olivier Justafré, Umberto Eco pose, lui aussi, par son propre article de vulgarisation scientifique, la question pleine d'ironie si « la terre tourne autour du soleil ». La conclusion de l'article d'Eco est que « les lumières n'ont pas dissipé les ténèbres ». C'est l'occasion pour cet esprit universel qu'est Eco de nous rappeler l'enquête ci-dessus qu'avait eu lieu en France. Voir O. Justafré « La terre tourne-t-elle autour du soleil ? La réfutation du système héliocentrique en France durant les XIXe et XXe siècles », Les Cahiers de l'Institut [I.I.R.E.F.L.], n°4, 2009, [« Institut International de Recherches et d'Explorations sur les Fous Littéraires, Hétéroclites, Excentriques, Irréguliers, Outsiders, Tapés, Assimilés, sans oublier tous les autres... » (sic)]. U. Eco « C'è chi gli gira il sole », *Espresso*, 28 gennaio 2010, p. 154. Internet : http://espresso.repubblica.it/dettaglio/ce-chi-gli-gira-il-sole/2119770/18.
[478] *The Times Educational Supplement*, 22 sept. 1978. Informations éducatives republiées dans *Nea Paideia*, 9/1979, p. 122, par nos soins. Des enquêtes plus récentes montrent toujours que les enfants sont intuitivement déistes/théistes : D. Kelemen, « Are Children "Intuitive Theists"?: Reasoning About Purpose and Design in Nature », in *Psychological Science*, Volume 15, Number 5, May 2004, pp. 295-301(7).

- 60% lisent régulièrement leur horoscope et
- 30% considèrent que les soucoupes volantes existent réellement.

Par ailleurs, beaucoup de scientifiques américains expriment leur inquiétude en rapport avec le très grand nombre d'adolescents de ce pays qui croient au « paranormal »[479]. Un sondage a révélé que :
- 69% des jeunes croient aux « esprits », et
- 59% à la perception extrasensorielle.

Parallèlement, le taux des fidèles de l'astrologie parmi les jeunes, évalué à 40% en 1978, atteint 55% en 1984. Pour cette raison, le président d'une Commission de Contrôle du Paranormal, fondée à cette époque aux E.-U., soutenait que dans un premier temps, il faudrait exiger des journaux et des magazines publiant des horoscopes qu'ils apposent une étiquette d'avertissement dans la rubrique des horoscopes : « *l'astrologie peut nuire à votre vie* », tout comme le tabac.[480] D'autre part, un grand nombre de scientifiques parle ouvertement de « l'imposture de l'astrologie »[481] et du mysticisme qui semble « assiéger la planète ».[482] Haris Varvoglis, professeur d'astronomie à l'Université Aristote de Thessalonique, plutôt mieux versé que les astrologues, rappelle que :

> « de nos jours, durant la période du 21 mars au 20 avril, le soleil se trouve dans la constellation des poissons et non dans celle du bélier, comme les horoscopes le mentionnent ».[483]

Les « Béliers » et les « Poissons », au moins, ont toutes les raisons de ne pas croire leur horoscope.

Néanmoins, les astronomes ont beau parler de l'imposture de l'astrologie, ils demeurent moins nombreux que les astrologues. Sergheï Kapitza, également physicien, fils du prix Nobel Pëtr Kapitza, cite dans un article le grand adversaire de l'irrationnel, Carl Sagan, qui lui avait déclaré :[484]

---

[479] Cf. «Astrology Can Damage your Life», in *New Scientist*, 15 Nov. 1984, p. 9. La notion du « paranormal » recouvre le domaine entier des « parasciences ». Il y en beaucoup: La para-archéologie, la para-astrobiologie, la parabiologie, la parabotanique, la parageologie, la parageométrie, la parahistoire, la paraphysique, la parapsychologie, la parazoologie. Qu'on tienne compte du fait que la paraphysique « développe des théories sur le continuum entre psychisme et matière ». *Sciences humaines*, 53/ août-sept., 1995, p. 33. Pour la parageographie on se sert du terme de *géographie mystique*. Pour les 830 entrées thématiques du *Dictionnaire des miracles et de l'extraordinaire* (P. Sbalchiero, [Sous la direction de:]), Paris, Fayard, 2002 prennent part 230 scientifiques et parascientifiques. Voir P. Briel, «Quand les scientifiques se mêlent d'étudier les miracles chrétiens », *Le temps* [Genève], 26 déc. 2002, p. 1-3.

[480] «Astrology Can Damage ...», op. cit.

[481] H. Varvoglis, [gr] « L'imposture de l'astrologie », *To Vima*, 19 jan. 2003.

[482] M Antoniadou, « La planète assiégé par le mysticisme », *To Vima*, 5 jan. 2003.

[483] H. Varvoglis, op. cit.

[484] S. Kapitza, S., (1991) «Antiscience Trends in the U.S.S.R.», *Scientific American*, August 1991, p. 18-24.

« Aux E.-U., il y a 15 000 astrologues diserts et médiatisés et uniquement 1 500 astronomes prudents et modestes. Qui, dès lors, est le plus à même de remporter le débat public ? »

Dans l'article en question, Serguei Kapitza a l'occasion de présenter la « géographie sociale » de l'occultisme russe moderne, dans un pays où cette tendance sociale possède des racines séculaires.[485] En même temps, Kapitsa expose les raisons qui, en Russie, ont donné lieu à un tournant vers l'irrationnel marqué d'un esprit anti-technologique ayant, à son avis, conduit à l'accident de Tchernobyl.

Une « géographie du surnaturel », autrement dit une image claire de la diffusion de la croyance en l'irrationnel se trouve devant nos yeux. Il semble cependant qu'il ne s'agit pas seulement du grand public (et surtout jeune) qui est exposé au danger de l'irrationnel. La physique elle-même, tout au moins telle que nous la connaissons, donne l'impression de « confraterniser » avec la métaphysique :
- John Taylor, professeur au King's College de Londres, écrit systématiquement une physique universitaire[486] et interprète l'effet Geller, relatif à la torsion des cuillères, entre autres ;
- deux minéralogistes, universitaires, exploitent des connaissances de thermodynamique pour interpréter la même question d'une autre façon, avec une probable déviation du deuxième principe de thermodynamique[487] ;
- les auteurs de livres de psychologie sérieux classent dans un chapitre spécifique les médiums manifestant des caractéristiques liées à la physique (électriques, magnétiques, thermométriques, etc.) tels que la Russe Nina Kulagina[488]. Ou, enfin ;
- des physiciens ont formulé une demande selon laquelle les chercheurs en physique d'aujourd'hui se déclarent incompétents pour une série de phénomènes tels que la *ESP* (perception extrasensorielle), fonctionnant avec des forces n'appartenant à aucune catégorie connue jusqu'à présent[489].

Certes, le chemin grec « de la physique à la métaphysique », également lié à l'œuvre de Eftychis Bitsakis[490] devra être considéré de valeur scientifique plutôt irréprochable.[491] Toutefois, le constat critique de Frederick Engels, il y a un siècle et

---

[485] B.G. Rosenthal, [Edited by:], *The Occult in Russian and Soviet Culture*, Cornell University Press, Ithaca-London, 1997, Ch. 15. The Occult in Russia Today.
[486] J. Taylor, [gr] *Parapsychologie*, Aurora, 1981.
[487] Laurence Cherry, «A Physicist Explains ESP», *in Science Digest*, Sept/Oct. 1980, p. 84-87, 116.
[488] R. Chauvin, *La parapsychologie*, Hachette, 1980, ch. VII, «Les médiums à effets physiques ». Sur la page 156 figure une jolie carte thématique de la France avec toutes les maisons hantées de l'Hexagone.
[489] Sp. Margetis, [gr] « A la recherche de la force fondamentale », dans le magazine *INEXPLIQUÉ [ANEXIGITO]*, mars 1985, p. 15-19.
[490] E. Bitsakis, [gr] *Dialectique et physique moderne*, Iridanos, 1974. La traduction de sa thèse à l'Université Paris VIII.
[491] N. Tambakis, [gr] *De la physique à la métaphysique*, 1981, Athènes, Ed. I. Zacharopoulos [Collection sous la direction d'Eftychis Bitsakis]. Le chemin qui mène à l'université est toujours ouvert. Cf. M. Redhead, [gr] *De la physique à la*

demi, lorsqu'il raillait le bilan des recherches spirituelles de scientifiques faiseurs de miracles de son époque[492] reste prophétique, au niveau international :

> « Tant que *chaque* prétendu miracle en particulier n'est pas balayé par l'explication, il leur reste suffisamment de terrain [pour continuer] ».

Et ils continuent.

Cette impression a perduré durant de nombreuses années, même en France, à travers la célèbre querelle des physiciens théoriciens et le débat sur l'irrationalisme.[493]

En couverture du livre de Costa de Beauregard, physicien français connu de l'époque et partisan de la parapsychologie en tant que « l'un des nombreux horizons fantastiques que nous révèle la physique moderne »,[494] figurent, disposés en rayons, les mots : *ondes, prémonition, télépathie, parapsychologie, relativité, mediums, matière*, ainsi que la formule de l'équivalence de la masse et de l'énergie – très connue comme logotype de la Relativité – $E=mc^2$.

La combinaison de mots précédents révèle que la physique moderne est devenue un terrain favorable de recherches en parapsychologie. Il semble dès lors qu'il est considéré comme le champ d'honneur, où doit être livrée bataille aux autres chercheurs. Dans son livre[495], Costa de Beauregard accuse deux adversaires célèbres, Bernard d'Espagnat et Franco Selleri[496], de « se dérober » par leur position vis-à-vis de la Relativité (le premier) et de la Mécanique quantique (le second).

---

métaphysique, Héraklion, Presses universitaires de Crète, 2006. Le professeur Eftychis Bitsakis nous explique : « Certes, Tambakis n'est pas marxiste. Son approche n'est pourtant pas "métaphysique". Il parle clairement du réalisme physique, de la localité (séparabilité) etc. ». Entretien du 27 mai 2008.

[492] F. Engels, *Dialectique de la nature*, op. cit. p. 57-66. Les savants qui s'occupaient de recherches spiritualistes étaient Alfred Russel Wallace et William Crookes, qui, pourtant, faisaient partie d'une liste impressionnante. Voir aussi Ruth Brandon, « Scientists and the Supernormal », in *New Scientist*, 16 June 1983, Vol. 98, n° 1362, p.783-786. En tout cas, l'*esprit* fut toujours l'*alter ego* de l'explication scientifique. Voir J. D. Bernal, *Science in History* [Pelican, 1965], Tr. grecque, Vol. II, Athènes, Ed. I. Zacharopoulos, 1983, p. 429.

[493] D. Erbon, « Jean-Claude Pecker : halte aux "fausses sciences" », *Le Monde Dimanche*, 26 avril 1981, p. xi ; Yves Jaigu, « "Vraies" et "fausses" sciences », *Le Monde Dimanche*, 7 juin 1981, p. xii.

[494] O. Costa de Beauregard, *La Physique moderne et les pouvoirs de l'esprit*, Paris, 1980, Le Hameau, p. 16. Il s'agit de la transcription techniquement refondue et restructurée des onze entretiens d'Olivier Costa de Beauregard avec Emile Noël et Michel Cazenave diffusées sur *France-Culture* en 1977-1978.

[495] Op. cit., p. 71.

[496] Franco Selleri, en rapport avec le fameux « Colloque de Cordoue » (octobre 1979) et en s'opposant à la parapsychologie et la métaphysique avait le courage de procéder à une vraie dénonciation de l'état idéologique de la science et de l'évolution de la physique théorique. M. Kajman, « Franco Selleri - Une réaction irrationnelle après d'autres », in *Le Monde*, 24 oct. 1979, p. 18.

Dans le même espace géographique, la France, un autre physicien célèbre de l'époque, Jean Charon, soutient que si l'on « [chasse] la métaphysique de la physique, elle reviendra par la porte des "trous noirs" ».[497]

On se souvient également que c'est à la même époque que Fritjof Capra, dans un livre traduit dans de nombreuses langues, en était arrivé à rechercher les analogies entre les théories de la Physique nucléaire et les traditions mystiques des religions antiques de l'Orient. Dans son livre « Le tao de la physique », après avoir, par exemple, présenté l'octet symétrique des mésons (dans le diagramme d'*isorotation-supercharge*) et développé les dispositions symétriques des symboles linéaires de *Yi King*, il conclut :

> « Nous voyons, ainsi, que les chemins apparemment sans rapport du physicien moderne et du mystique d'Orient disposent, en dernière analyse, d'une foule de points communs [...]».[498]

Les positions de Capra apparaissent souvent dans les débats sur les relations entre la science et le spiritualisme. Elles donnent lieu à de nombreuses références à des cas scientifiques similaires et à leur réfutation. Geoffrey Redmond[499] rappelle l'hypothèse de Joseph Needham, illustre sinologue anglais, par laquelle la paire d'éléments *yin/yang* correspondrait, en tant que conception philosophique, à la paire *positif/négatif* qui représente la notion fondamentale de l'électricité (et par là de la civilisation dominante). Néanmoins, Redmond met clairement en avant l'argument selon lequel même s'il existe une équivalence de notions, la conception de l'opposition des éléments *yin/yang* n'a pas conduit à l'invention, par exemple, de l'ampoule électrique.[500]

Il est manifeste qu'un tel contexte général gnoséologique / idéologique dans le champ de la physique et des sciences physiques et de leur vulgarisation :

1) rend « innocent » le paranormal,
2) le laisse se répandre en tant que savoir « alternatif » dans la société, alors qu'en même temps,
3) il constitue un prologue à l'instauration de l'irrationnel.[501]

---

[497] J. Mandelbaum, «Les électrons pensants de Jean Charon», in *Le Monde Dimanche*, 5 oct. 1980, p. xv. Les trous noirs sont liés, comme on sait, à l'œuvre de Brandon Carter, physicien théoricien, qui, avant de joindre l'observatoire de Paris-Meudon, était connu pour sa contribution notable à l'étude du *principe anthropique* que nous traitons dans ce chapitre.

[498] F. Capra, [gr] *Le tao de la physique*, Athènes, Aurora, 1982, p. 338.

[499] G. Redmond, *Science and Asian Spiritual Traditions*, Westpoint, Connecticut, Greenwood Press, 2008, Ch. 10 "Asian Spirituality and Science in the Modern World", p. 195-201.

[500] Redmond, op. cit. p. 201.

[501] Voir aussi le recueil volumineux d'histoires paranormales : J. Clark, *Unexplained*, Detroit, Visible Ink, 1993. La revue mensuelle intitulée *Mystiki Ellada* (La Grèce mystique) publie aussi le supplément annuel intitulé *Stikhiomeni Ellada* (La Grèce hantée) comprenant des descriptions des phénomènes paranormaux qui ont lieu en Grèce. Voir, par exemple : C. Pegiou, « La maison hantée de Lehonia de Volos », *Stikhiomeni Ellada*, 2007, p. 65-67.

De par notre expérience dans l'Enseignement grec, nous savons que le discours de la physique et des sciences physiques a souvent servi, ces dernières décennies, à officialiser le « discours » pour beaucoup de phénomènes paranormaux. Nous nous souvenons, que lors des discussions avec des enseignants grecs sur l'interdisciplinarité, un d'eux, qui avait occupé des postes de responsabilité dans l'Enseignement, nous avait signalé comme de « très bons ouvrages », des années après leur parution, ceux de Capra[502] et de Watson[503] et un autre nous a proposé l'édition, très importante d'ailleurs, du directeur d'une École d'instituteurs.[504] L'auteur de ce livre, physicien et mathématicien, commence son ouvrage par un avant propos cosmologique dans lequel on trouve aussi une définition de *dieu* ainsi que l'expression de la foi de son auteur en l'unicité de dieu. Comme nous avons déjà vu (voir 4.2.) le dialogue entre la religion, la mythologie et la science se poursuit toujours avec la bénédiction de certains scientifiques grecs représentant la physique.

Fig. 5.1.(3). Un géo-prophète grec.

Ces phénomènes et faits sociaux sont plus diffusés qu'on le pense alors que les « complots » sont érigés en modèles de raisonnement dans la société grecque. Pour le montrer, Vangelis Angelis, historien et auteur grec, renvoie, dans sa critique sur *La foire aux illuminés*[505] de Pierre-André Taguieff, aux programmes télévisés très connus de M. Démosthène Liakopoulos, physicien et géo-prophète... Angelis reprend Julien Gracq, cité par Taguieff dans son ouvrage, pour nous rappeler que « nous cherchons une révélation plutôt que la vérité ».[506]

---

[502] Capra, op. cit.
[503] L. Watson, [gr] *Histoire naturelle du surnaturel*, Athènes, Aurora, 1982.
[504] G. Houtzaios [gr] *Les rayonnements électromagnétiques et leurs influences sur l'homme*, Mytilène, 2007, p. 16. Les « écoles d'instituteurs », appelées « Académies pédagogiques » de durée d'études triennale représentaient en Grèce les structures de formation des instituteurs – pédagogues avant que les écoles universitaires des sciences de l'éducation soient mises en place.
[505] P.-A. Taguieff, *La foire aux illuminés. Ésotérisme, théorie du complot, extrémisme*, Paris, Mille et Une Nuits, 2005.
[506] V. Angelis [gr], « Des complots au lieu de la politique », *Avghi*, 12 juin 2011, p. 24, 33.

5.2. Des sociographies de la physique moderne aux physiographies de la géographie humaine – Pour une coopération interdisciplinaire mise au service de la critique de l'irrationnel[507]

> « À notre point de vue, tout n'est pas réel de la même façon, la substance n'a pas à tous les niveaux, la même cohérence ; l'existence n'est pas une fonction monotone [.] .
>
> Gaston Bachelard (1884-1962)
> *La philosophie du non*[508]

Selon Jean Charon[509], l'électron est une particule avec un dehors à propriétés physiques étudiées par les physiciens et un dedans à propriétés spirituelles qui sont ignorées. Grâce à cet intérieur les électrons font preuve d'une spiritualité à plusieurs manifestations. Ils peuvent mémoriser des informations en provenance du monde extérieur, accroître la connexité des informations, créer d'informations dans le monde extérieur et échanger des informations complémentaires. Donc, les électrons, selon l'éminent physicien de l'époque que nous examinons, ont la possibilité de connaître, de réfléchir, d'agir et d'aimer. C'est lui-même qui mentionne de façon précise ces dernières qualités.

Nous nous trouvons peut-être devant des «sociétés» que tous les scientifiques traditionnels ignorent. Certains ont même pu parler « d'idées bizarres » qui sont exposées par Charon.[510] Il semble que les membres de ces « sociétés » vivent et circulent partout où il existe des électrons. Dans les métaux, les nuages chargés et les appareils électroniques et dans tous les corps matériels. C'est-à-dire là où il est considéré que les comportements uniformes et impersonnels de matière inanimée sont la règle. Il s'agit de comportements qui sont habituellement intégrés dans des études de distributions statistiques de symétrie, de silence et de soumission dans lesquelles ne sont pas prises en compte la « particularité » et l' « identité » de chaque « membre ».

Il est évident que la physique, grâce à « sa » nature et à l'intervention qu'elle tente, plus que grâce à la Nature, contribue à une « socialisation » de l'élément physique matériel.[511] D'ailleurs, par l'approche de la géographie humaine qui est ici

---

507 Écrit sur la base de notre article : I. Rentzos, [gr], «Les physiographies et les sociographies de la géographie humaine – Une approche critique interdisciplinaire de l'irrationnel», op. cit.
508 G. Bachelard, *La philosophie du non*, Paris, Ed. P.U.F., 1966 (4e), p. 54.
509 J. Mandelbaum, « Les électrons pensants de Jean Charon », in *Le Monde Dimanche*, 5 octobre 1980, p. xiv, xv.
510 P. Caro, «A la recherche du "soi"», in *Le Monde Dimanche*, 5 oct. 1980, p. xvi.
511 La démarche opposée n'est pas impossible : « De la même façon que la coopération entre l'immense nombre des cellules cérébrales a comme résultat le psychisme individuel, la coopération des psychismes individuels de l'ensemble de l'humanité pourrait créer, [par attraction universelle], le psychisme universel ». A.K. Nasioutzik, [gr] *Physique et homme*, Athènes, Ed. Iolkos, 1969, p. 129, 143. Avec plusieurs références à la bibliographie française de l'époque (qui comprenait aussi Charon) l'écrivain grec Athanasios Nasioutzik, un ingénieur ayant des intérêts littéraires et philosophiques, devenu aussi président des écrivains littéraires grecs,

choisie, sans que soit tenté un retour à la « physique sociale » du XIXe siècle, sont proposés quelques éléments provenant d'interprétations et de lois de la géographie humaine théorique en tant que « contrepoids *an-anthropique* » au fameux « principe *anthropique* » des sciences physiques.

 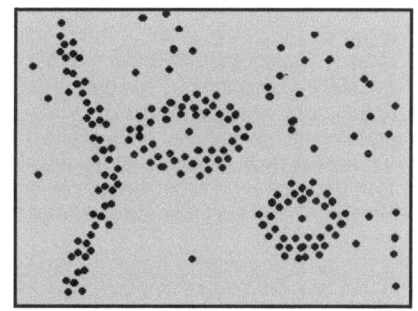

Fig. 5.2.(1). Territoires humains et espaces de particules : Faut-il réserver le pouvoir de prise de décision aux humains et décider que les électrons doivent leur comportement à des forces externes ? La photo de Jean-Pierre Gapihan (à gauche) qui nous a donné l'idée de la comparaison accompagnait l'interview de Jean Charon. *Le Monde Dimanche*, 5 oct. 1980, p. xv.

Contrairement à la physique et ses électrons revalorisés, la géographie peut considérer aujourd'hui les êtres humains comme électrons non pensants!

Il ne s'agît pas ici de « légendes urbaines » vues à l'envers.

Nous savons que les géographes urbains ou les urbanistes parlent souvent d'« attractions » entre agglomérations ou entre un centre commercial et un quartier d'habitation. Et de plus, des formules semblables à celles qui sont utilisées par les élèves dans les problèmes scolaires de physique ont été conçues, formules qui proviennent du génie de Newton.

À quel point la science de la géographie humaine – qui elle aussi a été « affinée » par la révolution quantitative des calculs mathématiques et des logiciels complexes – au lieu de se tourner uniquement vers des applications à l'étude du développement, des cartographies du comportement consommatoire et de la recherche de lieux d'installation optimale de centres commerciaux, peut-elle servir une discipline irrécusablement *sociale* de science sociale et culturelle ? Cette question est vieille et il en est de même de sa réponse,[512] mais en Grèce (du moins) où la Géographie est encore à son enfance, il est peut-être utile de la poser à nouveau. D'autant plus que le territoire hellénique constitue un terrain traditionnel

---

procède dans son ouvrage bien accueilli qui est cité ci-dessus, à la formulation de cette l'hypothèse du psychisme universel. La rubrique hebdomadaire de Nasioutzik dans le quotidien athénien *To Vima* était consacrée, dans les années 1970, à des synthèses interdisciplinaires de haut niveau.

[512] R. Peet, *Radical Geography*, London, Methuen & Co Ltd, 1977, p. 10.

d'invention ou/et de découverte d'alignements magiques (unissant des lieux renommés) et d'autres phénomènes relatifs de la géographie physique et culturelle.[513]

Dans son livre sur les corrélations entre idéologie et science dans la formation de la géographie humaine, Gregory met en avant les diverses relations binaires d'interface (par exemple du «comportemental» avec le «phénoménologique») dans lesquelles cette science[514] est intégrée, alors que dès les premières pages il nous rappelle l'intégration physico-scientifique initiale de la géographie, du moins dans le monde anglophone. [515] Une intégration physico-scientifique équivalente et notamment une intégration dans les sciences exactes, comme il est connu, a été également recherchée, depuis très longtemps, pour la sociologie. Les noms des fondateurs de la discipline et d'autres théoriciens – souvenons-nous de Saint-Simon, Comte, Simmel – se trouvent très près de ces requêtes épistémologiques: « Les sciences exactes fournissent le grand modèle, où tout d'abord s'oriente la sociologie »[516] :

> « Comme les sciences exactes ont expulsé de notre pensée le miracle et le hasard [et] de nos actes la magie et la superstition, la connaissance sociologique expulse de la vie sociale les formes de pensée et d'action qui se sont formées [dans une] atmosphère étouffante [...sous des] contraintes superstitieuses [et] des idoles métaphysiques »[517].

Alors, la question que nous souhaitons poser ici, après l'exposé des exemples d'approches qui pourraient être caractérisées d'irrationnelles et qui semblent être acceptées non seulement par le grand public mais aussi par des scientifiques spécialisés, est à quel point un inventaire des relations sociales qui est également accompagné des représentations spatiales correspondantes – appelons ici cette procédure «sociographie»[518] – est en accord avec les appréciations des sciences (exactes) ou alors, au contraire, l'approche socio-scientifique est en mesure d'imposer des principes plus subtils.

Nous allons nous occuper assez analytiquement des idées qui découlent du dit « axiome anthropique », comme celui-ci a été présenté et proposé au public éducatif grec surtout à travers l'ouvrage de Xanthopoulos.[519]

---

[513] J. Richer, *Géographie sacrée du monde grec*, Paris, Hachette, 1967 ; N. Rassias, [gr] *La géographie sacrée de la Grèce*, Athènes, Ed. Esoptron, 2000.
[514] D. Gregory, *Ideology, Science and Human Geography*, London, Hutchinson, 1978.
[515] Gregory, op. cit., p. 15.
[516] H. Freyer, [gr] *Introduction à la sociologie*, Trad. A Kanellopoulos, D. Tsakonas, Ed. Anagnostidis, 1972, p. 58.
[517] Freyer, op. cit., p. 84.
[518] Freyer, op. cit., p. 14. Pour éviter tout malentendu terminologique –d'autant plus que ce terme figure dans le titre de cette partie de notre texte –, nous notons que l'emploi hybride de ce terme renvoie aux termes « socio-logie » et «geo-graphie ».
[519] B. Xanthopoulos, [gr] *Des étoiles et des cosmos*, Héraklion, Éditions universitaires de Crète, 1991 (3ᵉ). Le professeur Basilis Xanthopoulos (1951 - 1990) a été une physionomie tragique. Sa mort – il a été tué par un de ses étudiants – impose un grand respect à l'égard de son nom et de sa mémoire. Notre critique ne concerne que l'aspect technique de son texte. http://en.wikipedia.org/wiki/ Basilis_C._Xanthopoulos. La version grecque est très détaillée. Le terme

Basilis Xanthopoulos écrit:

> « L'idée-hypothèse fondamentale de l'axiome anthropique est que le but de l'existence de l'univers est d'acquérir le "γνῶθι σ' εαυτόν", la connaissance de soi-même. L'univers veut comprendre son soi, découvrir sa structure, et les lois physiques qui le régissent ». [520]

Comme construction centrale de l'univers apparaît, c'est-à-dire il est considéré qu'apparaît, l'être humain *rationnel*, dont, notamment, la substance *matérielle* semble représenter, en quelque sorte, la valeur moyenne la plus probable des grandeurs physiques principales:

> « Nous sommes la "moyenne" de l'Univers ». [521]

Dans l'ouvrage de Xanthopoulos il est également effectué un calcul extrêmement intéressant qui mène à une certaine conclusion relative. Il y est calculé la « moyenne géométrique » de deux grandeurs. Il s'agît :

1) de la masse du proton (m_p), qui représente, comme l'auteur nous le rappelle, l'« unité fondamentale de construction du microcosme », et
2) du soleil ($M_\odot$) qui, en tant qu'« étoile typique », est l'« unité fondamentale de construction du macrocosme ».

Il est ainsi prouvé que cette moyenne géométrique est égale à la masse humaine typique, c'est-à-dire à soixante kilos (60 kg)!
Le calcul de la «masse humaine», m_{hum}, est le suivant :

$$m_{hum} = \sqrt{m_p \times M_\odot} =$$
$$= \sqrt{2 \times 10^{-24} kg \times 2 \times 10^{33} kg} =$$
$$= 6 \times 10^4 gr \approx 60 kg. \quad [522]$$

De tels calculs, ainsi que d'autres, sont contenus dans le livre mentionné. D'ailleurs, également dans d'autres textes et publications remarquables concernant les « constantes physiques », sont discutées des relations analogues.[523]. Mais la fameuse revue *Nature* ne leur fait pas de cadeau. Elle les nomme « relations *amusantes* entre les différentes échelles » (C'est nous qui avons souligné par

---

anthropique fait aussi partie de la terminologie géographique. Voir M.-L. Ropivia, *Manuel d'épistémologie de la géographie – Ecocide et déterminisme anthropique*, Paris, L'Harmattan, 2007.
[520] Xanthopoulos, op. cit. p. 115.
[521] Xanthopoulos, op. cit. p. 116.
[522] Xanthopoulos, op. cit. p. 117.
[523] G. Grammatikakis, [gr] *Les cheveux de Véronique*, Héraklion, Éditions universitaires de Crète, 1996, p. 116 ; J. Barrow, and F. Tipler, *The Anthropic Cosmological Principle*, Oxford, 1986.

caractères cursifs). [524] En outre, tout récemment, en rapport avec les grandeurs physiques en tant qu'éléments liés (ou non) à l'existence de l'homme, d'Espagnat affirme :

> « Si parmi les données fournies par la physique je devais en indiquer certaines dont il me paraît vraisemblable qu'elles constituent une manifestation authentique de la <u>réalité indépendante</u>, je mentionnerais les grandes constantes universelles [...] ». [525] [C'est nous qui avons souligné].

Par respect à la mémoire du Maître Xanthopoulos nous n'insistons pas avec davantage de commentaires sur le mode arbitrairement « heuristique » de mise en relief des grandeurs « anthropiques ». D'ailleurs, en prenant comme point de départ des lois de la physique, qui sont appliquées en géographie humaine, nous allons tenter nous aussi de mettre en relief le caractère visiblement *an*anthropique de certaines manifestations sociales. Évidemment, c'est une autre question à quel point les lois de la nature et de la physique peuvent aider à la résolution des problèmes des rapports sociaux. [526]

Nous allons nous occuper des « modèles gravitationnels » qui sont des outils normatifs très beaux et populaires de gestion de grandeurs de population humaine. De manière similaire que deux masses astrales s'attirent dans l'espace (ou que la terre attire un corps et génère ainsi son poids), une population (P_i), c'est-à-dire une ville, « attire » les habitants (P_j) d'une banlieue qui se trouve à une certaine distance (d_{ij}) de la ville. Il s'agît d'une « interaction » (I_{ij}) absolument identique à celle qu'a proposée Isaac Newton pour les forces qui se créent entre les corps astraux. En matière de populations d'agglomérations, cette interaction se manifeste par les voyages, la correspondance, les appels téléphoniques et les marchandises importés dans la ville et exportés de la ville, selon aussi les diverses directions.

Le calcul de la grandeur de l'interaction

$$I_{ij} = \frac{P_i \cdot P_j}{d^b_{ij}}$$

---

[524] «There are several amusing relationships between the different scales», B. J. Carr & M.I. Rees, 'The Anthropic Principle and the Structure of the Physical World', *Nature*, **278**, 605(1979).

[525] B. d'Espagnat, Cl. Saliceti, *Candide et le physicien*, Paris, Fayard, 2008, p. 189. D'Espagnat mentionne les constantes suivantes : constante de Planck (h), vitesse de la lumière (c) constante de la gravitation (k), charge de l'électron (e).

[526] Philip Ball élabore un exposé exhaustif de tous les états de la physique et de la mécanique de la société qui commence par Thomas Hobbes (1588-1679) et Lambert Quételet (1786-1874), pour arriver aux théories récentes sur le chaos. Mais la question si les lois de la physique peuvent effectivement résoudre les problèmes de la société (qui n'est pas à considérer comme une masse amorphe d'individus) est évidement beaucoup plus compliquée quant à sa réponse. Ph. Ball, *Critical Mass: How One Thing Leads to Another*, Heinemann, 2004 ; J. Harkin, "We are all more than the sum of our actions", *The Independent on Sunday*, 22 Feb. 2004, p. 17.

se fait comme dans les problèmes scolaires (où *b* est toujours égal à 2).[527]

Si nous voulons interpréter ce qui précède, nous remarquons ici que sont observés des mouvements de « foule » « massifs » absolument « matériels », là où on s'attendrait à « lire »

la volonté libre *d'un* individu,
le penchant psychologique *d'un* être humain,
le désir d'agir *d'un* habitant de l'agglomération,
l'attitude spécifiquement politique *d'un* citoyen,
le mouvement économiquement déterminé,

et autres actions qui dénoteraient un intérieur mental permettant même aux électrons – comme il est soutenu – d'avoir un monde « affectif » riche. Évidemment, non pas que les vertus/qualités n'existent pas chez chacun des individus mais leurs réactions/interactions globales *en société* ne sont pas différentes de celles des masses matérielles célestes dépourvues de volonté.

À part le modèle gravitationnel que nous avons présenté ici, les diverses morphostructures de géographie humaine – qui sont extrêmement nombreuses – démontrent, à chaque fois qu'elles sont utilisées, le nombre émouvant et l'interdisciplinarité impressionnante des représentations de l'« inorganique » et du « massif », c'est-à-dire en fin de compte du social et de l'*an*anthropique, dans l'espace.

Nous avons exposé nos points de vue au professeur G. Grammatikakis,[528] collègue de B. Xanthopoulos à l'Université de Crète (mars 2008). En toute sincérité, il nous a répondu :

> « Il est vrai qu'il existe tant d'objections qui peuvent être formulées. Je vois d'une part une discussion ouverte avec les objections relatives mais, d'autre part, une attitude pédagogique responsable qui admettrait de prime abord l'approche anthropique ».

Cependant, il existe de nombreuses données qui nous éloignent d'une telle idée conciliant le scientifique et le parascientifique.

Impressionnante est la déposition qu'a faite l'astronome, professeur J. Allen Hynek (1910 - 1986), dans l'interview qu'il a accordée à la revue réputée *OMNI*[529]

---

[527] R.J. Chorley, and P. Haggett, *Integrated Models in Geography*, London, Methuen, 1970.

[528] Rappelons que le professeur Georges Grammatikakis, ex-recteur de l'Université de Crète, constitue un exemple d'auteur de vulgarisation scientifique de très haut niveau. Certains de ses textes sur le principe anthropique, avec ceux de Xanthopoulos, sont proposés par des enseignants comme des sujets-modèles du baccalauréat grec. Voir E. Loppa, «La persuasion par le discours scientifique», Expression – Composition, 3e du lycée, http://www.greek-language.gr/greekLang/modern_ greek/education/dokimes/enotita_c3/02.html.

[529] J. A. Hynek, *Interview*, in *OMNI*, Feb. 1985, p. 70-72, 108-114. Voir aussi : Frank J. Tipler, «Extraterrestrial beings do not exist», in *Physics Today*, April 1981. Mais F. D. Drake, très connu dans le domaine, para une lettre adressée à cette revue soutient que la *SETI* (Search for Extra-Terrestrial Intelligence) est désormais une science expérimentale. *Physics Teacher*, March 1982 p. 26-28. Voir aussi : «Les OVNIS – Un mythe moderne», Les archives du Monde/*Le Monde 2*, N° 104, 11-17 février 2006, p. 59-69. Plus de vingt ans après, les points de vue de Hynek sont

et, justement, il différencie le scientifique du parascientifique en ce qui concerne les soucoupes volantes (OVNIS). Comme il fait remarquer:

> « Mes travaux m'ont aidé à formuler une question fondamentale, c'est-à-dire si le "phénomène des OVNIS" constitue une preuve empirique, comme l'étaient les bactéries lorsque Van Leeuwenhoek les a observées pour la première fois dans son microscope. La vraie question est si le phénomène des OVNIS peut être expliqué par le paradigme scientifique moderne. <u>Et j'en suis arrivé à la conclusion que non</u> [...]. <u>Je me suis rendu compte que nous n'avons pas d'OVNIS, mais seulement des témoignages d'OVNIS.</u> Ainsi, j'ai défini le phénomène des OVNIS comme le flux continu de visions et de témoignages bizarres provenant du monde entier... » [C'est nous qui soulignons].

Mais également un autre côté du mysticisme d'apparence scientifique, la pyramidologie, est jugé inexacte en ce qui concerne certaines de ses hypothèses impressionnantes. Elle a été rapporté, par exemple, que le corridor de la Grande Pyramide qui présente une inclinaison de 26° 31' 23" par rapport au plan horizontal, n'a pas été construit afin d'être orienté vers l'Étoile Polaire comme le soutiennent les partisans de l'architecture « mystique ». Il est probable que l'angle d'inclinaison du corridor a été choisi afin d'être égal à l'« angle de frottement » entre la pierre calcaire et le granite à l'aide de lubrifiants, de poussière, d'eau et d'huile. Alors de cette manière, avec une inclinaison appropriée – ni petite ni grande – de l'angle de frottement, était assuré le glissement aisé des blocs de pierre.

D'ailleurs, il est également probable le suivant : Lorsque des blocs de pierre en forme de cube d'un côté de longueur a sont assemblés de manière à ce que toutes les deux pierres horizontales posées côte à côte dans la construction, soit placée une pierre perpendiculaire/verticale, alors, par coïncidence, l'angle est θ = 26°33'54". Ceci s'explique en effet en résolvant l'équation tgθ = $a/2a$ = 0,500[530]. Alors ainsi est levé un des voiles de mystère des pyramidologues mysticistes. Ces révisions n'ont jamais été abordées dans les manuels et les ouvrages de physique, dans le cadre de l'enseignement des questions afférentes (telles que le « plan incliné »).

Aux deux bouts des raisonnements, que nous avons recueillis dans ce sous-chapitre, il y a pour chacun un noyau dur, mathématique, et une approche molle, linguistique, plus ou moins vulgarisante. Il s'agit d'un seul parcours pédagogique, interdisciplinaire par excellence, dont les deux aspects, tout en se trouvant en complémentarité mutuelle, constituent aussi les deux bouts d'un spectre. Y a-t-il des lignes intermédiaires dans cette décomposition de la lumière de la pensée humaine ? Deux mathématiciens grecs, Apostolos Doxiadis et Tefcros Michaelides, nés toux deux dans le début des années '50, ont réussi à représenter, par leur œuvre interdisciplinaire ancrée dans la littérature (mais également, quant à Doxiadis, dans le théâtre et la bande dessinée), plusieurs éclats et nuances du discours mathématique, qui devient ainsi littéraire. Des énoncés des théorèmes aux

---

confirmés. Les rapports sur les OVNIS continuent à «apparaître» toujours comme de simples rapports : Voir « Newly released UFO files ». Annonce du 15 mai 2008. Internet : http://ufos.nationalarchives.gov.uk. Site visité le 15 mai 2008.

[530] J. Hecht, «The Debunking of Egyptian Astronomers», in *New Scientist*, 17 jan. 1985, p. 7.

dénouements de romans, qui sont mis au service des mathématiques (ou en sens inverse), Doxiadis raconte, par son *Logicomix*,[531] la vie de Bertrand Russell (1872-1970) et ses recherches sur les fondements des mathématiques et par sa pièce de théâtre intitulée *Dix-septième nuit*, consacrée à Kurt Gödel (1906 - 1978) analyse les théorèmes de ce dernier, alors que Michaelides, partant de la géographie humaine d'un congrès international de mathématiques, ayant eu lieu à Paris de la Belle époque, essaie de résoudre l'énigme du meurtre « pythagorien » d'un de ses amis.[532]

*

Doit-on accepter, même de prime abord, comme hypothèse de travail, l'approche anthropique, comme nous le dit Grammatikakis ? Ce dernier expose dans une de ses cosmographies mensuelles, le pour et le contre. Il choisit comme titre la question « L'homme [est-il] en exil ou est-il placé au centre de l'Univers? ».[533]

Les textes de nombreux écrivains responsables sont empreints de pessimisme. Certains expriment également une peur subconsciente: Est-ce que nous vivons tous sur un rivage insignifiant et lointain du cosmos. Et qui sommes-*nous* ?

---

[531] Doxiadis, Ap., Papadimitriou, Chr., *Logicomix*, 2010, Éd. Vuibert.
[532] Michaelides, T., *Petits meurtres entre mathématiciens*, 2012, Éd. Le Pommier. Titre de l'original grec : Délits pythagoriens.
[533] G. Grammatikakis, «L'homme est-il en exil ou est-il placé au centre de l'univers ?» *Eleftherotypia*, 30 nov. 2007, p. 47.

5.3. Nous vivons presque tous sur le rivage: l'approche interdisciplinaire de la géographie de la population (GP) comme modèle d'interdisciplinarité des enseignements[534]

Par ses références judéo-chrétiennes imposantes – « Fructifiez, multipliez, emplissez la terre, conquérez-la » (*L'Ancien testament,* La Genèse, 1:28) – voire celles sur le recensement,[535] sans omettre aussi des moments, très connus, de l'histoire d'autres civilisations la GP comme branche d'une science humble et (littéralement) *atterrie,* la géographie, n'a pas l'éclat des autres sciences relatives et/ou branches comme la démographie descriptive (avec les « problèmes démographiques » mondiaux) ou la géographie économique (qui reduit toutes les fonctions sociales en questions économiques).

Pourtant la discipline de la géographie, à travers la GP, peut être facilitée à la compréhension de plusieurs problèmes sociaux. En se chargeant d'une intervention interdisciplinaire, la GP assume des rôles de protagoniste.

Nous ne sommes pas les premiers à tenter une proposition interdisciplinaire (et donc interthématique) de la GP. Leo Apostel (1925-1995), partisan de l'interdisciplinarité et servant de la rénovation didactique[536] avait présenté pendant la décennie précédente sa proposition interdisciplinaire pour la démographie. Nous considérons opportun de développer ici certaines caractéristiques de la branche de la GP, afin que la possibilité d'une « transcription » interdisciplinaire multilatérale ayant comme but l'élaboration didactique d'une branche soit mise en relief. Et ceci indépendamment des courants principaux de son développement.

Par ailleurs, vu que la géographie et ses branches avoisinent celles d'autres sciences, cette démarche donne l'opportunité d'établir de manière interdisciplinaire une thématique, où chaque sujet sera situé dans son cadre scientifique plus large sans constituer une pièce secondaire d'une approche qui soit de façon prédominante 1) démographique (pourtant tellement interdisciplinaire)[537] ou 2) économique ou 3) simplement une transcription cartographique.

---

[534] Rédigé sur la base de notre chapitre 5, de l'ouvrage cité ci-dessous : I. Rentzos, [gr] « Géographie de la population » op. cit.

[535] On apprend, par exemple, que le recensement, et particulièrement en Israël, est un « acte sacré qui relève de la volonté divine », ce qui explique « la colère de l'éternel après que David ait fait faire à Joab et aux chefs de l'armée le dénombrement du peuple d'Israël » en 1000 av. J.-C., (*L'Ancient testament,* 2 Samuel 24:2. Voir : Cl. Raffestin, *Pour une géographie du pouvoir,* Paris, Litec, 1980, p. 59-60. En plus, le deuxième dénombrement de l'Empire romain, ordonné par Auguste, est resté célèbre pour avoir été contemporain de la naissance de Jésus-Christ (loin de chez lui puisque chaque famille devait, alors, se faire dénombrer dans sa ville d'origine).

[536] L. Apostel, *Population, développement, environnement : pour des regards interdisciplinaires,* Rréf. Jean Ladrière [œuvre posthume], Louvain-la-Neuve (Belgique), Academia-Bruylant Paris, L'Harmattan, 2001. Les chapitres 3 et 4 portent des titres rentrant au cœur de la problématique : « La démographie est-elle possible ? L'interdisciplinarité essentielle de la démographie » et « Interdisciplinarité pratique ».

[537] C. Newell, *Methods and Models in Demography,* London, Belhaven Press, 1988.

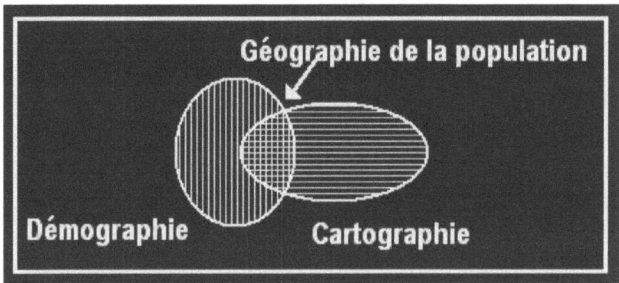

Fig. 5.3.(1). La géographie populaire comme intersection de la démographie avec la cartographie et mise en relief d'un exemple d'une co-disciplinarité.

Il n'est pas nécessaire, d'ailleurs, de rappeler que chacune de ces trois approches, la troisième étant un cas caractéristique (Fig. 5.3.(1).), constitue un cas de co-disciplinarité.

La GP, sans qu'il soit possible de refuser sa collaboration toujours étroite avec la science de la démographie (à laquelle elle emprunte plusieurs éléments de méthodologie et d'information) peut être approchée dans une largesse et par un entrelacement interdisciplinaire croissant. Ceci est apparent puisque le développement des sujets de la GP est attaché aux disciplines scientifiques qui sont les suivantes:

• La démographie (avec sa branche à dominante strictement mathematique, la « démographie formelle », et son analyse qualitative de la « démographie sociale ») qui se centre autour du schéma triangulaire « fécondité – mortalité – mobilité de la population » et propose la théorie fondamentale de la « transition démographique » comme un modèle unique de modulation de la croissance incontrôlable de la population.[538]

• La biologie humaine ou, en particulier, la médecine[539] qui inclut l'étude des aspects pathologiques et propose les actions préventives, rétentrices et thérapeutiques relatives, où on ne doit pas oublier les pratiques eugéniques inhumaines qui ont été exercées à travers les siècles – par le meurtre[540] et la

---

[538] J. R. Weeks, *Population*, 8th edition, Belmont, CA, Wadsworth, 2004; M. Livi-Bacci, *A Concise History of World Population*, Oxford, Blackwell, 2001.

[539] H. G. Daugherty - K.C. W. Kammeyer, *An Introduction to Population*, 2nd Ed., N.Y., London, Guilford Press, 1995.

[540] On se refere souvent à la « politique eugéniste » qui aurait été mise en place par la Sparte pour sélectionner des enfants sains et forts par élimination des individus malformés. Ces derniers auraient été jetés dans un gouffre situé au pied du Taygète. Qu'on note ici que des recherches très récentes de l'anthropologue Théodoros Pitsios, professeur à l'Université d'Athènes, qui sont effectuées sur la base de 46 squelettes trouvés sur place (Kéadas), ont démontré que tous les os appartenaient à des personnes d'âge mûr, vraisemblablement à des condamnés et prisonniers. Cf. Théodoros Pitsios [gr] « Gouffre - précipice de Kéadas – Un projet de recherche et d'éducation » in *Keadas – From Mythos to History*, Proceedings, 20-22 May 2005, Anthropological Museum of the Athens University, p. 17 – 24.

stérilisation ; la biologie et la médecine sont celles qui font actuellement des prédictions pour une longévité humaine jusqu'au 120ème an de vie.
- L'histoire comme étude du peuplement de la planète,[541] du développement et de la dissémination de la culture des différentes groupes, de l'evolution et de la diaspora de peuples et de nations (Juifs, Chinois, Arméniens, Grecs ainsi que Français et Anglais), des déplacements/re-installations des populations, des peuplements partiels et des recompositions de territoires [542], des grands mouvements de migration et – même – des grandes expéditions (Alexandre le Grand, Napoléon le Grand[543] [Fig. 5.3.(2).]).

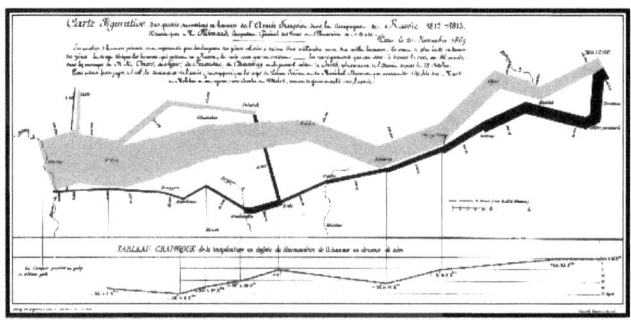

Fig. 5.3.(2). C. J. Minard, *Carte figurative des pertes successives en hommes de l'armée française dans la campagne de Russie, 1812-1813.* lith. (624 x 245), 20 November 1869. ENPC: Fol 10975, 10974/C612. Michael Friendly, "The Graphic Works of Charles Joseph Minard", Internet: http://www.math.yorku.ca/SCS/Gallery/minbib.html#Minard:1869a.

---

[541] H. R. Barrett, *Population Geography*, Harlow (Essex), Oliver & Boyd, 1994; Jean, F., [Ed.], *Populations in Danger*, London, John Libbey, 1992; S. Dufoix, *Les diasporas*, Paris, PUF/Que sais-je? 2003; D.I. Valentey, D.I., *An Outline Theory of Population*, Moscow, Progress Publishers, 1977; J. Vallin, *La population mondiale.* Paris, La Decouverte, 5ème éd., 1995.

[542] M. Guillon, - N. Sztokman, *Géographie mondiale de la population*, Paris, Ellipses, 2004, p. 138 - 143.

[543] On se réfère ici à l'œuvre exemplaire d'interdisciplinarité historique – cartographique – démographique de Charles Joseph Minard qui est connu pour son illustration cartographique du destin de la Grande Armée napoléonienne lors de sa campagne de Russie, en 1812. Cette « Carte figurative des pertes successives en hommes de l'Armée française dans la campagne de Russie de 1812-1813 » a été décrite comme étant « le meilleur graphique jamais produit » [1] et un de ceux qui semblent « défier la plume de l'historien par sa brutale éloquence » [2]. [1] E.R. Tufte, *The Visual Display of Quantitative Information*, Graphics Press, Cheshire, CT, 1983. [2] E.J. Marey, *La Méthode Graphique dans les Sciences Expérimentales*, G. Masson, Paris, 1878. Voir Michael Friendly, « Charles Joseph MINARD - (Dijon, 27 mars 1781 - Bordeaux, 24 octobre 1870) », Internet: http://www.19e.org/personnages/france/M/minard/1.htm.

- La science politique, comme étude des formes de pouvoir ou des institutions politiques et de l'exercice de politiques de population à travers eux[544] ou même tout simplement (comme étude) de l'exercice (ou de non exercice) d'une politique qui favorise (ou qui expose aux dangers de mort) certaines couches de population ou conduit – par l'entrée des migrants auxquels on ne reconnaît pas des droits politiques – à la formation des corps électoraux qui ne représentent pas les forces productives du pays.
- La géopolitique comme étude 1) de la formation des super-frontières (et non simplement du tracement des frontières) comme l'« équateur démographique » [545], et de la définition, à l'époque de la mondialisation, des nouvelles limites/espaces de marginalisation, d'exclusion et d'inclusion[546] et 2) de l'expression/idéologie du conflit entre les populations pour la revendication des territoires, notamment quand les tailles relatives de population évoluent, chose qui, par conséquent, crée des questions de dominance/souveraineté raisonnables ou irraisonnables (« espace vital » de l'entre-guerre ; Kosovo,[547] indépendant depuis février 2008).
- La science économique qui procède à la réalisation des projections p. ex. sur la réussite ou l'échec des projets de développement en rapport avec la croissance de la population dans un pays ou une région précise, et l'économie qui reconnaît le « coût » et la « valeur » de la vie humaine, par exemple des assurés et des jeunes en formation : les enfants dans le monde Occidental « coûtent » beaucoup pour être éduqués/formés mais n' ont aucune « valeur » tandis que dans les pays (ou des enclaves) en développement, où leur exploitation commence tôt dans l'agriculture (et dans l'industrie du tourisme), le coût baisse et la valeur se lève.[548]
- L'écologie qui, bien qu'elle ne tienne pas la place de futurologue dans ses pronostics de la taille de la population que la planète peut accommoder – de nombreux calculs donnent de 1 à 100 milliards de résidents et plus[549] – voit à travers 1) la population croissante et 2) l'abondance de la consommation la destruction de l'environnement et le changement climatique. Le plus grand et le plus riche qu'un pays puisse être, les pires sont les conséquences sur

---

[544] R. Pressat, *Démographie sociale*, Collection SUP, PUF, Paris, 1971.
[545] J. - C. Rufin, *L'Empire et les nouveaux barbares*, Paris, J.-C. Lattès, 1991.
[546] K. Hatzimichalis, [Gr], « Frontières et régions aux temps de la mondialisation», *Actes de la 6ème conférence de la Société Hellénique de Géographie*, 3-6 octobre 2002, Thessalonique, tome I, pp. 493-498.
[547] Y. Lacoste, [Sous la direction de:], Dictionnaire de géopolitique, Paris, Flammarion, 1993, Cf. entrée *Kosovo* rédigée par Michel Roux.
[548] A. Sauvy, *Coût et valeur de la vie humaine*, Paris, Hermann, 1978, Ch. 5 et 6. Le tourisme en Grèce nuit gravement à l'éducation. Selon des travaux récents de Christos Katsikas, chercheur en éducation très connu, dans les régions grecques à fort revenu touristique, des pourcentages allant de 18,5% à 53,5% de la population juvénile de 15 à 29 ans ont quitté l'école, après 6, 7, 8 ou 9 ans de scolarisation, pour joindre l'entreprise familiale et participer à la formation d'une armée de garçons de café et de bonnes de chambre. Dans le département de Zakynthos le 26% de cette tranche d'ages ne possède que le certificat de fin d'études primaires. M. Papamatthaiou, « Le tourisme nuit gravement à l'éducation », *To Vima*, 31 juillet 2008, p. A13.
[549] J.E. Cohen, *How Many People Can the Earth Support*?, New York, Norton, 1995.

l'environnement.[550] Pourtant, la pauvreté a des conséquences analogues, comme par exemple sur la désertification.[551] Nous n'ignorons pas aujourd'hui que certains écosystèmes, comme celui du littoral, qui est peuplé, dans une profondeur jusqu' à 60 km de la mer, par les deux tiers de la population terrestre, subit les conséquences des charges très importantes[552] tout ceci rentrant aussi dans le scénario de la hausse de la température de la planète.[553]

Nous vivons presque tous *sur le rivage*.

C'est de cette façon que l'avait fait remarquer Peter Haggett, il y a 25 ans. Ayant emprunté comme titre du premier chapitre de sa *Geography*[554] le titre d'un roman écrit par l'auteur britannique (naturalisé Australien) Nevil Shute (1899-1960), [555] Haggett renvoie de façon philosophique au message du roman qui était, à l'époque, l'éventualité d'une destruction généralisée de la planète à la suite d'un conflit nucléaire. Pour cette raison, d'ailleurs, le film tourné par Stanley Kramer (1913 - 2001) a été projeté la même date (le 17 décembre 1959) et pour la première fois, simultanément dans 17 capitales du monde, afin de tenter de mettre en garde les humains face à la course aux armements. [556] (Cette même logique d'alerte aurait pu être appliquée de nos jours aux questions du changement climatique par une projection mondiale du film documentaire réalisé par Ron Bowman sur l'ouvrage de Mark Lynas[557]).

L'enseignant qui commence sa recherche interdisciplinaire sur la GP ayant comme but de passer à un enseignement interthématique réussi, comprend, apparemment que les thèmes/sujets de la population et de la GP vont beaucoup plus loin que quelques connaissances et informations.

---

[550] P. Ehrlich, *The Population Bomb*, Cutchogue, N.Y., Buccaneer Books, 1968; P. Ehrlich, "Defusing the People Bomb", *Newsweek*, May 25, 1992.

[551] Th. Iosifidis, [Gr] «Les dimensions sociales du problème de la désertification», *Actes de la 6ème conférence de la Société Hellénique de Géographie*, 3-6 octobre 2002, Thessalonique, tome I, pp. 432-438.

[552] Livi-Bacci, op. cit., p. 200. En 1995, la communication COM (95) 511 rapportait que 47% de la population de l'UE résidait dans les limites d'une bande côtière de 50 km de large. La tendance à la migration vers les zones côtières qu'on observe depuis 1995 nous conduit à conclure que ce chiffre est actuellement supérieur à 50%. Voir « Communication de la Commission au Conseil et au Parlement européen sur l'aménagement intégré des zones côtières: Une stratégie pour l'Europe ». COM(2000) 547 final/2.

[553] Mark Lynas, [gr] *Six degrés – L'avenir de l'humanité sur une planète plus chaud*, Athènes, Éd. Polaris, 2008. Version grecque de l'ouvrage du Britannique Mark Lynas.

[554] P. Haggett, P., *Geography, A Modern Synthesis*, 3rd ed., New York, Harper-Collins, 1983, p.3; P. Haggett, *Geography, A Global Synthesis*, revised 3rd ed., New York, Harlow, Prentice Hall, 2001, p.3.

[555] L'ouvrage de Nevil Shute, *On The Beach* (= Sur la plage) a paru en 1957, traduit en français sous le titre "Sur la plage" en 1958 (Éd. Stock), puis, sous le titre « Sur le rivage » qui était celui du film (Livre de Poche, 1970) ; N. Shute, *On the Beach*, Reading, Mandarin, 1995.

[556] G.M. Loup, « Article de René Barjavel dans la revue *Les Lettres Françaises* », Internet : http://barjaweb.free.fr/SITE/documents/rivage/.

[557] Mark Lynas, op. cit. La version télévisée intitulée *Six degrés changeraient le monde* est diffusée récemment en France (août 2008).

Dans son approche interdisciplinaire et interculturelle la GP touche aussi la morale qui s'étend des 1) droits individuels (p.ex. dans quels pays/sociétés l'interruption volontaire de la grossesse est permise[558] ou au contraire celle-ci est considérée comme une mise à mort intentionnelle du fœtus, chose qui réduit la population nationale) jusqu'à 2) la diffusion et le maintien des préjudices dirigées contre les populations étrangères.

Fig. 5.3.(3). Des hommes du groupe tribal Dani de la Nouvelle Guinée qui sont devenus connus par les travaux de l'anthropologue Karl Heider. Dans un des ses articles Heider présente et analyse le phénomène qu'il a observé, à savoir que les couples mariés de ce groupe gardent une abstention sexuelle pendant les cinq ans après la naissance d'un enfant. Ils contrôlent de cette façon la croissance de leur population. Cette période d'abstention n'est caractérisée d'aucune déviance sexuelle. Le choix social institutionnel de l'abstention, prévaut sur la tendance sexuelle physique (Heider, 1976). Photo Kevin Majors. [559]

La GP s'apparente aussi à la sociologie, comme ceci apparaît dans l'ouvrage fondamental *Le suicide* d'Émile Durkheim (1858 - 1917), qui constitue une dissertation de géographie humaine et de géographie de population comparées.[560] Par cette étude se pose la question – *où? pourquoi là ?* – des conditions de « production » de la « population » des suicidés par pays/société. Nous pouvons

---

[558] United Nations, (1994) *World Abortion Policies* [Chart].
[559] K. Majors, "Grand Valley Dani", http://www.thingsasian.com/goto_article/photoessay_images.1428.11.html.
[560] E. Durkheim, *Le suicide*, Paris, Quadridge / PUF, 1997 [1930].

même dire que cette œuvre classique a été récemment « complétée » par une recherche dans des pays/sociétés non européens.[561]

De plus la GP se fonde de manière interdisciplinaire – sans que ceci soit apparent – sur une anthropologie (physique, culturelle et sociale) qui contient des branches diverses s'étendant de l'étude des religions, des « totems et tabous » comme élément de l'étude de la nuptialité,[562] de la somatologie et du contrôle des naissances[563] [Fig. 5.3.(3).], jusqu'à l'étude des populations comme les Touareg du Sahara et les nombreuses peuplades de la Sibérie.

Par ailleurs, la GP se trouve à la proximité de la science de l'éducation (comme recherche et de l'éducation elle-même) qui cherche/conteste le contenu social-culturel global de la notion de l'« éducation nationale », puisque c'est bien clair que du point de vue spatial-territorial et culturel l' « autre » ethnique-national est « ici » et le « nôtre » est « ailleurs ».[564]

Enfin, – ultime mais tout autre que minime – l'interdisciplinarité de la GP contient comme un fondement important, les mathématiques: la statistique et les autres méthodes mathématiques ainsi que les applications informatiques (et notamment les systèmes d'information géographique - *SIG*). Même les mathématiques de base de la géographie de population sont charmantes. Comme dans la physique scolaire nous trouvons le centre de gravité d'un solide, on fait pareil pour la « masse » des habitants d'un pays. Les calculs sur les potentiels de population mènent à des formes semblables à celles des potentiels gravitationnels ou électriques. La carte du potentiel de la population en France est une image du champ électrostatique Coulomb. (Fig. 5.3.(4).).

Les mathématiques avec la cartographie et l'informatique – tous ces outils précieux – pourraient constituer à eux-mêmes seuls la branche de la GP, si au centre de la GP ne se trouvaient les êtres humains réels et les relations humaines dans le territoire ou en rapport avec l'espace. En partant de la « densité de population » ordinaire, nous pouvons, par inversion, être conduits 1) à la « surface par personne » qui devient toujours plus faible et 2) à la « distance entre deux personnes » qui diminue aussi. Actuellement elle est à 150 mètres.[565] Nous pouvons appeler celui qui est en moyenne notre « prochain ».

Ces rapports donc, sont ceux qui nous obligent d'introduire l'interdisciplinarité. Ça arrive, peut-être, aux limites du tragique de savoir, grâce à la GP, que les êtres humains paraissent « aller » et « venir » conduits et attirés par les forces de pesanteur bizarres des potentiels de population. C'est-à-dire par nos rapports et nos choix dans l'espace. Ce sont ceux qui se révèlent et sont illustrés d'une façon tellement symétrique et impressionnante – presque « inhumainement » et en tout cas *an*anthropiquement – par les recherches en géographie humaine de Walter Christaller (1893-1969).

---

[561] C. Baudelot, - R. Establet, *Suicide – L'envers de notre monde*, Paris, Seuil, 2006.
[562] P. Farb, *Les Indiens, essai sur l'évolution des sociétés humaines*, Seuil, 1972, pp. 34-37.
[563] K. Heider, "Dani Sexuality: A Low Energy System", *Man* 11/1976.
[564] J. Megary, S. Nisbet and E. Hoyle, [Edited by], *Education of Minorities*, London, Kogan Page, 1981.
[565] Chr. Grataloup, *Géohistoire de la mondialisation*, op. cit., p. 8.

L'INTERDISCIPLINARITÉ ENTRE GÉOGRAPHIE ET PHYSIQUE

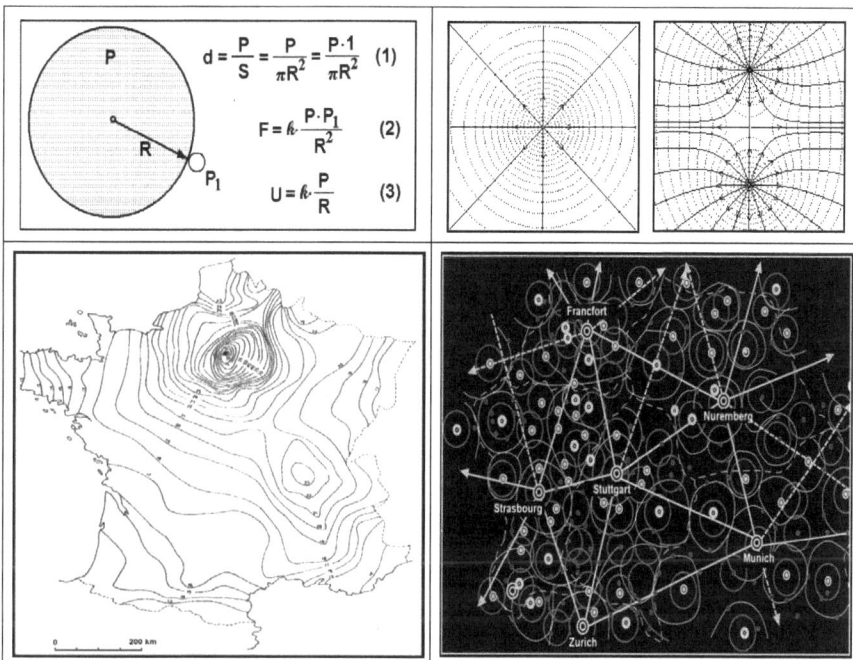

Fig. 5.3.(4). 1. Par la série des équations (1) on calcule la densité de population au cas d'une répartition circulaire absolument théorique. La similitude de la densité avec la « force » d'après Newton exercée par la population P sur la population P_1 – équation (2) – est évidente.
La formule (3) donne le potentiel de population. La physique scolaire enseigne un concept de potentiel électrique absolument équivalent.
2a. Les lignes potentielles autour d'une charge avec les lignes (droites) de force.
2b. Les lignes potentielles autour de deux charges avec les lignes (courbes) de force.
3. Les lignes potentielles du potentiel de population autour de deux villes, Paris et Lyon. Les lignes (courbes) de force absentes formeraient le réseau ferroviaire.[566]
4. Les lieux centraux de Walter Christaller (1893-1969) représentent des constellations de sept niveaux de population. Il s'agit d'une reconstruction cartographique fascinante de la répartition des villes sur la base des « forces d'attraction » exercées entre les populations.

---

[566] Ch. Peseux, « Une carte du potentiel de population en France », *L'espace géographique*, 1974, n° 2, p. 158-159.

Fondée comme une branche scientifique indépendante grâce à la contribution de la pensée géographique française (et ceci par l'ouvrage connu de Pierre George[567]), la géographie de la population pourrait, par une approche interdisciplinaire prononcée, devenir aussi la discipline scientifique de la vie et de la mort ainsi que des rapports humains, y compris, tout particulièrement, ceux sexuels. Plus encore, cette discipline, par son potentiel interdisciplinaire, est essentiellement la branche scientifique de *l'étude de l'inégalité* dans la vie, devant la mort[568] et dans les océans des rapports humains (et sexuels).

Allant du destin fabuleux de la princesse indienne Aouda (qui a été sauvée du bûcher par Phileas Fogg, un jour de ses quatre-vingt autour du monde), et des autres situations d'altérité/extériorité[569] décrites par Jules Verne, jusqu'à l'Exode de la famille Joad vers la Terre promise de la Californie steinbeckienne,[570] l'enseignant inter-thématiste a la possibilité de se servir pleinement des aspects didactiques offerts par l'interdisciplinarité qui est proposée – entre autres – par la littérature.

Nous vivons tous sur le rivage. Devant « La mer, l'amour, la mort »[571] nous puisons des éléments didactiques de cartographie humaine, de prise de conscience sociale et de connaissance de soi-même.

*

Et les villes ? Il serait injuste de laisser sous-représentés dans notre petite analyse ces grands basins de population. En effet, lorsqu'on lit la carte, par exemple, de la côte est américaine depuis Boston jusqu'à Savannah, une double lecture « côte/ville » s'impose.[572] Le « rivage » est aussi l'urbain à l'intérieur d'un monde qui, « "se métropolise" inexorablement »[573]. On sait bien que jamais la population mondiale n'a été si nombreuse, et jamais elle ne s'est autant concentrée dans des

---

[567] P. George, *Introduction à l'étude géographique de la population du monde*, Paris, P.U.F. (I.N.E.D.), 1951. Voir également P. George, *Géographie de la population*, Paris, P.U.F./Que sais-je?, 1990 et D. Noin, *Géographie de la population*, Paris, Masson, 1988.

[568] P. Crossa-Raynaud, « Introduction », in *De la cellule à l'Homme : des morts programmées*, Actes de colloque, Académie Européenne Interdisciplinaire des Sciences, Nice-Côte d'Azur, 2001, p. 12.

[569] Selon les approches de la GP effectuées par Raffestin et analysées par Crivelli. R. Crivelli, « Introduction à la géographie de la population » (2004) http://www.unige.ch/ses/geo/membres/crivelli/Enseignements/Pop0001.html [déjà retiré] et échanges de courriels avec le professeur Crivelli.

[570] C. L. Slater, "John Steinbeck's *The Grapes of Wrath* as a Primer for Cultural Geography", in Douglas C.D. Pockock (Ed.) *Humanistic Geography and Literature*, Croom Helm, London, 1981.

[571] «La mer, l'amour, la mort» est le titre d'un poème de Gilles Vigneault, poète et chanteur canadien (1928 -).

[572] E. Glaeser, *Triumph of the City*, London. Macmillan, 2011. Cet ouvrage composé sous une optique de l'accumulation capitaliste comme elle est exprimée dans l'espace urbain, constitue pourtant, à lui seul, une argumentation concrète en faveur de l'importance de l'enseignement de la ville.

[573] G.-F. Dumont, « Fausses évidences sur la population mondiale », *Le Monde diplomatique*, Juin 2011.

espaces si petits. Pour la première fois dans l'histoire humaine, la part de la population mondiale vivant dans des agglomérations urbaines a dépassé, après 2007, celle de la population vivant dans les zones rurales.[574] En plus, alors que jamais les grandes agglomérations que l'humanité a « connues », au cours de la très longue période préindustrielle, telles Babylone, Rome, Constantinople, Bagdad, Xi'an, Pékin, Hangzhou, Nankin n'avaient fondamentalement modifié l'équilibre écologique entre ville et campagne, ceci devient aujourd'hui une réalité.[575, 576] Sans précédent historique, aussi, comme l'affirmait Paul Bairoch, est l'inflation urbaine du Tiers-Monde,[577] mais ce n'est pas là que « le bidonville global entre en collision [avec les capitales du capital] ».[578] La ville moderne, qu'a aujourd'hui révolutionné profondément les rapports sociaux par recomposition même des groupes sociaux, crée aussi, selon David Harvey, plus qu'une dualité populationnelle, une « atroce dissymétrie qui ne peut être interprétée que comme une forme criante de confrontation de classes ».[579]

Toutes ces raisons nous amènent à une obligation – quoique loin d'une vraie dialectique – de « doubles approches » de la géographie que nous entreprendrons, dans le chapitre suivant, par l'examen des villes du monde que, dans l'esprit d'un enseignement interthématique, nous considérons comme un abécédaire de la pédagogie interdisciplinaire.

---

[574] UN-HABITAT, *State of the World's Cities 2006/2007 – The Millennium Development Goals and Urban Sustainability*, London, UN-HABITAT/Earthscan, p. 4; *The Economist*, «The World Goes to Town», May 5th, 2007, pp. 54-67.

[575] Ph. S. Golub, « Des cités-États à la ville globale », *Le Monde diplomatique*, Avril 2010.

[576] St. Brand, *Whole Earth Discipline,* London, Atlantic Books, 2010. Écrit par Steward Brand, qui s'était fait connaître dans les années 1970 comme un pionnier de la défense de l'environnement et de la décroissance, cet ouvrage indiquant par son titre une « mono-disciplinarité géographique », met en relief l'importance du fonctionnement des villes.

[577] A. Bailly, J.-M. Huriot, *Villes et croissance*, Anthropos, 1999, p. 35.

[578] J. –P. Garnier « Les capitales du capital », *Le Monde diplomatique*, Avril 2010.

[579] D. Harvey, « The Right to the City », *New Left Review*, n° 53, Londres, septembre-octobre 2008 (comme dans l'article précédent).

6. Les villes du monde deviennent un abécédaire des pédagogies interdisciplinaire et interthématique

6.1. Des « deux cultures » à l'opposition « ville/campagne » : La « poléographie » comme enseignement interdisciplinaire - interthématique

> « La vue seule d'une grande ville où, sans vouloir rien apprendre, on s'instruit à chaque instant, où, pour avoir connaissance de mille choses nouvelles, il suffit d'aller dans la rue, de marcher les yeux ouverts, cette vue, cette ville, sachez-le bien, c'est une école. »
>
> Jules Michelet, *Le peuple*, Flammarion, 1974, 1ʳᵉ édition, 1846[580]

Tout ce qui est enseigné et enseignable ne s'offre pas de la même manière à la didactique interdisciplinaire / interthématique. Des cours à « large spectre » tels que la littérature (incluant même les brèves digressions étymologiques), l'histoire et la géographie peuvent être utilisées :

1) soit en tant que pistes d'approches interdisciplinaires – enrichies d'éléments qui s'étendent d'un vers naïf rimé jusqu'au verset biblique et au calcul mathématique ;

2) soit en tant qu'« incises » à haute valeur informative, dans d'autres cours.

Rappelons-nous que l'information, dans sa substance fondamentale, est la mesure de l'improbable ; par conséquent, la parenthèse imprévue de données, codifiées de façon différente, possède une forte informativité et une grande efficacité mnémotechnique.

Nous pouvons en tout cas affirmer que des questions qui, à travers les civilisations, ont pu soulever l'admiration, l'interrogation et la spéculation, ou être sources d'inspiration poétique, matières premières de la création littéraire ou objets de recherche minutieuse et de description « idiographique », ont constitué leur propre dossier, abondant, d'enseignement interdisciplinaire / interthématique. Ces entités n'attendent que l'enseignant interthématiste susceptible de les exploiter.

Le soleil et la lune, l'eau et la mer, le temps, l'or et le fer, Paris, Londres et New York, un monument ou un édifice emblématique d'une ville et, encore plus, un musée – comme espace d'enseignement et leçon matérialisée – des phases historiques de quelques années ou de quelques jours et des impressionnantes personnalités, ou bien une journée de leur vie, certaines œuvres d'art (et leur « biographie ») et d'autres entités ou notions, peuvent être vues et lues de manière pluridisciplinaire et interthématique.

Qu'on nous permette une digression sur le fer. Cet élément de notre civilisation a éveillé, d'après ce que nous connaissons, l'intérêt des interthématistes grecs.[581] Manolis Gasparakis, docteur en chimie et inspecteur-conseiller, se consacre depuis de nombreuses années à l'interdisciplinarité en tant que :

---

[580] *Revue Urbanisme*, Dossier « À l'école de la ville », 327/novembre – décembre 2002, p. 37.
[581] A. Kassetas, [gr] « "Confessions du fer" en langue interthématique », op. cit.

« 1) retour à l'idéal hérité de la Renaissance et des Lumières, celui de l'unité du savoir […] 2) contrôle des programmes d'études à tous les degrés de l'enseignement [qui] ont en fait abandonné cet idéal [et] 3) promotion de l'idéal de la *Double culture* selon C.P. Snow ».[582]

Ces positions apparaissent également à travers les récents articles de cet auteur.[583] D'ailleurs, dans un article (présenté aussi en animation interthématique[584]) portant sur le fer et le sens particulier du mot grec – le mot *sidéral*, sans terminaison française, signifie *ferreux* en grec –[585] Gasparakis nous fait remarquer une coïncidence intéressante de très large contenu culturel. Il part d'un poème qui parle de la Tour Eiffel « sidérale » dont le créateur, Arthur H (*sic*), inspiré par sa forme aérienne et féerique, attend le décollage vers les étoiles [Fig. 6.1.(1).].[586] Terre, fer, air et ciel sont réunis, par le feu de l'atelier de Gustave Eiffel, cet ingénieur français, en une entité qui symbolise une ville.

Fig. 6.1.(1). « La Tour Eiffel sidérale» par Arthur H [*sic*]: ...J'attends que la Tour Eiffel décolle...

Plusieurs entites spatiales ou geographiques sont siderales. C'est egalement l'Amerique qui est « sidérale ». Ferreuse, stellaire ou astrale ? Beaucoup plus que ça. Baudrillard nous parle de « [s]a sidération immediate, du vectoriel, du signaletique, du vertical, du spatial ».[587] Il nous parle aussi de sa sidération à plusieurs dimensions, horizontale (celle de l'automobile), altitudinale (celle de

---

[582] M. Gasparakis, Communication personnelle, 20 mai 2008. C.P. Snow, *Les deux cultures*, op. cit.
[583] M. Gasparakis, [gr] « À la recherche de l'unité du savoir: Science et littérature », *Education contemporaine*, n⁰ 148/2007, p. 170-175 ; n⁰ 149/2007, p. 132-137 ; n⁰ 150/2007, p. 96-102 ; n⁰ 151/2007, p. 190-197.
[584] M. Gasparakis, [gr] « Le souvenir de la chute de fer météorique dans la langue et la mythologie grecques », *Education contemporaine*, n⁰ 56/1991, p. 58-60.
[585] Fer = sidēros (σίδηρος), cf. *sidérurgie* = σίδηρος + ἔργον ([sidēros + ergon] fer + travail) = métallurgie du fer.
[586] http://evry-daily-photo.blogspot.com/2007/03/la-tour-eiffel-sidrale.html.
[587] J. Baudrillard, *Amérique*, Paris, Éd. Grasset, 1986.

l'avion), electronique (celle de la television), [physiographique] (celle des deserts), stéréolytique (celle des mégalopoles). La sideration devient ainsi un element de la description geographique...

Quant à la notion du « symbole » (qui étymologiquement signifie en grec l'appariement de deux entités), elle pourrait nous permettre de passer à l'approche de la ville comme entité à la fois sociale et naturelle. Nous faisons ici appel aux idées de l'École de Chicago sur l'écologie urbaine. On sait que pour Robert Ezra Park la ville « est un produit de la nature et, particulièrement, de la nature humaine »[588]. L'écologie urbaine de l'École de Chicago, vue dans le cadre de l'étude interthématique, est comme idée pédagogique très importante. La comparaison de la ville avec les systèmes des « super-organismes »[589] végétaux et animaux, quoiqu'un peu réductionniste par son analogie, est pourtant une conception interdisciplinaire majeure.

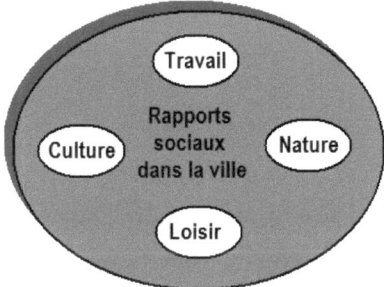

Fig. 6.1.(2). Les espaces-temps de la vie en ville. Selon Hinchliffe, op. cit.

La ville se trouve, pour les géographes, toujours en dialogue avec la nature notamment dans le cadre de la recherche sur la justice environnementale[590] et dans le cadre aussi de l'injustice culturelle[591] à l'intérieur de la ville. Non seulement l'accumulation capitaliste y est facilitée par la « production d'espace » urbain approprié pour cette utilisation, mais aussi, et de façon emblématique, les oppositions travail/loisir et culture/nature trouvent par le fonctionnement de la ville leur différenciation spatio-temporelle maximale[592].

---

[588] R. E. Park, « La ville – Propositions de recherche sur le comportement humain en milieu urbain » in Y. Grafmeyer et I. Joseph [Textes traduits et présentés par :], *L'école de Chicago*, Paris, Flammarion, 1990, p. 83.

[589] R. E. Park, « La ville, phénomène naturel » in Y. Grafmeyer et I. Joseph, op.cit., p. 185.

[590] D. Harvey, *Justice, Nature and the Geography of Difference*, Blackwell, 1996 ; G. Desfor and R. Keil, *Nature and the City*, The University of Arizona Press, Tucson, 2004 (p.ex. Ch. 3. The Social Production of Nature).

[591] Comme nous affirmons dans I. Rentzos [gr], « La ville scolaire: D'une idéologie chuchotée...» 2003.

[592] St. Hinchliffe, *Geography of Nature – Societies, Environment, Ecologies,* London, Sage Publications, 2007, p. 9.

La ville est un objet inépuisable. Il s'agit d'une entité exceptionnellement significative, tant dans l'histoire des civilisations que dans la société moderne « mondialisée », où elle constitue une invention humaine économiquement triomphé. En tant que condensateur d'activités vitales (mais aussi d'actions culturelles[593]), la ville peut/doit être lue de façon plurielle et holistique. On sait qu'il s'agit d'un très large éventail de données et de contenus à étudier et à comparer[594] qui actuellement s'insèrent dans le cadre du développement urbain durable [595] ainsi que dans le cadre de l'histoire de l'environnement urbain[596] ou d'une proposition majeure de reconstitution « *orbi per urbem* » (= dans le monde par la ville) de la politique mondiale. [597]

Mentionnons pourtant encore l'étude

1) des aspects politiques et identitaires et des mouvements protestataires en rapport avec l'espace et le territoire urbains,[598]

2) des psychogéographies du réel et de l'irréel dans la ville, [599]

---

[593] Les titres très-laconiques de deux des chapitres de l'ouvrage de Malcom Miles sont assez significatifs : Des villes produisant de la culture (ch. 3), Des villes reproduisant de la culture (ch. 4). M. Miles, *Cities and Cultures*, London, Routledge, 2007.

[594] Voir, par exemple, C. Rosenblat, P. Cicille, *Les villes européennes – Analyse comparative*, Paris, DATAR/La documentation française, 2003 ; www.urbanaudit.org ; D. Savageau, R. D'Agostino, *Places Rated Almanac*, Chicago, IDG Books, 2000 ; B. Sperling & P. Sander, *Cities Ranked & Rated*, Hoboken, NJ, Wiley Publishing, 2004. Cette étude comparée requiert une pédagogie géographique spécifique de l'approche des longues listes. Voir [gr] *Représentations de la ville*, Volos, Ed. Universitaires de Thessalie, 2010, partie 4.9.

[595] St. M. Wheeler and T. Beatley [Edited by:], *The Sustainable Urban Development Reader*, London, Routledge, 2004 (Notons, p. ex., que le pourcentage des trottoirs qui sont bons pour les piétons [pedestrian-friendly] est du point de vue du développement durable une question neutre, p. 208) ; R. Riddell, *Sustainable Urban Planning*, Oxford, Blackwell, 2004.

[596] G. Massard-Guilbaud, « Pour une histoire environnementale de l'urbain », *Histoire urbaine*, n° 18 2007/1, p. 5-21 : Il y a une « histoire » intéressante de la revendication du statut à la fois « historique » et « environnemental » de l'histoire de l'environnement urbain. Il a été évoqué, par exemple, 1) l'importance que revêtait pour l'étude de l'environnement naturel l'urbanisation de masse et l'industrialisation qui l'a accompagnée et 2) la contradiction qui consistait à exclure la ville de l'étude de cette histoire environnementale du fait que seule la ville constituait une construction principalement culturelle au moment où les paysages agraires, qui faisaient l'objet d'études pareilles, étaient aussi des constructions culturelles (p. 9).

[597] Barber, B.R., *If Mayors Ruled the World: Dysfunctional Nations, Rising Cities*, New Haven, Yale University Press, 2013.

[598] S. Low and N. Smith, *The Politics of Public Space*, London, Routledge, 2006 ; J. Cesari, A. Moreau, A. Schleyer-Lindenmann, *Plus marseillais que moi, tu meurs!: migrations, identités et territoires à Marseille*, Paris, Harmattan, 2001 ; P. Hamel, H. Lustiger-Thaler and M. Mayer (Editors :), *Urban Movements in a Globalizing World*, London, Routledge, 2000 ; Ph. Booth and B. Jouve [Ed. by :], *Metropolitan Democracies*, Hamshire, Ashgate, 2005.

3) de l'observation anthropologique[600] et sociologique[601] de la ville et, enfin,
4) de la poétique de tout « coin perdu » de la ville. [602]

Le catalogue précédent de thématiques urbaines n'étant pas caractérisé d'exhaustivité et d'hiérarchisation didactiques, nous n'oublions pas que la ville doit être lue de façon codicsiplinaire[603] claire qui pourrait, éventuellement, mener à une approche interdiciplinaire. Sans recherche pluridisciplinaire menant à une interdisciplinarité, il n'y aura pas de droit de parole à l'interthématique.

Toutefois, la notion de la ville ne fait l'objet d'aucun enseignement scolaire spécifique. Dans la science par excellence de la ville, la géographie, la ville est apparue timidement et l'introduction des éléments de la « géographie urbaine » dans l'enseignement général s'est effectuée tardivement. Même dans les matières où elle sert à développer leur discours informatif spécifique (par ex. toponymie en histoire et en littérature)[604], la ville est considérée uniquement comme notion donnée. La sociologie, enfin, qui est certes une science particulière de la ville et de sa population, n'est hélas présente à l'école grecque que de manière très limitée.

La ville, ce noyau hautement humanisé dans l'espace géographique et dans le temps historique, par les interactions infinies entre les membres de l'ensemble social, ressemble aussi à un noyau *ananthropique*. On n'a pas fait sa connaissance en tant qu'image, structure et fonction grâce à la science – quelle différence avec le noyau atomique ! –, mais par les récits des cités de l'Orient enchanté et les descriptions des villes de l'Occident flamboyant. (La rencontre avec les représentations des cités épiques de l'antiquité grecque et de leurs institutions rassemblées autour de la *polis* s'est effectuée de façon plus complexe).

---

[599] St. Pile, *Real Cities*, London, SAGE Publications, 2005. Joel Kotkin, évoque aussi, comme référence de base, la contribution fondamentale de Sigmund Freud « Malaise dans la civilisation » (1929). La comparaison qu'a faite Freud entre l'histoire des constructions dans les grandes villes, dont Rome, et la « conservation des impressions psychiques » est du point de vue de co-disciplinarité / interdisciplinarité impressionnante. J. Kotkin, *The City – A Global History*, New York, Modern Library, 2005, p. 98-99 ; S. Freud, *Malaise dans la civilisation*, http://classiques.uqac.ca/classiques/freud_sigmund/malaise_civilisation/malaise_civilisation.doc, p. 9-11.

[600] A. Raulin, *Anthropologie urbaine*, 2e éd., Paris, Arman Colin, 2007.

[601] M. Clavel, *Sociologie de l'urbain*, Paris, Anthropos, 2004(2002).

[602] P. Sansot, *Poétique de la ville*, Paris Payot, 2004(1973).

[603] Voyons, par exemple, certains des titres des chapitres (contributions) d'un recueil d'articles : « La ville des géographes », « La ville des historiens », « La ville des anthropologues », « La ville des sociologues », « La ville des démographes », « La ville des philosophes », « La ville des architectes et des urbanistes », « La ville et la littérature », « La ville et le cinéma », « Campagnes et natures urbaines », « Sociétés et cultures urbaines », « Sécurité et insécurité dans la ville », « La ville et les médias », « L' " usager " de la ville », « L'école et la ville » etc. Th. Paquot, M. Lussault et S. Body-Gendrot [Sous la direction des :], *La ville et l'urbain - L'état des savoirs*, Paris, Ed. La Découverte, 2000.

[604] I. Rentzos, [gr] « La ville et l'enseignement scolaire : Les données de la littérature grecque et de l'histoire », *Education contemporaine*, **141**/juin – août 2005, p. 90-108.

Toutefois, dans la recherche en pédagogie interthématique, la ville ne doit pas être considérée tout simplement comme un chapitre qui servirait à enrichir superficiellement la thématique scolaire par des images impressionnantes. En effet, on sait que la ville participe à la constitution de plusieurs éléments sociaux qui sont dignes d'une approche interthématique, voire interdisciplinaire. Avec les vedettes de l'interthématique telles que, l'eau et l'or, la terre et le fer, l'air et la mer, que nous avons vues plus haut, beaucoup plus que ces entités matérielles, d'autres « objets » et « thèmes » peuvent également être vus et lus de manière pluridisciplinaire et interthématique et surtout interdisciplinaire.

Il s'agit en effet des dichotomies réelles ou imaginaires, objectives ou construites, entre la nature et la culture, l'Occident et l'Orient, le travail et le capital, la religion et la science, la physique et la métaphysique, le savoir et la réalité, le rôle « femme » et le rôle « homme » dans la société, l'école et la société, l'école et le *frontistirio*, la σχόλη et la σχολή, le travail manuel et le travail intellectuel, les disciplines littéraires et les disciplines scientifiques, l'éducation générale et l'éducation technique, la création artistique et la création scientifique, la théorie et l'action, l'apprentissage et l'évaluation et beaucoup d'autres encore telles que celle entre la langue (comme élément d'identité et d'excellence d'un groupe dominant) et le dialecte (comme élément caractérisant des groupes dominés), la culture (comme partie fonctionnelle d'une civilisation dominante) et le folklore (comme élément dégénéré d'une civilisation dominée).

Or, il parait que plusieurs de ces oppositions sociales, sinon toutes, au niveau économique, politique et idéologique, se basent sur ou sont liées à cette opposition majeure qu'est l'opposition ville/campagne. Dans son *Idéologie allemande*, Marx montre que l'opposition ville/campagne, tout en constituant une dynamique fondamentale de l'histoire, représente en même temps un reflet impressionnant de la lutte des classes et de la division du travail.[605] Le phénomène urbain étant une expression majeure du capitalisme et de sa reproduction impérialiste mondiale, la séparation et la contradiction ville-campagne se trouvent aussi liées à toute sorte de dualités historiques et sociales, voire anthropologiques[606].

L'opposition campagne/ville, est exposée avec des détails saisissants et par une méthode exemplaire chez Raymond Williams dans son ouvrage classique *The Country and the City*[607]. Les changements sociaux liés à la révolution industrielle en Angleterre et le passage à une économie urbaine, c'est-à-dire aux nouvelles formes de propriété et d'exploitation, constituent une base inépuisable pour la critique littéraire acérée de Williams. Son œuvre apparaît ainsi comme la plus impressionnante thèse de géographie sociale et culturelle d'un pays dans lequel,

---

[605] I. Joseph, *La ville sans qualités*, L'aube, 1998, p. 5.

[606] Dans le chapitre VIII, consacré à l'opposition « ville/campagne », de son ouvrage intitulé « Le droit à la ville » Lefebvre note : « [À] l'échelle mondiale, le conflit ville-campagne est loin d'être résolu [...] S'il est vrai que la séparation et la contradiction ville-campagne [...] fait partie de la division du travail social, il faut admettre que cette division n'est pas surmontée ni maîtrisée. De loin. Pas plus que la séparation de la nature et de la société, du matériel et de l'intellectuel (spirituel) ». H. Lefebvre, *Le droit à la ville*, 3ᵉ édition Paris, Anthropos, 1968(2009), p. 67.

[607] R. Williams, *The Country and the City*, Oxford University Press, 1973.

déjà au milieu du XIXème siècle, et pour la première fois dans l'Histoire, la population urbaine a excédé la population rurale. Se basant sur des textes littéraires – poèmes, romans, mais également des ouvrages de littérature policière et de science fiction – cet écrivain s'insinue dans l'essence de l'histoire des derniers siècles et analyse le contenu de la révolution urbaine et industrielle pour arriver, en prophétisant, à la mondialisation. Le titre du premier chapitre « Country and City » [= campagne et ville] devient, par inversion, titre du dernier chapitre « Cities and Countries » [= villes et pays]. Un jeu-de-mots facilité par la double signification de *country* au pluriel (pays/campagne), permet à Williams de suivre l'évolution des « pays/campagne éloignés qui sont devenus terres rurales de la Grande Bretagne industrielle ». C'est ainsi que cet auteur annonçait au début des années '70 la mondialisation ; c'est-à-dire la nouvelle Métropole mondiale – qu'elle soit un territoire ou un réseau, peu importe – et ses pays-campagne.

Qu'on ajoute ici encore que malgré l'opposition économique et sociale de la ville à l'égard de la campagne, dont nous avons déjà parlé, la pédagogie de la ville pourrait aussi mettre en relief certains aspects environnementaux de cette dernière. En termes réalistes, il importe de faire dégager la beauté de la nature et de la campagne dans la ville par ces « médiations » – moins originales que les villages – qui sont les parcs, les jardins, les captives.[608]

Pour la Grèce la « revendication de la campagne » est actuellement considérée comme une nouvelle « grande idée ». Le professeur Kostas Manolidis qui a utilisé ce terme renvoie, [609] apparemment, à l'histoire du peuple grec pour lequel la « megali idea » fut la reconquête de la Constantinople… Il s'agit ici d'une métaphore qui, vue sous une approche herméneutique écologique contemporaine, revêt une grande importance pédagogique.

Par son ouvrage sur « l'aventure des cités-jardins » [610] le professeur Kiki Kafkoula présente des détails intéressants sur la signification sociale et environnementale des cités-jardins dans divers pays européens, dont la Grèce. L'auteur met en relief la question importante de l'amour pour la ville et, en termes pratiques, parle aussi de la réhabilitation urbaine qui pourrait amener à un rapprochement ville-campagne au niveau de l'habitat et de l'habitation. S'agirait-il d'un résultat de contenu « hybride » qui renverrait à Latour ?[611] Doit-on se méfier du

---

[608] H. Lefebvre, *Le droit…*, op. cit. p. 66.

[609] K. Manolidis, « Une nouvelle grande idée » in K. Manolidis, Th. Kanarelis [Sous la direction de :], *La revendication de la campagne – Nature et pratiques sociales en Grèce contemporaine*, Département de l'architecture de l'Université de Thessalie – Éd. Indiktos, 2009. Il s'agit, en partie, des actes de la conférence qui a eu lieu en mars 2008. Voir aussi : http://www.arch.uth.gr/ypaithros/.

[610] Kiki Kafkoula, [gr] *L'aventure des cités-jardins*, Thessalonique, University Studio Press, 2007.

[611] Nous estimons que la question de l'opposition « nature-ville », vue comme une dimension de l'opposition « nature-société », renvoie aux considérations plus générales sur la (non…) modernité de Latour. B. Latour, *Nous n'avons jamais été modernes…*, op. cit.

paysage qui est à considérer comme un produit hybride de la nature et de la société ?[612]

Un effort d'un rapprochement pareil – y a-t-il ici aussi des prétentions « interspécifiques » ? – est entrepris par les travaux de Nikos Krigas,[613] docteur en taxinomie des plantes, qui étudie les particularités de la flore dans l'espace urbain. On n'ignore pas que le paysage naturel de la ville/dans la ville existe de façon fragmentaire sur les terrains vagues misérables de nos villes méditerranéens. Krigas, avec un enthousiasme interdisciplinaire, nous dit :

> « Il est certain que la flore urbaine est accompagnée de toute laideur urbaine : Des boues, de la poussière, des déchets hétéroclites, des ruines ainsi que l'image générale de l'abandon. Si l'on s'en occupe un peu, dans nos villes, l'on reconnaîtra sa beauté. Les plus de mille espèces que j'ai reconnues dans la ville de Thessalonique, au moment où le mont des dieux, l'Olympe, n'en a que 1700 [dans le Parc national], nous rapproche, en Grèce, d'une phytogéographie urbaine extraordinaire. Il s'agit en effet d'une richesse floristique qui peut etre mise en valeur dans nos villes tellement pauvres en parcs et jardins »[614].

On sait que la biodiversité urbaine fait toujours partie constituante de l'idéal de l'*ecocity*.[615] Nous sommes d'avis qu'il ne s'agit pas d'un dialogue de la nature avec la ville qui est superficiellement environnemental. Et surtout, il ne s'agit pas en effet d'expression d'intentions de décoration et d'embellissement, mais plutôt d'interventions tenant compte les dynamiques propres au fonctionnement de la nature.[616] Par contre, même vaincue dans notre société moderne, la nature n'est pas toujours verte, paisible et convoitée. Loin de là. Nature et ville signifient aussi des catastrophes naturelles. Pourtant combien « naturelles » et non « humaines » ?

---

[612] P. Donadieu, M. Périgord, *Clés pour le paysage*, Paris Ophrys, collection « Géophrys », 2005.

[613] N. Krigas, « Nature et ville - Les particularités de la flore dans l'environnement urbain », *Séminaire de l'environnement urbain*, C.E.E de Néapolis. 4, 5 & 6 décembre 2008, p. 12-14 ; N. Krigas & St. Kokkini, "A survey of the alien vascular flora of the urban and suburban area of Thessalonique, N Greece", *Willdenowia* 34 (2004), p. 77-98. Notre sujet n'étant pas l'approche environnementale de l'idée de « la nature dans la ville » mais plutôt, sinon clairement, celui concernant la séparation économique et sociale de la ville (par exemple grecque) de la campagne, on doit profiter néanmoins des approches variées de la question nature-ville. Voir C. Fournet-Guérin [Sous la direction de :], *La nature dans les villes du sud*, Revue *Géographie et Cultures*, n° 62, 2007, Paris, L'Harmattan.

[614] Communication personnelle, 5 décembre 2008.

[615] Richard Register, *EcoCities: Rebuilding Cities in Balance with Nature*, Revised edition, Gabriola BC Canada, 2008, p. 47.

[616] Cette approche pleinement interdisciplinaire est évidente dans les travaux d'un colloque (3 juin 2011) organisé par l'École d'Architecture de l'Université nationale technique d'Athènes, sous le titre général « Urban Dynamics and Nature: Planning and Designing with Nature in the City ». Voila certains des travaux qui y sont présentés : "The loss of Nature", "Perceptions of Nature in the theory and practice of city planning", "The natural environment as a vehicle of interdisciplinarity in practice", "Nature as a tool for strategic planning and design of urban space". http://www.ntua.gr/announcements/general/uploads/2011-06-02_425916_programma-gr.pdf.

Provoquées par l'homme et dirigées contre des hommes ? Ceci est un aspect particulier des rapports de la ville avec la nature (φύσις [phusis ou physis]) et sa physique[617] exprimés notamment en termes de géographie physique et de géologie urbaine.[618]

Désormais, la ville constitue l'espace vital de la moitié de la population terrestre vivant aussi dans les agglomérations urbaines millionnaires et multimillionnaires. Les qualités de la ville sont inhérentes à la culture, à certaines libertés et au mode de vie (ou, mieux, genre de vie) appelés – tout court – « la Civilisation », mais son espace constitue également un théâtre de violence et de soumission. Partout dans les villes, la violence quotidienne existe et se manifeste envers le simple individu. C'est ce que vivent intensément les villes grecques en raison

de la laideur et de la saleté des rues ;[619]

des infrastructures insuffisantes ;

de la mauvaise esthétique des constructions ;

de l'automobilité exagérée, concrètement dans l'espace et aussi dans les esprits ;[620]

Ces éléments résultent d'observations qui se rapportent à des problèmes bien connus concernant le fonctionnement de la ville grecque.

L'absence délibérée de plan urbain ;

la spéculation foncière et la construction arbitraire ;

l'envahissement de l'espace public ;

la destruction de la mémoire collective et individuelle ;

la répression ;

---

[617] Lisa Benton-Short and John Rennie Short, *Cities and Nature*, London, Routledge, 2008, par exemple le chapitre 6, p. 118-140. I. Rentzos [gr] « La géopolitique et l'idéologie des désastres urbaines et des créations dans la métropole athénienne – Une approche de géographie culturelle ». Conférence « La géographie de la métropole et ses aspects dans le territoire grec » organisée par la revue scientifique grecque *Géographies*, 21-23 octobre 2005a, Thessalonique. Abstracts p. 18-19 ; Texte complet http://geander.com/Metrop_Rentzos_keimeno3.pdf.

[618] George Bathrellos [gr], *Geological, Geomorphological and Geographic Study of the Urban Areas of Trikala Prefecture / Western Thessaly – B. Urban Geology, Urban Geomorphology and Assessment of Natural Hazards – Their Role in Spatial Planning*, Athens, 2008.

[619] Très souvent les universitaires athéniens font des interventions par les colonnes de la presse athénienne. En moins de deux mois nous en avons décelé trois articles : P. Rigopoulou, [Université d'Athènes], « La laideur d'Athènes est aussi un scandale », *Eleftherotypia*, 28 avril 2009 ; Th. P. Lianos, [Université économique d'Athènes], « Des villes sales », *To Vima*, 10 mai 2009, p. A60 ; T. Papaïoannou, [Université technique d'Athènes], « La ville sale », *Eleftherotypia*, 26 juin 2009, p. 30.

[620] I. Rentzos, « La violence automobile est la sage femme… », op. cit. Notre point de vue y est que les analyses savantes sur la violence urbaine ne mettent pas en relief l'aspect automobile et deux-roues motorisés. Le bilan de morts, en Grèce, un Boeing 737 par mois et un *Titanic* par an, c'est impressionnant. Pourtant, même au niveau international, l'aspect terroriste de l'automobile ne rentre pas dans les débats de la géographie de la peur. Voir D. Gregory and A. Pred, *Violent Geographies: Fear, Terror, and Political Violence*, Abington, Routledge, 2007.

le verbiage plein de promesses ;
l'isolement social ;
constituent des notions clés sur la conception de la ville grecque moderne.

La représentation de la ville et surtout le pouvoir de la littérature, du théâtre et du cinéma, lorsque les créateurs le désirent, peut devenir un moyen de contestation sur l'inégalité sociale telle qu'elle se manifeste dans cet espace vital si dense que constitue la ville.

Le théâtre et la littérature et avec eux toute autre création telle que le cinéma, la peinture et les bandes dessinées, sont caractérisés par des potentialités d'interthématique et un choix d'objectifs inégalables. Celles-ci sont dictées par la nécessité pour que se déplie, grâce aux modes d'expression de chaque art, l'idée centrale créative (qui peut être liée à la vie au sein d'un espace urbain) autour de laquelle se focalise l'œuvre artistique.

Selon cette conception et à condition qu'une idée pédagogique, humanitaire ou instructive prédomine, l'enseignement interthématique peut se mettre au service d'objectifs interthématiques élevés. Ainsi, la stratégie didactique de l'interthématique, quels que soient ses moyens en tant qu'interthématique poléographique au lieu de s'aventurer simplement vers des adjonctions encyclopédiques et enjolivées, ou des rapports horizontaux creux et inutiles, peut inciter l'enseignant en tant que géographe, architecte ou spécialiste de sciences sociales, à rechercher un matériau didactique analogue.

Des constructions architecturales aménagées dans des métropoles éclairées à profusion que nous ne verrons peut-être jamais, tours d'acier ou inclinées, jumelles et anéanties, tableaux célèbres représentant des ponts superbes et des rives qui ont été chantées, des prises de vues célèbres de scènes de la rue et de quartiers, liées de façon dramatique à l'histoire de l'humanité, mélodies et tragédies, crimes et châtiments, drames et poèmes qui transcrivent, dans une dimension naturelle, « grandeur nature », la vie de marchands et la mort de commis voyageurs ou le suicide de poètes, renvoient aux villes des hommes et attendent leur approche interthématique.

Ce patrimoine « poléographique » que nous a légué le passé et qui s'enrichit continuellement de nos jours grâce à l'urbanisme, l'architecture et indirectement grâce à l'art, la littérature et la poésie, le théâtre, le cinéma et les dessins animés, peut être mis en valeur dans l'enseignement systématique interdisciplinaire / interthématique de la ville.

Non seulement la poléographie « non-scientifique » mais aussi les sciences exactes et la technologie peuvent s'intégrer, elles aussi, dans le cadre de l'interdisciplinarité, à l'étude de la ville. La géométrie des modèles de la répartition des villes dans l'espace terrestre en constitue un exemple. Les sujets d'hiérarchie et d'attraction des villes conceptualisés et visualisés par des modèles fascinants, comme nous l'avons déjà vu (5.3.) commencent par des points abstraits sur le tableau noir pour aboutir à des représentations sur la carte et à des photographies par satellites. Des amas de connaissances théoriques apportées par les diverses matières scolaires, correspondant aux disciplines respectives, peuvent être mises en valeur dans le cadre d'un enseignement interdisciplinaire-intégré de la ville. James Trefil restructure certaines connaissances de physique technologique et il propose des synthèses basées sur des exemples exacts du fonctionnement des grandes villes contemporaines et futures, sur la Terre comme aux cieux...[621] En outre, les aspects de sécurité environnementale et climatique rappelés, entre autres par la tragédie de la Nouvelle-Orléans (29 août 2005 et après), constituent, eux aussi, des éléments très significatifs de l'importance des approches interdisciplinaires.[622]

Dans les quatre prochaines sections nous abordons 1) l'interdisciplinarité littéraire de la ville (6.2., 6.3., 6.4.) et 2) la signification interdisciplinaire et interthématique de la ville « encyclopédique ». En d'autres circonstances, l'occasion nous est également fournie de présenter des approches interthématiques poléographique au moyen du cinéma,[623] du théâtre (comme rédaction interdisciplinaire et mise en scène d'une pièce),[624] de la bande dessinée[625] et de la muséologie poléographique[626].

L'enseignement interthématique / interdisciplinaire de la ville peut enrichir par de nouveaux contenus et de nouveaux objectifs certaines des matières « fatiguées », en les regardant d'un regard poléographique.[627] Pour reprendre Michelet, en le paraphrasant, « Cette vue, cette ville, [qu'on le sache], c'est une [nouvelle] école ».

---

[621] J. Trefil, op. cit. Deux exemples : Le « superscyscraper » de Frank Lloyd Wright et la « colonie spatiale » selon Gerard O'Neill.

[622] Selon un article paru dane le quotidien Le Monde, Jacques Chirac, ex-président de la République française, en tant qu'étudiant, stagiaire à Nouvelle Orléans, dans le cadre d'un rapport de géographie économique, mais par une approche de géographie culturelle, avait discuté l'éventualité d'une future inondation à des effets désastreux. T. Wieder, « L'étudiant Chirac avait prévu l'inondation de La Nouvelle-Orléans », in Le Monde, 11-12 septembre 2005. Voir également : I. Rentzos, [gr] « La géopolitique et l'idéologie... », op. cit. Pour les aspects concernant l'opposition entre « interventions culturelles » et « interventions fonctionnelles » dans la ville, voir : J. Kotkin, « La Nouvelle-Orléans, paradigme de l'urbanisme moderne », in Le Monde, 9 septembre 2005.

[623] I. Rentzos & Chr. Tsilibaris, « Our Town in the Cinema: The Greek Experience », Engaging Baudrillard Conference, Swansea University, 4th – 6th September 2006 ; I. Rentzos, « La poléographie comme description géographique et cinématographique de la ville – Quelques exemples de critique de films cinématographiques", 2ème Conférence interdisciplinaire «Science et art», Union des Physiciens Grecs, janvier 2008.

[624] I. Rentzos, K. Kazoukas, [gr] « "À Moscou, à Moscou" ... », op. cit. ; I. Rentzos, K. Kazoukas, «Le discours théâtral comme description géographique de la ville – Ce que l'interthématique peut offrir», 2ème Conférence interdisciplinaire «Science et art», Union des Physiciens Grecs, janvier 2008.

[625] I. Rentzos [gr], «Les villes du possible... », op. cit. ; I. Rentzos [gr], Géographies humaines de la ville, op. cit. p. 151-163.

[626] I. Rentzos, « "L'effet du Luxembourg"– Urban Museology in a City-State and Interdisciplinary Poleography », 8th International Conference on Urban History, Stockholm 30th August – 2nd September 2006. Actes en CD-Rom.

[627] Voir 1) Rentzos, I., [gr] « Enseigner la science de la ville par l'art », in : 1e Conférence internationale interdisciplinaire « Science et art – À la recherche des points communs – Une discussion des différences », 16-19 juillet 2005, Actes, 3e, vol., Athènes, p. 71-75. 2) Rentzos, I., [gr] « La ville scolaire: D'une idéologie chuchotée ... op. cit.

6.2. La tradition littéraire urbaine comme source de l'interthématique

La ville possède la caractéristique d'être traditionnellement liée au patrimoine artistique et littéraire mondial, voire par des voies qui passent inaperçues. Les plus grandes formes littéraires et artistiques ont en général été créées à partir de relations *dans la ville*[628] et *avec la ville*, autrement dit avec comme point de départ l'intervention humaine – la *human agency* selon Carl O. Sauer –, le travail sur la Nature et non grâce à la Nature. La grande épopée homérique, l'*Iliade*, cache dans son titre le nom d'une ville, Ilion ou Troie. C'est la forme de la ville qui a réformé la peinture.[629] Le roman, certes non par une fixation scolaire sur un quelconque objectif, mais à travers le souci de restituer la pensée poléographique de l'auteur, peut s'élever interdisciplinairement très haut.

La description et l'enseignement de la ville exigent une textualisation linéaire de sa substance[630] par un récit en mode narratif. La multiformité de la ville doit devenir uniformité, la complexité va gagner la grâce de la simplicité et le polyèdre pourra acquérir la souplesse d'un texte. Le spécialiste « poléographe », en qualité de géographe urbain ou d'historien, de sociologue et d'économiste, rassemble ses connaissances sur la ville et produit une succession d'informations, un texte, qui parvient à son lecteur sous forme d'un récit qui figure la ville. Le scientifique spécialiste n'étant pas le mieux habilité à produire un texte-ville ou une ville-texte, entre, à un certain degré, dans la contrée de l'auteur professionnel de texte, l'écrivain.

Rares sont les occasions où un géographe possède le don particulier et sache répondre à l'invite – inclination et invitation – du « texteur » du territoire et de la ville. Mais il peut aussi bien ne pas avoir choisi d'agir en tant que spécialiste mais en qualité d'homme de lettres. Le cas de l'écrivain français Julien Gracq (1910-2007 ; pseudonyme de Louis Poirier) est caractéristique, sinon unique. Ce professeur d'histoire-géographie dans des lycées parisiens, fut en même temps un écrivain honoré et distingué de la langue française, qui etait toujours un géo-graphe. Il décrivait, comme il l'affirmait le paysage, les routes, les fleuves, les rivières, qui contextualisaient ses humains : « Je m'aperçois de plus en plus que mon attention aux êtres est faible. Je n'oublie pas un paysage, tandis qu'il m'arrive d'oublier des rencontres »[631]. Gracq nous a aussi laissé des textes « poléographiques » dans lesquels l'intuition du chercheur scientifique s'allie au besoin intérieur d'extérioriser, d'exprimer, de témoigner. Dans son grand roman intitulé *Le rivage des Syrtes*, une cité-État tient lieu de protagoniste. La ville imaginaire d'« Orsenna », capitale d'un empire semblable à l'empire vénitien devient le centre d'une logique géographique appelée « géopolitique ». Il s'agit de la logique qui contrôle le pouvoir, divulgue les structures d'oppression et d'exploitation et dévoile les mécanismes qui font de la

---

[628] P. Ackroyd, «The Life of the City», in: *The Observer Century City/Modern Tate*, 2001.
[629] M. Weber [gr], *La ville*, Kentavros, 2003, p. 50 [Traduction ; Th. Ghiouras. Renvoi fait par le traducteur] ; [Ernst Kirchner], « Expressionism and the City », *Gallery Guide*, RA, London, 2003.
[630] J. Moran, *Interdisciplinarity*, London, Routledge, 2002, p. 167.
[631] A.-M. Boyer, *Julien Gracq – Paysages et mémoire*, Ed. Cécile Defaut, 2007, p. 11.

terre un *territoire* et de l'homme un soldat. Le géographe et géopoliticien Yves Lacoste consacre à l'ouvrage de Gracq une analyse intéressante et n'hésite pas à qualifier le *Rivage* de « roman géopolitique »[632].

Néanmoins, la sensibilité de l'écrivain, ainsi liée à la scientificité géohistorique rigoureuse de Gracq, se révèle également dans un autre de ses livres. « La forme d'une ville »[633] est une « monographie » qui illustre la forme et sonde le contenu de Nantes, telle que l'a vécue « en symbiose trop étroite » cet écrivain. Ayant connu la campagne dans sa petite enfance, celle-là « l'a rendu fortement sensible à la différence de tension qui la sépare de la ville ». Pourquoi cette tension dans la ville ? Gracq nous dit :

> « La ville c'est l'antagonisme qui règne entre un système de pentes nettement centrifuge qui toutes mènent le noyau urbain vers son émiettement périphérique et en regard de la puissance atteinte centrale qui les contrebalance et qui maintient la cohésion de la cité ». [634]

La magnifique phrase poétique par laquelle débute cette grande narration de scènes et de souvenirs, constitue le début et la fin de toute tentative poléographique : « *La forme d'une ville change plus vite, on le sait, que le cœur d'un mortel* ».[635] A quel point peuvent donc coïncider les images d'une et même ville remémorée par un de ses anciens habitants, analysée par le scientifique urbain, décrite par l'élève, à qui nous demandons une étude du vécu de « sa » ville ?

Et pourtant. Les descriptions de la ville effectuées par les créateurs issus d'époques anciennes ont laissé, au cours du temps, des éléments de poléographie indestructibles que, bien après que ces créateurs ont quitté cette vie, d'autres écrivains et chercheurs peuvent exploiter dans l'étude de la ville. Telle est la qualité de la rencontre si importante entre David Harvey et Charles Baudelaire. Dans « Les yeux des pauvres »[636] qui admirent la ville du Baron Hausmann, l'urbaniste de Paris, un siècle et demi plus tard, ce savant sage de l'espace et de la ville, Harvey, nous lit le texte de Baudelaire et approfondit, dans son propre texte, ses analyses sur l'espace public.[637] Harvey ne fait que proposer un travail interdisciplinaire d'étudiant.

Thierry Paquot affirme que « ce sont les romanciers, bien avant les sociologues, qui [ont] dépeint] les effets de l'urbanisation des mœurs comme en témoignent, à Paris, les nombreuses " Physiologies " », décrivant les « types » humains du milieu urbain[638]. La ville étant la «*véritable héroïne du drame humain* »[639], comme le

---

[632] Y. Lacoste, « Julien Gracq, Un écrivain géographe : *Le Rivage des Syrtes* – Un roman géopolitique » in Y. Lacoste, *Paysages politiques*, Le livre de poche, 1990, p. 151-189.
[633] J. Gracq, *La forme d'une ville*, José Corti, 10ᵉ édition, 1985.
[634] J. Gracq, op. cit. p. 199.
[635] J. Gracq, op. cit. p. 1.
[636] « Les yeux des pauvres » de Charles Baudelaire, poème en prose, selon Harvey.
[637] D. Harvey, « The Political Economy of Public Space », in S. Low and N. Smith, *The Politics of Public Space*, London, Routledge, 2006, p. 17-34.
[638] Th. Paquot, « L'invention du citadin », in *Sciences humaines*, No 70, mars 1997, p. 20.
[639] Paquot, op. cit. p. 21.

soutient le même chercheur, plusieurs faisceaux de noms aussi bien d'auteurs célèbres que de grandes villes du monde participent à la composition d'une géographie humaine de la « ville » du roman.

Qui conteste le fait que la ville en tant que nom, espace et multitude humaine effervescente « intériorisée » est souvent (pas toujours) présente dans le texte littéraire ? Le roman et, en général, la littérature, se sont attachés à la notion de la ville, de chaque grande ville, connue, ce qui vaut principalement pour l'époque moderne. Olivier Mongin écrit : « *Tout grand écrivain est aujourd'hui un écrivain de la ville. Il n'existe pas un écrivain du XIXe ou du XXe siècle qui n'ait pas écrit sur la ville* »[640]. Ce n'est pas un hasard que l'ouvrage épique de Tolstoï *Guerre et Paix* débute symboliquement par les noms de deux villes. Non pas Moscou et Saint Pétersbourg, comme on pourrait s'y attendre, mais Gênes et Lucques : «*…Eh bien, mon prince, Gênes et Lucques ne sont plus que des apanages de la famille Bonaparte* »…

Toutefois, les villes ne servent pas seulement de repère de cartographie militaire mais sont elles-mêmes des théâtres de guerre. Non seulement « la guerre modèle la cité » comme nous le dit l'écrivain de la ville Mumford[641] mais c'est aussi elle qui l'anéantit. Et elle en fait une figure épique à l'instar de Troie et de Hiroshima. Qui ne se souvient pas que la notion « épopée » soit liée à des citadelles héroïques ?

Et que dire des épopées de la vie quotidienne dans la ville ?

« *Samedi soir à la lisière de la ville* » de Soti Triantafyllou,[642] est un grand roman d'amour équivalant en enseignements à beaucoup de cours exemplaires de poléographie. L'objet de l'amour et l'origine du grand bonheur de cette relation c'est une ville. *La* ville. New York. New York en personne. Comme mère. Comme chanson. Comme titre de film de cinéma. Comme une pilule et une *substance* rédemptrices. Mais pourquoi « comme » ? Comment pouvons-nous assimiler cette entité à « quelque chose » puisque, aux yeux de l'héroïne, « elle ne ressemblait à rien de ce qu'elle avait vu jusqu'alors » ? New York, donc, la ville, se construit peu à peu dans le roman, en tant que terre d'identification anthropique, espace d'adhésion culturelle et territoire d'identité. Elle devient patrie – non pas géopolitique – (avec des frontières mentales autres que celles de la carte). Avec l'Hudson, son fleuve sale, et les profondeurs dangereuses du Bronx, avec Brooklyn, Jersey City, tout autour de son Soho, la place Washington, Manhattan. Manhattan. Et ses « gratte-ciel » ! « Qui semblaient protéger » l'héroïne. Tout cela, écrit avant le « 11 septembre » mais avec des mots-clefs de ce jour là, acquiert une utilité didactique particulière. Il s'agit là du noyau du cours sur la ville qui, ne nous cachons pas, est absolument *intranationalement* géopolitique et pose la question « la patrie qu'est-ce que c'est ? ». Triantafyllou, Athénienne, Parisienne, aussi bien que New-yorkaise, ayant étudié la culture et l'urbanisme elle-même, met son héroïne enseignante à composer avec sa vie de sérieux objectifs de didactique interthématique de la ville et oser répondre à la question précédente : la ville dans laquelle nous existons !

Le poète et écrivain grec Nanos Valaoritis exploite l'identification terminologique

---

[640] O. Mongin, «De la ville à la non-ville» in : M. Roncayolo, J. Lévy, Th. Paquot, O. Mongin , Ph. Cardinali, *De la ville et du citadin*, Parenthèses, 2003, p.38.
[641] L. Mumford, *La cité à travers l'histoire*, Seuil, 1964, p. 459
[642] S. Triantafyllou, *Samedi soir à la lisière de la ville*, Polis, 1996.

« texte = situé » (**κείμενο** = **κείμενο**)[643] existant en grec. A travers un article tout à fait remarquable, il soutient par une solide argumentation[644] que la ville-texte (**πόλη-κείμενο**) décrite est elle-même guide de la forme et du contenu du texte produit. Le décor et l'outil « ville », compris en littérature et en poésie en tant qu'objet (**αντι-κείμενο**) ou sujet (**υπο-κείμενο**), s'impose au créateur en tant que surtexte / superposé (**υπερ-κείμενο**). De « lettre » (**γράμμα**), autrement dit description écrite, la ville est érigée en « périgramme » (**περίγραμμα**) conducteur. La lettre devient esprit. La réalité de la ville vit *dans* le poète et l'écrivain. Dans son cerveau et – peut-être aussi – dans son cœur. Plus concrètement, pour Valaoritis, « le mouvement de l'écriture centrée autour de l'activité langagière [...] n'est pas sans rapport avec la réalité de la ville ».[645]

Conformément à cette notion, l'écrivain peut être comparé à une pythie poléographe qui, en état d'extase, s'inspire de la ville et rend son oracle. La ville d'Alexandrie fut un cas exemplaire dans l'histoire de la littérature où l'activité intellectuelle de la production de « son » texte (**κείμενο**) par « lecture-écriture » a offert à Lawrence Durrell une grande inspiration interdisciplinaire et intethématique. En proposant «l'anthropomorphisme d'un espace comme une géographie-symbole de la multiplicité humaine »[646] *Le Quatuor d'Alexandrie* crée une analogie littéraire unique rentrant ainsi dans le domaine de la *Théorie de la relativité*. Plusieurs travaux de recherche y sont consacrés.[647] Durrell, lui-même, dit « *[...D]ans le concept du continuum espace-temps il y a un concept absolument nouveau de ce que la réalité pourrait être. [...C]e roman est une danse à quatre dimensions, un poème de la relativité. [I]déalement, tous les quatre volumes doivent être lus en même temps, comme je dis dans ma note à la fin, mais [...] nous manquons de lunettes à quatre dimensions. Le lecteur aura à le faire avec imagination, en ajoutant la dimension du temps aux trois autres, en maintenant le tout comme solution dans son crâne. C'est ce que j'appelle un continuum, mais en fait il ne peut pas être tout à fait exact en ce*

---

[643] Note sur la lecture des mots grecs de ce paragraphe : *κείμενο* (à lire kimeno), *πόλη-κείμενο* (poli-kimeno), *αντι-κείμενο* (anti-kimeno), *υπο-κείμενο* (hypo-kimeno), *υπερ-κείμενο* (hyper-kimeno), *γράμμα* (gramma), *περίγραμμα* (perigramma).

[644] N. Valaoritis, « La ville comme sujet et surtexte de l'écriture », *I Kyriakatiki Avgi*, 2ᵉ partie, 19 novembre 2006.

[645] Valaoritis introduit la littérature « poléographique » avec les modernistes, principalement avec Andrej Belyi – le poète, écrivain et théoricien symboliste russe (1880-1934) le plus important – et son roman *Petrograd* (1916). Cette littérature urbaine a été créée comme description systématique de la ville par James Joyce et son *Ulysse*. Cf. N. Valaoritis, « La ville comme sujet et surtexte de l'écriture », *I Kyriakatiki Avgi*, 1ᵉ partie, 12 novembre 2006.

[646] T. Goudelis, « La ville invisible », *I Kyriakatiki Avgi*, 21 mars 2010, p. 35.

[647] Brown, Sharon Lee. "Lawrence Durrell and Relativity." dissertation University of Oregon, Notes: Dissertation Abstracts International 26:7310; Nordell, Rod, "'Relativity' in the Novel", *Christian Science Monitor*, 26 March (1959): 11; Chepyha, Peter, "The Artists and the Stylists in The Alexandria Quartet in Relation to Durrell's Use of the Theory of Relativity: The Relativity Mythos and the Rainbow of Personality." Thesis York University; Richardson, Ken, "Space-Time and Relativity in 'The Alexandria Quartet'." *Labrys* 5 (1979): 111-39.

sens que la projection de Mercator représente une sphère [...] ».[648]

Ces écritures de la ville ne peuvent être ignorées. Idées, notions et objectifs destinés au cours de poléographie se trouvent dissimulées dans les œuvres littéraires. Des auteurs littéraires et des traducteurs, des poléographes-chercheurs et des éditeurs offrent au professeur de la ville des images et des descriptions fortes de la substance littéraire et sociale des villes, sous des formes variées et multiples de poléographie littéraire.

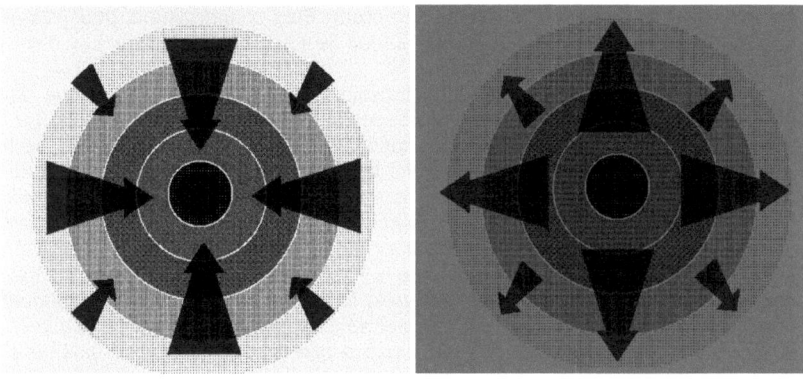

Fig. 6.2.(1). Une idée qui pourrait inspirer les écrivains de science-fiction. La ville monocentrique est une pompe automatique qui absorbe chaque matin dans son centre atopique les êtres humains pour les expulser le soir.

Aux confins de la poléographie littéraire ou de la littérature poléographique se situe également la poléographie de la science fiction (SF). Cette dernière, avec ses mondes, ses sociétés et ses empires, comporte aussi des villes qui font en général l'objet d'approches dans les matières scolaires. Du reste, les villes « constituent le cadre typique des films de science fiction dans lesquels elles occupent souvent un rôle aussi important que les acteurs eux-mêmes »[649]. Il vaut d'être signalé que le si célèbre philosophe de la ville, Walter Benjamin (1892-1940), a approfondi la question de l'usage du verre dans la ville à l'occasion de la lecture d'un ouvrage de science fiction ayant attiré son attention (*Glass Architecture* de Paul Scheerbart).[650] Comme on le sait, le verre bouleverse la relation (et la place relative) entre le « dedans » et le « dehors », autrement dit entre privé et public. Nous en trouvons les prolongements dans les hypermarchés « bardés » de vitres, de type galeries commerciales, qui sont au service,

---

[648] Andrewski G. & Mitchell, J. [Interviewed by], "LAWRENCE DURRELL - The Art of Fiction No. 23", Issue 22, Autumn-Winter 1959-1960, in *The Paris Review Interviews*, (internet) http://www.theparisreview.org/media/4720_DURRELL4.pdf.

[649] J.R. Gold, "Under Darkened Skies: The City in Science-Fiction." *Geography*, v86 i4 (2001).

[650] H. Caygill, A. Coles and A. Klimowski with R. Appignanesi, *Introducing Walter Benjamin*, Icon Books UK, 2000, p. 90.

comme l'a prévu Benjamin, du commerce et de la consommation, mais ne constituent pas le présupposé matériel de création et de fonctionnement de l'« espace public ».

Il suffit ici de mentionner les titres d'œuvres de SF à contenu poléographique, comme, par exemple, celles du britannique Ballard, pour vérifier combien proches de la problématique de la ville se situent certains des écrivains distingués de ce genre : *The Concentration City, Chronopolis, The Singing Statues.*[651] En outre, les modèles systémiques d'étude du fonctionnement de la ville pourraient offrir aux enseignants et aux étudiants des idées fructueuses de travail de rédaction de textes de science-fiction. De Rosnay nous propose des descriptions dans lesquelles la ville est une pompe automatique qui aspire chaque matin des êtres humains innocents, dans un centre qui devient de plus en plus atopique – une atopie *ananthropique* de plus –, pour les vomir le soir.[652] Le « Bunker-Néapolis » d'Athènes, connu aussi sous le nom d'ATTIKO METRO, peut être considéré, selon Kalfopoulos, un écrivain grec, comme une extrapolation de ces atopies.[653]

*

Ajoutons ceci encore avant de terminer cette présentation. La série de feuilletons grecque « Une ville dans la littérature » constitue une importante proposition de poléographie littéraire ou de littérature poléographique des villes grecques, grandes et petites[654]. Anastasis Vistonitis aussi a pris une initiative de bon professeur de poléographie littéraire et pendant des mois (tous les dimanches, de février 2004 jusqu'en février 2005, *To Vima du dimanche*), il nous a faits les communiants de vécus que lui fournissaient les nombreux « Lieux et stations de la fiction ». Avec les discrets témoignages de ses propres expériences de voyages, il établissait des tableaux avec les noms d'écrivains importants et les titres d'œuvres littéraires uniques qui venaient compléter chacune de ses publications avec la bibliographie littéraire-poléographique correspondante[655].

---

[651] J.G. Ballard, *The Complete Short Stories: Volume 1*, London, Happer Perennial, 2006, p. 30-50, 202-227, 537-549.
[652] J. de Rosnay, *Le macroscope – Vers une vision globale*, op. cit. p. 48-54.
[653] K. Th. Kalfopoulos, «L'ATTIKO METRO comme non-lieu », *I Epohi*, 18 mars 2001, p. 26. [ATTIKO = « d'Attique »].
[654] Voir par exemple, K. Logaras, *Patras*, Metaikhmio, 2001; K. Akrivos, *Volos*, Metaikhmio, 2001; Th. Valtinos, *Tripoli*, Metaikhmio, 2002; D. Axiotis, *Kavala*, Metaikhmio, 2003; Th. Gonis, *Nauplie*, Metaikhmio, 2004; Th. Psyras, *Larissa*, Metaikhmio, 2006.
[655] Il est dommage que l'édition du recueil des articles qui a suivie n'ait pas compris les tableaux bibliographiques. A. Vistonitis, *Géographie littéraire*, Athènes, Metaikhmio, 2007. Le professeur grec qui s'interesserait à faire une recherche interthématique-poléographique basée sur ces dizaines des tableaux doit l'effectuer sur l'internet, http://tovima.dolnet.gr.

6.3. La géographie humaine de Yiorgos Ioannou : Leçons de poléographie microhistorique d'un flâneur

> Multitude, solitude : termes égaux et convertibles pour le poète actif et fécond. Qui ne sait pas peupler sa solitude, ne sait pas non plus être seul dans une foule affairée. [Les foules]
>
> Charles Baudelaire, *Le Spleen de Paris*, XII, 1869.

Nous allons ici nous occuper de la description littéraire et systématique de la « ville - patrie »[656] que l'écrivain et enseignant Yiorgos Ioannou (1927-1985) a élaborée dans son œuvre et au long de sa vie.[657] Il s'agit de « dépositions » de grande valeur didactique issues d'expériences vécues, d'une poléographie judicieuse, tout à fait originales et audacieuses sur le plan social. D'ailleurs, les critiques qui lui ont été faites sont liées à la « géographie humaine » puisque cette expression a été employée en tant que terme de la critique littéraire concernant cet auteur. Le second terme géographique relié également à l'œuvre de Y. Ioannou est l'expression « provincial ». Nous nous référons ici au fameux conflit littéraire entre Maronitis et Ioannou qui a duré au moins trente ans (1977-2007), même encore

---

[656] On pourrait ici se servir du mot « matrie » pour se débarrasser des connotations purement géopolitiques de la notion « patrie » : États, nations, frontières, armées et idéologies qui les accompagnent. Pour présenter l'œuvre de Luis Gonzàles y Gonzàles (1925-2003), le Dr. Georges Rouvalis (ex-professeur à l'Universidad Nacional Autónoma de México, UNAM) et auteur de plusieurs œuvres de géographie-histoire contemporaine et de microhistoire sociale sur Nauplie (Nafplio ou Anapli ; [*adj.*] anapliote), sa ville natale, propose aussi en grec un terme équivalent (« métride » ; cf. 1) « métropole », 2) « apatr<u>ide</u> = « sans patri[d]e » du grec « patride » = patrie). Rouvalis dont l'œuvre, dans son ensemble, est un modèle d'interthématique, se fonde pour ses approches microhistoriques sur les travaux de Luis González y González. Ces derniers concernaient l'étude des petites agglomérations et incluaient des analyses centrées sur des individus d'importance mineure de ces petites villes, comme c'était le cas de San José de Gracia, la fameuse « matrie » de l'auteur mexicain. Voir Y. Rouvalis, [gr] *Retour à Anapli*, Poésie, Ed. Gavriilidi, 2002 ; Y. Rouvalis, [gr] *A Anapli*, Nouvelles, Ed. Gavriilidi, 2005 ; Y. Rouvalis, [gr] *Nafplio, 1, rue Spiliadis*, Prose, Ed. Naydeto, 2008 ; Y. Rouvalis, [gr] *Les pierres et les humains – Microhistoire de Nafplio*, Ed. Naydeto, 2009 ; Luis González y González, « Microhistoire et sciences sociales », in Y. Rouvalis, *Les pierres* op. cit. p. 12-24 ; I. Rentzos, « La poléographie de Nauplie dans l'œuvre de Yorgos Rouvalis », http://geander.com/Rouvalis1.pdf.

[657] Nous avons eu la chance de collaborer avec Yiorgos Ioannou dans le cadre de l'édition de la revue *Génération Libre* (1977-1980). Le caractère interdisciplinaire / interthématique évident de la revue était, pour nous, une occasion extraordinaire d'expérimentation dans le domaine de l'interdisciplinarité / interthématique que nous avons suivi depuis sans relâche, pour des compositions d'études, pédagogiques et de vulgarisation des sciences physiques, d'analyses didactiques-linguistiques et de géographie culturelle. Celles-ci nous ont aidé à formuler nos positions interdisciplinaires sur la géographie humaine pour la constitution du département de la Géographie humaine à l'Université de l'Egée, il y a 15 ans.

après la mort de l'auteur. Ce conflit s'est déclenché lors de la conférence donnée par Dimitris Maronitis, professeur à l'Université Aristote de Thessalonique, en avril 1977. Cette conférence avait pour titre, ni plus ni moins « La géographie humaine de Thessalonique – Questions sur l'art provincial » [658].

Dans le cadre de nos approches où nous attachons une attention particulière à l'enseignement de la géographie de la ville, le fait qu'un certain aspect littéraire soit reconnu à la géographie humaine (ou qu'un certain aspect de la géographie humaine le soit à la littérature) nous encourage dans la direction de la recherche interdisciplinaire / interthématique. La référence généralisatrice de « province » (donc « pas capitale ») a, au contraire, un caractère « abrogatif » qui condamne, préalablement, toute action idiographique et microhistorique.

Fig. 6.3.(1). Yiorgos IOANNOU (1927-1985)

Deux logiques pourraient ici être discutées en rapport avec l'emploi du terme « province ». [659] Il s'agit soit (1) d'une caractérisation critique-philologique dénigrante qui renvoie à une littérature aux horizons étroits et à une thématique banale et ayant plutôt tendance à l'introversion, soit (2) il se réfère à une ville ou à une région sans caractéristique particulière qui ne pourrait pas constituer l'objet d'une étude intéressante plus générale qui serait mise à la portée d'un public plus large, à

---

[658] X.A. Kokkolis, *Le conflit entre Maronitis et Ioannou 1977-2007*, Athènes, Indiktos, 2008, p. 16.

[659] Comme Yiorgos Ioannou a lui-même compté, cette expression avec ses dérivés est reprise 44 fois dans les textes de la critique que Maronitis lui a consacré. Maronitis définit « *anthropogéographiquement* » le contenu du provincialisme en tant que « la persistance de tout artisan dans un système de géographie humaine fermé, rudimentaire, fortement caractérisé ». A. Kokkolis, op. cit. p. 16.

travers le vécu d'un écrivain. D'autre part, de notre propre expérience, nous pouvons signaler que, dans la langue grecque tout du moins, l'expression « province » telle qu'elle est utilisée au centre national du pays, c'est-à-dire la région de l' Attique, renvoie généralement à une troisième interprétation conceptuelle. Il s'agit (3) d'une campagne verdoyante (sans différenciations spatiales apparentes faute d'aménagement urbain) et, dans le meilleur des cas, exclusivement d'agglomérations paysannes, c'est-à-dire du « village » (voire le village réel du grand-père et de la grand-mère) qui représente un archétype national lié à l'origine des émigrés intérieurs de l'après-guerre à Athènes. Pour toutes les villes relativement grandes ou plus petites qui se trouvent hors de la région de l'Attique, nous avons noté une confusion linguistique.

Sur les points 1) et 2), nous devons souligner ce qui suit:

1) en ce qui concerne ses œuvres en prose, Y. Ioannou est considéré, comme un auteur d'une portée qui dépasse la province grecque. Selon Peter A. Makridge, professeur de grec moderne à l'Université d' Oxford, bien que « les évènements et les émotions décrits [dans certaines de ses œuvres] portent sur la réalité grecque, ils sont d'un intérêt et d'une importance universels »[660].

2) De même, diverses questions de géographie humaine sur Thessalonique seraient passées inaperçues si Yiorgos Ioannou avait suivi les conseils de ses « amis » qui l'incitaient à se faire plus athénien, à européaniser ses œuvres et à éviter « ... des noms de lieux et des anthropogéograficités » liés directement à Thessalonique, ville provinciale.[661] Or, Thessalonique, tout du moins comme elle perçue en Grèce, ne peut être considérée comme provinciale ou « la province ». Une ville dont l'histoire contemporaine est si importante, une « ville capitale » géopolitique extrêmement vivante, surnommée « la Jérusalem des Balkans », « la capitale des réfugiés » [= les Grecs qui vivaient en Turquie et dans les Balkans] selon le titre si pertinent d'un des livres de Y. Ioannou, n'est pas un sujet d'importance mineure.

Pour qui a abordé l'œuvre en prose de l'écrivain de Thessalonique en tant que lecteur et s'est, éventuellement, intéressé à la critique littéraire qui lui a été faite, il est évident que les deux termes « anthropogéographie » et « ville » sont liés de façon caractéristique avec la création de Y. Ioannou. Son œuvre est abonde de références à *sa* ville, surtout à *sa* Thessalonique mais aussi à la ville en tant que concept, perception, objet d'observation microhistorique et d'incessants commentaires humanistes, façon de vivre et sociabilité. Par l'œuvre de Y. Ioannou c'est une âme qui se projette sur le ciel d'une ville ou sur sa psyché.[662]

---

[660] A. Kokkolis, op. cit. p. 38.
[661] Y. Ioannou, *La capitale des réfugiés*, Athènes, Kedros, p. 14; le terme grec *anthropogéographie* (= géographie humaine), donne evidemment, en grec, les termes *anthropogéographique* et *anthropogéographicité*. Nous considérons ce dernier mot comme un *hapax legomenon*. Cette notion se réfère, d'après le contexte, à un texte littéraire qui est bien documenté du point de vue de détails d'une géographie humaine.
[662] Th. Singer [Edited by:], *Psyche and the City – A Soul's Guide to the Modern Metropolis*, New Orleans, Louisiana, Spring Journal Books, 2010.

TABLEAU 6.3.(1)
LA CRITIQUE SUR LA VILLE ET L'ESPACE URBAIN L'ŒUVRE DE Y. IOANNOU
(Toutes les références proviennent du recueil N. Vagenas et al., [Sous la direction de :], *Au rythme de l'âme*, Athènes, Ed. Kedros, 2006.)

Article de la critique	Exemples de références
M. Piéris, p. 53.	... Le ton de la chronique s'accorde aux trois paramètres anthropogéographiques et culturels principaux de son œuvre littéraire : environnement urbain, vie du *dêmos* et traditions populaires
M. Koumantaréas, p. 99.	...C'est encore un géographe de la région mais aussi un géographe du corps humain. Les pages dans lesquelles il fait la géographie de son propre corps en fonction des lieux où il a vécu sont remarquables....
N. Kokkinari, p.138, 139.	... L'auteur, lui-même, [...] parle de sa conception de l'espace : « *Les lieux sont pour moi des vases à mémoire [...]. Ce sont les lieux publics où je me suis trouvé avec des millions de personnes [....]. Les auteurs qui ont été mes maîtres [...], Kavafis avec son Alexandrie, Joyce avec son Dublin, Montaigne avec son château ont renforcé cette "obsession du lieu"* »...
L. Nar, p. 155.	...Il a ainsi démenti de nombreux critiques qui soutiennent qu'une nouvelle, c'est d'abord l'intrigue, les héros puis, le cadre spatial [...]. Ses pérégrinations dans la ville constituent, souvent, un moyen pour qu'il se fasse des confessions, pour une meilleure connaissance de soi. [...] « *Avec ces textes, je tente surtout d'emprisonner le temps et non pas l'espace [...] Je pense que le tournant que j'ai pris du "face à face à la ville" répond au besoin de me libérer des vécus les plus forts que je gardais en moi* »….
E. Kroupi, p. 221.	... Lui aussi voulait dire, à sa façon, les histoires de sa ville [...]. Il fait une analyse personnelle, objective et une interprétation des phénomènes sociaux et psychologiques de son point de vue, à savoir celui du citadin....
Th. Pylarinos, p. 261.	Ce sont les lieux comme [...] Athènes et Thessalonique mais dans un sens plus large les espaces en plein air, toujours au sein de la ville ou les lieux en marge (cimetières, places, immeubles sordides, ruelles [...]. Les villes, surtout les « mégalopoles » le fascinent, la campagne, la nature le rebutent.

    Le caractère particulier d'études de ses espaces urbains préférés sur le terrain, la reproduction créative des images que lui ont offert les lieux et les personnes qu'il observait et l'enregistrement des conjonctures qu'il a vécues et dont il fait la confidence à son lecteur, constituent une « poléographie » personnelle et sérieuse de cet auteur grec. Certes, ses écrits ont bien d'autres dimensions que mentionne la critique. Avec celles-là, c'est rare que la ville se trouve évoquée dans la critique en tant que thème particulier (monographique)[663]. Cependant, elle est comprise et mise en relief dans certaines analyses qui lui sont relatives (voir le Tableau 6.3.(1).).

L'œuvre de Y. Ioannou, nous permet d'approfondir une géographie humaine de la ville élaborée de diverses façons. Il s'agit d'un traitement d'impressions sur tout ce qui se rapporte à une ville grecque, sous tous ses aspects, telles que les filtre, les vit et les verbalise un citoyen au-dessus de tout soupçon – un piéton sans pouvoir. L'œuvre de Y. Ioannou est, sans aucune exagération, l'alphabet d'un amoureux de la ville qui nous rappelle qu'en grec, « citoyen », n'a pas simplement la notion de « ressortissant d'un pays », « sujet », mais « homme de la ville ». De quelle ville ?

Du centre (qui est marché grouillant et prairies verdoyantes !), de la salle du cinéma, de la promenade et de la marche, de la balade et de la flânerie, de l'observation du concitoyen (c'est-à-dire du *prochain*) et de la communication, de la rêverie, du respect pour la valeur de la ville des hommes. De ses hommes.

C'est une coïncidence intéressante qu'en grec, le mot « prose » se dit « pezo-graphie » (πεζογραφία) ou « pezos » (πεζός). Le même mot, en tant que racine, signifie également « piéton » (πεζός). On pourrait dire que Y. Ioannou pratiquait sa géographie humaine à l'échelle de l'individu ordinaire qui marche, à savoir celui qui vit dans la ville et qui interagit avec des individus semblables à lui soit qu'en tant que promeneur et marcheur, il exerce une activité dans la « tradition culturelle européenne »[664] et peut-être « dans les atmosphères diverses de la ville », selon Guy Debord,[665] comme promeneur et flâneur, comme s'il s'apprêtait à faire une « *pezo*-graphie » de l'espace de la ville entendu comme espace public,[666] par transformation de chaque signifiant spatial[667] qui constitue une condition pour une éventuelle « verbalisation / verbification du lieu ».[668]

Y. Ioannou était « un randonneur éprouvé de la ville [sans être] un homme de l'espace ouvert et de la campagne »[669]. Il avait, ainsi, l'occasion d'observer

---

[663] Dans le guide d'étude de son œuvre élaboré par Aris Drakopoulos, on n'en trouve qu'une seule référence : « L'importance de l'espace dans l'œuvre en prose de Yiorgos Ioannou » (de A. Zira). Voir A. Droukopoulos, *Yiorgos Ioannou*, Athènes, Ed. Eirmos, 1992.

[664] L. Martincigh, M.V. Corazza, A. Tosone, R. Squarcia, "Urban Rehabilitation and Pedestrian Mobility : Interfacing Elderly with children" in Joël Yerpez [Coordonné par :], La ville des vieux, Paris Editions de l'aube, 1998, p. 129.

[665] G.I. Bambasakis, *Guy Debord [1931 - 1994]*, Athènes, Printa, 2001, p. 58.

[666] Isaac Joseph signale : « La mobilité est la grande oubliée des politiques de la ville et du discours politique sur l'urbanité. […] Nous admettons comme préalable à toute participation citoyenne, la liberté d'aller et venir comme un droit et un bien public ». Dans un pays comme la Grèce dans les villes de laquelle le droit à la marche est impensable, la pédagogie de la marche pourrait se fonder sur les contributions et l'œuvre de plusieurs savants du passé « qui ont succombé aux intuitions de la marche » : Kant, Park, Gibson, De Quincey, Baudelaire, Benjamin. I. Joseph, op.cit., p. 16-17.

[667] « Le marcheur transforme en autre chose chaque signifiant spatial ». M. de Certeau, *L'invention du quotidien*, 1. arts de faire, Paris, folio/essais, 1990, p. 149.

[668] G.N. Pentzikis, « Appendice » in N.G. Pentzikis, *Esprit doux ou accent circonflexe*, Athènes, Agra, 1995, p. 70, 71

[669] G. Aragis, *Pour Yiorgos Ioannou*, Athènes, Agra, 1995, p. 25.

directement que l'habitat urbain grec, la ville grecque en tant que condition concrète de fonctionnement d'un « espace public », se voie attaquée de front par la destruction et la dégradation des infrastructures fondamentales, celles qui sont liées à l'habitation, au voisinage et à la mobilité de l'homme ordinaire dans la ville. De toute façon, la géographie humaine de Yiorgos Ioannou n'est pas celle d'un ami de la nature et de l'environnement vert. « Il ne perdait pas son temps en vacances, excursions dans les îles ou à la montagne, bains de mer, culture physique et ne se souciait guère de ces activités »[670]. Il vivait en ville et écrivait sur les gens de la ville.

Les gens de la ville, comme l'a noté très justement Y. Ioannou, ceux qui s'y trouvent en plus grade proportion sans être superflus, sont plutôt des hommes qui sont les représentants de leur anthropologie physique, de leur couche sociale d'origine, de leur catégorie professionnelle. Parmi ces gens, ceux qui appartiennent réellement à la ville sont des marcheurs mais nullement pressés ni invisibles. Ils sont vecteurs de leur corps et de leur regard et plutôt désireux de communiquer à l'instar de Y. Ioannou. Cependant, le plus important peut-être, est qu'ils ne se déplacent pas en voiture dans la ville. La voiture, comme l'observe Y. Ioannou, – « *Mon Dieu, faites qu'une maladie terrible s'abatte sur les automobiles* »[671] – avec leurs chauffeurs, dédaigneux des valeurs modestes, a désertifié la ville, après avoir claustré son propriétaire dans sa cabine-sarcophage. Elle a créé des citadins asociaux. Toutes les occasions sont bonnes à notre prosateur-piéton pour exprimer combien le rebutait l'invasion de la motorisation dans le corps pur de la ville.

Y. Ioannou est un passant qui possède un grand pouvoir d'observation. Il marche dans la ville mais sans que rien n'échappe à son regard. Il fait la lecture de la ville avec son corps et la regarde en face. Il identifie sa géographie avec celle de son corps. Les descriptions approfondies du centre de la ville (que les sucs de la diaspora, de l'immigration et du rapatriement enrichissent tellement), les hagiographies de ses rues saintes, de ses places, de ses quartiers et de chaque coin éclairent sa géographie humaine qui comprend également des ouranographies et des thalassographies de ses villes…

Nous pourrions faire quelques comparaisons avec l'œuvre de John Steinbeck et de Upton Sinclair. Nous savons que ces deux écrivains américains nous ont offert, surtout avec *Les raisins de la colère*[672] et *La Jungle*[673], des textes d'un grand souffle où sont mises en évidence toutes les notions de la géographie humaine. Dans ces œuvres, sont également tissées les situations concrètes dans lesquelles prennent vie les *constantes* (celles de la sueur et du sang) dans les rapports entre la terre et l'être humain. L'œuvre de Y. Ioannou, nous transmet une forme de représentation bien vivante des relations de la ville et du citadin d'où s'écoulent d'elle aussi, goutte à goutte, la sueur et le sang – souvenons-nous que Yiorgos Ioannou a été gravement blessé par une voiture alors qu'il marchait dans la rue. C'est le prix que doit payer le marcheur, le flâneur, le piéton dans la ville grecque, cet espace implacable et violent.

---

[670] G. Aragis, op. cit., p. 25.
[671] Y. Ioannou, *La Trappe,* Athenes, Ed. Gnossi, 1982, p. 158.
[672] Chr. L. Slater, « John Steinbeck's *The Grapes of Wrath* as a Primer for Cultural Geography », op. cit.
[673] U. Sinclair, *La Jungle*, Paris, Éditions Gutenberg, 2008.

TABLEAU 6.3.(2).
LA VILLE DANS L'ŒUVRE DE YIORGOS IOANNOU

Titre du livre et édition	Exemples de références poléographiques dans ses récits (leur titre en guillemets)
Y. Ioannou, La Trappe Ed. Gnossi, 1982	Dans « La Démission », l'auteur explique comment avec la promenade en ville, il programme le matériel qu'il élaborera à son retour à la maison. Dans «Connaître bien des épreuves » Il décrit les horaires de la ville et de la rue. Il y est question de la voiture qui fait fuir les passants.
Y. Ioannou, Notre sang Ed. Kedros, 1980	« La place de Saint Vardaris » : métonymies de rues-places. Sanctification de la Place de Vardaris ! « Avec ses signes sur moi » : une géographie du corps…. « Sheick-Sou » : Au fur et à mesure que Thessalonique se reconstruit, la ville change d'orientation alors qu'auparavant, la plus grande partie de la ville faisait face au littoral.
Y. Ioannou, Omonia 1980 Ed. Kedros, 1982	Marche, observation et prises de photos dans le centre de la ville, autour de « La Place d'Omonia » [= de la Concorde]. Plutôt qu'un « nœud », Omonia est considérée par Ioannou comme un élément de démarcation (une « limite » selon Lynch ?)
Y. Ioannou, Le Sarcophage Ed. Kedros, 1988	«L'Eloge de la motocyclette » : marche, transports en commun et non pas isolement dans la voiture privée. « Le siège des chiens errants » : la phobie du marcheur face aux chiens errants [ici, hors de l'espace urbain, proprement dit].
Y. Ioannou, Fractures multiples Ed. Estia, 1982	Une nouvelle qui évoque le crime de la route qu'entretiennent la ville et l'Etat grecs. Les sentiments de l'auteur victime d'un accident de la route. Les circonstances de l'accident avec pour victime un piéton.
Y. Ioannou, Pour l'honneur Ed. Kedros, 1981	« L'aile sombre » : contrôle du « syndrome Karyotakis » qui est l'épreuve du nouvel habitant d'une ville à laquelle il a du mal à s'adapter. [Le poète Kostas Karyotakis a mis fin à ses jours à Prévéza. Selon la « légende urbaine » à cause de Prévéza …] « Dans le quartier incendié» : la référence primordiale et la nostalgie de notre ville où sont inclus les évènements de la vi(II)e. « Les cinémas populaires » : Le besoin de sociabilité dans les lieux publics. Ce thème est repris dans l'œuvre en prose « Dans les quartiers des réfugiés ».
Y. Ioannou, La Capitale des réfugiés Ed. Kedros, 1984	Géopolitique de Thessalonique : « Ce lieu s'enfonce dans une insignifiance politique contrairement aux autres ethnies [de Thessalonique] d'où sont sorties des personnalités politiques très importantes… Moustafa Kemal (Attaturk), Nazim Hikmet, Abraam Benaroya ».
Y. Ioannou, Gisements Ed. Kedros, 1981	Sympathie pour le piéton chassé : peur des chiens, peur des voitures, flânerie, commentaires sur l'agressivité de la ville grecque moderne.
Y. Ioannou, Pays où couve le feu Ed. Kedros,, 1986	« Les grandes rues » : Qui circule pendant le week-end dans les rues de la capitale ? « Sur le trottoir » : l'angoisse du piéton sur les étroits trottoirs athéniens. « Thessalonique » : Le besoin pour que soit classés comme monuments historiques diverses constructions ou lieux liés à l'Occupation (1940 – 44) et la Résistance et que soit évoquée, particulièrement, la persécution des Juifs.

Les jugements perspicaces et les critiques acerbes, voire les comparaisons affectives de Y. Ioannou sur la ville, avec des références au vécu et des évocations d'une grande sensibilité, forment un programme poléographique qui ouvre des voies au sein des villes où l'on doit se promener avec lui. L'approche interthématique de la ville qui aurait lieu à l'école profiterait grandement de l'œuvre précurseur de Yiorgos Ioannou. D'autant plus, que son idéal poléographique centré sur la ville humaine de l'homme ordinaire qui marche dans la rue et qui l'honorifie comme *intérieur*, est plus que jamais utile pour une meilleure culture de la ville dans le territoire grec.

En conclusion, dans l'œuvre de Yiorgos Ioannou, nous avons l'occasion de vivre avec lui, des analyses détaillées de la vie, de la culture et de la géographie de la ville – depuis des tableaux de cieux jusqu'à la géopolitique ainsi que de l'histoire à profusion. Il ne suffirait pourtant d'affirmer que l'ensemble de l'œuvre d'Ioannou est caractérisé par de nombreux éléments poléographiques interthématiques extrêmement féconds mais de souligner en outre que son inspiration provenait, en quelque sorte, d'un regard microhistorique.

Le passant, le flâneur, le promeneur, le centre de la ville, l'automobile, la rue, la salle de cinéma et bien d'autres questions sont mises en relief dans des rapports exhaustifs qui atteignent leur but, de façon inventive (voir le Tableau 6.3.(2).).

L'œuvre de Yiorgos Ioannou constitue une base tres importante pour l'interthematique « poleographique » en tant que rapports « litterature - geographie urbaine - geographie sociale ». Il ne s'agit pas seulement de sa valeur litteraire mais en outre de la mise en relief des vraies propositions d'un programme sur l'observation de l'espace urbain par des approches idiographiques propres aussi à l'exploration de la petite ville.

Yiorgos Ioannou a posé les fondations d'une école littéraire d'écriture poléographique à la fois idiographique et microhistorique qui a été suivie par d'autres écrivains. Nous pouvons mentionner, par exemple, Ilias Ch. Papadimitrakopoulos,[674] médecin militaire et collaborateur littéraire de Yiorgos Ioannou qui, dans ses nouvelles, nous a donné, ces dernières décennies, des exposés extrêmement intéressants (utiles également sur le plan didactique de l'interthématique) sur la géographie *nostalgique* de la petite ville grecque qui est en voie de disparition ou qui renaît mais de façon monstrueuse. D'ailleurs certains des textes de Papadimitrakopoulos dans lesquels sa ville natale de Pyrgos joue un rôle protagoniste, constituent de petites géographies sociales et urbaines de l'espace grec qui autrement, seraient passées inaperçues[675].

Nous venons d'utiliser le mot « nostalgique ». Il s'agit d'une utilisation absolument étymologique du mot. On sait qu'en grec *nostos* signifie « retour à la patrie » et *algos* c'est la « douleur ». L'étude de la ville grecque devient ainsi « la douleur du retour aux patries perdues » ou, mieux, aux « matries » (cf. plus haut) perdues.

---

[674] Il s'agit ici d'une utilisation absolument étymologique du mot : *nostos* = retour à la patrie, *algos* = douleur ; donc « la douleur du retour aux patries perdues ».

[675] I. Ch. Papadimitrakopoulos, *L'archiviste général*, Ed. Néféli, 1995 ; I. Ch. Papadimitrakopoulos, *L'obole et autres nouvelles*, Ed. Néféli, 2004 ; I. Ch. Papadimitrakopoulos, *Bains de mer chauds*, Ed. Néféli, 1995.

De contenu poléographique et microhistorique est aussi un des romans de l'écrivaine grecque E. Fakinou.[676] La matrie est ici Akra (cf. *akron* d'où acrobate, « qui marche sur les extrémités »), la petite ville grecque qui, se situant à une extrémité du département grec auquel elle appartient, a été mise à l'écart par le tracé de la nouvelle autoroute. Une idée vient à l'esprit des habitants de la petite localité : Écrire son histoire et mettre ainsi leur matrie en relief pour attirer l'attention du Centre et des touristes. Mais, est-ce que les petites villes ont une histoire ou il vaudrait mieux qu'elles en inventent une ? Le livre de Fakinou démontre comment un auteur, chargé par les autorités et les élus locaux d'écrire l'histoire de leur petite ville, « s'aperçoit » qu'un marin grec l'avait quittée pour suivre le Capitaine Achab, du *Moby Dick* d'Herman Melville, dans ses aventures. Le marin a une microhistoire et, grâce à elle, la petite ville aussi.[677]

Nous sommes d'avis que la littérature centrée sur la ville, par ses études de cas fictifs, pourrait être parfois considérée comme une sorte de microhistoire. Dans le cadre de la recherche sociologique elle a une importance évidente[678] d'autant plus qu'elle s'insère dans un cadre plus général qui soit macrohistorique ou, dans le cas de l'étude de la ville, interdisciplinairement poléographique. Nous avons eu l'occasion d'aborder, à certains cas, des microhistoires de la petite ville grecque de Prévéza et d'essayer de les insérer dans des contextes spatiaux et historiques plus généraux.[679]

---

[676] E. Fakinou, [gr], *Qui a tué Moby Dick* ?, Editions Kastaniotis, 2001.

[677] I. Rentzos, [gr], « Akra, une ville grecque dans l'épopée de Moby Dick ? », *L'effet du Luxembourg*, n° 5, 2003, p. 22-24.

[678] Dans son étude consacrée aux pauvres des villes grecques, Petros Pizanias essaie d'inventorier les « petites données » de l'histoire économique de la survie en Grèce, pendant l'entre guerre, en passant la parole aux représentants de ces « classes silencieuses ». Petros Pizanias, *Les pauvres des villes*, Thémélio, 1993.

[679] I. Rentzos, « L'adolescent et la carte géographique de sa ville : Une enquête à Prévéza », *Actes du 3e Congrès national de la Société cartographique scientifique de la Grèce*, Kalamata, 28-29 novembre 1996, p. 231-240 ;
I. Rentzos, [Gr], « La perception de l'environnement géohistorique – Exemples de la Ville de Prévéza », *Actes de la 6ème conférence de la Société Hellénique de Géographie*, 3-6 octobre 2002, Thessalonique, Journée de l'environnement, CD Rom, p. 10-18 ;
I. Rentzos, N. Giannoulis, J. Kallinikos, "State, Society and Market in Preveza – Historical Time and Historical Centre in a Small Greek Town", [7th International Conference on Urban History, Piraeus, 2004] : Lydia Sapounaki-Drakaki [Sous la direction de :], *La ville grecque dans une perspective historique*, Ed. Dionikos, 2005, p. 96-106 ;
I. Rentzos, [Gr], « La naissance d'une patrie », Journée européenne organisée par le « Forum de l'Europe des Cultures », 9 mai 2007, http://geander.com/forum.html, 2007g ;
I. Rentzos, « Ville-mère, je fraternise avec les figures qui t'habitent, t'ont habitée et t'habiteront et j'existe », *Chroniques de Prévéza*, n° 43-44, Bibliothèque municipale de Prévéza, Prévéza, 2007, p. 283-291 .

6.4. Le roman comme noyau de géographie humaniste dans une approche interthématique et interdisciplinaire.

> « Aussi l'esprit scientifique doit-il sans cesse lutter contre les images, contre les analogies, contre les métaphores ».
>
> Gaston Bachelard
> *La formation de l'esprit scientifique*[680]

Dans le même cadre de comparaisons que nous venons d'établir plus haut et en rapport avec la pédagogie de la ville, nous avons eu l'occasion de faire une description interthématique de la ville de Chicago en présence d'enseignants de géographie et de physique et en rapport avec les programmes actuellement en vigueur. Cette présentation [681] n'est autre chose que la description d'un enseignement virtuel considéré comme étant organisé par les étudiants sur un axe interthématique préétabli par l'enseignant. Elle oppose 1) la recherche encyclopédique et bibliographique ouvertement interthématique à 2) une élaboration interdisciplinaire plus profonde et 3) se complete par une description romanesque micro-historique, comme approche de geographie humaniste. Pour un système éducatif, le grec, qui ne se base aucunement sur le fonctionnement de la bibliothèque, soit publique soit scolaire, ce travail, à coté de l'utilisation de l'Internet, obtient aussi d'autres dimensions éducatives. [682]

6.4.1. Le choix de la ville de Chicago n'était pas arbitraire. On oublie souvent de cette ville :[683]

1) l'histoire sociale qui coïncide, dans une large mesure, avec des moments-clé des revendications du mouvement ouvrier américain – événements du 1er mai 1866 ;[684]

2) l'organisation urbaniste et son originalité architecturale qui sont intimement liées avec la construction, pour la première fois dans l'histoire de l'architecture moderne, d'un gratte-ciel ;

3) la répartition circulaire de sa population, en anneaux et selon les revenus, alors que cett ville est construite sur le bord d'un lac (le lac Michigan) et à partir d'un plan de ville purement rectangulaire ;

4) que prédomine l'idée reçue de « ville de crime », émanant, en effet, de la

---

[680] G. Bachelard, *La formation de l'esprit scientifique*, Paris, Ed. Vrin, 1938, p. 38.

[681] I. Rentzos, « La description géographique et artistique de la ville – À la recherche des niveaux de l'interthématique » 2ème Conférence interdisciplinaire «Science et art», Union des Physiciens Grecs, janvier 2008. Communication fondée sur le texte de notre thèse.

[682] Ch. Campiotti, *La biblioteca aperta a scuola* – Proposte per far crescere i piccoli lettori, Ed. Centro Studi Erickson, 2007.

[683] Il s'agit ici des contributions ponctuelles ou plus larges des élèves/étudiants chargés de participer à l'organisation du cours qui est considéré comme un projet interthématique.

[684] R.O. Boyer and H. M. Morais, *Labor's Untold Story*, United Electrical, Radio & Machine Workers of America, 1997.

vraie histoire de la ville durant les premières décennies du vingtième siècle et renvoyant également aux difficultés qu'ont éprouvées les immigrants à s'intégrer et à vivre dans une ville nord-américaine ;

5) le fait que par le terme « l'École de Chicago », désignant une école de pensée, on doit entendre non seulement la théorie économique liée aux « Chicago Boys », et les politiques économiques chiliennes d'Augusto Pinochet mais aussi l'École sociologique de Chicago, qui a contribué à l'étude des villes par sa sociologie urbaine et par ses études sur la migration, la déviance, le travail, la culture et l'art.

La présentation (et par analogie l'enseignement décrit) reposait sur le récit d'un visiteur-animateur et permettait de mettre en relief plusieurs éléments de la ville sous forme d'« approche idiographique ». On a porté une attention particulière, par des interventions considérées comme provenant de la part des étudiants:

- au noyau du système des transports en commun connu sous le nom de « loop » ;
- à la Tour Sears, la plus grande tour des États-Unis et du monde dit « occidental » dont le fascicule de documentation mentionne avec arrogance ses qualités ;
- à la Maison Robie de l'architecte Frank Lloyd Wright, qui a été présentée comme exemple de l'idéal du « petit » dans les constructions même importantes en dimensions ;
- à la Tour de *Chicago Tribune* dont la façade est couverte de plusieurs morceaux de monuments du monde entier dont le Parthénon sur l'Acropole d'Athènes.

Fig. 6.4.(1). La Tour Sears sur la terre.

Les contributions des étudiants « composaient » le thème par des morceaux de montage ou d'assemblage par lesquelles ils ont également mentionné :

- La réalisation de la première réaction en chaîne contrôlée par Enrico Fermi et la sculpture commémorative intitulée « Énergie nucléaire » de Henry Moore.
- « Le flamingo », la fameuse sculpture d'Alexander Calder, qui décore la ville de Chicago et c'est à cette occasion qu'il a été rappelé la rencontre légendaire de Calder avec Albert Einstein où ce dernier, fasciné par

« L'Univers » calderien, avait déclaré qu'il aimerait bien avoir lui-même conçu cet œuvre.
- Le Chicago Art Institute ainsi que certaines œuvres de peinture qui ont trait à la ville de Chicago et qu'elles ont été mises en rapport avec cet enseignement interthématique.[685]
- Des œuvres poétiques[686] et théâtrales[687] « chicagoesques », sans oublier l'œuvre gigantesque qui est l'Encyclopedia *dite* Britannica.
- Les œuvres littéraires qui ont eu comme source d'inspiration la ville de Chicago tels le roman de Upton Sinclair, *La Jungle,*[688] œuvre militante diffusée à des millions d'exemplaires, qui détaille l'exploitation ouvrière dans les bas-fonds de Chicago (voir 6.4.3.).

6.4.2. Sur un autre niveau d'approche intethématique particulière, voire interdisciplinaire où il y a eu une référence à la personnalité de Buckminster Fuller (1895-1983), nous avons suivi un schéma plus structuré[689]. Fuller est lié lâchement avec Chicago et l'État américain d'Illinois où il a fait bâti son premier « dôme » à la ville de Carbondale.

On sait que l'œuvre de Richard Buckminster Fuller, établit des rapports entre nombreuses disciplines scientifiques et application techniques, émet une interdisciplinarité d'un degré élevé, et elle est liée à certaines créations en relation avec la géographie et la cartographie, l'architecture et aussi la structure même de la matière.

Ses « coupoles géodésiques », dômes du type de la Géode, constituent l'idée centrale de ses constructions sous forme de coquilles structurées sur la base d'éléments autoportants triangulaires, pentagonaux ou hexagonaux. Ces derniers constituent des surfaces en forme de sphère pour abriter ou inclure différents espaces. Un exemple en est l'immeuble construit pour l'exposition internationale de 1986 (*EXPO '86*) à Vancouver qui a abrité le kiosque des Etats Unis.[690]

Le principe de la *Projection cartographique Dymaxion*[691] se réfère à l'icosaèdre [Fig. 6.4.(3)., (1)]. Ce dernier (1) sous sa forme habituelle de figure solide ressemble à une sphère, mais (2) comme surface développable se transforme en configuration plane. La projection cartographique qui en résulte a l'avantage de réduire considérablement les distorsions habituelles.

---

[685] La peinture naïve intitulée *My Kind of Town*, par Robert Dooley, du poème *Chicago* par Carl Sandburg (1878 – 1967).
[686] Le poème *Chicago* par Carl Sandburg (1878 – 1967).
[687] La pièce de théâtre de Bertolt Brecht, *In the Jungle of Cities*, Eyre Methuen, 1970.
[688] U. Sinclair, *La Jungle*, Mémoire du livre, Paris, rééd. 2003.
[689] Dans le cadre de l'enseignement (du cours) ceci a été rapproché (comme mise en scène) à un article de journal quotidien qui avait attiré l'attention du visiteur-animateur, au cours de son tour à Chicago. Voir : W. Smith, "Odd Man Out", in *Chicago Tribune*, May 22, 1995, Section 5/pp.1-2.
[690] Une autre coupole avait été construite sur l'île Sainte-Hélène à Montréal en 1967 pour être le pavillon des États-Unis à l'exposition universelle de Montréal et qui abrite aujourd'hui la « Biosphère ».
[691] Fr. Gèse, A. Valladão, Y. Lacoste, [Sous la direction :], *L'état du monde 1981*, Maspero, p. 4.

Fig. 6.4.(2). La carte de très grandes dimensions faite par le peintre américain Jasper Johns représente le globe comme « une île universelle dans un océan universel ». Musée Ludwig de Cologne (Photo I. R.).

En rapport avec ceci, le peintre Jasper Johns, dont l'œuvre est parsemée de nombreux éléments spécifiquement géographiques (drapeaux et cartes), s'est inspiré de la carte de Fuller pour élaborer un tableau de grandes dimensions où il reproduit cette carte (Fig. 6.4.(2).). Il s'agit d'une rencontre intéressante de la peinture avec la cartographie, que l'on peut mettre en valeur dans un but pédagogique.

Le nom de Fuller a été lié dans les années '90 au prix Nobel de Chimie et ceci de façon inattendue. On sait qu'en 1996 cette grande distinction a été partagée, pour ce qui concerne la chimie, entre le Britannique Sir Harold W. Kroto et les Américains Robert F. Curl et Richard E. Smalley pour leur découverte d'une nouvelle forme de carbone où les atomes forment des molécules « sphériques ». Cette nouvelle forme rappelle le ballon de football qui, à la place des formes connues de ses pentagones noirs et hexagones blancs a, dans chacun de ses «angles», un atome de carbone. Il y en a en tout 60, et donc la molécule respective est C_{60}. Quel est le rapport des constructions de Fuller avec cette nouvelle molécule ?

Anastassios Varvoglis, chimiste universitaire, affirme dans un article que Fuller est celui qui a

> « constaté [en premier] que des surfaces sphériques structurées comme un ballon de football combinent l'économie de matériaux et une grande résistance. Et, »[692]

continue Varvoglis,

> « étant donné que l'association d'économie et de résistance est, en fin de compte, une des lois de la Nature, personne ne devrait être surpris si des formes comme celles des dômes de Fuller se retrouvent dans le microcosme des molécules ».

---

[692] A. Varvoglis, « Le Prix Nobel de Chimie », *To Vima*, 20-10-1996.

On a exposé jusqu'ici en détail le contenu d'une communication dans le cadre d'une conférence de l'Union des Physiciens grecs. Nous avions divisé notre présentation en deux parties : La première comprenait une approche interthématique qui n'était autre chose qu'une description de la ville de Chicago marquée de contenu et des données d'ordre culturel et historique. La deuxième partie nous l'avons appelée approche interdisciplinaire. Il développait les particularités d'un processus mental du domaine des constructions et des compositions chimiques.

Dans l'approche interthématique un caractère de sélection et de juxtaposition est évident. Il s'agit, certes, des choses intéressantes mais dans l'approche interdisciplinaire, les aspects qui sont développés révèlent des structures.

Au cours de la discussion, après la présentation ainsi que dans des entretiens privés avec certains des participants intéressés, toutes les deux parties de la présentation ont été considérées comme interthématiques ou interdisciplinaires. Il a été posé la question pourquoi la communication (à la conference) avait insisté sur l'opposition de deux aspects et pourquoi il avait été exprimé une préférence en faveur de l'approche interdisciplinaire alors que la thématique de la présentation interthématique pourrait être caractérisée de « fascinante ».

6.4.3. Venons maintenant au troisième volet de notre approche par lequel Chicago est la représentation romanesque qui est sortie de la plume de Upton Sinclair (1878 - 1968). Cet écrivain américain, très prolifique, est aussi un des promoteurs du socialisme aux États-Unis. Sinclair gagna une renommée particulière avec son roman *La Jungle* (1905), qui tout en décrivant l'abattage des bêtes et le conditionnement de la viande comme le symbole de l'efficacité et de la modernité qui régnaient dans son pays, dénonce aussi les conditions de travail infernales y compris les longues périodes de chômage pour lesquelles l'indemnité était impensable même aux cas d'absences dues à des accidents. On sait que la réaction du public aux pratiques ainsi dénoncées conduisit au « Meat Inspection Act » de la même année. Siclair fait partie des journalistes et écrivains engagés dans la dénonciation des inégalités de l'Amérique du début du XXe siècle.

Au centre du roman est placé le destin d'une famille d'immigrants lituaniens travaillant dans l'industrie de la viande à Chicago au début du XXème siècle, le protagoniste étant le personnage de Jurgis, un homme droit, puissant et travailleur dont la bonne volonté et l'extrême courage, de proche en proche, s'anéantissent : Ce n'est pas surprenant que les protagonistes passent du stade d'émerveillement devant une organisation parfaite de « l'Amérique » à celui de l'horreur face à un système qui réduit les individus à un niveau d'asservissement total.

En effet, une grande partie de ce livre c'est la description de la longue et douloureuse descente aux enfers ou, mieux, une chronique détaillée sur la vie d'une famille, un jeune couple au début, ainsi que l'histoire et la géographie d'une ville qui ressortent d'une fresque iconographique d'un système et de gens – ses collaborateurs – qui abusent des plus faibles de la société : Les conditions d'emploi dans une description minutieuse du système industriel des abattoirs de Chicago – sans oublier l'usine d'engrais, où les conditions de travail sont effroyables – mais aussi une « démonstration politique », quand ce héros de Jurgis, ou, à vrai dire, ce qu'il en reste après tant de péripéties, commence à fréquenter les meetings et rencontrer des gens engagés.

TABLEAU 6.4.(1).
UNE COMPARAISON
DES APPROCHES INTERTHÉMATIQUE, INTERDISCIPLINAIRE ET GÉO-HUMANISTE –
DES AXES PRINCIPAUX DE COURS MODÈLES

Approche →	interthématique	interdisciplinaire	géo-humaniste
Contenu, sujet, thème (s).	Chicago. Connaissance avec une grande ville, essentiellement méconnue. Action pédagogique de « révision ».	Structure de la matière. Fuller + Prix Nobel. Les lois profondes des structures matérielles.	Chicago, l'industrie de la viande, la vie ouvrière, « Ville et injustice sociale », « ville et campagne ».
Aspects interthématiques et/ou interdisciplinaires.	Sculpture, peinture, architecture, littérature, histoire de la science ...	Architecture, peinture, constructions, invention scientifique ...	L'organisation industrielle en Amérique ; la vie économique ; la vie de l'émigré.
Disciplines, enseignements scolaires relatifs.	Géographie, Géographie urbaine, sociologie, histoire.	Physique, géométrie, cartographie, chimie, technologie.	Micro-histoire, géographie urbaine, sociologie, politique, histoire.
Caractéristiques.	Une description fragmentée des données sélectionnées et intéressantes.	Recherche de structures, polymorphie d'applications, noyaux d'apprentissage.	Une description passionnante. Un cadre très intéressant.
Idéologie et philosophie pédagogiques.	Elargissement des connaissances, contrôle des idées reçues, humanisme.	Enseignement de principes généraux, universels (p.ex. l'économie dans la nature)	Humanisme, engagement social, l'opposition ville-campagne, vécu(s).
Fil conducteur de l'exposé pédagogique.	La visite d'un chercheur- touriste sur les lieux.	La vie d'un savant, les étapes d'une procédure.	La dialectique de la trame romanesque.
Étendue de données.	Très vaste, sans limites d'enrichissement.	Vaste, à des limites imposées par l'économie interne.	Vaste, à caractère documentaire.
Elément(s) en commun.	Un but à atteindre.		
Elément(s) différentiel(s).	*Paradigme de données.*	*Syntagme de données.*	*Dramatisation- mise en œuvre de procédés littéraires*
Place du « thème ».	Emergé de la masse des données.	Encerclé et construit par les données.	L'idée de l'injustice sociale traverse le récit.
Un mot clef pour designer l'approche.	Encyclopédisme.	Convergence.	Humanisme.

Upton Sinclair décrit avec précision le fonctionnement des différentes industries de Chicago, que ce soient les abattoirs, les usines d'engrais, de machines agricoles – le vagabondage de Jurgis, dans la campagne, est la seule période de bonheur –

ou encore les fonderies. En parallèle, il retranscrit avec force les vrais détails des conditions de (sur)vie des ouvriers et de leurs familles. Enfin, cet ouvrage est un manifeste d'engagement socialiste révolutionnaire.

Tous les thèmes de l'ouvrage et qui sont évoqués à travers la biographie de Jurgis se déroulent tout au long de ses pages et quoique les personnages soient une invention de Sinclair, les protagonistes subissent des maux qui sont véridiques et leur exactitude est fondée sur les observations que Sinclair avait effectuées sur le terrain, comme un vrai géographe social. En outre l'auteur profitait aussi des reportages qui paraissent presque tous les jours dans les quotidiens de Chicago.

Dans une critique on lit : « On pourrait penser que ce livre est le reflet d'une époque révolue ». En effet si nous ne traversions pas actuellement une période de crise aiguë économique et sociale on dirait qu'il n'en est rien. En outre, en nous situant dans le contexte grec, nous pourrions affirmer que tous les thèmes abordés sont en Grèce – qui est en train de faire ses débuts de vrai capitalisme sur un champ spatial de sous-développement persistant – d'actualité : chantage à l'emploi, corruption dans toutes les couches de la société, agressivité dans les rapports quotidiens en ville et dans le cadre du travail, pollution et saleté qui crèvent les yeux, malnutrition, enrichissement scandaleux des certains personnes-clés dans le « système » ainsi que du patronat, exploitation des classes laborieuses venues en migration clandestine, accidents de travail, compétition entre les membres de ces populations ouvrières afin de mieux juguler leurs désirs d'émancipation, surendettement sous les trompettes assourdissantes de la publicité bancaire et immobilière, misère des transports interurbains etc. En outre et dans un cadre plus général, les aspects de l'industrialisation de la nourriture dans les sociétés modernes sont toujours d'actualité.[693] L'abus d'antibiotiques sur les animaux et la stagnation des excréments qui se révèlent dangereux pour l'homme mais aussi la manière inhumaine dont est traité le bétail posent plusieurs problèmes d'ordre culturel (donc géo-culturel et didactique) liés aussi au respect de toute vie et à l'idée de pureté alimentaire qui iraient du végétarisme militant jusqu'au végétarisme hindou.

6.4.4. Une analyse comparée des trois approches (interthématique, interdisciplinaire et géo-humaniste [= en termes de géographie humaniste]) est présentée par le Tableau 6.4.(1). Nous n'en indiquons ici que la signification des « élément(s) différentiels ». Expliquons que

1) le *paradigme* de données renvoie à un « tableau » de données (Georges, Hélène, Gauthier, Jean-Christophe...) qui ne constitue qu'un ensemble alors que

2) le *syntagme* de données sous-entend des rapports d'organisation interne (père, mère et leurs deux enfants) d'un système.

---

[693] Jonathan Safran Foer, Eating *Animals*, London, Hamish Hamilton, 2009.

6.5. L'approche idiographique, encyclopédique et interactive de la ville scolaire – Pour que l'interthématique des villes ne devienne pas une recherche de « destinations » urbaines d'agrément

Dans le cadre de l'approche géographique de la ville – même si celle-ci n'est pas faite dans un but interthématique qui impliquerait la collaboration avec d'autres sciences et disciplines – il est possible que l'élaboration d'un cours soit basée sur la description géographique. Ces dernières années, celle-ci peut être fondée sur l'information immédiate que dispense le réseau Internet. L'*Urban Audit* recense plus de 400 000 statistiques de 321 villes d'Europe, dont neuf grecques.[694] A l'aide de moteurs généralistes et spécialisés il suffit que la recherche s'effectue par nom de ville (par ex. « Rabat ») ou par groupe de mots (par ex. « bidonvilles en Europe ») pour avoir accès à de nombreux sites avec les informations correspondantes[695]. Il est évident que le volume important et le caractère hétéroclite du matériau qui émerge de chaque recherche, posent des problèmes quant à sa mise en valeur pédagogique. Néanmoins, la démarche de recherche dans son ensemble a l'avantage de la relation interactive avec l'information.

Bien que le matériau qu'offre l'Internet soit inégalable, nous jugeons indispensable, dans le cadre de l'interthématique, d'avoir recours aux moyens de publications traditionnelles et de mettre en relief leurs aspects substantiels. Il serait intéressant de nous occuper, par exemple, des villes de la *Géographie universelle* d'Élisée Reclus (1830 - 1905).[696] On sait que ce « géographe, mais anarchiste » aussi, comme il se qualifiait volontiers, qui avait beaucoup voyagé (et marché[697] !),

---

[694] http://www.urbanaudit.org/rank.aspx.
[695] Ayant recours au système de recherche *YAHOO!* et utilisant pour commencer la recherche les trois mots « cities pictures world » apparaissent les liens (links) pour 12 900 000 pages. La page web www.fourmilab.ch/earthview/cities.html s'ouvre en présentant un long tableau de villes classées par ordre alphabétique parmi lesquelles on peut choisir celle que nous voulons cliquer. D'autres pages couvrent des sujets spécifiques comme les systèmes de métro des villes, leur population et leurs coordonnées géographiques (www.world-gazetteer.com) ou des présentations techniques des villes (www.panorama-cities.net). Google Earth, avec un logiciel spécifique et un support pédagogique (http://www.google./com/ educators/p_earth.html), permet la recherche de documentation par satellite sur les villes du monde. La recherche de documentation pour une ville peut être plus théorique avec des pages web plus spécialisées comme par exemple le site www.Iboro.ac.uk/gawc du Groupe de Mondialisation et des Villes du Monde (GaWC) du Département de géographie de l'Université britannique de Loughborough (University of Loughborough). Voir P.J. Taylor, *World City Network – A Global Urban Analys*, London, Routledge, 2004. La revue *Cities* publie également depuis 1983 un profil intéressant de villes dont la recherche peut se faire sur la page web correspondante www.elsevier.com/wps/find/s06_343.cws_home/city_profiles?navopenmenu=1).
[696] É. Reclus, *Nouvelle Geographie universelle - La Terre et les hommes*, III, L'Europe centrale, Paris, Librairie Hachette, 1884.
[697] Max Nettlau, son biographe, consacre une partie de chapitre de son ouvrage à l'exploit des frères Reclus (Élisée en compagnie d'Elie) d'effectuer à pied le voyage Strasbourg-Montauban, « en ligne droite » en 1851. Max Nettlau, *Élisée Reclus,*

nous a laissé des descriptions succulentes de villes. De plusieurs points de vue, sa « poléographie » est à juger comme absolument interthématique. Il commence, par exemple, la description de Genève « la plus grande des petites villes », en évoquant les avantages de son site et de sa situation pour conclure avec une anthropologie très approfondie. Non seulement Jean-Jacques Rousseau et Horace de Saussure (de la famille dont est aussi issu Ferdinand de Saussure) y sont biographiquement évoqués mais il se pose également une question d'intervention culturelle sur cette « ville de Calvin » : « Quant [Genève] érigera-t-elle la pierre d'expiation qu'elle doit au grand homme qui fut brulé par elle, à l'illustre Espagnol Michel Servet,[698] à celui qui découvrit avant Harvey la circulation du sang, et qui fut précurseur de [Jean-Baptiste Bourguignon] d'Anville dans la géographie comparée ?».[699] Sur le même modèle que Genève, est décrite Bâle qui, du point de vue géographique, y compris les aspects historiques et économiques, lui « ressemble d'une manière remarquable ». Ici également Reclus fait référence aux enfants illustres de la ville suisse qu'il étudie pour nous rappeler que les familles de Bâle rivalisent avec les « dynasties » genevoises.[700]

Il est plus difficile de « visiter » certaines familles à l'aide de la géographie urbaine moderne. Dans celle-ci, dominent les classifications des phénomènes qui sont observés du centre (ou *CBD* et *city*) d'une ville jusqu'au centre d'une autre, d'un pays à l'autre, d'un continent à l'autre. Les intérêts des spécialistes géographes sont analogues. Dans son livre intitulé *Géographie urbaine*[701], le géographe britannique Tim Hall, définit la Géographie urbaine d'une façon plutôt humoristique. Il écrit : « La Géographie urbaine est, principalement, ce dont s'occupent les géographes urbains »[702]. Reconnaissant lui-même que sa définition est incomplète, il met justement l'accent sur cette insuffisance, en posant plus loin la question « dans quelle mesure il est possible que des terrains d'intérêt commun soient reconnus chez de nombreux géographes urbains ». Évitant ce sujet, Heinz Heineberg qui commence son livre par l'étude des rapports entre Géographie urbaine et étude interdisciplinaire de l'urbain[703] alors que Jacqueline Beaujeu-Garnier qui consacre la première partie de son livre aux villes (et non pas à l'espace

---

Anarchist und Gelehrter, Berlin, 1928, c. III, traduction grecque par Y. Karapappas, Athènes, Tropi, 2005, p. 38-45.

[698] Michel Servet (1511 – 1553), théologien et médecin d'origine espagnole qui découvrit la façon dont le sang passe dans les poumons pour s'oxygéner fut brûlé vif pour hérésie en 1553 sur ordre du Grand Conseil de Genève. Il a actuellement sa rue à Genève ainsi que son monument expiatoire érigé en 1903 près de l'emplacement de son bûcher. Internet *Wikipédia*.

[699] É. Reclus, op. cit., p. 86-92.

[700] Parler en géographie de Bernoulli et d'Euler offre à l'enseignant « interthématiste » l'occasion de faire aussi référence au fameux problème des ponts de Königsberg résolu par Leonhard Euler, à la topologie et à la théorie des graphes. Kaliningrad et notre Kant, comme thèmes, ne sont pas loin.

[701] T. Hall, *Urban Geography*, London, Routledge, 2nd ed., 2001; Trad. Grecque, Athènes, Ed. Kritiki, 2005.

[702] Hall, Trad. Grecque, op.cit. p.45.

[703] H. Heineberg, *Grundriß Allgemeine Geographie : Stadtgeographie*, 2. Auflage, Paderborn, Shöningh, 2000 (1. Stadtgeographie und interdisziplinäre Stadtforschung, p. 11-22).

urbain en général), continue dans le second chapitre (toujours dans la première partie) sur le système urbain dans le contexte duquel « l'analyse systémique [peut] exiger une approche tenant compte du <u>caractère interdisciplinaire des phénomènes</u> » [C'est nous qui soulignons].

Il est intéressant que l'interdisciplinarité dans l'étude urbaine soit reconnue, ce qui facilite l'approche interthématique. Toutefois, nous soutenons que le travail de l'enseignant(e) géographe (ou pédagogue ou diplômé(e) d'une autre discipline ayant rapport à la ville et à son enseignement), n'est pas de transformer la/une Géographie urbaine académique en objet de niveau didactique du lycée ou du gymnase, en produisant des objectifs, des matériaux et des méthodes «transposés» par trancription.

Dès le début, en tant qu'enseignant, il doit élaborer ce « cours sur la ville » ou, en tant qu'écrivain, cette « écriture de la ville », appropriés à ces niveaux parce qu'ils découlent de cette ville en tant que telle et de la vie en elle. Il s'agit d'une idiographie aux aspects multiples : un enseignant particulier conçoit un cours particulier (processus didactique, enseignement et évaluation), qui concerne une ville particulière, s'adressant à une classe particulière et à de nombreux élèves particuliers.

Cette entreprise, c'est-à-dire cette tentative d' «enseigner la ville » ressemble peut-être à la tentative d' «écrire la ville ». Les deux tentatives sont clairement caractérisées par la tentative de concevoir un cours qui « écrira sur la ville ». Dans leur livre intitulé *City a - z*, Pile et Thrift[704] se réfèrent à l'oeuvre de P. Wolfrey ayant pour titre *En écrivant sur Londres* et pour sous-titre *L'Empreinte du texte urbain de Balzac à Dickens*[705] qui met en évidence son idée selon laquelle « écrire la ville n'est pas écrire sur la ville ». Il est intéressant de noter que le livre de Pile et Thrift ne suit pas une élaboration d'écrits classés en chapitres dans un ordre orthodoxe mais choisit l'ordre alphabétique pour la classification de ses thèmes qui proviennent de cinquante collaborateurs. Il s'agit donc, peut-être, d'un simple dictionnaire encyclopédique ayant pour thématique la géographie urbaine ?

Dans ce livre, la classification par ordre alphabétique est choisie délibérément (à savoir l'agencement arbitraire de ses thèmes) que le titre, d'ailleurs, ne cache pas. D'après ses auteurs, le caractère composite de l'agencement est la règle de constitution de la ville : La ville met en contact direct des éléments disparates[706]. Tout comme les compétences des auteurs du livre peuvent être considérées des éléments hétérogènes – mais nettement complémentaires entre eux : Géographes (pour la plupart, avec des géographes spécialistes de géographie humaine et des géographes urbains), sociologues et architectes mais aussi des poètes, des écrivains, des critiques d'art et de culture ainsi que des juristes et des criminologues.

Le résultat de l'œuvre écrite apparaît, dans une première approche, par la succession de certaines entrées que nous citons au hasard selon l'ordre alphabétique anglais, par exemple, à la lettre *M* : *Marathon, points de rencontre, mémoire, monnaie, musée, musique*. Quant à la première entrée de la lettre *N* on

---

[704] Steve Pile and Nigel Thrift, *City a – z*, Routledge, London, 2000, p. 13.
[705] P. Wolfrey, *Writing London*. The *Trace of the Urban Text from Balzac to Dickens*, London, Macmillan, 1955, p. 8.
[706] Steve Pile and Nigel Thrift, op. p., p. 20.

trouve *Necropole*. Cette entrée macabre qui renvoie au cimetière de Glasgow (avec des références à d'autres villes), ne doit pas être considérée comme marginale puisqu' une autre entrée plus générale (*Graveyards* [cimetières] présente en détails l'élaboration pédagogique qui doit être faite de ce thème comme sujet de Géographie urbaine : « histoire sociale, plans et symbolisme des monuments, représentation graphique, photographie, composition écrite créative, écologie forestière [...] architecture [...], les deux guerres mondiales »[707].

De nombreux autres sujets sondent également la matière instituée d'une Géographie urbaine, mettant le lecteur face à divers aspects de la ville et de sa viabilité en décrivant :
- les *abribus* qui sont présentés comme des « éléments dignes de la fierté de la ville » ;
- l'*automobile* particulière qui rappelle que, de nos jours, elle est devenue une prothèse du corps humain ;[708]
- le *cinématographe* poléographique qui renvoie à Walter Benjamin pour qui « la camera nous conduit vers une optique subconsciente » ;
- la *bicyclette* qui nous rappelle que bien que circulant dans un grand nombre de villes du monde développé, elle ne remet pas en question la prédominance des moyens de transport, tandis qu'elle n'est utilisée – malheureusement – que pour des « déplacements de nulle part à nulle part » ;
- le *chien* (d-o-g) en ville qui est présenté à peu près comme l'inverse de *dieu* (g-o-d) ;
- les *rêves*, comme la ville, cachent des peurs, des passions et des désirs ;
- les *graffitis* qui expriment le besoin d'une revendication d'identité territoriale dans le centre de la ville
- les *salles d'attente* (lobbies) dans les hôtels en tant que non lieu de la grande ville
- la géographie humaine des *ascenseurs* et toute expérience de voyage qu'ils peuvent offrir
- les Jeux Olympiques et leurs villes[709] et beaucoup d'autres encore

Les responsables de l'édition du livre proposent et présentent quelques « modes d'emploi » du livre, de la thématique et de la ville. Ils soutiennent qu'ils ne tentent

---

[707] Steve Pile and Nigel Thrift, op. p., p. 92. En Grèce, les questions concernant les cimetières des autres communautés culturelles qui ont résidé dans le pays se posent de temps à autre. Ilias Petropoulos dénonce, dans un de ses textes, l'intervention grecque catastrophique dans le grand cimetière juif de Thessalonique. « L'actuelle cité universitaire est délimitée, en tant que terrain, par l'ancien périmètre du cimetière juif». I. Petropoulos, « Les Chasseurs de crânes », *Scholiastis*, 38/mai 1986, p. 33-35.

[708] Lynn Sloman a choisi d'intituler son livre « Car Sick » (Malade à cause de la voiture), voir Lynn Sloman, *Car Sick – Solutions for our Car-addicted Culture*, Devon, UK, 2006.

[709] Nous avons rassemblé des éléments analogues pour la Grèce dans : I. Rentzos, « Geographical Ideology of Olympic Cities : Athens 2004 and the Views of Greek Students », RGS-IBG Annual International Conference 2005.

pas de découper ou de réorganiser la ville. Les entrées qui sont introduites n'ont pas été choisies pour leur « homologie » ni leur « correspondance » avec ses secteurs et ses parties différentes. Il n'est pas fait non plus, avec eux, une « overview » générale mais plutôt une « underview » particulière. Leur insertion a été faite sur la base des caractéristiques de la ville (*cityness*) ou de l'espace urbain (*urbanness*) qu'ils mettent en relief et mène à la question « comment les villes sont-elles devenues ce qu'elles sont » à laquelle les auteurs notent qu'il n'y a pas une simple et unique réponse. Toutefois – ils terminent – une telle présentation des parties de la ville peut contribuer à sa meilleure compréhension et – ce que nous considérons comme le plus important – « à ce que de nouveaux moyens d'intervention soit étudiés pour la vie de la ville et son changement »[710].

Dans le cadre de la présentation lexicographique des villes et de l'urbanisme, nous pouvons introduire de nombreuses autres éditions. L'« **Encyclopédie de New York** »[711] constitue un modèle de présentation lexicographique de la ville. Dans le matériau lexicographique qui est développé dans ses 800 pages, sont comprises des questions comme les ethnies qui habitent à New York et leur histoire, les ponts qui activent cette ville qui, en réalité est un archipel, les arrondissements et leurs quartiers, son aménagement urbain et ses gratte-ciel, les théâtres et les artistes, les politiciens célèbres mais aussi les délinquants, les universités et les divers instituts d'enseignement ainsi que – venant en dernier mais de manière significative – les titres de 600 chansons qui ont été composées et chantées pour cette ville.

Nous estimons que l'approche d'interdisciplinarité/interthématique d'une ville – Thessalonique – faite par Garyfallia Katsavounidou[712] est un exemple remarquable. L'architecte-écrivain « ouvre », avec son texte, 27 **parenthèses poléographiques invisibles**, classées par ordre alphabétique. Elle insère ces parenthèses au corps de la ville, les rendant vivantes et visibles. Il s'agit de 27 villes du monde (Berlin, Kiev, Paris, Alexandrie, Djeddah, Haïfa, etc...) qui ont été inscrites dans un contexte spatio-temporel, dans le « texte » « Thessalonique ». Elles l'éclairent et le recomposent. Ce livre constitue, à lui seul, une proposition d'interthématique poléographique intéressante tandis que, sur de nombreux de ses points, il comprend certaines suggestions particulières comme rebaptiser des rues et se conformer à l'histoire.

L'«**Atlas pour la ville** »[713], avec à peu près un millier de graphiques minutieux sur des tableaux qui couvrent entièrement la page de gauche, expliqués par des légendes ainsi que des analyses théoriques détaillées sur la page de droite, constitue une rare édition pour la théorie, la philosophie, l'histoire et la géographie de la ville. L'«**Encyclopédie de l'aménagement urbain** »[714], œuvre spécialisée avec une foule d'éléments, de notions et de noms de la science de l'urbanisme et de

---

[710] Steve Pile and Nigel Thrift, op. p., p. 21
[711] Kenneth T. Jackson [Ed.], *The Encyclopedia of New York*, Yale University Press & The NY Historical Society, 1995. Nous procédons à une longue analyse dans notre site web (http://geander.com/bnyc.html) ainsi que dans notre ouvrage « Les représentations de la ville » (Rentzos, 2009 : 371-375).
[712] Garyfallia Katsavounidou, *Parenthèses invisibles*, Ed. Patakis, 2003.
[713] Jürgen Hotzan, *dtv-Atlas zur Stadt*, dtv, München, 1994.
[714] Arnold Whittick [Ed.], *Encyclopedia of Urban Planning*, McGraw-Hill Book Company, NY, 1974.

sa technique, est une géographie « ékistique » mondiale. Notons que l'urbanisme grec est absent dans cette œuvre (sur le territoire grec aussi d'ailleurs). Les entrées analytiques de matière grecque qui ont été composées par le célèbre urbaniste Constantinos Doxiadis, couvrent remarquablement les villes antiques, mais seulement celles-là. Dans un cadre identique, avec l'utilisation non pas de « typographie » mais d'un moyen électronique (en trois DVD), fonctionne la collection française « **Une ville – un architecte** »[715] dans laquelle 25 villes du monde sont présentées par (à peu près) le même nombre d'architectes que nous suivons dans leurs « promenades-critiques ». Pour les créateurs de la collection, au Centre National de Documentation Pédagogique français, il s'agit d'une « trajectoire emblématique » à travers des métropoles célèbres du monde et d'autres villes intéressantes.

Il n'est pas nécessaire enfin d'indiquer l'existence d'autres éditions qui se réfèrent, séparément à d'autres villes du monde. Elles constituent, avec leur riche illustration, des sources de documentation relatives à l'urbanisme et à l'architecture des villes respectives[716]. De beaux livres à feuilleter, pour faire des cadeaux ou décorer les étagères des bibliothèques. Ces éditions stimulent l'enseignant à concevoir une stratégie pédagogique dans la démarche de leur exploitation.

Il n'y a pas de doute que la lexicographie et l'encyclopédie ainsi que l'étude interactive-dialoguée de la ville sont liées, dans une grande mesure, à l'approche pluridisciplinaire-interdisciplinaire-interthématique. Mais c'est cette même étude encyclopédique qui pose la question fondamentale des rapports de l'interdisciplinarité et de l' «encyclopédisme ». On estime que l'encyclopédisme « constitue une menace directe pour la formation et l'enseignement [puisqu'] qu'il y a danger que l'élève se limite seulement, de manière unilatérale et excessive, au matériau d'apprentissage »[717]. A notre avis, l'interdisciplinarité/interthématique ne doit constituer, en aucune façon, un masque didactique de l'encyclopédisme qui peut, éventuellement, se cacher derrière. Le but de l'interdisciplinarité est – nous le répétons – la quête et la mise en œuvre d'un objectif prépondérant.

---

[715] SCÉRÉN – CNDP, *Une ville un architecte*, Paris, 2005.
[716] Nous nous référons – entre autres analogues – à une édition grecque semblable et une édition suédoise : Giorgos D. Panagiotopoulos, *Spiros Kritikos, Aigion – Monuments et Art, Bibliothèque Municipale d'Aigion*, 2002 ; Olof Hultin, Bengt Oh Johansson, Johan Mårtelius, Rasmus Wærn, Ola Österling, Michael Perlmutter, Arhitecture in Stockholm, Arkitektur Förlag, 1998.
[717] J. Engert, « Encyclopédisme », *Grande Encyclopédie Pédagogique*, deuxième tome, 1964, Lettres Grecques, p. 291.

7. Conclusions :
Crise et avenir de l'interthématique grecque

> « Ils vont tous à Arahova pour voir quoi ? Absolument rien. En fait, ils n'y vont pas pour contempler le paysage mais pour s'amuser, ce qui, à notre époque, prend la forme d'un véritable raz de marée.
> Je regrette qu'Arahova, comme Mykonos en été, soient devenus, des pôles d'attraction pour ceux qui n'ont rien dans le crâne »…
>
> Questionnaire n° 72 d'une enquête récente.

[718] 7.1. L'interthématique à défendre devra être géographique

Dans cette étude, nous nous sommes penchés sur l'introduction de l'interthématique en Grèce. Nous avons donc eu l'occasion d'aborder de nombreuses questions concernant l'organisation et le contenu de l'Éducation grecque. On ne doit pourtant pas envisager l'interthématique en tant que « nouveaux contenus » et « nouvelles méthodes » mais principalement, en tant qu'une opportunité de réorganisation de l'enseignement.

L'introduction de l'interthématique dans l'école grecque ressemble beaucoup à une « fuite en avant ». Les questions restées en suspens qui se sont accumulées et rendent impossible le fonctionnement harmonieux de l'enseignement secondaire ne sont pas effacées par les nouveaux programmes et les nouvelles méthodes. Elles restent entières dans un réaménagement des lourdeurs du passé. Les enseignants grecs revendiquent un vrai réaménagement mais parallèlement, nombreux sont ceux qui résistent à l'application de l'interthématique, la considérant comme une convention extérieure.

Les enseignants grecs ont peut-être l'impression que les services publics de l'enseignement ont envisagé l'interthématique en amateurs et de façon superficielle et ne sont pas convaincus. Cependant, l'interthématique – lorsqu'elle est basée sur « l'interdisciplinarité par entrelacement » et non pas sur « la multidisciplinarité/ pluridisciplinarité par juxtaposition » – est une innovation importante entre les mains des enseignants. Par conséquent, ceux-ci doivent se diriger vers une contribution positive pour établir les fondements de l'interthématique.

A présent, il est possible d'atténuer, par exemple, la monothématique pointue par « purification », qui est prédominante dans les écoles grecques. Nous savons que la purification de la chimie, entre autres, est advenue pour des raisons sociales et a été cultivée sur le plan didactique-pédagogique à travers les besoins qui ont été décelés afin que la préparation aux examens d'entrée dans les écoles d'enseignement supérieur soit plus efficace. Les questions concernant les informations données sur la répartition géographique, par exemple, des éléments chimiques dans le sol et les conséquences du gaspillage inconsidéré des ressources naturelles ou l'aggravation de l'environnement liées à certains composés chimiques, n'étaient pas enseignées et n'étaient pas inclues dans les sujets d'épreuves. La chimie est devenue « chimie », excluant – tout simplement – les données géographiques, environnementales, historiques, culturelles et sociales.

La purification s'est répercutée également sur l'enseignement de la géographie proprement dite par 1) une limitation des horaires, 2) la supression de son enseignement après la seconde classe du gymnase et 3) son exclusion des cours préparatoires au bac. Avec la géographie, des disciplines entières des sciences naturelles (zoologie, botanique, géologie) ont été supprimées du lycée et ont été

---

[718] [Note de la page précédente] I. Rentzos, K. Spanos, « Une évaluation de l'enseignement de la géographie dans l'enseignement secondaire général – Résultats d'une enquête », 8e Conférence de la Société hellénique de géographie, 4-7 octobre 2007, *Actes*, Athènes, p. 44-53. Arahova est une petite ville en région montagneuse, à 150 km au nord-ouest d'Athènes, avec des stations de sports d'hiver.

exclues de l'interface lycée/université. Elles devraient y être réintégrées. En effet, l'interthématique qui souvent, implique une argumentation géographique et historico-géographique, offre peut-être maintenant l'occasion de tenter un retour de la géographie et d'autres disciplines-matières dans les lycées grecs.

Pour ce qui concerne la géographie, il y a actuellement en Grèce de diplômés géographes qui doivent être autorisés à enseigner librement leur discipline, mais de plus – et ceci ne concerne pas que la géographie – les départements pédagogiques des universités qui préparent les instituteurs du primaire se trouvent actuellement en Grèce au cœur d'une logique d'enseignement interthématique. Leur personnel enseignant vient de différents domaines scientifiques, par ex. physiciens, linguistes, géographes, historiens qui représentent face aux étudiants les sciences respectives. En outre, ces étudiants sont d'un niveau très élevé. [719] Ceci résulte de la conjoncture particulière qui offre, de nos jours, maintes occasions de nomination/recrutement direct. Sont aussi acceptés, en tant qu'étudiants en Sciences de l'éducation, des diplômés en médecine, en droit, en archéologie, des écoles d'officiers et qui font en sorte d'obtenir le diplôme professionnel important du Département pédagogique ce qui veut dire que, dans la conjoncture actuelle, l'interthématique peut être confiée à des enseignants compétents. En fait, avec quelques modifications, certains diplômés de départements pédagogiques pourraient solliciter des postes d'« enseignants-animateurs » interthématistes en Secondaire.

7.2. L'interthématique à défendre devra être « géoculturelle »

L'argumentation/documentation historico-géographique manque dans nombre de disciplines. La physique, par exemple, est enseignée sans « soupçon » quant à l'importance de l'évolution de ses notions dans les contextes historiques spécifiques, c'est-à-dire économiques, sociaux et politiques, dans des lieux particuliers, sans qu'il soit pris en considération du fait que ce sont ces contextes auxquels ont été opposés les nouveaux acquis du savoir sur le monde naturel et social. Ces environnements géo-historiques devraient, grâce à l'interdisciplinarité interthématique, être reconstitués à travers l'enseignement quotidien. De tels environnements sont encore vivants au sein de la société et devraient être commentés. L'école devrait se poser en éclaireur géoculturel et géosocial (où ? comment ? pourquoi là ?).

L'aspect historiographique constitue un côté de la géographie grecque qui a été entièrement laissé sans ptotection. L'intégration traditionnelle de la géographie aux sciences exactes et la rédaction de ses manuels ainsi que son enseignement par des professeurs qui n'ont aucune formation historico-géographique ni de culture sociologique, en font un cours monodisciplinaire. En plus des modifications dans la pratique scolaire, ceci renvoie également à des propositions de réformes universitaires où pourraient être facilement organisés des départements histoire - géographie ou des départements de géographie culturelle.

L'esprit interthématique/interdisciplinaire doit, selon cette conception, traverser l'ensemble de l'enseignement supérieur grec qui, comme nous l'avons vu, a suivi

---

[719] Voir Annexe 1 - B. RÉSULTATS DU BACCALAURÉAT GREC 2009 – SÉLECTION DE CERTAINES ÉCOLES DE DIVERSES UNIVERSITÉS.

l'évolution de la démarche monodisciplinaire avec des universités et des écoles spécialisées dans une seule discipline. Il semblerait paradoxal de proposer ici, aujourd'hui, à l'époque de l'hyperspécialisation, la refondation d'une section « Sciences naturelles » qui comprendrait toutes les études « PSNCG » (physique, sciences naturelles » [géologie et biologie], géographie.

Il est évident que cet élargissement n'est pas suffisant. Des questions graves de caractère social qui ont été étudiées par les sciences de la société, notamment par la sociologie et l'anthropologie mais aussi par les arts (littérature, théâtre, poésie, cinéma) peuvent être mises en évidence grâce à l'interthématique pédagogique qui se baserait sur des études universitaires multidisciplinaires (et, espérons interdisciplinaires). Comment aujourd'hui, sonnerait à l'oreille le titre d'une école universitaire « Ecole de Physique culturelle » puisqu'il n'existe pas encore une seule « Ecole de Géographie culturelle » ?

D'ailleurs, il n'existe pas non plus d' « Ecole de Linguistique culturelle ». Comment se fait-il qu'une discipline aussi culturelle telle que la linguistique échappe à l'infortune de la grammaire et soit intégrée à la culture ? – comme est étrange l'étymologie de la série *grammaire > grammar > glamour*. Depuis les fondations biologiques du langage jusqu'aux manifestations ethnolinguistiques diverses, l'étude de la langue et *l'étude à travers la langue* offrent d'innombrables approches interdisciplinaires et interthématiques.

Bien que nous condamnions « l'infortune de la grammaire » lorsqu'elle représente l'élément majeur de l'enseignement de la langue et des langues (et nous l'opposons à la langue en tant que culture), nous avons cherché dans notre étude et avons mis en relief le côté structuraliste, « pusillanime » mais plus profond de certaines questions. Pourquoi cette inconséquence ? Nous sommes d'avis que le devoir de l'interthématique consiste en la recherche d'une structure plus profonde qui puisse être reconnue avec une pluralité d'éclairages grâce à l'interdisciplinarité. Néanmoins, la r e c h e r c h e d'une structure plus profonde diffère de l'application de la n o r m e qui peut être valable pour une discipline mais non pas pour un système de disciplines qui sont étudiées dans un processus interdisciplinaire. L'interdisciplinarité peut nous permettre d'approcher la structure plus profonde et l'interthématique nous aide à la projeter de façon didactique.

C'est justement cette structure plus profonde qui nous rapproche de la philosophie. Tout acquis interdisciplinaire et interthématique nous permet d'observer le bien culturel à partir d'une position et d'une distance différentes, de nous déplacer de la simple acquisition de connaissances à la conquête du savoir, de l'utilisation des données à l'évaluation du savoir. Dans ce sens, l'interdisciplinarité exige une rénovation des études de philosophie afin que cette « discipline » soit davantage en interaction avec les sciences exactes et que les diverses disciplines scientifiques soient reliées, au niveau des études, à travers le prisme de la philosophie.

7.3. L'interthématique à défendre devra être de contenu « géosocial »

Tout dialogue comme, par exemple, « science et art », « science et philosophie », voire « science et métaphysique » ou « science et religion » que nous ne voyons que du point de vue géoculturel (où ? comment ? pourquoi là ?) devrait être considéré avec des modalités sociales transparentes (sous quelles conditions ?) et qu'en soient puisés les éléments pédagogiques utiles correspondants. En outre, les ankyloses résultant d'oppositions entre interthématique et interdisciplinarité ou interdisciplinarité et multidisciplinarité et autres ne devraient pas être des facteurs d'opposition mais de synthèse.

D'autre part, la situation actuelle de l'environnement en Grèce, dans le cadre plus général du changement climatique, représente un sujet de recherche d'une synthèse interthématique-interdisciplinaire, particulièrement lié d'ailleurs à l'enseignement des sciences naturelles. Le souci d'un développement viable met en contact, non seulement en Grèce mais, plus généralement, dans le monde entier, sciences naturelles, applications-conséquences, conditions de subsistance, fonctionnements sociaux et économie. En outre, la « mondialisation », la quête de ressources (les ressources humaines inclues) et de marchés, mettent sur l'avant-scène une géopolitique ou une géo-histoire (au présent de l'indicatif) qui doivent consistuer des éléments de ces sciences naturelles ou, ce qui serait préférable, être prises en considération dans l'enseignement des sciences naturelles.

Une crise environnementale couve en Grèce.

Il s'agit de la crise de l'espace urbain. La ville fait l'objet de multiples agressions 1) au niveau des constructions ainsi que 2) au niveau de la circulation automobile. A la densité démographique, il faut ajouter la densité des véhicules qui occupent, soit lorsqu'ils circulent soit en stationnement, tous les espaces de la ville (rues, rues piétonnières, places, trottoirs). D'ailleurs, pendant des siècles, le territoire grec n'avait pas de grandes agglomérations urbaines. L'école grecque doit enseigner la valeur de la ville en tant que lieu public et l'opposer à sa valeur simplement commerçante et utilitaire. Dans ce sens, cette approche culturelle – interdisciplinaire et interthématique – de la ville ainsi que son enseignement interdisciplinaire et interthématique devraient être considérés comme une priorité pédagogique.

De plus, nous considérons qu'une interaction entre l'activité interthématique scolaire et le temps libre est nécessaire. Le temps libre en tant que fonction socio-économique qui pourrait être caractérisée comme une bénédiction, se manifeste dans le pays, aussi, comme un fléau social. Nous l'avons vu dans la mention en exergue, avec la critique acerbe et inattendue d'un étudiant de lycée. Cet adolescent – le seul qui connaissait la geographie physique de Pylos – fait, ni plus ni moins, un discours de morale géographique sur le territoire et nos rapports avec celui-ci – donc avec le savoir qui concerne cet espace. Les vacances et les loisirs sont devenus des mots d'ordre politiques réels (« les baignades du peuple ») et le phénomène de « garçonnisation » chez les jeunes gens fait peut-être partie de quelque programme géopolitique international. Qu'on se rappelle que le mot grec désignant le « garçon » (l'enfant de sexe mâle) est « agori » qui signifie individu immature (« avant l'heure »).

Le tourisme qui est lié aux conditions climatiques méridionales insupportables durant les canicules de l'été et qui deviennent épuisantes dans les villes grecques construites à outrance, fonctionne, au niveau national, comme l'opium du peuple grec. Lorsqu'on pose la question aux élèves sur la valeur du tourisme, ils répondent de façon stéréotypée « ça nous apporte des devises » et non pas « le tourisme nous permet de nous reposer et découvrir de nouveaux lieux ». Les jours de congés programmés se réorganisent de façon sauvage par des ponts pour compléter des semaines d'absence. Au cours de l'année scolaire, pendant de nombreuses semaines, les élèves interrompent les cours tandis qu'à l'université, beaucoup d'étudiants font leur apparition seulement pour les trois heures que durent les examens.

Qui pourrait proposer, dans le domaine du loisir, une réorganisation de l'espace-temps scolaire en faveur des régions montagneuses du pays, en imitation de certaines communautés grecques du passé ? Est-ce que le nudisme juvénile sur les plages grecques est un idéal ? C'est aussi la réorganisation de l'espace-temps télévisuel grec qui doit être proposée. Il est dommage que les entreprises de l'audio-visuel agissent, à notre avis, contre ce qui est stipulé par la Constitution (Article 15). C'est ainsi que les programmes télévisuels ne comprennent pas de temps consacré aux livres, à la culture et à la science. Le Ministère de l'Education nationale pourrait, par conséquent, fonder une station de télévision scolaire. Elle pourrait être consacrée, en premier lieu, à l'enseignement quotidien, sous forme de « frontistirio », mais aussi à la culture générale et à l'interdisclinarité/nterthématique.

7.4. L'interthématique à défendre devra être interdisciplinaire

Tout au long de cette étude, s'est-on occupé, d'unicités et d'affinités mais aussi de dualités dans les domaines du savoir et de sa transmission par les applications de la didactique.

Ayant suivi, ici et ailleurs, l'évolution de l'enseignement géographique ainsi que l'acheminement du savoir géographique en Grèce on est arrivé devant des morcellements de certaines activités sociales et des « purifications » de divers enseignements qui, indépendamment de l'état éducatif de la géographie en Grèce, se dirigent à l'encontre de l'idéal interdisciplinaire.

Dans sa substance, l'élément « inter- » de l'*inter*disciplinarité exprime un rapport entre deux entités sinon une certaine dualité et par là une recherche dialectique qui mènerait, par la réciprocité, à l'unicité. En grec, la préposition *dia-* qui correspond à *inter-* pourrait être considérée comme une forme grammaticale dissimulée du nombre *deux* (*dyo*). « Le chiffre 2 », nous dit C.P. Snow, qui a identifié sa vie d'intellectuel avec les *deux cultures*, « est dangereux ».[720]

En effet, on n'est pas en mesure de distinguer ce que « 2 » signifie chaque fois.

Signifie-t-il l'union de Dieu ou la division du diable ?
L'appariement ou la séparation ?
Le mariage ou le divorce ?
L'alliance ou le duel ?
La synthèse ou l'antithèse ?
L'*un* ou les *deux* ?

C'est dans cet état d'aporie que la démarche interdisciplinaire comme elle est exprimée par l'intervention pédagogique actuelle de l'interthématique en Grèce, pourrait examiner les divisions, telles que, entre autres,
« Nature/culture »,

---

[720] C.P. Snow, *Les deux cultures*, Tr. française, op. cit. 21.

« Occident/Orient »,
« ville/campagne »,
« savoir/réalité »,
« connaissances/imagination »,
« école/société »,
« école/frontistirio »,
« σχόλη/σχολή », [« loisir/école »],
« disciplines littéraires / disciplines scientifiques »,
« création artistique / création scientifique »,
« théorie/action »,
« apprentissage/évaluation »
et déposer sa réponse pédagogique et sociale.

La position du prince Petr Kropotkin (1842-1921), géographe russe, en faveur de l'*éducation intégrale*, est bien connue et d'ailleurs très ancienne. Il l'a opposée à toute notion de partition entre travail intellectuel et physique, enseignement théorique et technique, activité scientifique et de fabrication/construction[721], qui découlent tous, en tant que divisions et subdivisions, de la notion-clé de la « division of labour » (division du travail) introduite par Adam Smith, patriarche de l'économie politique capitaliste[722].

L'enseignant sait qu'avec l'intégration de l'interthématique, on compte sur lui soit
1) qu'il construise des ponts pour éloigner les diverses ruptures qui existent encore dans l'enseignement grec et dans la société grecque, soit
2) qu'il cherche et décide pour quels rapprochements artificiels survivant encore dans le système éducationnel, il est nécessaire d'opérer des renversements.

---

[721] Peter Kropotkin, "Decentralization, Integration of Labour and Human Education", in Richard Peet, *Radical Geography*, London, Methuen & Co Ltd, 1977, p. 384. Nous reprenons ce paragraphe de notre thèse « La ville et son enseignement... », 2002.

[722] Op. cit., p. 378

Annexes

Annexe 1

A. LES NIVEAUX D'ENSEIGNEMENT DES SYSTÈMES ÉDUCATIFS FRANÇAIS ET GREC

Nous donnons ici un tableau indiquant la correspondance entre les classes (niveaux) de l'enseignement primaire et de l'enseignement secondaire en France et celles en Grèce. Son but est évidemment purement terminologique.

	FRANCE	ÂGE	GRÈCE		
lycée	TERMINALE	17	3^e	lycée	Enseignement du second degré
	1re	16	2^e		
	2^e	15	1^e		
collège	3^e	14	3^e	gymnase	
	4^e	13	2^e		
	5^e	12	1^e		
	6^e	11	6^e	école élémentaire	
école élémentaire	CM2	10	5^e		
	CM1	9	4^e		
	CE2	8	3^e		
	CE1	7	2^e		
	CP	6	1^e		

(colonne « obligation scolaire » couvrant de CP à 3e / gymnase)

Fig. Ann. 1.(1). La correspondance entre les classes scolaires françaises et grecques.

Pour éviter toute confusion nous utilisons dans le texte les expressions, relativement lourdes, « la deuxième classe du gymnase », ou « la troisième classe du lycée » lorsque nous nous référons au système d'enseignement grec.

B. RÉSULTATS DU BACCALAURÉAT GREC 2009 – SÉLECTION DE CERTAINES ÉCOLES DE DIVERSES UNIVERSITÉS

CLA	ÉCOLE UNIVERSITAIRE	NOT
001	ARCHITECTURE (THESSALONIQUE)	19,53
004	MÉDECINE (THESSALONIQUE)	19,38
005	MÉDECINE (ATHÈNES)	19,37
009	ÉLECTRICITÉ – ÉLECTRONIQUE – ORDINATEURS (ATHÈNES)	19,30
010	ARCHITECTURE (ATHÈNES)	19,27
011	INGÉNIEURS CIVILS (ATHÈNES)	19,22
025	ÉDUCATION – ENS. PRIMAIRE (THESSALONIQUE)	18,93
036	DROIT (ATHÈNES)	18,78
042	ÉDUCATION – ENS. PRIMAIRE (ATHÈNES)	18,72
083	ÉDUCATION – ENS. PRIMAIRE – EGÉE (RHODES)	17,88
100	INGÉNIEURS D'AMÉN. DU TERR. ET DE DÉVELOPPEMENT RÉG. – THESSALIE (VOLOS)	17,62
111	PHYSIQUE (ATHÈNES)	17,30
123	LANGUE ET LITTÉRATURE ANGLAISES (THESSALONIQUE)	17,13
135	LANGUE ET LITTÉRATURE ANGLAISES (ATHÈNES)	16,82
140	MASSE MÉDIAS (ATHÈNES)	16,72
149	ÉCOLE MILITAIRE	16,56
175	SCIENCES ÉCONOMIQUES (ATHÈNES)	15,94
192	GÉOLOGIE ET GÉO-ENVIRONNEMENT (ATHÈNES).	15,52
222	CINÉMA (THESSALONIQUE)	14,67
235	GÉOLOGIE (THESSALONIQUE)	14,40
243	GÉOGRAPHIE – HAROKOPIO (ATHÈNES)	14,18
266	ANTHROPOLOGIE SOCIALE ET HISTOIRE – ÉGÉE (MYTILÈNE)	13,20
287	ÉTUDES MÉDITERRANÉENNES – ÉGÉE (RHODES)	12,07
290	ENVIRONNEMENT – ÉGÉE (MYTILÈNE)	11,73
291	THÉOLOGIE (ATHÈNES)	11,68
313	GÉOGRAPHIE – ÉGÉE (MYTILÈNE)	10,29
314	LANGUES ITALIENNE ET ESPAGNOLE (ATHÈNES)	10,27
315	ARTS PLASTIQUES ET SCIENCES DE L'ART (IOANNINA)	10,20
318	LANGUE ET LITTÉRATURE FRANÇAISES (ATHÈNES)	10,13
322	OCÉANOGRAPHIE – ÉGÉE (MYTILÈNE)	10,05
324	LANGUE ET LITTÉRATURE FRANÇAISES (THESSALONIQUE)	10,02
327	LANGUE ET LITTÉRATURE ALLEMANDES (ATHÈNES)	10,00

Classification (**CLA**) de départements universitaires selon la note moyenne minimale (**NOT**) requise, exprimant aussi les préférences des étudiants. Il est évident que celles-ci sont définies par certains facteurs axiologiques (débouchés professionnels/incertitudes [p. ex., 025] ; centre/périphérie [p. ex., 243-313] ; Thessalonique/Athènes [p. ex., 001-010]). Nombre total d'universités = 22 ; nombre total de départements = 344. Source : Les quotidiens du 26 août 2009.

Annexe 2[723]

CUIT / CRU / POURRI DANS L'INTERDISCIPLINARITÉ

L'homme ne vivra pas de pain seulement...
Luc 4:4.

La préparation et la consommation de la nourriture répondent à un besoin fondamental de l'homme. La nourriture et les aliments rentrent en plein droit dans le domaine de l'interdisciplinaire dont ils pourraient constituer le vrai centre. Non seulement toute activité humaine vise à l'assurance du « pain quotidien », mais en plus c'est par la nourriture que la matière se transforme en esprit ou, en des termes moins abstraits, la cuisine constitue, une activité entre la nature et la culture.

Il est très difficile de choisir une discipline de coordination pour ancrer un travail de réflexion méthodologique interdisciplinaire qui concernera la nourriture. Dans chaque culture, cette dernière renvoie à des codes qui mettent en relation aussi bien l'écologie, les techniques de conservation et de cuisson des aliments, que des aspects commerciaux et des formalités légales ou, encore, « le mode de vie familial, les règles de la religion, les tabous alimentaires et les attitudes face à la commensalité ».

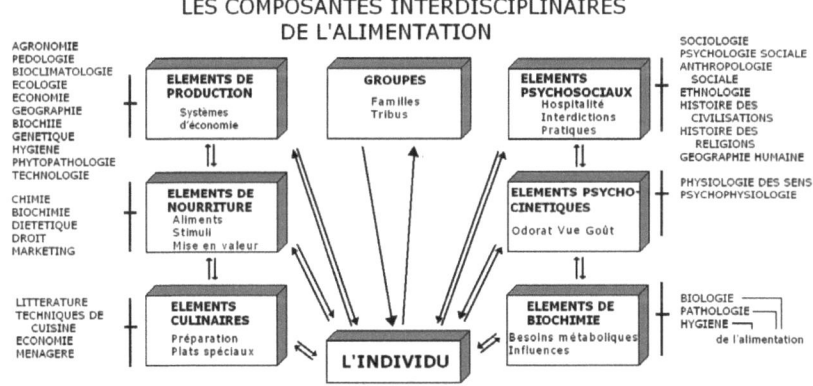

Fig. Ann. 2.(1). Les composantes interdisciplinaires de la nourriture et de l'alimentation humaine dans une perspective anthropocentrique. Source du diagramme inconnue à l'auteur.

Quoique 1) les processus de l'alimentation servent un besoin physiologique fondamental et 2) la cuisine constitue une forme d'activité humaine universelle, cette dernière participe à l'élaboration, d'une série de « réponses originales », qui sont en même temps significatives de la manière dont chaque groupement humain s'insère

---

[723] I. Rentzos, Athènes.

dans l'univers et chaque entité ethnique organise sa survie dans son écosystème. Ce caractère universel de l'alimentation/nourriture le rapproche au langage humain qui, lui aussi, constitue pour chaque entité ethnolinguistique une série de réponses psychophysiologiques majeures au niveau de l'individu qui servent le besoin fondamental – au niveau de la vie du groupe – de la communication.

On sait que c'était Claude Lévi-Strauss, un des pères fondateurs du structuralisme, qui a pu, par son fameux « triangle culinaire », aux trois sommets duquel se trouvent le *cuit*, le *cru* et le *pourri*, conjoindre aux théories phonétiques/phonologiques sa théorie structuraliste anthropologique des processus culturels et naturels de la préparation des repas à travers toutes les cultures.

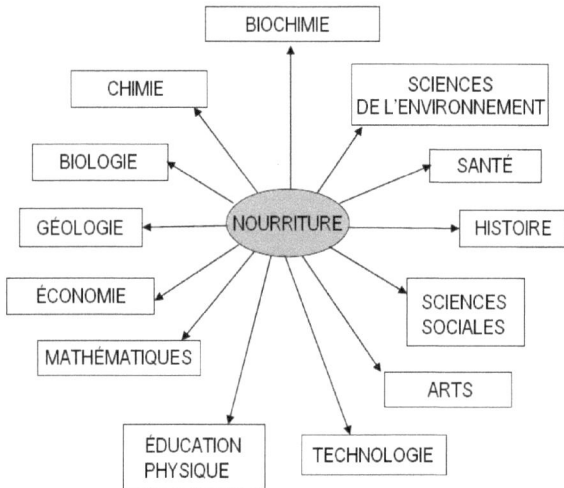

Fig. Ann. 2.(2). Les composantes interdisciplinaires de la nourriture humaine. <u>Source</u> : Mavropoulos, M. Roulia and A.L. Petrou, op. cit.

De même que nous avons le « triangle des voyelles » (a, u, i) ainsi que le « triangle des consonnes » (k, p, t) comme éléments phonétiques / phonologiques universels (et communs à tous les systèmes plus complexes d'oppositions entre les phonèmes), nous avons le « triangle culinaire du *cuit*, du *cru* et du *pourri* » qui mettent en relief les transformations naturelles et les transformations culturelles de la nourriture. Un auteur italien, S. D'Onofrio, introduit de plus la notion de la transformation culturelle par l'huile bouilli (frits à l'huile) transformant ainsi le « triangle culinaire » en « tétraèdre culinaire »[724]

---

[724] P. Bonte [Presentation par :], « Salvatore D'Onofrio. L'Esprit de la parenté : Europe et horizon chrétien. Paris, Éd. de la Maison des sciences de l'homme, 2004 », in *L'Homme* - Revue française d'anthropologie, p. 175-176, Intermet : http://lhomme.revues.org/document2075.html#bodyftn5.

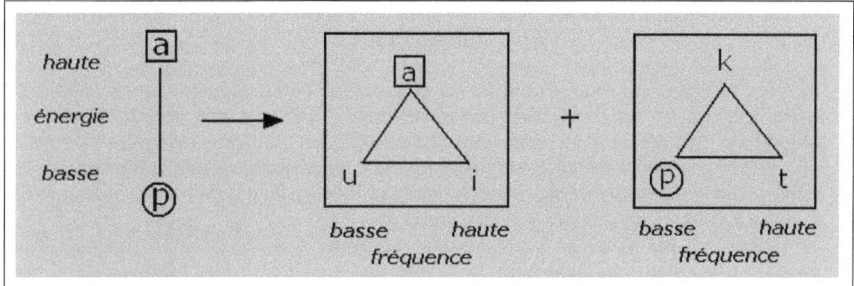

Fig. Ann. 2.(3). La formation des oppositions fondamentales et universelles du langage : /a/ ⇔ /p/ ; /a/, /u/, /i/ ; /k/, /p/, /t/.

L'anthropologue britannique Edmund Leach fait une analyse exemplaire de ces triangles se servant, pour des raisons de simplification pédagogique, du système des feux de circulation routière rouge/jaune/vert.[725]

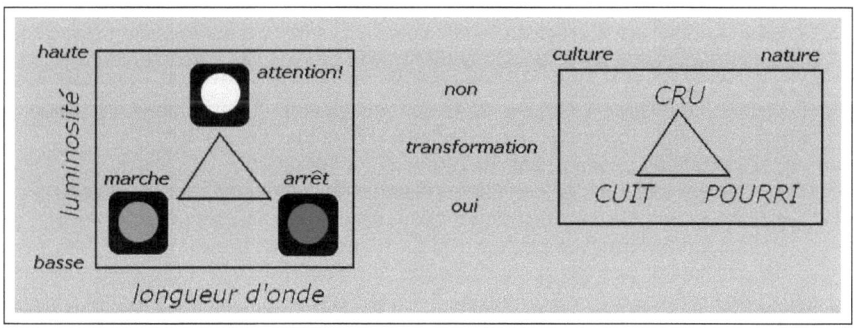

Fig. Ann. 2.(4). Les oppositions fondamentales du système des feux de circulation routière (d'après Leach, op. cit.) comparées aux universels de l'élaboration de la nourriture selon Lévi-Strauss. Dessin I.R.

---

[725] Edmund Leach, *Lévy-Strauss*, op. cit.

Annexe 3[726]
LA TRAHISON DES IMAGES : MAGRITTE PROCÈDE À DES REMARQUES DIDACTIQUES

Il nous semble opportun d'aborder la présentation des relations entre didactique géographique et art pictural en nous référant à l'œuvre du peintre belge René Magritte (1898-1967). De même que chacun de ses confrères, Magritte représente des univers similaires à ceux des géographes, cependant que le professeur – tout enseignant – mais davantage encore celui qui enseigne la géographie, a tout intérêt à connaître son œuvre ainsi que ses positions.

Observant les lieux et les hommes, Magritte a représenté un univers, nous laissant une œuvre considérable de topo-graphie et d'anthropo-graphie. Nous nous empressons certes d'affirmer que ce qui caractérise son œuvre est la dimension provocante du réalisme graphique de ses images, sa *pragmato-graphie*. En effet, cette focalisation sur l'objet dans l'œuvre de Magritte est précisément ce qui enseigne aux géographes comme enseignants, à voir et à inventorier les lieux et les personnes à travers la composition proposée par ses tableaux ; et, en faisant leur autocritique, à se demander s'ils ne sont pas tombés dans les erreurs – pourrait-on dire – qu'il présente lui-même, tel un professeur de didactique, comme les pièges à éviter !

Magritte est un surréaliste circonspect. Il sert un automatisme psychique authentique qui exprime le fonctionnement de la pensée sans les interventions de la logique mais avec celles de l'esthétique. Il rompt dès lors toute continuité conventionnelle dans l'espace, le temps et l'action. Il recompose la réalité et propose une autre logique et une esthétique différente. Voyons voir.

- Un château de pierre bâti au bord d'un rocher abrupt,
- une paisible marine contenant une partie de l'environnement du tableau,
- une « composition » comportant une façade, une forêt et le ciel, et enfin,
- la figuration presque photographique d'une pipe en bois,

ne constituent pas les choix originaux ni recherchés d'un peintre « moderne » parmi tous ceux que le XXème siècle, par exemple, a connus. Ils peuvent recueillir immédiatement l'adhésion du spectateur. Bien davantage encore lorsque l'on sait que l'ensemble de l'œuvre de Magritte comporte plus de mille tableaux.

---

[726] I. Rentzos, P. Stratakis, A. Tzortzakakis, E. Eliopoulos, « Des peintures géographiques et des géographies peintes : Quelques exemples didactiques tirés de l'œuvre d'artistes plasticiens », Actes de la 8ème Conférence de la Société hellénique de Géographie, Université d'Athènes, 2010, t. 1, p. 707-716. Athènes. Pour une version plus longue en grec : http://geander.com/z_magr00.html].

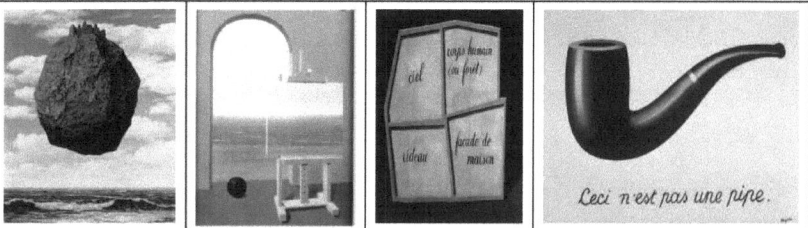

Fig. Ann. 3.(1). Tableaux de Magritte : (a) Le château des Pyrénées, (b) La condition humaine, (c) Le masque vide, et (d) La trahison des images.

Très vite toutefois, en qualité de spectateurs et d'admirateurs des tableaux ci-dessus, nous atteignons une certaine limite dans l'assimilation immédiate et l'acceptation des images et des thèmes. Nous sommes conscients d'être en présence d'une technique de représentation non conventionnelle et qu'en ce sens nous devons adopter une autre approche esthétique et logique pour apprécier la proposition de l'artiste :
- Le rocher que surplombe le château de pierre flotte dans le ciel, en chute constante au-dessus de la mer – il lui faut juste un peu de temps pour en atteindre sa surface (cf. Fig. Ann. 3.(1).(a)) ;
- la paisible marine est une figuration et une mise en abyme d'elle-même, puisque le tableau se retrouve à l'intérieur du tableau (cf. Fig. Ann. 3.(1).(b)) ;
- la forêt, le ciel et la façade ne sont pas des éléments imagiers du tableau mais des mots calligraphiés « représentant » ces entités que l'artiste voudrait éventuellement reproduire (cf. Fig. Ann. 3.(1).(c)) – souvenons-nous du nombre de fois où le professeur de géographie capitule et ne répond pas à son désir de présenter son cours avec un support audiovisuel, substituant des mots aux notions, entités et êtres vivants, faisant de son cours un « masque vide » ; et, enfin,
- la pipe de bois ne s'identifie pas à son image. L'artiste prend soin de nous prévenir par une note sur le tableau énonçant que « Ceci n'est pas une pipe » (CF. Fig. Ann. 3.(1).(d)).

Arrêtons-nous un peu sur le dernier tableau. S'agit-il d'une explosion de paradoxalité ou bien plutôt d'un sermon sur le rationalisme et la rectitude à travers l'œuvre d'un surréaliste ? On doit ici se rappeler un article de E.P. Papanoutsos sur le sujet.[727] Il est écrit comme s'il était inspiré du tableau de Magritte ou comme s'il en constituait l'analyse à des fins didactiques.

En signalant que « la pipe représentée » n'est pas une « vraie pipe », Magritte nous enseigne qu'une représentation, une image – à l'instar d'une carte géographique, dirions-nous – ne peut jamais s'identifier à l'objet lui-même. Les

---

[727] E.P. Papanoutsos, *Des luttes et des combats pour l'éducation*, Athènes, Icaros, 1965, p. 264-268.

images trahissent ! Et par conséquent – sachant la « trahison des images » – il est abusif d'intituler les tableaux en utilisant les noms des entités qu'ils représentent.

Fig. Ann. 3.(2). Tableaux de Magritte : (a) La promenade d'Euclide, (a) Eloge de la dialectique, et (c) Les charmes du paysage.

Certes, les images trahissent même lorsque l'on effectue des comparaisons ou des rapprochements. Cette occurrence semble se produire lorsque nous nous trouvons devant la perspective en triangle presque parfait d'une rue et la représentation en triangle apparent du toit conique d'une tour de château (« La promenade d'Euclide »), (cf. Fig. Ann. 3.(2).(a)). Les deux formes similaires parviennent à l'œil de l'observateur comme des triangles isocèles identiques. La vision à elle seule ne suffit pas à nous renseigner sur la nature de chaque figure triangulaire ! Il est manifeste ici également que les images trahissent. Du reste, le peintre se charge lui-même avec beaucoup de discrétion (et d'ironie, c'est bien connu) de représenter cette trahison, devant la fenêtre, afin de nous mettre en garde... Ce qui serait une « promenade » pour Euclide, s'avère une question épineuse pour les simples mortels. Dans ce contexte, il est indispensable pour l'enseignant de trouver la manière la plus convaincante possible de représenter la forme triangulaire, la surface conique, la perspective architecturale, à l'aide non seulement – peut-être – d'un modeste tableau noir.

Nous pourrions dire que la logique géographique basée sur la reconnaissance, l'enregistrement mentale et l'acceptation de la continuité/incontinuité spatiale se trouve blessée au sein de l'œuvre de Magritte. En même temps, l'œuvre de Magritte nous rend témoins d'une topographie qui se fractionne ou se recompose. Autrement dit, nous pénétrons dans un espace pourvu de certaines propriétés topologiques singulières (« Eloge de la dialectique »), (cf. Fig. Ann. 3.(2).(b) : Le dedans et le dehors, le proche et le lointain, l'objet et le sujet se confondent et se fondent l'un dans l'autre. En réalité, l'incapacité de distinguer l' « un » de l' « autre », cette relativisation de l' « endroit » vis à vis de l' « envers », du « oui » par rapport au « non », déconstruit ce que nous croyions – tout au moins dans l'enseignement de la géographie – familier, nôtre, accessible.

Le professeur de géographie (avec tout autre spectateur de l'œuvre de Magritte), constate à quel point se révèlent ou peuvent se révéler proches dans l'esprit humain, des notions qui pour lui constituaient des limites de référence infranchissables, bien distinctes, et sur lesquelles il fonde sa didactique élémentaire de la géographie. En outre, la substitution s'effectue encore à un autre niveau, qui s'avère pour Magritte un espace d'expression picturale. L'objet est représenté, comme nous l'avons dit, par le nom ou remplacé par celui-ci. Dans un prolongement ultérieur de ses limites, la peinture du surréaliste Magritte annule le contenu réel à travers le cadre-symbole vide portant le titre « PAYSAGE ». Le tableau entier, qui comprend également un fusil, est ironiquement intitulée « Les charmes du paysage » (cf. Fig. Ann. 3.(2).(c)). Il s'agit de vraies leçons de représentation mais également de déconstruction de l'espace, utiles à tous ceux qui enseignent la géographie.

Bibliographie

A

ACKROYD, P., «The Life of the City», in: *The Observer Century City/Modern Tate*, 2001.
ACZEL, A.D., *The Artist and the Mathematician: The Story of Nicolas Bourbaki*, Athenes, Enalios, 2008.
AGNEW, J., LIVINGSTONE, D.N. & ROGERS, A., *Human Geography – An essential Anthology*, Oxford, Blackwell, 1996.
ALDER, K., *Mesurer le monde*, Tr. Martine Devillers-Argouarc'h, Paris, Flammarion, 2005.
AGELIDIS P.A. ET G.G. MAVROÏDIS [Direction éditoriale :], [gr] *Les innovations éducatives pour l'école de l'avenir*, vol 1, Athènes, Typôthitô – Dardanos, 2004.
AGGELAKOS, O., «The Cross-thematic Approach and the 'New' Curricula of Greek Compulsory Education: review of an incompatible relationship», *Policy Futures in Education*, 5(4), 2007.
AKRIVOS, K., [gr] *Volos*, Athènes, Metaikhmio, 2001.
ALAHIOTIS, S., [gr] « L'école dans l'avenir – La rédaction des nouveaux manuels et les "petites universités" » *To Vima*, 24 mars 2002.
_____, [gr] « Comment l'Education obtiendra-t-elle du "système" ? », *To Vima*, 8 juin 2003.
_____, [gr] « Du nouveau "système" éducatif », *To Vima*, 12 octobre 2003.
_____, [gr] « La recherche de la vie extraterrestre », *To Vima tis Kyriakis*, 11 mai 2008.
_____ [gr] «Pour un système éducatif moderne – L'interthématique et la zone flexible modifient l'éducation et améliorent sa qualité » in Agelidis P.A., et G.G. Mavroïdis (2004) [Direction éditoriale :], *Les innovations éducatives pour l'école de l'avenir*, vol 1, Athènes, Typôthitô – Dardanos.
_____, [gr] « Comment l'Education obtiendra-t-elle "un système" ? » *To Vima*, 8 juin 2003.
_____, [gr] « Pour le nouveau "système" éducatif », *To Vima*, 12 octobre 2003.
ALAHIOTIS, S. & KARATZIA-STAVLIOTI, E., [gr] *Approche interthématique et biopédagogique de l'apprentissage et de l'évaluation*, Athènes, Éd. Livani, 2009.
_____, "Biopedagogism: A New Theory for Learning" in *The International Journal of Learning*, 15(3): 323-330.
ALEKSEEV, A. I., NIKOLINA, V.V., *Geografija: Naselenija i khozjajstvo Rossii*, 9, Moskva, «Prosveščenije», 2002.
ALVAREZ-PEREYRE, F., *L'exigence Interdisciplinaire*, Paris, Editions de la Maison des sciences de l'homme, 2003.
ANASTASIADIS, M., « Nicolas Bourbaki », *PhC*, 67/décembre 1978.
ANASTASSIADOU, S., [gr] « L'attitude nationale et linguistique d'un étudiant », in: I. Rentzos, [Sous la direction de :], *Education de minorités*, Athènes, 1985.
ANDERSON, K. and GALE, F., *Cultural Geographies*, London, Longman, 1997.
ANDREADI, E., (1966), [gr] «L'atelier de Sklavos», *To Vima*, 13 mai 1966.
ANDRIANOPOULOS, A., [gr] « Le regard lascif vers le passé et les fers du nationalisme », *Eleftherotypia*, 11 avril 2007.
ANDRONIKOS, M., [gr] «Devant l'œuvre de 5 peintres», *To Vima*, 27 Février 1966.
ANFILOV, G., *Physique et musique*, Moscou, Editions Mir, 1969.
ANGER, B., *Littérature et expérience spirituelle*, Université Catholique de l'Ouest – CIRHiLL, 1996.
ANOCHINA, O., « Sur le statut référentiel des noms abstraits et leur unicité notionnelle avec les verbes », in Cécile Brion et Éric Castagne, *Nom et verbe : Catégorisation et Référence*, Actes du Colloque International de Reims 2001, Presses Universitaires de Reims, 2003.
ANTONIADOU, M., « La planète assiégé par le mysticisme », *To Vima*, 5 jan. 2003.

ANTONIOU, N., P. DIMITRIADIS, K. KAMBOURIS, K. PAPAMIHALIS, L. PAPATSIMBA, [gr] *Physique 2ᵉ Gymnase*, OEDV, 2007.
ANTONIOU, Th., (1966), [gr] «Théâtre, cinéma et musique contemporaine», *Epohes*, 40/Août 1966.
APOSTEL, L., *Population, développement, environnement : pour des regards interdisciplinaires*, Rréf. Jean Ladrière [œuvre posthume], Louvain-la-Neuve (Belgique), Academia-Bruylant Paris, L'Harmattan, 2001.
APOSTEL, L. et al., *L'interdisciplinarité*, OCDE/CERI, 1972.
ARAGIS, G., *Pour Yiorgos Ioannou*, Athènes, Agra, 1995.
ASIMOV, I. *Asimov's Biographical Encyclopedia of Science and Technology*, London 1975.
ATHANASAKIS, A., [gr] «L'organisation interthématique du savoir scolaire : Les conséquences cognitives, sociales et culturelles et sa perspective », Actes de la 1ere Conférence de l'Union pour l'enseignement de sciences naturelles, Athènes, Ed. Grigori, 2003.
ATHANASIADIS, H., [gr] «Nation et histoire scolaire », *Eleftherotypia*, 4 avril 2007.
Autori Vari [Collectivité d'auteurs], *Temi svolti – Storia contemporanea*, Roma, Ed. CieRre, 2008.
AXIOTIS, D., [gr] *Kavala*, Athènes, Metaikhmio, 2003.

B

BACHELARD, G., *La formation de l'esprit scientifique*, Paris, Ed. Vrin, 1938.
BACHELARD, G., *L'activité rationaliste de la physique contemporaine*, P.U.F., 10/18, 1951.
BACHELARD, G., *La philosophie du non*, Paris, Ed. P.U.F., 1966 (4e).
BAHM, A., "Interdisciplinology: The science of interdisciplinary research", *Nature and system* 2:1, 1980.
BÄHR, J., *Bevölkerungsgeographie*, 2. Auflage, Stuttgart, Umer, 1992.
BAILLY, A., SCARIATI, R., *L'humanisme en Géographie*, Paris, Anthropos, 1990.
BAKER, A. R. H., *Geography and History – Bridging the Divide*, Cambridge University Press, 2003.
BAKER, V., "Versace and Mona Lisa: The Promise of Interdisciplinarity in the Humanities," *Interdisciplinary Humanities* 15: 2 (Fall 1998): 187-99.
BALL, Ph., *Critical Mass: How One Thing Leads to Another*, Heinemann, 2004.
BALLARD, J.G., *The Complete Short Stories: Volume 1*, London, Happer Perennial, 2006.
de BALZAC, H., *La recherche de l'absolu*, [Avec des notices par Fernand Angué], Paris, Librairie Larousse, 1955.
BAMBASAKIS, G.I., *Guy Debord [1931 – 1994]*, Athènes, Printa, 2001.
BANTOU, M., *Sociologie des relations raciales*, Payot, Paris, 1971.
BARBAUD, P., (1971), *La musique, discipline scientifique*, Paris, Dunod, 1971
BARDA J., DUSANTES O., NOTAISE J., *Dictionnaire du multimédia*, AFNOR, 1995.
BARRE DE MINIAC, Ch., CROS, F., *Les activités interdisciplinaires : Aspects organisationnels et psychopédagogiques – Analyse réalisée au cours de l'expérimentation mené dans dix collèges de 1978 à 1980*, Collection rapports de recherches – 1984, n0 7, INRP.
BARRERE, A., « Pourquoi les enseignants ne travaillent-ils pas en équipe? », *Sociologie du travail*, n° 44, 2002.
BARRERE, A., « Quand les enseignants travaillent ensemble : Des réformes éducatives aux pratiques enseignantes », *Recherche et Formation*, n° 49, 2005.
BARRETT, H. R., *Population Geography*, Harlow (Essex), Oliver & Boyd, 1994.
BARROW, J. AND TIPLER, F., *The Anthropic Cosmological Principle*, Oxford, 1986.
BATHRELLOS, G. [gr], *Geological, Geomorphological and Geographic Study of the Urban Areas of Trikala Prefecture / Western Thessaly – B. Urban Geology, Urban*

Geomorphology and Assessment of Natural Hazards – Their Role in Spatial Planning, Athens, 2008.
BAUDELOT, C. ESTABLET, R., *Suicide – L'envers de notre monde*, Paris, Seuil, 2006.
BAUDRILLARD, J., *La société de consommation*, Paris, Éd, Denoël, 1970.
_____ , *Amérique*, Paris, Éd. Grasset, 1986.
BAUVAL, R., *Le code mystérieux des pyramides*, tr. Matthieu Farcot, Paris, Pygmalion, 2006.
BAZIANAS, N., *Les lumières de la nuit*, Ed. Karavias, 1972,
BEANE, J., *Curriculum Integration. Designing the Core of Democratic Education*. New York: Teacher College Press, 1997.
von BERTALANFFY, L., *Théorie générale des systèmes*, Dunod, Paris, 1973.
BELLOUR, R. et CLEMENT, C. [Textes de et sur Claude Lévi-Strauss réunis par :] *Claude Lévi-Strauss*, Paris, Gallimard, 1979.
BENTON-SHORT, L. and SHORT, J. R., *Cities and Nature*, London, Routledge, 2008,
BENVENISTE E., *Le vocabulaire des institutions indo-européennes*, 1, Paris, Les éditions du minuit, 1969, 37-45.
BENVENISTE, E., *Problèmes de linguistique générale*, Gallimard, Paris, 1966.
BERNAL, J. D., *Science in History* [Pelican, 1965], Tr. Grecque, Vol. II, Athènes, Ed. Zacharopoulos, 1983.
BERTIN, B. & P. KAY, *Basic Color Terms - Their Universality and Evolution*, University of California Press. 1969.
BIENIEK, R., "Evolution of the Two Cultures controversy", Am. J. Phys. 49(5), May 1981.
BITSAKIS, E.I., [gr] *Dialectique et physique moderne*, Iridanos, 1974.
_____ , [gr] «La crise idéologique et l'irrationnel», *Ta Nea*, 13 oct. 1983.
de BLIJ, H., *The Power of Place*, Oxford, 2009.
BLOOM, B.S., - KRATHWOHL, D.R., [gr] *Taxonomy of Educational Objectives, 2. Affective Domain*, Kodikas, 1991.
BLOOMFIELD, L., *Language*, Allen & Unwin, London, 1970 (1933).
BLUNT, A., GRUFFUDD, P., MAY, J. OGBORN, M. AND PINDER, D., *Cultural Geography in Practice*, London, Arnold, 2003.
BLUNT, A., WILLS, J., *Dissident Geographies*, Prentice Hall, 2000.
BLY, A. [Edited by:], *Science is Culture – Conversations at the New Intersection of Science + Society*, New York, Harper Perennial, 2010.
BOGDAN, R., «The Social Construction of Freaks» in Rosemarie Garland Thomson [Edited by:], *Freakery: Cultural Spectacles of the Extraordinary Body*, p. 24, New York University Press, New York, London, 1996.
BONNEMAISON, J., [Établi par Maud Lasseur et Christel Thibault], *La géographie culturelle – Cours de l'Université Paris IV-Sorbonne*, Paris, Éditions du Comité des travaux historiques et scientifiques (CTHS), 2000.
BOONE, Chr. G. and MODARRES, A., *City and Environment*, Temple University Press, Philadelphia, 2006.
BOOTH, Ph. and JOUVE, B., [Ed. by :], *Metropolitan Democracies*, Hamshire, Ashgate, 2005.
BOURDIEU P., *Homo Academicus*, Paris, Minuit, 1984.
BOYER, A.-M., *Julien Gracq – Paysages et mémoire*, Ed. Cécile Defaut, 2007
BOYER, R. O. and H. M. MORAIS, *Labor's Untold Story*, United Electrical, Radio & Machine Workers of America, 1997.
BRAND, St., *Whole Earth Discipline*, London, Atlantic Books, 2010.
BRANDON, R., « Scientists and the Supernormal », in *New Scientist*, 16 June 1983, Vol. 98, n^0 1362,
BRAUDEl, F., *Grammaire des Civilisations*, Paris, Arthaud – Flammarion, 1987.
BRECHT, B., *In the Jungle of Cities*, Eyre Methuen, 1970.
BRECHT, B., *Sur le réalisme*, Paris, L'Arche, 1970.

BRETON, R., *Géographie des civilisations*, Paris, PUF/Que sais-je ? 1991.
BRION, C. et CASTAGNE, É., *Nom et verbe : Catégorisation et Référence*, Actes du Colloque International de Reims 2001, Presses Universitaires de Reims, 2003.
BRONOWSKI, J. Magic, Science, and Civilization, New York, Columbia University Press, 1978.
BROOKE, J. H., [gr] *Science et religion*, [1991] Trad. V. Vakaki, Héraklion, Ed. universitaires de Crète, 2008.
BRÜCKNER, A., [gr] «Théorie d'architecture et action chez Xenakis», *To Vima*, 15 décembre 1970.
BRUNE, E., *Le quark, le neurone et le psychanalyste*, Paris, 2006.
BUSCAGLIA, M., LALIVE D'ÉPINAY, C., MOREL, B., RUEGG, H., VONECHE, J. [Sous la direction de :], *Les critères de vérité dans la recherche scientifique – Un dialogue multidisciplinaire*, Paris, Maloine s.a. Éditeur, 1983.
BUZZATI, D., *Orfi aux enfers*, Paris, Actes Sud, 2007.

C

CADIEU, M., [gr] « Musique et science – Un entretien avec I. Xenakis », *To Vima*, 28 avril 1968.
CAMPIOTTI, Ch., *La biblioteca aperta a scuola – Proposte per far crescere i piccoli lettori*, Ed. Centro Studi Erickson, 2007.
CAPRA, F., [gr] *Le tao de la physique*, Athènes, Aurora, 1982.
CARO, P., «A la recherche du " soi " », in *Le Monde Dimanche*, 5 oct. 1980.
CARR B. J. & M.I. REES, 'The Anthropic Principle and the Structure of the Physical World', *Nature*, **278**, 605(1979).
CARRINGTON, J.F., "The Talking Drums of Africa", in *Scientific American*, Vol. 225, No 6 (Dec. 1971).
CARRINGTON, J.F., *Talking Drums of Africa*, London, 1949.
CARROLL, J. B., [Ed.], Benjamin Lee Whorf, *Language. Thought and Reality*, The MIT Press, 1970 (1956).
CASSIRER, E., *The Logic of the Cultural Sciences* (Tr. – Intr. by S.G. Lofts), Yale University Press, 2000.
CASTAN, J., [gr] « Alice et Alex au pays des atomes », [trad. I. Rentzos], *PhC*, n°s 52/novembre 1975 – 56/mai 1976.
CASTAN, J., *Sophie et Bruno au pays de l'atome*, sans mention d'éditeur, 1963.
CAYGILL, H., A. COLES AND A. KLIMOWSKI with R. APPIGNANESI, *Introducing Walter Benjamin*, London, Icon Books UK, 2000.
de CERTEAU, M., *L'invention du quotidien, 1. arts de faire*, Paris, folio/essais, 1990.
CHAUVIN, R., *La parapsychologie*, Hachette, 1980.
CHERRY, L., «A Physicist Explains ESP», in *Science Digest*, Sept/Oct. 1980.
CHESNEAUX, J., *Du passé faisons table rase*, FM/petite collection, Maspero, 1979.
CHIONIDOU-MOSKOFOGLOU, M., "Mathematics Teaching and Learning Approach? A Pluralistic Gender Sensitive - Philosophy, History and Language". Barcelona 25-26 January 2007, http://prema.iacm.forth.gr/ docs/ws1/final-CHION-BARCELONA-%20JANUAR-07.ppt.
CHORLEY, R.J. & KENNEDY, B.A., *Physical Geography. A systems Approach*. Prentice-Hall. London, 1971.
CHORLEY, R.J. AND HAGGETT, P., *Integrated Models in Geography*, London, Methuen, 1970.
CHRISTOU, Y., [gr] « Un credo pour la musique », *Epohes*, 34/février 1966.
CHRONOPOULOU, A., [gr] « L'interthématique à nouveau à l'avant-scène. La confusion de l'I.P. quant au *thème* », *Education contemporaine*, n^0 146, 2006.

_____, [gr] «Les nouveaux manuels de mathématiques de l'enseignement primaire – Des exemples sur les valeurs du marché – L'interthémqtique, où s'est-il caché ? », *Anti*, n⁰ 884, 2006.
CHRONOPOULOU, A., et GIANNOPOULOS, K., «Une introduction au supplément interthématique – Considérations théoriques », *Education contemporaine*, n⁰ 131, 2003.
CLARK, J., *Unexplained*, Detroit, Visible Ink, 1993.
CLASTRE, P.C. « Ethnocide », *in* Encyclopaedia Universalis, *Universalia*, 1974.
CLAVAL, P., *Géographie culturelle*, Paris, Armand Colin, 2003.
_____, *Épistémologie de la géographie*, 2e édition, Paris, Arman Colin, 2007(2001).
_____, *Histoire de la géographie*, Paris, P.U.F./Que sais-je, 2e édition, 1996.
CLAVEL, M., *Sociologie de l'urbain*, Paris, Anthropos, 2004(2002).
COHEN, J. E., *How Many People Can the Earth Support?*, New York, Norton, 1995.
COLLECTIF, Chinois fondamental, Tome I, Pékin, 1971.
COLLIGNON, B. et STAZSAK, J. -F., « Que faire de la géographie postmoderniste ? » in *L'Espace géographique*, 2004, 1.
COSGROVE, D., *Geography & Vision*, London, I.B. Tauris, 2008.
COSTA DE BEAUREGARD, Olivier, *La Physique moderne et les pouvoirs de l'esprit*, Paris, 1980.
CRAIG, R.P., «Loch Ness: The Monster Unveiled», *New Scientist*, 5 August 1982.
CRESSWELL, T., *Place – A Short Introduction*, Oxford, Blackwell, 2004.
CRANG, M., *Cultural Geography*, London, Routledge, 1998.
CUDDON, J., *Literary Terms and Literary Theory*, Penguin, Middlesex (UK)/New York, (4th ed.), 1999.

D

DAGEN, Ph., « La peinture à l'épreuve de la géographie et du régionalisme », *Le Monde*, 16 juillet 2005.
DALKOU, G., [gr] « La condamnation de Kolokotronis », *Arkadika Nea*, 26 janvier 2007.
DAPONTES, N., KASSETAS, A., MOURIKIS, S., *Physique*, 2ème lycée, OEDV, Athènes 1989.
DAUGHERTY, H. G. - K.C. W. KAMMEYER, *An Introduction to Population*, 2nd Ed., N.Y., London, Guilford Press, 1995.
DAWKINS, R., *Unweaving the Rainbow*, London, Penguin, 2006(1998).
DEFAUD N., GUADER V., *Discipliner les sciences sociales : les usages sociaux des frontières scientifiques*, Paris, Lavoisier, 2002.
DECLERIS M., [gr] *Théorie systémique*, Athènes, Ed. Sakkoulas, 1986.
DECLERIS M., [gr, Sous la direction de :] *Gouvernance systémique*, Athènes, Ed. Sakkoulas, 1989.
DELCROIX, J.-L., « Physique des gas et des plasmas », *Encyclopaedia Universalis*.
DELEUZE, G., *Foucault*, Paris, Les éditions de minuit, 2004(1986).
DELIGEORGES, S., « L'irrationnel face à la science », *Sciences et Avenir*, Hors série, n⁰ 56 [1985].
DELOPOULOS, K., [gr] *Diderot – Encyclopédie*, Athènes, Ed. Kastaniotis, 1995.
DEMERITT, D., "Geography and the promise of integrative environmental research", *Geoforum*, 40(2009).
DENNES, W.R., [Ed.], *Civilization*, University of California Press, 1959.
DENNY, J. P. & CREIDER, Ch.A. "The Semantics of Noun Classes in Proto Bantu", in *Studies in African Linguistics*, Vol. 7, No 1, March 1976.
DESFOR, G. and KEIL, R., *Nature and the City*, The University of Arizona Press, Tucson, 2004.

D'ESPAGNAT, D., SALICETI, Cl., *Candide et le physicien*, Paris, Fayard, 2008.
DIAMOND, J., *De l'inégalité parmi les sociétés – Essai sur l'homme et l'environnement dans l'histoire*, Paris, Gallimard, 2000.
DIMITROUKAS, I., IOANNOU, Th., [gr] *Histoire du moyen age et moderne*, 2e de gymnase, Athènes, OEDV, 2006.
DIMOPOULOU, M., BAMBILA, E., FRANTZI, A., HATZIMICHAÏL, M., *J'explore ma ville - Propositions de projets interthématiques*, Athènes, Kaleidoscopio, 2003.
DOLLFUS, O., L'espace géographique, Paris, P.U.F.,/ Que sais-je ?, 2e, 1973.
_____ , « Le système monde loin de l'équilibre », *Sciences Humaines* 14/Février 1992.
_____ , « Le système Monde: point de vue d'un géographe », *Sciences Humaines* 14/Février 1992.
DOSSE, Fr., *L'histoire en miettes – Des Annales à la « nouvelle Histoire »*, Paris, La Découverte, 1987. [1]
DOUKAS, Ch. « Réfractions de la science à travers l'art – Des topologies spatiales dans la poésie de G. Seferis », in : 1ᵉ Conférence internationale interdisciplinaire « Science et art – A la recherche des points communs – Une discussion des différences », *Actes*, vol. 2e, Athènes.
DOXIADIS, AP., PAPADIMITRIOU, CHR., *Logicomix*, 2010, Éd. Vuibert.
DRAKE, ST., "Mathematics and Poetry in a New Science" in *Yale French Studies* (49) 1973.
DRIKOU, E. ZACHARAKIS, E., BELESIOTIS, V. S., « Les scénarios d'apprentissage collaboratif assisté par les TIC » in [1ᵉʳᵉ conférence sur] *L'intégration et l'utilisation des TIC dans le processus éducatif*, Université de Thessalie, Volos, 2009G.
DROIT, R.-P., *La Philosophie expliquée à ma fille*, Paris, Seuil, 2004.
DROUKOPOULOS, A., *Yiorgos Ioannou*, Athènes, Ed. Eirmos, 1992.
DUBROW, G.L., «Interdisciplinary Approaches το Teaching, Research, and Knowledge: A Bibliography (2/5/03)», http://www.grad.washington.edu/Acad/interdisc_network/ ID_Docs/bibliography_Interdisc.pdf.
DUFOIX, S. , *Les diasporas*, Paris, PUF/Que sais-je? 2003.
DUPENHER, P., « Tam-tams et tambours d'Afrique », in *Balafon*, No 31.
DURKHEIM, É., « La science positive de la morale en Allemagne », *Revue philosophique*, 24, 1887.
_____ , *Le suicide*, Paris, Quadridge / PUF, 1997 (1930).
_____ , Textes. 1. Éléments d'une théorie sociale, Collection Le sens commun. Paris: Éditions de Minuit, 1975.
_____ , [gr] *Les règles de la méthode sociologique*, Tr. K. Th. Papalexandrou, Ed. Aetos, 1949.
DÜRRENMATT, F., *Die Physiker*, Zürich, Arche, 1962.

E

ECONOMOU, E. N., [gr] Cohabitation sans avenir – Le nucléaire et la civilisation humaine, Héraklion, Ed. universitaires de Crète, 1985.
ECONOMOU, G., [gr] « L'éducation religieuse à l'école primaire selon le nouveau programme », www.pi-schools.gr/epimorfosi/epimorfotiko_yliko/dimotiko/thriskeftika. pdf.
EFSTRATIADIS, G. D., (1963), [gr] «L'aléatoire dans la musique», *Epohes*, 4/Août 1963.
EHRLICH, P., "Defusing the People Bomb", *Newsweek*, May 25, 1992.
EHRLICH, P., *The Population Bomb*, Cutchogue, N.Y., Buccaneer Books, 1968.
EINSTEIN, A., *Relativity*, Methuen, 1962 (1920).
ELEFANTIS, A., [gr] « Querelle pour les sous », *I Epochi*, 6 novembre 1994.
ELISEEV, A., I. LITINTSKIJ, [ru] *M.B. Lomonosof – Pervyj russkij fizik*, FM, Moskva, 1961.

ENGELS, F., [gr] *Dialectique de la Nature.* Trad. Eftichis Bitsakis, Athènes, Sygchroni Epohi, 2001.
ENGELS, F., *Dialectique de la Nature.* Trad. Émile Bottigelli, Paris, Éditions sociales, 1975.
ENGERT, J., [gr] « Encyclopédisme », *Grande encyclopédie pédagogique*, vol. II, Athènes, Ellinika grammata, 1964.
ERBON, D., « Jean-Claude Pecker : halte aux "fausses sciences" », Le Monde Dimanche, 26 avril 1981.
ESCOFFIER-LAMBIOTTE, C., « Jacques Ruffié, Un scientifique rêvant d'une humanité fraternelle », *Le Monde*, 3 juillet 2004.
EURIN, M., GUIMIOT, H., *Physique* (Terminale CDT), Hachette, Paris, 1967.
European Parliament, *Terminology of New and Renewable Sources of Energy*, May 1893.
EVANS, Chr., *Kulte des Irrationalen*, Berlin, Rowoht, 1976.

F

FAKINOU, E., [gr], *Qui a tué Moby Dick ?* , Editions Kastaniotis, 2001.
FARB, P., *Les Indiens, essai sur l'évolution des sociétés humaines*, Paris, Seuil, 1972.
FAVROD, Ch.-H., *La vie animale*, Le livre de poche - EDMA, 1975.
FENOGLIO, J., « Yachting spatial grâce à la seule force de la lumière », *Le Monde*, 22 juin 2005,
Fédération des instituteurs de la Grèce – Institut de recherches et d'études pédagogiques, *Les nouveaux programmes analytiques d'études (DEPPS – PAE) et les enseignants*, Par un groupe d'auteurs, Athènes, juin 2006.
FEYNMAN, R., *La nature de la physique*, Editions du Seuil, 1980.
FINKENTHAL, M., *Interdisciplinarity: toward the definition of a metadiscipline?* New York, P. Lang, 2001.
FISCHER, E., *The necessity of art - A Marxist Approach.* Penguin Books, London 1963.
FLOROS, P., [gr] «Le poète dans le siècle de la science», *Epohes*, **5**, septembre 1963.
FOTINOPOULOS, V., [gr] *Physique par BD*, Athènes 1987.
FOUNTOPOULOU, M.-Z., A. MASTROMICHALAKI, [gr] « Le manuel scolaire grec: nouveau caractère, nouvelle fonctionnalité », Colloque international - 11 au 14 avril 2006, Université du Québec à Montréal : « Le manuel scolaire d'ici et d'ailleurs, d'hier à demain », http://www.unites.uqam.ca/grem/colloque/ communications/12avril/ 23founto.html.
FOUREZ, G., *Pour une éthique de l'enseignement des sciences*, Lyon, Ed. Chronique sociale, 1985.
FOURNET-GUERIN, C., [Sous la direction de :], *La nature dans les villes du sud*, Revue Géographie et Cultures, no 62, 2007, L'Harmattan.
FRAGOS, Chr. P., [gr] *Psychopédagogie*, Ed. Papazisi,1977.
FRANK, R., "'Interdisciplinary': The first half-century" *Words*, Ed. E. G. Stanley & T. F. Hoad, Woodbridge, Suffolk, Brewer, 1988.
FRAYN, M., [gr] *Copenhague*, Athènes, Ed. Theatro, 2002.
FRAYN, M., « Pour les Trois soeurs » *in*: Théâtre Katia Dandoulaki, [gr] Trois soeurs, Programme, 2004-2005.
FREUD, S., « Malaise dans la civilisation », Revue française de psychanalyse, t. VII, n° 4, 1934 et t. XXXIV, n° 1, 1970 et P.U.F., 1971. Traduit de l'Allemand par Ch. et J. ODIER. http://classiques.uqac.ca/classiques/freud_sigmund/malaise_civilisation/malai se_civilisation.doc.
FREYER, H., [gr] *Introduction à la sociologie*, Trad. A Kanellopoulos, D. Tsakonas, Ed. Anagnostidis, 1972.
von FRISCH, K., *Vie et mœurs des abeilles*, Paris, J'ai lu, 7e édition, 1964.

FUCHS, G., „Curriculare Legitimation eines fachübergreifenden Projekts", *GS* 22, April 1983.

G

GAARDER, J., [gr] *Le Monde de Sophie*, Athènes, Ed. Livanis, 1994.
GAMOW, G., *One Two Three... Infinity*, Bantam Books, 1961 (1946).
GARAGOUNIS, Th., [gr] *Les géographies postmodernes*, Patras, 2010.
GARANTOUDIS, E., S. HATZIDIMITRIOU, X. NTOUNIA, Th. MENTI, [gr] *Textes de littérature grecque*, 2e Gymnase, OEDV, 2006.
GARAUDY, R., *Pour un dialogue des civilisations*, Paris, Denoël, 1977, p. 155.
GARLAND-THOMSON, R., [Edited by:], *Freakery: Cultural Spectacles of the Extraordinary Body*, New York, London, New York University Press, 1996.
GASPARAKIS, M., [gr] « À la recherche de l'unité du savoir: Science et littérature », *Education contemporaine*, n⁰ 148/2007 ; n⁰ 149/2007 ; n⁰ 150/2007 ; n⁰ 151/2007.
GATENS, M., "Corporeal Representation in/and the Body Politic" *in* DIPROSE, R. and FERRELL R., *Cartographies – Poststructuralism and the Mapping of Bodies and Spaces*, London, Allen & Unwin, 1991.
GAVRESEAS, P., [gr] *Géographie des continents*, 3ᵉ du gymnage, Athènes, OEDB, 1976.
GAVROGLOU, K., « L'histoire des sciences et les rapports de la science avec la religion », [préface] *in* J. H. BROOKE, [gr] *Science et religion*, Trad. V. Vakaki, Héraklion, Ed. universitaires de Crète, 2008.
GAVROGLOU, K. & DIALETIS, D., [Gr], 'Pourquoi s'est-il rendu à Copenhague?' in Tzeni Karezi Theatre, *Michael Frayn – Copenhague*, Athens, 2002.
GEORGAKOPOULOU, R., [gr] « Mme l'histoire », *Tahydromos*, 10 février 2007.
GEORGE, P., *Géographie de la population*, Paris, P.U.F./Que sais-je?, 1990.
_____ , *Introduction à l'étude géographique de la population du monde*, Paris, P.U.F. (I.N.E.D.), 1951.
GEORGIADOU, M., [gr] «La tyrannie de la science, *Mesimvrini*, 7 décembre 1965.
GESE, FR., VALLADÃO, A., LACOSTE, Y., [Sous la direction de:], *L'état du monde,* Paris, Maspero, 1981.
GESSNER, W., „Relativistische Temperatur und Dopplereffekt", *Pr. der Naturwiss./Physik*, 1979.
GIBLIN, B., « Géopolitique des régions françaises », *Hérodote*, 1er trimestre 1986, No 40.
GIRARDET, H., *The Gaia Atlas of Cities*, London, Gaia Books Limited, 1992.
GLAESER, E., *Triumph of the City*, London. Macmillan, 2011
GLEASON, H. A., *An Introduction to Descriptive Linguistics*, Austin, Holt, Rinehart and Winston, 1967.
GODDARD, E., *Les bâtiments du Musée d'Histoire de la Ville de Luxembourg – Une analyse historique et archéologique*, Luxembourg, 1998.
GODDARD, J.-Chr. [Sous la direction de :], *Le corps*, Paris, Ed. Vrin, 2005.
GOLD, J. R., "Under Darkened Skies: The City in Science-Fiction." *Geography*, v86 i4 (2001).
GOLOMB, H., 1994 : *B MOCKBY! [To Moscow!] On Moscow's Role in Controlling Performance and Audience Response in Chekhov's: The Seagull and Three Sisters*, 12th Congress of the International Federation for Theatre Research, Moscow, June 1994.
GONIS, Th., [gr] *Nauplie*, Athènes, Metaikhmio, 2004.
GONOD, P. F., « Entrer en prospective », Séminaire INRA-DADP, Internet http://www.mcxapc.org/docs/ateliers/entrer.pdf.
GODFREY, P., *The Blue Ball*, London, Methuen Drama, 1995.

GONZÁLEZ Y GONZÁLEZ, Luis, « Microhistoire et sciences sociales », in Y. Rouvalis, *Les pierres...*, op. cit.
GOTTDIENER, M. & BUDD, L., *Key Concepts in Urban Studies*, London, SAGE Publications, 2005.
GOODMAN, D. C., CHANT, C. [Eds. :], *European Cities & Technology: Industrial to Post-Industrial City*, Open University, 1999.
GOULD, L. M., « La science et l'humanisme de notre temps », in *Le Courrier de l'UNESCO*, Février 1968.
GOULD, P., *The Geographer at Work*, London, Routledge, 1985.
GOZZER, G., "Interdisciplinarity: A concept still unclear." Prospects: *Quarterly review of education* 12:3, 1982.
GRACQ, J., *La forme d'une ville,* Paris, José Corti, 10e édition, 1985.
GRAFMEYER, Y. ET JOSEPH, I. [Textes traduits et présentés par :], *L'école de Chicago*, Paris, Flammarion, 1990.
GRAMMATIKAKIS, G., [gr] *Les cheveux de Véronique*, Héraklion, Éditions universitaires de Crète, 1996.
_____ , « L'homme est-il en exil ou est-il placé au centre de l'univers ? » *Eleftherotypia*, 30 nov. 2007.
GRATALOUP, Chr., *Lieux d'histoire - essai de géohistoire systématique*, Reclus, 1996.
_____ , *Géohistoire de la mondialisation*, Paris, Armand Colin, 2007.
GRAVES, N.J., *Geography in Education*, London, Heinneman Ed. Books, 1975.
GREGORY, D., *Ideology, Science and Human Geography*, London, Hutchinson, 1978.
GREGORY, D. and PRED, A., *Violent Geographies: Fear, Terror, and Political Violence*, Abington, Routledge, 2007.
GRIFFIN, S., *Woman and Nature*, London, The Women's Press, 1978.
GRIMOULT, C., « Les marxistes contemporaines et l'évolutionnisme biologique », Communisme N° 67/68 3e/4e trimestre 2001.
GRIMSEHL [Collection], *Physik II*, Ernst Klett, Stuttgart, 1973.
GROLLIOS, G., [gr] « Le nouveau programme d'études et l'interthématique – La confusion autour d'un concept », Internet, http://users.sch.gr/maritheodo/index.php?option=com_content&task=view&id=118&Itemid=40.
GROLLIOS, G., [gr] « Education et restructuration néolibérale », in Chr. KATSIKAS, G. KAVVADIAS [gr] *Crise de l'Ecole et politique pour l'éducation*, Athènes, Ed. Gutenberg, 1998.
GUEDJ, D., *Le mètre du monde*, Paris, Points, 2003.
GUEST, H., L. and SHÔZÔ, K., *Post-War Japanese Poetry*, Penguin Books, 1972.
GUGLIELMO [Autour de Raymond], *Géographie et contestations*, Paris, Éditions du CREV, 1991.
GUILLON, M. - Sztokman, N., *Géographie mondiale de la population*, Paris, Ellipses, 2004.

H

HAGGETT, P., *Geography, A Modern Synthesis*, 3rd ed., New York, Harper-Collins, 1983.
_____ , *The Geographer's Art*, Oxford, Blackwell, 1990, p. 14.
_____ , *Geography, A Global Synthesis*, revised 3rd ed., New York, Harlow, Prentice Hall, 2001.
HALLIDAY, D., RESNICK, R., *Physics*, Parts I, II, John Wiley & Sons, N.Y., 1971.
HAMEL P., LUSTIGER-THALER H. and MAYER M. (Editors), *Urban Movements in a Globalizing World*, London, Routledge, 2000.
HAMPSON, N., *The Enlightenment*, London, Penguin Books, 1968.
HANI-MARAI, D., *Géographie & architecture sacrées, - L'homme face au cosmos*, Paris, Ed. Dervy, 2007.

HARF, L., « La Gëlle Fra accouche d'une montagne », *Le Jeudi*, 26 avril 2001.
HARPER, C., "The Politics of Memory in the Urban Landscape: London's Blue Plaques" in BLUNT, A., GRUFFUDD, P., MAY, J. OGBORN, M. and PINDER, D., *Cultural Geography in Practice*, London, Arnold, 2003.
HARRINGTON, A., *Reenchanted Science – Holism in German Culture from Wilhelm II to Hitler*, Princeton University Press, 1996.
HARVEY, D., *Social Justice and the City*, Baltimore, The Johns Hopkins University Press, 1973.
_____ , *Justice, Nature and the Geography of Difference*, Oxford, Blackwell, 1996.
_____ , « The Political Economy of Public Space », in S. LOW and N. SMITH, *The Politics of Public Space*, London, Routledge, 2006.
_____ , *Paris, Capital of Modernity*, London, Routledge, 2006.
HARVIE, J., *Theatre and the City*, Hampshire UK, Palgrave Macmillan, 2009.
HATZIMICHALIS, K., [Gr], « Frontières et régions aux temps de la mondialisation», *Actes de la 6ème conférence de la Société Hellénique de Géographie*, 3-6 octobre 2002, Thessalonique, tome I.
HECHT, J., «The Debunking of Egyptian Astronomers», in *New Scientist*, 17 Jan. 1985.
HEIDEGGER, M., *Poetry, Language, Thought*, [Transl. Albert Hofstadter], New York, Perennial Classics, 1971 (2001).
HEIDER, K., "Dani Sexuality: A Low Energy System," *Man* 11/1976.
HEIN, H. and KORSMEYER, C., [Ed.], *Aesthetics in Feminist Perspective*, Indiana University Press, 1993.
HEINEBERG, H., *Grundriß Allgemeine Geographie : Stadtgeographie*, 2. Auflage, Paderborn, Shöningh, 2000.
HEISENBERG, W., « Le physicien el la structure de la matière », Conférence « La rencontre d'Athenes », BEI, 1964.
_____ , *L'image de la nature dans la physique contemporaine*, Editions Sakoula, Athènes, 1971.
_____ , 'Die Bedeutung des Schönen in der exakten Naturwissenschaft', in *Physikalische Blätter*, **27**, März 1971, Heft 3.
HELM, E., [gr] « La musique et le nombres », *To Vima*, 25 janvier 1968.
HINCHLIFFE, St., *Geography of Nature – Societies, Environment, Ecologies*, London, Sage Publications, 2007.
HOCHHUHT, R., [gr] « Le Vicaire » [extrait] *Tahydromos*, 11 janvier 1964.
HOCKETT, Ch. D., "The Origin of Speech", in *Scientific American*, Vol. 203, No. 3 (September 1969).
HODEY, I., [Interview avec Sanja Ivekovic], 2001: « Le métier d'artiste consiste à soulever des questions », *Le Républicain Lorrain*, 19 avril 2001.
HOFF, D., «Project Options in an Astronomy Course», in *Am. J. of Physics*, Vol. 41/6 (June 1973).
HOLLIDAY, R. and HASSARD, J., *Contested Bodies*, London, Routledge, 2001.
HOLT-JENSEN, A., *Geography - Its History & Concepts*, London, Ed. Harper & Row, 1980.
HONDROS, D., [gr] « L'anthropomorphisme en physique », *Helios*, 9 Février 1952.
HORTON, A., "Reel landscapes: cinematic environments documented and created" *in* I. ROBERTSON & P. RICHARDS, *Studying Cultural Landscapes*, Arnold, London, 2003.
HRISTIC, J., *Le théâtre de Tchekhov*, Paris, L'Age de l'Homme, 1982.
HUGONIE, G., *Pratiquer la géographie au collège*, Paris Armand Colin, 1992.
HUGONIE, G., *Les espaces « naturels » des Français - Les complexes physiques locaux*, Nantes, Editions du Temple, 2003.
HUXLEY, A., *Literature and Science*, Chatto and Windus, London 1963.
HYNEK, J. A., *Interview*, in *OMNI*, Feb. 1985.

I

ILLUD, G., « On dechiffre le langage des dauphins », in Sciences et avenir, No 243, Mai 1967.
INGARDEN, R., *The Cognition of the Literary Work of Art*, NW University Press, 1973.
IOANNOU, Y., *Notre sang*, Ed. Kedros, 1980.
_____, *Gisements*, Ed. Kedros, 1981/2003.
_____, *Pour l'honneur*, Ed. Kedros, 1981.
_____, *Fractures multiples*, Ed. Estia, 1982.
_____, *La Trappe*, Ed. Gnossi, 1982.
_____, *Omonia 1980*, Ed. Kedros, 1982.
_____, *La Capitale des réfugiés*, Ed. Kedros, 1984.
_____, *Pays où couve le feu*, Ed. Kedros,, 1986.
_____, *Le Sarcophage*, Ed. Kedros, 1988.
IORDANIDOU, M., *Loxandra*, Paris, Actes Sud, 1994.
IOSIFIDIS, Th., [Gr] (2002) «Les dimensions sociales du problème de la désertification», Actes de la 6ème conférence de la Société Hellénique de Géographie, 3-6 octobre 2002, Thessalonique, tome I.
ISAAMAN, G., 'Sir Anthony's Sculptures Are Simply Tate of the Art', in *Islington Tribune*, 11 Feb. 2005.

J

JACKSON, P., Maps *of Meaning*, London, Routledge, 1989.
JAFFE, H.L.C., [gr] *De l'intégration musico-picturale chez Sedje Hémon*, 1e Semaine de la musique contemporaine grecque, 14-21 avril 1966.
JAIGU, Y., « "Vraies" et "fausses" sciences », *Le Monde Dimanche*, 7 juin 1981.
JAKOBSON R., *Main Trends in the Science of Language*, London, 1973.
JAKOBSON, R., « Verbal Communication », *Scientific American*, Vol. 227, No 3.
_____, *Essais de linguistique générale*, Les éditions de minuit, Paris 1963.
_____, *Langage enfantin et aphasie*, Paris, Les éditions de Minuit, 1969.
JANTSCH, E., « Vers l'interdisciplinarité et la transdisciplinarité dans l'enseignement et l'innovation », in : L. APOSTEL et al., *L'interdisciplinarité*, OCDE/CERI, 1972.
JEAN, F., [Ed.], *Populations in Danger*, London, John Libbey, 1992.
JEFFCOATE, R., *Ethnic Minorities and Education*, London, Harper & Row, 1981.
JENNINGS, E.M. [Ed.], *Science and Literature*, Garden City, NY, Anchor Books, 1970.
JENNY, H., «Images des Vibrations», *Le Courrier*, Décembre 1969, Unesco, Paris.
JOLLET, É., *Figures de la pesanteur – Fragonard, Newton et les plaisirs de l'escarpolette*, Nîmes, Ed. Jacqueline Chambon, 1998.
JOSEPH, I., *La ville sans qualités*, L'aube, 1998.
JOYAUX, J., *Le langage cet inconnu*, Le point de la question, 1969.

K

KAJMAN, M., « Franco Selleri - Une réaction irrationnelle après d'autres », in *Le Monde*, 24 oct. 1979. [17]

KALATZOPOULOS, Y., [gr] « Le voyage fou d'Einstein », Présentation d'une pièce de théâtre, PhC, 189/octobre-novembre 2007.
KALFOPOULOS, K. Th., [gr], «L'ATTIKO METRO comme non-lieu », *I Epohi*, 18 mars 2001.
KANT, E., *Critique de la raison pure*, Trad. Jules Barni, Paris, G. Baillière, 1869.
KAPITSA, P. L., *Peter Kapitsa on life and science*; addresses and essays collected, translated, and annotated, with an introduction by Albert Parry. New York, Macmillan, 1968.
KAPITZA, S., «Antiscience Trends in the U.S.S.R.», *Scientific American*, August 1991.
KARAHALIAS, S., P. BRATI, D. PASSAKOS, G. FILIAS, [gr] *Instruction réligieuse 3e Gymnase – Chapitres de l'histoire de l'Eglise*, Athènes, OEDV, 2006.
KARANASIOS, G. [gr] « L'interthématique : La géographie et l'histoire comme disciplines cartographiques », in *Revue de questions d'éducation de l'Institut pédagogique...* , op. cit. p. 200-208.
KARZIS, Th., [gr] *Télévision et enseignement*, Athènes, 1979 ;
KASDAGLIS, S., [gr] « Les systèmes inertiels », *EG*, 21/avril 1978.
KASSETAS, A., [gr] « "Confessions du fer" en langue interthématique », Document vidéo de la représentation au Polyespace Booze, 2e Conférence grecque sur « La contribution de l'histoire et de la philosopie des sciences naturelles à leur enseignement », Université d'Athènes, 2003.
——————— , [gr] «La poésie au banc des accusés et la lune à son coté», Document vidéo de la représentation à la Fondation Evgénidio, 1e Conférence internationale interdisciplinaire « Science et art – A la recherche des points communs – Une discussion des différences », 16-19 juillet 2005.
——————— , [gr], *Ma physique, ta physique,* 2, Athènes 1974.
——————— , [gr], *La pomme et le quark*, Editions Savvalas, Athènes, 2004.
KATIFORIS, D.A., [gr] « La pression atmosphérique sur la surface de la terre », *EG*, 30/avril 1979.
KATSIKAS, Ch., [gr] « Objectifs et orientations des nouveaux livres de classe de l'histoire », *Filologiki*, Union hellénique de Philologues, 98/janvier-fevrier-mars 2007.
——————— , [gr] « Les nouveaux programmes et manuels : L'état profond de l'ignorance », *Filologiki*, Union hellénique de Philologues, 103/avril-mai-juin 2008.
KATSIKAS, Ch., G. KAVVADIAS [gr] *Crise de l'Ecole et politique pour l'éducation*, Athènes, Ed. Gutenberg, 1998.
KATSIKIS, A., [gr] *Géographie inter-thématique*, Athènes, Ed. Typôthitô, 2004.
KAYALIS, P., X. NTOUNIA et Th. MENTI, *Textes de littérature grecque*, 3e Gymnase, OEDV, 2006.
KAZANTSEV, A. [gr], « Le messager du cosmos », *PhC*, n°s 52/novembre 1975 – 55/mars 1976.
——————— , *Le messager du cosmos*, Editions en langues étrangères, Moscou, ± 1960.
KAZOUKAS, K., RENTZOS, I., [gr] « La création théâtrale aux confins de la géographie culturelle, politique et urbaine et de la physique – Une approche interthématique », 2ème Conférence interdisciplinaire «Science et art», Union des Physiciens Grecs, janvier 2008.
KEDROV, B., *La classification des sciences*, Editions du Progrès, Moscou, 1977.
KELEMEN, D., « Are Children "Intuitive Theists"? : Reasoning About Purpose and Design in Nature », in *Psychological Science*, Volume 15, Number 5, May 2004.
KIPPHARDT, H., *En cause J. Robert Oppenheimer*, Paris, L'arche, 1964.
KLEIN, J. T. and NEWELL, W. H., 'Advancing Interdisciplinary Studies'. in NEWELL, W. H. [editor:] Interdisciplinarity: Essays from the Literature, College Entrance Examination Board, New York, 1998.
KLINE, M., *Mathematics in Western Culture*, Penguin Books, London 1972.
KLUCKHOHN, C. & LEIGHTON, D., *The Navaho*, Anchor Books 1962 (1946).

KOEHLER, O., « Prototypes of Human Communication Systems in Animals », in *Man and Animal* (Ed.: Heinz Friedrich), Palladin, 1971.
KOKKOLIS, A., *Le conflit entre Maronitis et Ioannou 1977-2007*, Athènes, Indiktos, 2008.
KONTOPOULOS, A., [gr] «Science, art et technologie», *Dimiourgies*, n^0 3-4, [Printemps 1970].
KOPP, A., [gr] *Ville et révolution*, Athènes, Nouvelles frontières – Livanis, 1976.
KORSMEYER, C., *Gender and Aesthetics*, London, Routledge, 2004.
KOSMOPOULOS, D., [gr] « Feuilles de lierre », in Vagenas, N., Y. Kontos, N. Makrynikola [Sous la direction de :], *Au rythme de l'âme*, Ed. Kedros, 2006.
KOTKIN, J., *The City – A Global History*, New York, Modern Library, 2005.
_____ , « La Nouvelle-Orléans, paradigme de l'urbanisme moderne », in *Le Monde*, 9 septembre 2005.
KOUNADIS, A., [gr] «Deux points de vue pour la musique», *Epohes*, 42/octobre 1966.
KOUTSOPOULOS, K., M. SOTIRAKOU, M. TASTSOGLOU, [gr] *Géographie 5e Primaire, J'apprends la Grèce*, OEDV, 2007.
KOUTSOPOULOS, K., M. SOTIRAKOU, M. TASTSOGLOU, [gr] *Géographie 5e Primaire, J'apprends la Grèce, Cahier d'exercices*, OEDV, 2007
KOUTSOPOULOS, K., M. SOTIRAKOU, M. TASTSOGLOU, [gr] *Géographie 6e Primaire, J'apprends la terre*, OEDV, 2007.
KOUZNETSOV, B. (1967), [gr] « Einstein et Dostoievski» [Trad. A. Alexandrou], *Epohes*, 48, avril 1967.
KREMMIDAS, V., [gr] « La réalité historique n'est pas une question de compensations », *I Epohi*, 1er avril 2007.
KRIBAS, K., [gr] *Sociobiologie*, Ed. Katoptro, 2008.
KROPOTKIN, P., "Decentralization, Integration of Labour and Human Education", in Richard Peet, *Radical Geography*, Methuen & Co Ltd, 1977.
KUHN, Th. S., "Energy Conservation as an Example of Simultaneous Discovery", in Marshall Glagett (Ed.), *Critical Problems in the History of Science*, University of Wisconsin, 1959.

L

LACOMBE M., « La place du sujet dans la transdisciplinarité », Internet, Le Journal des Chercheurs, http://www.barbier-rd.nom.fr/journal/article. php3?id_article=519.
LACOSTE, Y. [Sous la direction de:], *Dictionnaire de géopolitique*, Paris, Flammarion, 1993.
_____ , « Julien Gracq, Un écrivain géographe: *Le Rivage des Syrtes* – Un roman géopolitique » in Yves Lacoste, *Paysages politiques*, Le livre de poche, 1990.
_____ , *Paysages politiques*, Le livre de poche, 1990.
_____ , «L'exemple algérien», *Sciences humaines*, hs 8, 1995.
LAFFITE, S., *Tchekhov par lui-meme*, Paris, Ecrivains de toujours/Seuil, 1957.
LAMBRAKI – PLAKA, M., [gr] «Nicolas Schöffer – L'art, la technologie et l'homme», *I Kathimerini*, 19 novembre 1974.
LARROQUE, M., « Apprendre la philosophie », *L'enseignement philosophique*, Revue de l'Association des professeurs de philosophie de l'enseignement public, 5/mai-juin 2008, p. 46-57.
LASZLO, E., *Le systémisme, vision nouvelle du monde*, Paris, Pergamon, 1981.
LATHAM, A., McCORMACK, D., McNAMARA, K., McNEILL, D., *Key Concepts in Urban Geography*, London, Sage Publications, 2009.
LATOUR, Br., *Nous n'avons jamais été modernes : Essai d'anthropologie symétrique*, Paris, La Découverte, 1991.

_____ , *Politiques de la nature – Comment faire entrer les sciences en démocratie*, Paris, La Découverte, 2004(1999).
_____ , *Petites leçons de sociologie des sciences*, Paris, La Découverte, 2006(1993).
LATOUR, Br. et WOOLGAR, St., *La Vie de laboratoire – La production des faits scientifiques*, La Découverte, coll. « Poche », 1996(1988).
LEACH, E., *Lévy-Strauss*, London, Fontana Modern Masters, 1970.
LEACOCK, R.A., SHARLIN, H.I., « The nature of Physics and History : A Cross-disciplinary Inquiry », *Am. J. Phys.* 45(2), February 1977.
LEFEBVRE, H., *Le droit à la ville*, 3e édition, Paris, Ed. Anthropos, 1968(2009).
_____ , *Méthodologie des sciences*, Paris, Ed. Anthropos, 2002.
LEHRMAN, R.L., "Energy is not the Ability to Do Work", *The Physics Teacher*, Vol. 11, No 1, January 1973.
LEMBESSIS, V., "P. N. Lebedev and light radiation pressure", Europhysics News (2001) Vol. 31, No. 7, http://www.europhysicsnews.com /full/07/article4/article4.html.
Le MOIGNE, J.L. « Qu'est-ce qu'un modèle » ?, Internet http://www.mcxapc.org/ docs/ateliers/lemoign2.pdf.
LEMON, R., [gr] « Le mouvement perpétuel et Calder», *To Vima*, 11 avril 1965.
LENINE, V.I., *Matérialisme et empiriocriticisme*, (V.8), Athènes.
LENNEBERG, E. H., *Biological Foundations of Language*, John Wiley & Sons, Inc., 1967.
LENZEN, V., 'Science and Social Context', in [Dennes, W.R., Ed.], *Civilization*, University of California Press, 1959.
LEONTIDOU, L. & I. RENTZOS,"The Ebbs and Flows of Geography in Greek Schools and Universities", in W. Ashley Kent, Eleanor Rawling, Alastair Robinson, *Geographical Education – Expanding Horizons in a Shrinking World*, Scottish Association of Geography Teachers – Geographical Education Commission of the IGU, Glasgow, 2004.
LEOTSAKOS, G., [gr] «Edgar Varèse, Deux textes prophétiques», *To Vima*, 4 février 1968.
_____ , [gr] «L'enantiodromie de Yannis Christou», *To Vima*, 13 avril 1969.
LEPENIES, W., *Les trois cultures – Entre science et littérature, l'avènement de la sociologie*, Paris, Éditions de la Maison des sciences de l'homme, 1990.
LEVI, P., *Le métier des autres - Notes pour une redéfinition de la culture*, Traduction française de M. Schruoffeneger, Paris, Gallimard 1992.
LEVIN, S. B., *The Ancient Quarrel between Philosophy and Poetry Revisited: Plato and the Greek Literary Tradition*, Oxford University Press, 2000.
LEY, D. & SAMUELS, M. S. [Ed. by], *Humanistic Geography*, London, Croom Helm, 1978.
LINDEN, E., *Apes, Men, and Language*, Penguin Books, 1976.
LINTVELT, J. and F. PARE, [Eds.:], *Frontieres flottantes: Lieu et espace dans les cultures francophones du Canada / Shifting Boundaries: Place and space in the francophone cultures of Canada*. Collection Faux Titre, Amsterdam, New York: Rodopi, 2001.
LIVI-BACCI, M., *A Concise History of World Population*, Oxford, Blackwell, 2001.
LLAUMETT, M., *Les jeunes d'origine étrangère, De la marginalisation à la participation*, CIEM, L'Harmattan, Paris, 1984.
LLOYD, F. (Ed.), *Contemporary Arab Women's Art*, Women's Art Library & IB Tauris, 1999.
LOGARAS, K., [gr] *Patras*, Athènes, Metaikhmio, 2001.
LONGCHAMP, Z., [gr] «Terrtektorh», *To Vima*, 20 avril 1966.
LONGHURST, R., "Breaking Corporeal Boundaries – Pregnant Bodies in Public Spaces" *in* HOLLIDAY, R. and HASSARD, J., *Contested Bodies*, London, Routledge, 2001.
LOPPA, E., [gr] « La persuasion par le discours scientifique », Expression – Composition, 3e du lycée, http://www.greek-language.gr/greekLang/modern_greek/education/ dokimes/enotita_c3/02.html.
LOVELOCK, J., *La revanche de Gaïa*, Paris, Éditions Flammarion, 2007.
LOW, S. and N. SMITH, *The Politics of Public Space*, London, Routledge, 2006.
LOWE, A., « La pédagogie actualisante ouvre ses portes à l'interdisciplinarité », http://assoreveil.org/peda_actu_8.html.

LUNCA, M., *An Epistemological Programme for Interdisciplinarisation*, Utrecht, Holland, 1996.
LYNAS, M., [gr] *Six degrés – L'avenir de l'humanité sur une planète plus chaud*, Athènes, Éd. Polaris, 2008.

M

MACKINDER, H. J., « On the Scope and Methods of Geography », *Proceedings of the Royal Geographical Society*, **9**, 141-160, 1887.
MAILLOT, F. & LANGLOIS, I., *La Pierre et la Lettre : Architecture et littérature au collège et au lycée*, Franche-Comté, CRDP, 2001.
MAINGAIN, A., DUFOUR, B., FOUREZ, G., [gr] *Approches didactiques de l' interthématque*, Athènes, Ed. Patakis, 2007.
MAINGAIN, A., DUFOUR, B., FOUREZ, G., *Approches didactiques de l'interdisciplinarité*, Paris-Bruxelles, De Boeck Université, 2002.
MAISELS, Ch. K., *The Emergence of Civilization: From Hunting and Gathering to Agriculture, Cities and the State in the Near East*, London, Routledge, 1990.
MALMBERG, B., *Les domaines de la phonétique*, Paris, P.U.F., 1971.
MALSON, L., *Les enfants sauvages*, 10/18, 1964.
MANACORDA, M. A., *Marx e la pedagogia moderna*, Roma, Editori Riuniti, 1966.
MANDELBAUM, J., « Les électrons pensants de Jean Charon », in *Le Monde Dimanche*, 5 octobre 1980.
MANOLIDIS, K., KANARELIS, Th. [Sous la direction de :], *La revendication de la campagne – Nature et pratiques sociales en Grèce contemporaine*, Département de l'architecture de l'Université de Thessalie – Éd. Indiktos, 2009.
MARGETIS, Sp., [gr] « A la recherche de la force fondamentale », Magazine *Inexpliqué [Anexigito]*, mars 1985.
MARGOLIN, J.-Cl., *Bachelard*, Paris, Éditions du Seuil, 1974.
MARGUE, M., « La formation d'une principauté territoriale », in *De l'Etat à la Nation – 150 Joer onofhängeg*, Catalogue de l'exposition du 19 avril - 20 août 1989, Luxembourg.
MARITSAS, D., 'The World of Physics', *Int. J. Elect. Engin. Educ.*, Vol. 14, 1977.
MARONITIS, D.N., [gr] «Raison et poésie», *Epohes*, 17/septembre 1964.
MARTINCIGH, L., CORAZZA, M.V., TOSONE, A., SQUARCIA, R., "Urban Rehabilitation and Pedestrian Mobility : Interfacing Elderly with children" in Joël Yerpez [Coordonné par :], *La ville des vieux*, Paris Editions de l'aube, 1998.
MARTINET, A., *Economie des changements phonétiques*, 3e éd., Berne, Editions Francke, 1955.
_____ , *La linguistique synchronique*, PUF, 1970.
MASSARD-GUILBAUD, G., « Pour une histoire environnementale de l'urbain », *Histoire urbaine*, n° 18 2007/1.
MASSEY, D., *For Space*, Tr. gr. Par I. Bimpli, Athenes, Ellinika Grammata, 2008.
MASSEY, D., ALLEN, J., ANDERSON, J. (Edited by:), *Geography Matters!* A Reader, Cambridge University Press, 2003 (1984).
MASSEY, D., ALLEN, J. and SARRE, Ph. (eds), *Human Geography Today*, London, Polity Press, 1999.
MATHIEU, J. [Collection dirigée par:], *Initiation aux faits économiques et sociaux*, t. II, Paris, Fernand Nathan, 1969.
MATSAGOURAS, E. « L'interdisciplinarité, l'interthématique et l'intégration dans les nouveaux programmes d'études : Les modes d'organisation du savoir scolaire », in *Revue de questions d'éducation de l'Institut pédagogique*, Numéro spécial consacré à l'interthématique, Numéro 7, novembre 2002 (http://www.pi-schools.gr/download/publications/epitheorisi/teyxos7/epitheor_7.pdf).

_____ , *L'interthématique et le savoir scolaire*, Athènes, Ed. Grigori, 2006.
MATTELART, A, NEVEU, É., *Introduction aux* Cultural Studies, Paris, La Découverte, 2008(2003).
MATTHEWS, J.A. and HERBERT, D.T. [Edited by:], *Unifying Geography*, London, Routledge, 2004.
MATTHEWS, J.A. & HERBERT, D.T., *Geography – A Very Short Introduction*, Oxford University Press, 2008.
MATTHEWS, S. and WEXLER, L., *Pregnant Pictures*, London, Routledge, 2000.
MAUROIS, A., [gr] « Les points de discorde entre la science et l'art ne cessent de se multiplier », *To Vima*, 13 mars 1966.
MAVRIKAKI, E., GOUVRA, M. KAMBOURI, A., *Biologie*, 3^e classe du gymnage, OEDV, 2007.
MAVRIKAKI, E., GOUVRA, M. KAMBOURI, A., *Biologie*, 1re classe du gymnage, OEDV, 2008.
MAVROMMATIS, M., [gr] « Le dialogue avec l'invisible », *To Vima*, 17 mai 1966.
_____ , [gr] « Lucio Fontana: Les nouveaux symboles de l'art », *To Vima*, 19 mai 1966.
_____ , [gr] « La magie du temps chez Nicolas Schöffer », *To Vima*, 27 juillet 1966.
MAVROPOULOS, A., M. ROULIA and A.L. PETROU, "An Interdisciplinary Model for Teaching the Topic "Foods": A Contribution to Modern Chemical Education" in *Chemistry Education: Research and Practice*, 2004, Vol. 5, No. 2.
MAVROPOULOS, Th., [gr] « L'enseignement de la géographie à nos écoles », Archives de *Logos et praxis*, 1978.
MAZLISH, B. [Editor:], *Psychoanalysis and History*, New York, Grosset & Dunlap Publishers, 1971.
McCLOSKEY, M., « L'intuition en physique », *Science*, Juin 1983.
MEADOWS, D.H. et al,, *The Limits of Growth*, New York, Potomac/NAL, 1972^2.
MEGARY, J., NISBET, S. and HOYLE, E., [Edited by :], *Education of Minorities*, London, Kogan Page, 1981.
MEÏMARIDI, M., [gr] *Les magiciennes de Smyrne*, Athènes, Ed. Kastaniotis, 2001.
MENZEL, E., "Natural Language of Young Chimpanzees", in *New Scientist*, Vol. 65, N° 932, 16 January 1975.
MERANAIOS, K.L., *Physique et poésie*, Athènes, [s.d. d'édition, $\pm$ 1970].
MERY, F., *Les bêtes aussi ont leurs langages*, Presses Pocket, 1971.
METAIS, C., (1972), « Poésie : La parole au linguiste », *La Presse informatique*, Paris, 18 décembre 1972.
MEZZETTI, G., *Geografia 1*, La Nuova Italia Editrice, 1977.
MILES, M., *Art, Space and the City*, London, Routledge, 1997.
_____ , *Cities and Cultures*, London, Routledge, 2007.
MICHAELIDES, T., *Petits meurtres entre mathématiciens*, 2012, Éd. Le Pommier.
MILLER, A.I., *Einstein – Picasso,* New York, Basic Books, 2001.
MILLER, G., « The Magical Number Seven Plus or Minus Two – Some Limits of Our Capacity for Processing Information », *The Psychology of Communication*, Penguin Books, 1974.
MITCHELL, D., *Cultural Geography,* Oxford, Blackwell, 2001.
_____ , *The Right to the City,* New York City, The Guilford Press, 2003.
MJAKIŠEV, G. Ja., BOUKHOVTSEV, B.B., *Fisika 10*, Moskva, Prosveščenie, 1975.
MOHRMANN, J.C.J., *Planning and Management of Integrated Surveys for Rural Development*, Vol. XII, The Netherlands: ITC Textbook of Social Sciences and Integrated Surveys, 1980.
MOINEAU, J.-C., (1969), *Mathématique de l'esthétique*, Paris, Dunod, 1969.
MOLES A., ZELTMAN C., *La communication*, Les dictionnaires du savoir moderne, 1971.
MONGIN, O., «De la ville à la non-ville» in : M. RONCAYOLO, J. LEVY, Th. PAQUOT, O. MONGIN , Ph. CARDINALI, *De la ville et du citadin*, Parenthèses, 2003.

MONK, J., "Gender in the Landscape" in ANDERSON, K. and GALE, F., *Cultural Geographies*, London, Longman, 1997.
MOORHOUSE, P., *Interpreting Caro*, Tate Publishing, 2005.
MORAN, J., *Interdisciplinarity*, London, Routledge, 2002.
MOUNIN, G., *Les problèmes théoriques de la traduction*, Editions Gallimard, 1963.
_____ , *Linguistique et philosophie*, PUF/SUP, 1975.
MOURELOS, G., (1963), [gr] «Les dimensions du temps», *Epohes*, 7/novembre 1963.
Mouvement de l'Enseignement primaire, [gr] « Les fondements, les objectifs et les caractères interthématiques du nouveau Programme d'études pour l' éducation obligatoire ». Internet: http://www.paremvasis.gr/2005/ek050805c.htm#_ftnref12
MUMFORD, L., *La cité à travers l'histoire*, Seuil, 1964.

N

NAIK, Z., *The Qur'ân & Modern Science – Compatible ou Incompatible* ? Darussalam Maktaba, 2007.
NANOPOULOS, D. et BAMBINIOTIS, G., [gr] *De la cosmogonie à la glottogonie*, 3e éd., Editions Kastaniotis, 2010.
NASIOUTZIK, A.K., [gr] *Physique et homme*, Athènes, Ed. Iolkos, 1969.
NEAVE G. [Edited by:], *Knowledge, Power and Dissent - Critical Perspectives on Higher Education and Research in Knowledge Society*, UNESCO Publishing, 2006.
NETTLE, D., "Language Diversity in West Africa: An Ecological Approach", *Journal of Anthropological Archaeology*, Volume 15, Issue 4, December 1996, p. 403-438.
NEWELL, C., *Methods and Models in Demography*, London, Belhaven Press, 1988.
NEWELL, W. H. [editor:], *Interdisciplinarity: Essays from the Literature*, College Entrance Examination Board, New York, 1998.
NIKOLAÏDIS, N., I. RENTZOS, S. KASDAGLIS, [gr] « Proposition de nouveau programme analytique pour la physique de la première classe du lycée », *Rapport soumis au ministre de l'Éducation nationale*, 16 mars 1979. Archive I. Rentzos.
NIVAT, A., *La maison haute*, Paris, Fayard, 2002.
NOIN, D., *Géographie de la population*, Paris, Masson, 1988.
NOUTSOS, P., [gr] « La pédagogie du "système" ». *To Vima*, 5 octobre 2003.

O

OPPENHEIMER, R., [gr] «Le savant et l'artiste», *To Vima*, 31 janvier 1965.
OSSON, D., THINÈS, G. (Ed.), *Art et connaissance*, Presses Universitaires de Lille, 1991.

P

PALAIOLOGOS, P., [gr] *La Russie comme je l'ai vue*, Athènes, Institut d'éditions d'Athènes, 1957.
PANDIT, K. [Ed.], "Introduction: The Trewartha Challenge" *in* Forum: Fifty years since Trewartha: The Past, Present, and Future of Population Geography, 2003. Internet: http://www.colorado.edu/ibs/POP/silvey/pubs/Trewartha_1_Forum.pdf.
PANERO, D., BOCCHINI, S., *Didattica creativa*, Bologna, EDB – Edizioni Dehoniane,
PAPADIMITRAKOPOULOS, I. Ch., *L'archiviste général*, Ed. Néféli, 1995.
_____ , *Bains de mer chauds*, Ed. Néféli, 1995.
_____ , *L'obole et autres nouvelles*, Ed. Néféli, 2004.
PAPADIMITRIOU, F., « Geosciences meet Art Cartography and Satellite imagery : Aesthetic Forms, Digital Recreations, Steganography, Education », in : 1e Conférence

internationale interdisciplinaire « Science et art – A la recherche des points communs – Une discussion des différences », 16-19 juillet 2005, *Actes*, vol. 2e, Athènes.

PAPAÏOANNOU, Y., [gr] «Les mathématiques et les arts plastiques», *Dimiourgies*, n⁰ 3-4, [Printemps 1970].

PAPAKOSTAS, G., [gr] « De la poéticité des textes à "'interthématicité" », *Anti*, n⁰ 884, 2006, p. 44-47.

PAPANOUTSOS, E. P., [gr] *Des luttes et des combats pour l'éducation*, Athènes, Icaros, 1965.

_____ , *Mémoires*, Athènes, Ed. Filipotis, 1982.

PAQUOT, Th., « L'invention du citadin », in *Sciences humaines*, No 70, mars 1997.

PAQUOT, Th., LUSSAULT, et BODY-GENDROT, S., [Sous la direction de :], *La ville et l'urbain - L'état des savoirs*, Paris, Ed. La Découverte, 2000.

BARBER, B.R., *If Mayors Ruled the World: Dysfunctional Nations, Rising Cities*, New Haven, Yale University Press, 2013.

PARK, R. E., « La ville – Propositions de recherche sur le comportement humain en milieu urbain » in Y. Grafmeyer et I. Joseph [Textes traduits et présentés par :], L'école de Chicago, Paris, Flammarion, 1990.

_____ , « La ville, phénomène naturel » in Y. Grafmeyer et I. Joseph, op.cit.

PARKER, B., *The Fantastic Physics of Film's Most Celebrated Secret Agent*, Baltimore, The Johns Hopkins University Press, 2005.

PARLAS, K., [gr] « Deux œuvres de Th. Antoniou au Festival d'Athènes », *To Vima*, 13 juillet 1966.

PARROCHIA, D., « Pour une théorie de la relativité géographique (Vers une généralisation du modèle gravitaire) », *Cybergeo*, Epistémologie, Histoire de la Géographie, Didactique, article 337, mis en ligne le 23 mai 2006, modifié le 25 avril 2007. URL : http://www.cybergeo.eu/index2407.html. Consulté le 6 septembre 2009.

PASHALIS, I.G., [gr] *Projets interthématiques*, Ed Grigori, 2007.

PAVIS, F., « L'évolution des rapports de force entre disciplines de sciences sociales en France : gestion, économie, sociologie (1960-2000) », ESSE, Pour un espace des sciences sociales européen, Internet : http://www.espacesse.org/fr/files/ESSE1129719850.pdf.

PAVLAKOS, K., [gr] « La pédagogie en autocrateur et sa fétichisation », *Filologiki*, Union hellénique de Philologues, 98/janvier-fevrier-mars 2007.

PEET, R., *Radical Geography* , London, Methuen & Co Ltd, 1977.

PEGIOU, C. « La maison hantée de Lehonia de Volos », *Stikhiomeni Ellada*, 2007.

PELLEGRINO, P., [gr] *Le Sens de l'espace – L'époque et le lieu* – Livre I, Tr. Kyriaki Tsoukala, Athènes, Typôthitô – Dardanos, 2006.

PENROSE, R. [gr], *À la decouverte des lois de l'Univers*, Tr. Céline Laroche, Paris, Ed. Od. Jacob, 2007.

PENTZIKIS, G.N., « Appendice » in N.G. Pentzikis, Esprit doux ou accent circonflexe, Athènes, Agra, 1995.

PENTZIKIS, N.G., *Esprit doux ou accent circonflexe*, Athènes, Agra, 1995

PERISTEROPOULOS, P. « La physique du lycée multivalent et les élèves », *PhC / Points de vue*, Décembre 1985.

PERROTT, D. V., *Swahili*, Teach Yourself Books. 1971 (1951).

PESEUX, Ch.: « Une carte du potentiel de population en France », *L'espace géographique*, 1974, n⁰ 2.

PIAGET, J., *Six études de psychologie,* Denoël/Gonthier, 1964.

PIKE, K.L., *Tone Languages*, Ann Arbor, University of Michigan Press, 1948.

PILE, St., *Real Cities*, London, SAGE Puplications, 2005.

PINOL, J.-L., *Le monde des villes au XIXe siècle*, Hachette, 1991.

PITSIOS, Th., [gr] « Gouffre - précipice de Kéadas – Un projet de recherche et d'éducation » in *Keadas – From Mythos to History*, Proceedings, 20-22 May 2005, Anthropological Museum of the Athens University.
POCKOCK, Douglas C.D. [Ed.:], *Humanistic Geography and Literature*, London, Croom Helm, 1981.
POE, E., [gr] *Les poèmes*, Trad. N. Simiriotis, A. Karavias, Athènes, 1963.
POULANTZAS, N., [gr] « Morcellement et unité des sciences sociales », *Kapa*, 19/30 octobre 1987.
PREMACK, A. J., PREMACK, D., "Teaching Language to an Ape", in *Scientific American*, Oct. 1972.
PRESSAT, R., *Démographie sociale*, Paris, Collection SUP, PUF, 1971.
PRÉVÉLAKIS, G.-S., « Greek Blues», *I Kathimerini*, 28 decembre 2008.
PRIESTLEY, J., *I Have Been Here Before*, Middlesex (UK)/New York, Penguin, 1985.
PSYRAS, Th., [gr] *Larissa*, Athènes, Metaikhmio, 2006.

Q

QUAAS, M., HILDEBRAND, H. J., Energie *aktuell*, Leipzig, Urania Verlag, 1978.
QUAINI, M., *Geography and Marxism*, Oxford, Blackwell, 1982.

R

RAFFESTIN, Cl., *Pour une géographie du pouvoir*, Paris, Litec, 1980.
_____ , « Foucault aurait-il pu révolutionner la géographie? » in J. W. Crampton and S. Elden [Edited by:], *Space, Knowledge and Power – Foucault and Geography*, Hampshire, Ashgate, 2008 (2007).
RAFFESTIN, Cl. et TRICOT, Cl., « Le véritable objet de la science ? », *in* BUSCAGLIA, M., LALIVE D'ÉPINAY, C., MOREL, B., RUEGG, H., VONECHE, J. [Sous la direction de :], *Les critères de vérité dans la recherche scientifique – Un dialogue multidisciplinaire*, Paris, Maloine s.a. Éditeur, 1983.
RAGON, M., *Calder – Mobiles and Stabiles*, London, Methuen, 1967.
RASSIAS, N., [gr] *La géographie sacrée de la Grèce*, Athènes, Ed. Esoptron, 2000.
RAULIN, A., *Anthropologie urbaine*, 2e éd., Paris, Arman Colin, 2007.
REDHEAD, M., [gr] *De la physique à la métaphysique*, Héraklion, Presses universitaires de Crète, 2006.
REDMOND, G., *Science and Asian Spiritual Traditions*, Westpoint, Connecticut, Greenwood Press, 2008.
REGE COLET, N., *Enseignement universitaire et interdisciplinarité*, Bruxelles, De Boeck Université, 2002.
REGISTER, R., *EcoCities: Rebuilding Cities in Balance with Nature*, Revised edition, Gabriola BC Canada, 2008.
REDONDI, P., [gr] « La Révolution française et l'histoire des sciences », [traduction de la revue française] *La Recherche*, Numéro 208 - Mars 1989.
RENTZOS, I., [gr] « Culture intellectuelle et physique », *PhC*, 24/Février 1971.
_____ , [gr] *Questions de physique relativiste*, Athènes, 1971.
_____ , [gr] « La théorie de la relativité dans les manuels étrangers», *Logos et praxis*, 1/1975.
_____ , [gr] « Poésie et physique », *PhC*, n° 53/1975.
_____ , [gr] « Le plasma et la fusion », *PhC*, 49/jan. 1975.
_____ , [gr] « Le synchrotron », *PhC*, 52/ nov. 1975.
_____ , [gr] « Le Bureau International des Poids et Mesures et le Système international d'unités (SI) », *PhC*, 53/déc. 1975 – jan. 1976.

_____, [gr] « Le code génétique », *PhC*, n⁰ 59/1976.
_____, [gr] « Les sons de notre langue et la physique », *EG*, 8/décembre 1976.
_____, [gr] « Les couleurs de la nature et celles du langage », *PhC*, n⁰ 54/1976.
_____, [gr] « Les langues des Primitifs et les concepts de la physique », *PhC*, n⁰ 59/1976.
_____, [gr] « Physique expérimentale dans la 1ère classe du gymnase en France », *Bulletin des physiciens,* 4/mai 1976.
_____, [gr] « Les notations scientifiques et la démotique », *Logos et praxis*, n⁰ 4 / hiver 1977.
_____, [gr] « Progrès scientifique, nation et société », *PhC*, 57/janvier 1977.
_____, [gr] « La communication animale et le langage humain », *PhC*, 59/mars 1977.
_____, [gr] « Les bateaux à voile spatiaux », *PhC*, 64, octobre 1977.
_____, [gr] « Les matrices de transfert dans les problèmes de l'optique », *PhC*, 60/avril 1977.
_____, [gr] « Qu'est-ce qu'un système ? », *EG*, 11/mars 1977.
_____, [gr] « Questions de base pour la terminologie "démotique" de la physique », *Actes de la 1e Conférence de Physique*, 1977.
_____, [Presenté par :], [gr] « En marge de l'évaluation éducative », *Nea Paideia*, 4/hiver 1978.
_____, [gr] « Le rêve de Kekulé et la structure du benzène », *EG*, 21/avril 1978.
_____, [gr] « Les signaux des tambours africains » *PhC*, n⁰ 67/1978.
_____, [gr] « K. Vardalahos, un physicien de la Révolution grecque », *EG*, 20/mars 1978.
_____, [gr] « La notion de la masse et la cohérence de la physique scolaire », *Bulletin des Physiciens grecs*, 3/1978.
_____, [gr] « La réforme éducative et l'enseignement de la physique », *Nea Paideia*, 8/Hiver 1979.
_____, [gr] « L'hydrostatique énergétique», *PhC*, n° 69/mars 1979.
_____, [gr] « Terre et humains », *PhC*, 71/octobre 1979.
_____, [gr] « Usage et abus de l'échelle de notation à vingt points », *Logos et praxis*, 9-10/1979.
_____, [gr] « Des pages consacrées à Einstein et à la Théorie de la relativité », *Nea Paideia*, 11/1979.
_____, [gr] «Le centenaire de l'ampoule à incandescence », *EG*, 33/octobre 1979.
_____, [gr] «Une évaluation anthropologique des enseignements scolaires », *Nea Paideia*, 9/1979.
_____, [gr] « Labeur et travail chez les ouvriers des pyramides d'Egypte », *EG*, 37/Février 1980.
_____, [gr] « L'évaluation du film d'enseignement », *Nea Paideia*, 13/1980.
_____, *L'enseignement géographique en Grèce*, Thèse de doctorat, Directeur Etienne DALMASSO, Paris VII (Jussieu), 1982.
_____, [gr] *Education géographique,* Athènes, Epikairotita, 1984.
_____, [gr] « L'énergie dans le Programme », *PhC/Points de vue*, déc. 1985.
_____, [gr] « La conférence régionale d'éducation comme processus de formation et d'évaluation », *PhC / Points de vue*, avril 1985.
_____, [Sous la direction de :], [gr] *Education de minorités*, Athènes, 1985.
_____, [gr] « Critères d'évaluation du *Physicos Kosmos* – Cent numéros de solitude ou d'accompagnement ? », *Bulletin d'informations de l'Union des Physiciens grecs*, mars 1986.
_____, [gr] « L'appel d'offres pour les manuels de physique, est-il une garantie de bons livres ? », *PhC /Points de vue*, Février 1986.

_____ , [gr] « Les concours d'entrée dans les établissements d'enseignement supérieur en Turquie », *Éducation contemporaine*, 28/1986.
_____ , [gr] « Propositions pour une géographie scolaire : de la géographie économique à la géographie humaine », Association des professeurs de sciences naturelles [- géographie] de Grèce du Nord, Colloque de sciences naturelles du 10 & 11 avril 1986 – Thessalonique, 11 avril 1986. http://geander.com/fysiog1.html.
_____ , [gr] « Les concours d'entrée dans les établissements d'enseignement supérieur en Turquie », *Éducation contemporaine*, 29/1987.
_____ , [gr] « La poésie des mots et la poétique des termes » - *T, comme terminologie*, Parlement européen, Bureau de Terminologie, n° 2/1989.
_____ , [gr] « Lecture et connaissance des acronymes grecs » - *Terminologie & traduction*, Commission des Communautés européennes, Service de traduction, Unité de terminologie, n° 2/1990.
_____ , [gr] *Géographie humaine* I, Mytilène, 1993.
_____ , [gr] *Dossiers thématiques de didactique des sciences sociales*, partie II, Mytilène, 1993.
_____ , [gr] « L'enseignement de la géographie dans le primaire et le secondaire : Manuels et méthodes », Fondation Sakis Karagiorgas, Actes de colloque, 17 décembre 1994, Université Panteion, Internet http://geander.com/nikaria.html.
_____ , [gr] « L'adolescent et la carte géographique de sa ville : Une enquête à Prévéza », *Actes du 3e Congrès national de la Société cartographique scientifique de la Grèce*, Kalamata, 28-29 novembre 1996.
_____ , *La ville et son enseignement en géographie dans le contexte socio-éducatif grec*, Thèse de doctorat, sous la direction de Monsieur le Professeur Christian GRATALOUP, Université Denis Diderot, 2002.
_____ , [gr] « La tour des traductions », *L'effet du Luxembourg*, n° 2, 2002.
_____ , [gr], « La perception de l'environnement géohistorique – Exemples de la Ville de Prévéza », Actes de la 6ème conférence de la Société Hellénique de Géographie, 3-6 octobre 2002, Thessalonique, Journée de l'environnement, CD Rom.
_____ , [gr] « La ville scolaire: D'une idéologie chuchotée au programme analytique », Conférence « Les transformations de la ville grecque » organisée par le Nouveau mouvement d'Architectes, *Actes* – Athènes, mai 2003.
_____ , [gr] « Akra, une ville grecque dans l'épopée de Moby Dick ? », *L'effet du Luxembourg*, n° 5, 2003.
_____ , [gr] « La géographie au gymnase grec – Une critique des manuels de la 1ère et de la 2ème classe », in *Géographies*, Automne 2004, n° 8.
_____ , [gr] « Une liberté enceinte dans l'espace public : Une expérience de géographie culturelle dans la ville de Luxembourg », *Actes de la 7ème conférence de la Société Hellénique de Géographie*, tome II, Université de l'Egée, 2004.
_____ , « City Preferences in MEP Cvs – A Mental European Political Geography », 30th International Geographical Congress – Glasgow – August 2004. Internet : http://geander.com/MEPsCVs.html.
_____ ,, [gr], « Les villes du possible: fiction interdisciplinaire dans la BD urbaine », Conférence du Département de Technologie culturelle et de communication de l'Université de l'Egée « Nuances de deux mondes : BD et science fiction », Mytilène, 20-22 mai 2005 (http://geander.com/comix3.htm).
_____ , [gr] « Enseigner la science de la ville par l'art », in : 1e Conférence internationale interdisciplinaire « Science et art – À la recherche des points

communs – Une discussion des différences », 16-19 juillet 2005, *Actes*, 3ᵉ, vol., Athènes.

_____, [gr] « La ville et l'enseignement scolaire : Les données de la littérature grecque et de l'histoire », *Education contemporaine*, 141/juin – août 2005.

_____, [gr] « Le dialogue de la science avec l'art dans les années 1960 – Documentation et écho de cette période », in : 1ᵉ Conférence internationale interdisciplinaire « Science et art – A la recherche des points communs – Une discussion des différences », 16-19 juillet 2005, *Actes*, vol. 1ᵉ, Athènes.

_____, "Interdisciplinarity and the Two Cultures in *Φυσικός Κόσμος*" – Approaches in a Greek Science Magazine in the 1970s", *Science & Education*, Vol. **14**, Numbers 7-8 (2005).

_____, "The Concept of System in the Greek General Education and its Use in the Teaching of Geography and of the City", The Hellenic Society for Systemic Studies Conference, *Proceedings* [CD Rom], Tripoli, Greece, 2005.

_____, [gr] « Les performances des filles et de garçons dans des tests de connaissances, d'estimations et de préférences en géographie: Les données d'une enquête dans les gymnases et les lycées grecs », *Education contemporaine*, **146**, 2006.

_____, [gr], *Géographies humaines de la ville*, Athènes, Ed. Typôthitô, 2006.

_____, « *"L'effet du Luxembourg"*– Urban Museology in a City-State and Interdisciplinary Poleography », 8ᵗʰ International Conference on Urban History, Stockholm 30ᵗʰ August – 2ⁿᵈ September 2006. Actes en CD-Rom.

_____, [gr] « Géographie de la population » *in* Th. TERKENLI, Th. IOSIFIDIS, I. HORIANOPOULOS, [Edition collective sous la direction de :], *Géographie humaine – Les humains, la société, le territoire*, Ed. Kritiki, 2007.

_____, [gr] « Géographie des langues » *in* Th. TERKENLI, Th. IOSIFIDIS, I. HORIANOPOULOS, [Edition collective sous la direction de :], *Géographie humaine – Les humains, la société, le territoire*, Ed. Kritiki, 2007.

_____, [gr] « Les physiographies et les sociographies de la géographie humaine – Une approche critique interdisciplinaire de l'irrationnel », *Actes de la 1ᵉ Conférence de la Faculté des Sciences sociales de l'Université de l'Egée*, Mytilène, 31 mars, 1 & 2 avril 2006, Athènes 2007, Editions Sakkoula.

_____, [gr] «Ville-mère je fraternise avec les figures qui t'habitent, t'ont habitée et t'habiteront et j'existe », *Chroniques de Prévéza*, n° 43-44, Bibliothèque municipale de Prévéza, Prévéza, 2007, p. 283-291.

_____, [gr] « Géographie et didactique de la géographie – I. Approches de géographie humaine », Presses universitaires de Thessalie, Volos 2007.

_____, [gr] *Cours de géographie culturelle*, Université d'Ioannina, 2007-2008.

_____, [gr] « La violence automobile est la sage femme de la vie quotidienne de la ville grecque », Revue *Anti*, n° 915/15 février 2008.

_____, [gr] " La poléographie comme description géographique et cinématographique de la ville – Quelques exemples de critique de films cinématographiques", 2ᵉᵐᵉ Conférence interdisciplinaire «Science et art», Union des Physiciens Grecs, janvier 2008.

_____, [gr] « La description géographique et artistique de la ville – À la recherche des niveaux de l'interthématique » 2ᵉᵐᵉ Conférence interdisciplinaire «Science et art», Union des Physiciens Grecs, janvier 2008.

_____, [gr] *Représentations de la ville*, Volos, Ed. Universitaires de Thessalie, 2009a.

_____, [gr] « La poléographie de Nauplie dans l'œuvre de Yorgos Rouvalis », http://geander.com/Rouvalis1.pdf.

RENTZOS, I., GIANNOULIS, N., KALLINIKOS, J., «State, Society and Market in Preveza – Historical Time and Historical Centre in a Small Greek Town», in [gr] Lydia Sapounaki-Drakaki [Sous la direction de :], *La ville grecque dans une perspective historique*, Ed. Dionikos, 2005

RENTZOS, I., KAZOUKAS, K. [gr] « Les propositions cartographiques de la chorématique et de la géopolitique de l'Éducation française comme base pour l'enseignement géo-historique d'une ville : Proposition d'un modèle pour Prévéza », Actes de la 7ème conférence de la Société Hellénique de Géographie, tome II, Université de l'Egée, 2004, p. 561-568.

RENTZOS, I., KAZOUKAS, K. [gr] « "À Moscou, à Moscou" : Une approche idiographique d'une ville dans le contexte des études interthématiques à l'aide d'une représentation théâtrale », *Actes de la 8ème conférence de la Société Hellénique de Géographie*, Université d'Athènes, Octobre 2007.

RENTZOS, I., P. STRATAKIS, A. TZORTZAKAKIS, E. ELIOPOULOS, [gr] « Des peintures géographiques et des géographies peintes : Quelques exemples didactiques tirés de l'œuvre d'artistes plastiques », Actes de la 8ème conférence de la Société hellénique de Géographie, Université d'Athènes, (2010), Athènes.

RENTZOS I., & TSILIBARIS, Chr., 'Our Town in the Cinema: The Greek Experience', Engaging Baudrillard Conference, Swansea University, Monday 4th – Wednesday 6th September 2006.

RENTZOS, J.-Chr., « Positions relatives des vecteurs relativistes force, accélération et vitesse », *Bulletin de l'Union des Physiciens*, janvier 1977.

REPOUSI, M., H. ANDREADOU, A. POUTAHIDIS, A. TSIVAS, [gr] *Histoire de la 6ème classe primaire – Aux temps modernes et contemporains*, OEDV, 2006.

RESTANY, P., [gr] « Le mouvement et la lumière », *To Vima*, 22 juin 1967.

———, [gr] « L'irruption électronique dans l'art », *To Vima*, 11 mai 1969.

RICHER, J., *Géographie sacrée du monde grec*, Paris, Hachette, 1967.

RIDDELL, R., *Sustainable Urban Planning*, Oxford, Blackwell, 2004.

RIGG, J., BEBBINGTON, A., GOUGH, K.V., BRYCESON, D.F., AGERGAARD, J., FOLD N. AND C. TACOLI, "The World Development Report 2009 'reshapes economic geography': geographical reflections", *Trans Inst Br Geogr NS* 34 2009.

RIMBERT, S., *Carto-graphies*, Paris, Hermès, 1990

RINSCHEDE, G., *Geographiedidaktik*, Paderborn, Schöningh, 2003.

ROBERTSON, I. & RICHARDS, P., *Studying Cultural Landscapes*, London, Arnold, 2003.

ROJEK, Chr., SHAW, S.M. and VEAL, A.J. [Edited by:], *A handbook of Leisure Studies*, Hampshire, Palgrave/MacMillan, 2006.

ROKOS, D., [gr] *Ressources naturelles et enquêtes intégrées*, Ed. Paratiritis, 1981.

———, [gr] « L'interdisciplinarité dans l'approche et l'analyse intégrées de l'unité de la réalité naturelle et socio-économique », 2004, Internet, http://www.survey.ntua.gr/main/studies/environ/keimena/rokos_d.pdf .

RONCAYOLO, M., J. LEVY, Th. PAQUOT, O. MONGIN , PH. CARDINALI, *De la ville et du citadin*, Parenthèses, 2003.

ROPIVIA, M.-L., *Manuel d'épistémologie de la géographie – Ecocide et déterminisme anthropique*, Paris, L'Harmattan, 2007.

ROSEN, St. *The quarrel between philosophy and poetry: studies in ancient thought*, London, Routledge, 1988.

ROSENBLAT, C., CICILLE, P., *Les villes européennes – Analyse comparative*, Paris, DATAR/La documentation française, 2003.

ROSENTHAL, B.G. [Edited by:], *The Occult in Russian and Soviet Culture*, Cornell University Press, Ithaca-London, 1997.

ROSENTHAL, R., & JACOBSON, L., *Pygmalion in the classroom*. New York: Holt, Rinehart & Winston, 1968.

de ROSNAY, J., *Le macroscope – Vers une vision globale*, Paris, Editions du Seuil, 1975.

ROSSER, W.G.V., *An Introduction to the Theory of Relativity*, Butterworths, London, 1964.
ROSTAND, C., [gr] «La musique comme spectacle visuel», *To Vima*, 11 février 1968.
ROUVALIS, Y., [gr] Retour à Anapli, Poésie, Ed. Gavriilidi, 2002.
_____ , [gr] *A Anapli*, Nouvelles, Ed. Gavriilidi, 2005.
_____ , [gr] *Nafplio, 1, rue Spiliadis*, Prose, Ed. Naydeto, 2008.
_____ , [gr] *Les pierres et les humains – Microhistoire de Nafplio*, Ed. Naydeto, 2009.
RUFFIÉ, J., *De la biologie à la culture*, Vol. I et II, Paris, Flammarion, 1983.
RUFIN, J. - C., *L'Empire et les nouveaux barbares*, Paris, J.-C. Lattès, 1991.
RUSSELL, B., *The Impact of Science on Society*, London, Allen and Unwin, 1952.

S

SAGAN, C., *The Dragons of Eden*, New York, Coronet, 1978.
_____ , *The Demon-Haunted World*, New York, Random House, 1995.
SALLMANN, J.-M., « Science et religion », in *Sciences et religions – De Copernic à Galilée*, Actes du Colloque international (décembre 1996), Ecole française de Rome, 1999.
SANSOT, P., *Poétique de la ville*, Paris, Payot, 2004(1973).
_____ , « Parole errante, parole urbaine – Neuf conseils à de très jeunes étudiants » in A. Bailly, R. Scariati, *L'humanisme en Géographie*, Paris, Anthropos, 1990.
SANTOS, M., *Pour une géographie nouvelle*, OPU/Publisud, 1984.
SASSEN, S., *The Global City: New York, London, Tokyo*, Princeton University Press, 2nd edition, 2001.
SAUVY, A., *Coût et valeur de la vie humaine*, Paris, Hermann, 1978.
SAVAGEAU, D., D'AGOSTINO, R., *Places Rated Almanac*, Chicago, IDG Books, 2000.
SBALCHIERO, P., [Sous la directions de:], *Dictionnaire des miracles et de l'extraordinaire*, Paris, Fayard, 2002.
SCHATZMAN, M., « Solve your problems in your sleep », *New Scientist*, 8 June 1983.
SCHATZMAN, M., « Sleeping on problems really can solve them », *New Scientist*, 11 August 1983.
SCHLICHTLING, H. J., BACKHAUS, U., „Energie als grundlegendes Konzept", *Physik und Didaktik*, **2**, 1979.
SCHNEIDER, J.-P., Gëlle Fra 2 abgetragen. *Luxemburger Wort*, 6 juin 2001.
SENGE, P., *Schools that Learn*, London, N. Brealy Publishing, 2007(2000).
SHERMER, M., *Why People Believe Weird Things*, New York, Freeman & Company, 1997.
SHERWELL, T., «Bodies in Representation: Contemporary Arab Women Artists», in LLOYD, F. (Ed.), *Contemporary Arab Women's Art*, Women's Art Library & IB Tauris, 1999.
SHILLING, Chr., *The Body and Social Theory*, 2nd ed., London, SAGE Publications, 2006[1993].
SHORT, J. R., *Urban Theory, A Critical Assessment*, New York, Palgrave MacMillan, 2006.
SHUTE, N., *On the Beach*, Reading, Mandarin, 1995.
SILVA, P., *Trattato di fisica elementare*, Paravia, Torino, 1966.
SINCLAIR, U. *The Jungle*, Penguin Books, 1986.
SINGER, Th. [Edited by:], *Psyche and the City – A Soul's Guide to the Modern Metropolis*, New Orleans, Louisiana, Spring Journal Books, 2010.
SIVAN, A., « Leisure and Education », in Chr. ROJEK, S. M. SHAW and A.J. VEAL, [Edited by:], *A handbook of Leisure Studies*, Hampshire, Palgrave/MacMillan, 2006.
SKINNER, S. *Géométrie sacrée - Déchiffrons le code*, Paris, Ed. Véga, 2007.
SKOURAS, G. [gr] « Physique et peinture », Colloque scientifique organisé par l'Union des Physiciens grecs et la Municipalité de St. Stéphanos (Attique), 17 et 18 novembre 2007.

SLATER, C. L., "John Steinbeck's The Grapes of Wrath as a Primer for Cultural Geography", in Douglas C.D. Pockock (Ed.) *Humanistic Geography and Literature*, London, Croom Helm, 1981.
SLINGERLAND, E., *What Science Offers the Humanities – Integrating Body and Culture*, Cambridge University Press, 2008.
SLONIM, M., "Wanted: Novelists for our times", *Life*, December 20, 1965.
SMITH, M. F. [Tr. & intr. by :], *Lucretius – On the Nature of Things*, London, Sphere Books, 1969.
SMITH, W., "Odd Man Out", in *Chicago Tribune*, May 22, 1995.
SNOW, C.P., *The Two Cultures,* Cambridge, At the University Press, 1963.
_____, *Les deux cultures*, Trad. Claude Noël, Paris, Jean-Jacques Pauvert éditeur, 1968.
SOJA, E., *Thirdspace: journeys to Los Angeles and Other Real-and-Imagined Places*, Oxford, Blackwell, 1996.
_____ , "Thirdspace: Expanding the Scope of the Geographical Imagination", in D. Massey, J. Allen and Ph. Sarre (eds), *Human Geography Today*, London, Polity Press, 1999.
SOKOLOVSKIJ, Yu I.: Elementarnyj zadačnic po teorii otnositel'nosti, Izdatel'stvo «Nauka», Moskva, 1971.
SOLOMOS, M., *Iannis Xenakis*, Mercuès, P.O. Editions, 1996.
SOTIROPOULOS, D. P., [gr] « Primo Levi – Rudolf Hess : le martyre et l'autre », *Nea Estia*, 1821/avril 2009.
SPERLING, B. & SANDER, P., *Cities Ranked & Rated*, Hoboken, NJ, Wiley Publishing, 2004.
SPINTHOURAKIS, J.A. - FTERNIATI, A., « Approche multiculturelle de la nourriture », *in* MATSAGOURAS, E., *L'interthématique et le savoir scolaire*, Athènes, Ed. Grigori, 2006.
STABBINS, R.A., « Serious leisure », in Chr. Rojek, S. M. Shaw and A.J. Veal, [Edited by:], *A handbook of Leisure Studies*, Hampshire, Palgrave/MacMillan, 2006.
STAGOS, A., [Sous la direction:], [gr] « La technologie et l'éducation humaniste », *Epohes*, 2/juin 1963.
STAVRIANOS, L., [gr] *Histoire du genre humain*, Athènes, OEDV, 1984.
STEFOS, A. A., [gr] « Κατέβην χθές εις Πειραιά... [J'étais descendu hier au Pirée...] », *Peiraïki Filologiki Triiris*, Février 2008.
STEINER, G., [gr] « L'armement linguistique de l'avenir », *To Vima*, 8 août 1971.
STERNHELL, Z., *Les anti-Lumières. Du XVIIIe siècle à la guerre froide*, Fayard, 2006.
STOPPARD, T., *Hapgood*, Faber and Faber, London/Boston, 1988.
STROSBERG,, E., *Art et science*, Editions Unesco, 1999.
STROSS, B., *The Origin and Evolution of Language*, Wcb, Dubuque, 1976.

T

TAMBAKIS, N., [gr] *De la physique à la métaphysique*, Athènes, Ed. I. Zacharopoulos, 1981.
TAYLOR, G.R., [gr] «Le siècle des androïdes», in *Epohes*, 10/1963.
TAYLOR, J., [gr] *Parapsychologie*, Athènes, Aurora, 1981.
TCHEKHOF, A., *L'Ile de Sakhaline*, Paris, Folio, 2001.
TCHEKHOV, A., *La Mouette [et autres pièces]*, Théâtre complet I, Paris, Gallimard/Folio, 1973.
TERKENLI, Th., IOSIFIDIS, Th., HORIANOPOULOS, I., [Edition collective sous la direction de :], [gr] *Géographie humaine – Les humains, la société, le territoire*, Athènes, Ed. Kritiki, 2007.
THOMSON, G. *The Human Essence*, China PSG, 1974.
TIPLER, F.J., "Extraterrestrial beings do not exist", in *Physics Today*, April 1981.

TODOROV, Tzv., *L'esprit des Lumières*, Paris, Éd. Robert Laffont, 2006.
TONNELAT, M.A., *Relativité restreinte*, 1ère partie, ronéotypé, 1970.
TOULIATOS, Sp., « L'enseignement de l'histoire et les nouveaux manuels de la 1e et 2e classe du gymnase », *Filologiki*, Union hellénique de Philologues, 96/juillet-août-septembre 2006.
TREFIL, J., *A Scientist in the City*, New York, Doubleday, 1994.
TRIANTAFYLLOU, S., *Samedi soir à la lisière de la ville*, Polis, 1996.
TRIKALITI, A., PALAIOPOULOU, R., *Éducation à l'environnement pour la ville viable*, Athènes, Société hellénique pour la protection de l'environnement et du patrimoine culturel, 1999.
TSIRKAS, S, *Cités à la dérive*, Kedros (édition grecque en trois volumes), [I nychterida], 19ème éd., 1985.
TSOULOUVIS, L., [gr] « Urbanisation, le réseau de villes et facteurs d'organisation de la ville dans les pays de l'Europe centrale et orientale: Similitudes et différences avec la ville ouest-européenne et grecque », Conférence « Les transformations de la ville grecque – Théorie socialiste, perspectives et action quotidienne», Athènes, 9-10-11 mai 2003, *Actes en* CD-Rom.
TUAN, Yi-Fu, *Space and Place – The Perspective of Experience*, Minneapolis, University of Minnesota Press, 1977.
_____ , "Literature and Geography: Implications for Geographical Research", in LEY, D. & SAMUELS, M. S. [Ed. by], *Humanistic Geography*, London, Croom Helm, 1978.
TURNER, Br. S., *The Body & Society*, 3rd ed., Los Angeles, SAGE Publications, 2007.

U

UN Habitat, *State of the World's Cities 2008/2009 – Harmonious Cities*, London, Earthscan, 2008.
Union des Physiciens grecs, [gr] *La lumière – Une approche interthématique*, EEF, Année internationale de la Physique 2005.
URGELLI, B., « Éducation aux risques climatiques: premières analyses d'un dispositif pédagogique interdisciplinaire » in *aster*, Revue de l'Institut national de recherche pédagogique, 46/2008.

V

VAGENAS, N., Y. KONTOS, N. MAKRYNIKOLA [Sous la direction de :], *Au rythme de l'âme*, Ed. Kedros, 2006.
VAKALO, E., (1966), [gr] «La sculpture de Sklavos», *Ta Nea*, 20 mai 1966.
VALAORITIS, N., [gr] « La ville comme sujet et surtexte de l'écriture », *I Kyriakatiki Avgi*, 1e partie, 12 novembre 2006.
VALAORITIS, N., [gr] « La ville comme sujet et surtexte de l'écriture », *I Kyriakatiki Avgi*, 2e partie, 19 novembre 2006.
VALENTEY, D.I., *An Outline Theory of Population*, Moscow, Progress Publishers, 1977.
VALENTINE, G., *Social Geographies*, Upper Saddle River, NJ, Prentice Hall, 2001.
VALERY, P., *Introduction a la méthode de Leonard de Vinci*, Gallimard (idées), Paris 1957 (1894).
_____ , *Eupalinos, L'Ame et la danse, Dialogue de l'arbre*, Paris, Gallimard, 1945.
VALLIN, J., *La population mondiale*, Paris, La Decouverte, 5ème éd., 1995.
VALTINOS, Th., [gr] *Tripoli*, Athènes, Metaikhmio, 2002.
VARVOGLIS, A., *La chimie dans l'assiette*, Athènes, Ed. Katoptro, 2008.
VARVOGLIS, H., [gr] « L'imposture de l'astrologie », *To Vima*, 19 jan. 2003.

VASILEIADIS, S., GLYNAS, A., TSIAMOULIS, I., *La musique à travers son histoire*, 3ᵉ classe du gymnase, OEDV, 1990.
VASSILIOU, A. [gr] « Le dauphin », *PhC*, 68/janvier 1979.
VATOUGIOU St. et autres, [gr] « L'enseignement de la philosophie et les nouveaux manuels de la 2e classe du lycée », *Filologiki*, Union hellénique de Philologues, 102/janvier-février-mars 2008.
VESTER, F., *Unsere Welt – ein vernetztes System*, München, dtv, 1983².
VESTER, F., *Ballungsgebiete in der Krise*, München, dtv, 1991(1983).
VIDAL DE LA BLACHE, P., « La géographie de l'Odyssée », *Annales de Géographie*, Année 1904, Volume 13, Numéro 67.
VIGNERON, E., Géographie et statistique, Paris, P.U.F., 1997.
VINCK, D., *Pratiques de l'interdisciplinarité*, Presses Universitaires de Grenoble, 2000.
VISTONITIS, A., *Géographie littéraire*, Athènes, Metaikhmio, 2007.
VITALE, St., *Scopro la mia città*, Roma, Ed. Carocci Faber, 2006.
VOGEL, A., *Film als subversive Kunst*, Rororo, 1997.
VOKOTOPOULOS, P. L., [gr] « Lettre à Mme le Ministre de l'Education nationale du 22 mars 2007 », *To Paron* [quotidien athénienne], 1ᵉʳ avril 2007.
VORVI, I., HASEKIDOU-MARKOU, TH., [gr] « Interthématique et interdisciplinarité : "Les quartiers abîmés" de Cosmas Harpantidis », *Filologiki*, Union hellénique de Philologues, 105/oct.-nov.-déc. 2008.

W

WACKERMANN, G., *Géographie des civilisations*, Paris, Ellipses, 2008.
WAGENER, D., 'Das Museumkonzept', *Musée d'histoire de la Ville de Luxembourg*, 22. Juni 1996, Luxembourg.
WALLESRTEIN, I., *Comprendre le monde – Introduction à l'analyse des systèmes-monde*, Paris, La Découverte, 2009(2004).
WANG, W. S-Y., "The Chinese Language", in *Scientific American*, February 1973.
WATSON, L., [gr] *Histoire naturelle du surnaturel*, Athènes, Aurora, 1982.
WEBER, M., [gr], *La ville*, Kentavros, 2003
WEBSTER, Ch., *From Paracelsus to Newton – Magic and the Making of Modern Science*, New York, Dover Publications, 1982.
WEEKS, J. R., *Population*, 8th edition, Belmont, CA, Wadsworth, 2004.
WEILER, H. N., "Challenging the Orthodoxies of Knowledge: Epistemological, Structural, and Political Implications for Higher Education" in G. NEAVE [Edited by:], *Knowledge, Power and Dissent - Critical Perspectives on Higher Education and Research in Knowledge Society*, UNESCO Publishing, 2006.
WEISS, P., [gr] «La promesse culturelle des sciences exactes », *Eleftheros Cosmos*, 9 avril 1971.
WELLS, R. H. & McFADDEN, J. [Edited by:], *Human Nature: Fact and Fiction*, London, Continuum, 2006.
WENDT, H., *A la Recherche d'Adam*, Difros, Athènes, 1957.
WESTERMANN, D., WARD, I., *Practical Phonetics for Students of African Languages*, Oxford University Press, 1970.
WHEELER, K., « Geography », in R.C. Whitfield [Editor:], *Disciplines of the Curriculum*, Mc Graw Hill, London, New York, 1971.
WHEELER, St. M. and BEATLEY, T. [Edited by:], *The Sustainable Urban Development Reader*, London, Routledge, 2004.
WILLAR, E., *Physical Geography: Earth Systems and Human Interactions*. London. U.K., Merrill, 1985.
WILLIAMS, R., *The Country and the City*, Oxford University Press, 1973.

_____, *Marxism and Literature*, Oxford University Press, 1977.
WILSON, E. O., "Animal Communication", in *Scientific American*, Vol. No 3. (September 1972).
WILSON, E.O., *Consilience, The Unity of Knowedge*, New York, Knopf, 1998.
_____, *Sociobiology, The new synthesis*, Harvard University Press, 1975.
_____, *L'unicité du savoir*, Paris, Robert Laffont, 2000.
WILSON, E., *The Sphinx in the City*, University of California Press, 1992.
WILSON, R., *The Creative Curriculum*, Wakefield, Andrell Education Ltd, 2006.
WINTELER, J., *Die Kerenzer Mundart des Kantons Glarus, in ihren Grundzügen dargestellt*. Leipzig and Heidelberg, 1876.
WITKOWSKI, N., [Editor:], *Dictionnaire Culturel des Sciences*, Paris, Seuil/Regard, 2001.
WITTGENSTEIN, L., *Remarks on Colour*, Edited by G.E.M. Anscombe, London Blackwell, 1977.

X, Y, Z

XANTHOPOULOS, B., [gr] *Des étoiles et des cosmos*, Héraklion, Éditions universitaires de Crète, 1991 (3ᵉ).
YAKOUMATOU, T., « Enseigner l'histoire à l'époque de l'Internet », *Filologiki*, Union hellénique de Philologues, 97/octobre-novembre-décembre 2006.
YANNOULOPOULOS, Y., [gr] « De la race d'origine [γένος] à la Nation », *I Kathimerini*, 24-25 mars 2007.
YERPEZ, J. [Coordonné par :], *La ville des vieux*, Paris Editions de l'aube, 1998.
ZEKI, S. and M. Lamb, "The neurology of kinetic art", *Brain*, 117, 1994.
ZIKOS, X., [gr] « Les lignes directrices de l'interthématique», Internet, http://www.dide.ach.sch.gr/thriskeftika/teach/teachgen/diathem.htm.

Index

[L'index qui suit est divisé en plusieurs sections de contenu correspondant à leur titre : 1) Noms propres y compris les personnages historiques etc. 2) Notions, méthodes et moyens de l'enseignement interthématique ; 3) Aires géographiques, pays, villes et lieux, ethnies et toponymes ; 4) Branches du savoir, disciplines et matières scolaires ; 5) Pédagogie et contrôle de l'irrationnel ; 6) L'enseignement interthématique de la ville ; 7) Institutions et organes ; 8) Vocabulaire de l'enseignement et des réformes en Grèce ; 9) Glossaire de termes complémentaires.]

Noms propres y compris les personnages historiques etc.

Aczel, A., 40, 51
Adorno, Th., 51
Alahiotis, St., 56
Alexandre, le Grand, 218
Ali Pacha de Tebelen 179
Allport, G.W., 180
Anastasiadis, A., 40
Angelis, V., 206
Anthimos, Métropolite de Thessalonique, -, 174, 175
Apostel, L., 216
Aristote, 73
Arsénis. G., 82 (Loi 2909/2001), 082
Asdrachas, Sp., 45
Asimov, I., 141
Bachelard, G., 193, 208, 255
Bairoch, P., 225
Ball, Ph., 212
Ballard, J.G., 245
Balzac, H. de, 264
Baransky, N. 115
Barthes, R., 39
Baudelaire, Ch., 241
Baudrillard, J., 230
Beane, J., 77
Beaujeu-Garnier, J., 263
Benjamin, W., 244, 245, 265
Bitsakis, E., 200, 204
Bloomfield, L., 186
Boas, F., 110, 111
Bohr, N., 173
Bolivar, S., 163
Böllmann, H., 145
Bonhoure, G. 107
Bourbaki, Nicolas, 40
Bourguignon d'Anville, J.-B., 263
Bowman, R., 220
Boyer, E. L., 178
Braudel, F., 84
Brecht, B., 199
Bronowski, J, 201

Brooke, J. H., 173, 174
Brunet, R., 39
Buzzati, D., 146
Caillebotte, G., 123
Calder, A., 256
Capra, F., 173, 205, 206
Chapman, G., 94
Charon, J., 205, 208
Charpak, G., 201
Christaller, W., 222, 223
Comte, A., 210
Cosgrove, D., 145
Cosmas Indikopleuste, 132
Craig, R., 189, 190
Curl, R.F., 258
Dapontes, N., 165, 166
Davutoglou, A., 175
de Beauregard, C., 204
de Broglie, L. 114
de Rosnay, J., 42
de Saint-Simon, 210
de Saussure, F., 39, 263
de Saussure, H., 263
Débord, G., 145, 250
Decleris, M., 42
Deleuze, G., 172
Demeritt, D., 110
d'Espagnat, B., 205, 212
Dickens, Ch., 264
Doxiadis, A., 214, 215
Doxiadis, C., 267
Dufour, B., 47
Durand, G., 193
Durkheim, É., 114, 121, 221
Durrell, L., 66, 243
Eco, U. 201
Edison, T., 154, 156
Eiffel, 230
Einstein, A., 140, 193, 256
Elefantis, A., 118
Engels, F. 204
Engonopoulos, N., 162, 163
Fakinou, E., 254
Fermi, 256

Fischer, E., 155
Foucault, M., 33, 65, 66, 172
Fourez, G., 47, 115
Fragos, Chr. 176
Frobenius, L., 133
Fuller, R. B., 257, 258
Garaudy, R., 123
Gasparakis, M., 229
Gavroglou, K., 174, 175
George, P., 110, 111
Geymonat, L., 200
Gödel, K., 215
Godin, J.D., 123
Goethe, W., 172
González y González, L., 246
Gould, St. J,,173
Gracq, J., 207, 240, 241
Grammatikakis, G., 167, 213, 215
Grang. M., 51
Grataloup, Chr., 40
Gregory, D. 111, 210
Grollios, G., 077
Guy de Maupassant, G., 108
Haeckel, E., 110
Haggett, P., 94, 114, 220
Hagnerelle, M. 107
Hall, T., 263
Harrington, A., 051
Hartshorne, R. 112, 113
Harvey, D., 65, 139, 225, 241
Harvey, W., 263
Hausmann, G.E., 241
Heineberg, H., 263
Heisenberg, W., 173
Hobbes, Th., 212
Holton, G. 164, 193
Hopper, E., 123
Hugonie, G., 041
Hynek, J.A., 213
Ioannou, Y., 246, 247, 248, 249, 250, 251, 252, 253
Jakobson, R. 39, 141
Jantsch, E., 48
Johns, J., 123, 258
Kafatos, F., 34
Kafkoula, K., 235
Kakridis, F., 146
Kambanelis, I., 123
Kant, E., 33
Kapitza, P., 203
Kapitza, S., 202
Kassetas, A., 163, 164
Katsavounidou, G. 266

Katsikis, A., 92, 95, 96
Kavassiadis, K., 79
Kazantsev, A., 143
Keats, J., 171
Kekulé von Stradonitz, F. A., 154, 156
Kirlian, S., 197
Kokkinari, N., 249.
Kolovopoulou, M., 172
Konofagos, K., 146
Koumantaréas, M., 249
Koumelis, Chr., 081
Koutsopoulos, K., 179, 180
Koutsouki, E., 43
Kramer, S., 220
Krigas, N., 236
Kroto, H.W., 258
Kroupi, E., 249.
Kulagina, N., 203
Kyriazidis, G., 37
Lacan, J., 39
Lacoste, Y., 38
Latour, B., 185
Latour, B., 235
Lavoisier, A., 114
Lefebvre, H., 65, 66
Levi, P., 127, 129
Lévi-Strauss, Cl., 39
Lévy, J., 167
Lhote, A., 51
Liakopoulos, D., 207
Ligomenidis, P., 172
Lomonosov, M., 155
Lynas, M., 220
Mackinder, H.J., 111
Magritte, R., 123
Maingain, A., 47
Majors, K., 221
Makridge, P.A., 248
Manolidis, K., 235
Maronitis, D., 247
Marston, R., 110
Martinet, A., 141
Marx, K., 37, 234
Massalas, Chr. 118
Massey, D., 139
Matsagouras, E., 60, 177, 178
Mazlish, B., 33
Melville, H., 254
Mercator, 244
Michaelides, T., 214, 215
Michelet, J., 229, 239
Minard, Ch.-J., 218
Mongin, O., 242

Moore, H., 256
Mumford, L., 242
Napoléon, le Grand, 218
Nar, L., 249
Needham, J., 205
Newton, I., 116, 166, 171, 172, 212, 223
Oulough Beg, 170
Palaiopoulou, R., 105
Paléologue, Constantin, 163
Papadimitrakopoulos, I., 253
Papanikolaou, K.N., 153
Papanoutsos, E.P., 082
Paquot, Th., 241
Paulet, J-P., 108
Pauli, W., 142
Pavlakos, K., 162
Pearsall, Ph., 145
Penrose, R., 51, 52
Piéris, M., 249
Pinochet, A., 256
Pitsios, Th., 217
Polkinghorne, J., 173
Postman, L.J. 180
Powers, J., 173
Prévélakis, G., 200
Priestley, J., 155
Psarianos, P., 93
Pylarinos, Th, 249
Quételet, L., 212
Raffestin, Cl., 35
Reclus, E., 262, 263
Redmond, G., 205
Rokos, D., 44
Rousseau, J.-J., 263
Sagan, C., 197
Sagan, C., 203
Sallmann, J.-M., 174 ?
Santos, M., 44, 48, 66, 112
Sassen, S. 108
Sauer, C.O., 240
Schaefer, P.K., 112
Scheerbart, P., 244
Seféris, G., 065
Selleri, F., 205
Semënov Tian-Shansky, B., 115
Senge, P., 041
Servet, M., 263
Shakespeare. W., 148
Shermer, M., 192
Shute, N., 220
Siegfried, A., 37
Simmel, G., 210
Sinclair, U., 251, 257, 259, 260

Slingerland, E., 34
Smalley, R.E., 258
Snow, C.P., 148
Snow, C.P., 230
Snow, C.P., 41
Soja, E., 65
Spanos, K., 79
Spyropoulos, E., 081
Stamp, D., 95
Stavrianos, L., 175
Steinbeck, J., 251
Strabon, 132
Stratakis, P., 89
Strogoff, Michel, 192
Sverkos, A., 83
Swan, J., 154
Taguieff, P.-A., 207
Taylor, J., 203
Tchaïkovski, P.I., 82
Tchekhov, A., 123
Theodosiou, E., 172
Thom, R., 36, 39
Thomas, R., 43
Thompson, d'Arcy W., 74
Thomson, G. 147
Tolstoï, L., 242
Touliatos, S., 162
Trahanas, St., 199
Trefil, J., 238
Trémaux, P., 37
Trewartha, G.T., 150
Triantafyllou, S., 242
Tricot, Cl., 35
Trikaliti, A., 105
Tsiropoulos, K. E., 139
Tsitsanis, V., 163, 164
Valaoritis, N., 242
Valéry, P., 147
Van Leeuwenhoek, A., 214
Vardalachos, K., 154, 156
Varvoglis, A., 258
Vasileiou, A., 138
Vellas, M., 172
Verne, J., 193
Verne, J., 224
Vico, G., 138
Vidal de la Blache, P., 114
Vigneault, G., 224
Vinck, D., 34
Vistonitis, A., 245
Voeikov, A. I., 115
von Bertalanffy, L., 41, 153
von Humboldt, A., 114

Wagner, R., 82, 83
Wallerstein, I., 41
Watson, L., 206
Weinberg, St., 173
Whorf, Benjamin Lee, 141
Williams, R., 147, 234
Wilson, E.O., 33, 173
Wittgenstein, L. 173
Wordsworth, Chr., 171
Xanthopoulos, B., 210, 211, 213
Zogolopoulos, G. 179

Notions, méthodes et moyens de l'enseignement interthématique

analyse littéraire, 050
approche interthématique de la ville, 113
art, 23, 122, 123, - géographisant, 122
assistance dans des classes, 123
astronomie poétique, 138
avantage, - mnémotechnique, 156
BD, 100, 135, 144, 146 165, 238, 239, 164
biculturalisme, 131
biculturalisme, 187
bi-disciplinarité, 184
biographie, 100, 156, 165
brochure, 104
calcul, 100, 165
caricature, 100, 164, 165
carte géographique, 100, 165,- interactive, 109, - numérisée, 109
cartographie, 258
cinéma, 123, 238, 239
cinématographe poléographique, 265
circumdisciplinarité, 50, 119, 147, 184
civilisation, 165
Classiques illustrés, Les - -144
co-disciplinarité, 100, 147, 184, 216
concept de niveau supérieur, 120, - fondamental dans l'approche interthématique, 57
conjonction, - didactique, éducative,188
contextualisation, 100, 165, 166, 185
contrôle de l'esprit métaphysique, 135
contrôle de l'irrationalisme, 135
contrôle de l'occultisme, 135
corrélation interdisciplinaire, 077
cosmographie poétique, 138
cours modèle, 119, 260
critique littéraire, 248
Cross Curricular Thematic Teaching, 164
Cross Curricular Theme Teaching, 164

culture, 150, 156, deux -es, 37, 66, 148, 155, double -,148, 230
culture, 165
decontextualisation, 54
découverte scientifique, 074
découverte, - simultanée, 157
dessin animé, 238, - linéaire, 100, 165
diapositive, 104
dichotomie, 112, 125, 234, 185
diepistimonikotita, 061
Dual Culture, 122, 135
élément interdisciplinaire, 156
élément interthématique, 156
enquête sur les lieux, 119
enseignement, - traditionnel, 123, - interdisciplinaire, 123
esprit interdisciplinaire, 080
étude de la langue, 135
étude des dichotomies, 185
feuille de projets de travail, 104
gravure, 103, 100, 164,165
histoire de la science, 081
histoire des sciences, 165
histoire, 165
holisme, 051
illustration, 135,164
inter-, 96
interculturalisme, 185
interdisciplinarisation, 35
interdisciplinarité, 45, - archéométrique, 135, - critique, 46, - forcée, 90
intertextualité, 100, 165, 166
interthématicité, 060
intradisciplinarité, 109
langue, 100, 165
littérature, - poléographique, 244
littérature, 123, 238
lumière, 169, 170, 171
maquette, 103
meta-interdisciplinarité, 156
méthode dialectique d'enseignement, 176
microhistoire, 254
modèle gravitationnel, 212, 213
moyen d'illustration, 165
multiculturalisme, 87, 88
muséologie poléographique, 239
notion interthématique, 059
noyau interdisciplinaire, 78, 120
objectif, - interdisciplinaire, 136, - interthématique, 136, - pédagogique, 136
opposition, - binaire, 039, - monde/langage, 187, - sociale, 234, -

verbo-nominale, 139, ville/campagne, 234, 235
pédagogie biculturelle, 149
peinture, 238, 258
pensée systémique, 041
photographie, 100, 103, 123, 165
physique poétique, 138
pluridisciplinarité, 044
Pluridisciplinarité, 081
pluridisciplinarité, croissante, 90, - forcée, 90
poésie, 65, 238
poléographie de la SF, 244
poléographie, - littéraire, 244
projet interthématique, 058, 059
rationalisme, 199
réalisation d'enquêtes, 123
réalisation de cours - modèle, 123
recherche scolaire, 119
re-contextualisation, 100, 165, 166, 185
réductionnisme, 36, 037, 40
reforme interthématique, 61
représentation picturale, 103
roman graphique, 145
roman, 240, 241
science fiction (SF), 135, 143, 244, 245
SIG (systèmes d'information géographique, 222
structuralisme, 039, 040
système, 40, 42, 57, 59, 74
système-monde, 075
systèmes d'information géographique (SIG), 222
systémisme, 042, 153
tableau de données, 100, 165
tableau de peinture, 100, 165
texte = situé, 243
texte, - littéraire, 135, - poétique, 135 - théâtral, 135
textualisation, 240
textualité, 185, - historique, 164
théâtre, 238, 239
thématique interthématique, 161
thématisation, 177
thème, 33, 65, 75, 77, 78, 93, 94, 152, 161, 164, 167, 177, 234, 260, centre du -, 94, 96, 99,
tournant, - culturel, 152, - interthématique, 76
transdisciplinarité, 046
travaux d'étudiants, 123
unité du savoir, 230, 230

vulgarisation scientifique, 40, 135, 144, 201

Aires géographiques, pays, villes et lieux, ethnies et toponymes

Abou Simbel, 155
Afghanistan, 188
Afrique, 38, - occidentale, 38
Agra, 100
Albanie, 179
Alexandrie, 108, 243, 266
Algérie, 38
Allemagne, 48
Angleterre, 234
Argalasti, 100
Athènes, 103
Babylone, 225
Bagdad, 225
Bâle, 263
Balkans, 175
Berlin, 266
Boston, 224
Bronx, 242
Brooklyn, 242
Bulgarie, 130
Californie, 224
Cambridge, 116
Ceylan, 131
Chicago, 231, 255, 256, 257, 259, 260, abattoirs de -, 259
Chine, 135
Cologne, 258
Constantinople, 163, 235, 225
Corfou, 142
Croatie, 130
Dacca, 108
Dani, 221
Désert d'Arabie, 168
Djeddah, 266
Ecosse, 189
Egypte, 163
Epire du nord, 179, 180
Espagne, 38
Etats-Unis, 142, 256
Europe, 38, 49, - alpine, 142
France, 37, 38, 39, 167
Gavdos, 71, 72
Gênes, 242
Genève, 263
Glasgow, 265
Grande Bretagne, 235
Grèce, 37, 37, 235

Haïfa, 266
Hangzhou, 225
Hong Kong, 108
Hopi, 140
Iles Britanniques, 38
Ilion, 240
Illinois, 257
Inde, 188
Indonésie, 132
Islande, 38
Izmir, 199
Izmir, 69
Jersey City, 242
Jérusalem des Balkans, 248
Kiev, 266
Lagos, 108
Lefkas, 170, 171
Lesbos, 100
Loch Lomond, 190
Loch Morar, 190
Loch Ness, 197, monstre de - -, 188, 189, 190
LochTay, 190
Londres, 108, 145, 229, 264
Loughborough, 262
Lucques, 242
Macédoine, 130, 192
Makedonija, Republika -, 175
Manhattan, 242
Méditerranée, 178
Meyisti, 71, 72
Milan, 146
Misiri, 163
Missolonghi, 179, 180, 188
Moscou, 242
Mytilène, 100, 149
Nankin, 225
Nantes, 241
Neapolis, 106
Névada, 142
New York, 102, 108, 229, 242, 266
Nouvelle-Orléans, 239
Nylonkong, 108
Orient, 135
Orménio, 71, 72
Orsenna, 240
Othoni, 71, 72
Pakistan, 188
Paris, 145, 150, 163, 164, 229, 266
Pékin, 225
Philippines, 149
Prévéza, 178, 180, 254
Pyrgos, 253

République démocratique du Congo, 188
Rome, 145, 225
Russie, 37, 135, 203
Sahara, 222
Sahel, 114
Saint Pétersbourg, 82, 242
Saint-Tropez, 108
Saqqarah, 155
Savannah, 224
Serbie, 130
Serres, 192
Shanghai, 108
Sibérie, 222
Smyrne, 199
Somalie, 188
Sri Lanka, 131, 132
Suisse, 167
Syracuse, 074
Taprobane, 132
Tasaday, ethnie de -, 149
Tebelen, 179
Tepelenë, 179
Thessalonique, 236, 248, 266
Tiers monde, 135
Troie, 240
Turquie, 69, 248
Union Soviétique, 135
Vancouver, 257
Vienne, 142
Volos, 100
Xi'an, 225
Yougoslavie, 130
Zalogo, Danse de -, 179, 180
Zografos, 100
Zurich, 142

Branches du savoir, disciplines et matières scolaires

anthropogéographie, 248
anthropologie, 81, 100, 113, 118, - culturelle, 135, - physique, 117, - sociale, 117, 135
architecture, 83, 238
aréographie, 175
arts plastiques, 82
astronomie, 129
biogéographie, 94
biohistoire, 33
biologie, 81, 124, 218, - de l'homme, 135, - humaine, 100, 217, - des animaux, 135
biopolitique, 33

botanique, 100, 110
cartographie, 93
chimie, 81, 116, 124, - organique, 154
climatologie, 111
cosmographie, 124
cristallographie, 81
chrono-chorématique, 040
démographie, 111, 117, 150, 216, 217, - formelle, 217
discipline scientifique, 156
eco-géographie, 94
écologie, 219, - animale, 38,- végétale, 38, urbaine, 231
économie, 41, 90, 117, 118, 150, 156
éducation, - civique, 99, - environnementale, 81, 102, - physique, 124, - à l'environnement, 105, 107, 108, - à l'environnement urbain, 101, 102, - pour la ville viable, 104
esthétique, 123
ethnolinguistique, 117
ethnologie, 117
ethnologie, 140
étude de l'environnement, 99, 103
étude du milieu, 98
études européennes, 117, 118
géographie, 39, 41, 81, 83, 100, 101, 110, 112, 117, 122, 123, 130, 134, 138, 149, 171
_____ comparée, 263
_____ culturelle, 94, 118, 140, 150, 151, 152, 171
_____ de la population, 150, 216
_____ des villes, 105, 106, 108
_____ dissidente, 152
_____ du surnaturel, 203
_____ écologique, 97
_____ économique, 94, 109, 115, 150, 151, 152
_____ générale, 96
_____ humaine, 37, 81, 94, 95, 97, 109, 149, 209, 210, 246, 265, 93, 112, 113, 135, 167, 221, 222
_____ humaniste, 261
_____ idiographique, 112
_____ interthématique, 59, 95
_____ linguistique, 139
_____ locale, 105, 107, 108
_____ mathématique, 83
_____ mystique, 189, 202
_____ nomothétique, 112
_____ physique, 37, 92, 93, 94, 95, 97, 112, 113, 167, 237
_____ raciale, 94
_____ régionale, 112
_____ régionale, 95, 171
_____ scolaire, 102
_____ sociale, 203
_____ sociale et culturelle, 65
_____ systématique, 112, 114
_____ théorique, 140
_____ urbaine, 113, 233, 263, 264, 265
géohistoire, 084, - des territoires traditionnels, 175
géologie, 37, 81, 94, 109, 110, 149, - urbaine, 237
géomorphologie, 94, 110
géophysique, 94, 149
géopolitique, 219, 240, - de la grande ville, 38, - de la ville, 38, - des langues internationales, 175
GP (géographie de la population), 216, 217, 220, 221, 222,
histoire, 41, 99, 100, 110, 117, 124, 130, 233
_____ - de la musique, 82
_____ - de la science,164
_____ - des sciences, 100
_____ - des sciences, 115
_____ - glorieuse de notre patrie, 71
_____ - locale, 117, 118
instruction civique, 124
instruction religieuse,73, 124
langue étrangère, 124
langue grecque, 124
linguistique, 117, 129, 140
littérature, 117, 233
littérature grecque, 124
mathématiques, 36, 83, 124
médecine, 81
météorologie, 93
microgéographie, microgéographique, 153
minéralogie, 94, 100
musique, 82, 83
neurologie, 39
orientation professionnelle, 124
paléontologie, 61
pédologie, 110
pétrologie, 94
philosophie, 81, 83
phonétique, 155, 156
physique, 36, 81, 90, 100, 116, 124, 130, 140, 149, 199, 237, - sociale, 209, - et

Biologie, 073, - et géographie, 073, - et météorologie, 073,- et société, 073
phytogéographie urbaine, 236
poésie, 83
poléographie, 101, 103, 105, 106, 107, 108, 114, 169, 238, - interthématique, 102, - microhistorique, 246
psychogéographie, 231
psychohistoire, 33
psychologie, 39, 81, 117, 124, 156, - sociale, 117
science, 123, - économique, 219, - environnementale, 91, - exacte, 67, 148, - humaine, 112, 147, - naturelle, 90, 112, 122, 138, 149, - politique, 117, 219, - sociale, 90, 112, 117, 122, 238, - spatial, 112, 113, - de la Terre, 149
sédimentologie, 111
sismologie, 81, 93, 149
sociobiologie, 33
sociographie, 210
sociolinguistique, 117
sociologie, 117
sociologie, 90, 233
technique, 123
théologie, 81
urbanisme, 111
zoologie, 99, 100, 129

Pédagogie et contrôle de l'irrationnel

ananthropique, 213
Anastenaria, 192
astrologie, 202
Atlantide, 197
axiome anthropique, 210
croyance irrationnelle, 200
croyances du peuple grec, 198
E-meter, 191
Encyclopédisme,
encyclopédisme, 054, 136, 184, 191, 260, - vulgarisant, 036
ESP, 197, 203
fonction intuitive, 197
géométrie, - des agroglyphes, 150, - des pyramides, 150
géoprophète, 207
grandeur anthropique, 212
idéologie héroïque, 181
idéologie, - anti-Lumières, 201
irrationalisme, 150, 197, 204, critique de l'-, 156

irrationnel, 154, 200, 203, 206, - croyance en l'-, 203
kiosque magique, 150
légende urbaine, 209
masse humaine, 211
mysticisme, 200
occultisme, 197
para-archéologie, 202
para-astrobiologie, 202
parabiologie, 202
parabotanique, 202
paradigme, 261
paragéographie, 202
paragéologie, 202
paragéométrie, 202
parahistoire, 202
paranormal, 51, 054, 202, 205
paraphysique, 202
parapsychologie, 202, 204
parazoologie, 202
particule de Dieu, 173
perception extrasensorielle (ESP), 197, 203
pin sylvestre, 190
Pinus sylvestris, 190
pratique, - magique, - occulte, - paranormale, 201
principe anthropique, 205, 209
pyramide, 155, 156, 197, 199, la grande -, 214
pyramidologue, 214
rêve, 154, 265, signification des -es, 197
télépathie, 204
triangle des Bermudes, 199

L'enseignement interthématique de la ville

agglomération urbaine, 225
automobile, 251, 265
automobilité exagérée, 237
bidonville global, 225
biodiversité urbaine, 236
CBD, 263
cité-jardin, 235
cityness, 266
envahissement de l'espace public, 237
environnement, - urbain, 232
espace, - public, 103, 245, 251, - urbain, 236, 238
flâneur, 246, 250, 252, 253
flore urbaine, 236
graffiti, 265

jardin, 235
nécropole, 265
parc, 235
poléographe, 240
poléographie, 253, 263, géophilosophique, 054
polis, 233
population, - urbaine, 235
quartier, 103
représentation, - de la ville, 238
spéculation foncière, 237
territoire, - urbain, 232
tétralogie alexandrine, 066
Tour Eiffel, 230
urbanisation, étapes historiques de l'-, 049
urbanisme, 94, 238
urbanness, 266
ville, 104, 107, 108, 114, 169, 230, 231, 233, 248, - grecque, 106, 237, 238, - millionaire, 115, - viable, 104, 105, 107, 108 grande -, 229, ville, - de Calvin, 263, - de crime, 255, - des géographes, 233, - des historiens, 233, - des anthropologues, 233, - des sociologues, 233, - des démographes, 233, - des philosophes, 233, - des architectes, 233, - des urbanistes, 233, -es des hommes, 238, contradiction - / campagne, 234, opposition - /campagne, 234, approche interthématique de la -, 113, dérive de la -, 145, géographie des -es, 105, 106
J'explore ma ville, 102

Institutions et organes

Académie d'Athènes, 068
American Geographical Society, 150
ASEP, Conseil supérieur de sélection du personnel, 89
Association des Géographes Américains, 110
Centre d'éducation à l'environnement de Neapolis, 105, 106, 107
Centre de l'éducation à l'environnement (C.E.E), 102, 108
Centre National de Documentation Pédagogique, 267
CERN, 167, 173
Chambre de Commerce de Thessalonique, 080
Chicago Art Institute, 257
CNRS, 201
Committee on Environment and Natural Resources Research (CENR), 045
Conférence de Thessalonique, 105
Conférence Mondiale pour l'Environnement et le Développement, 106
Conseil d'État de Grèce, 042
Conseil de recherche européen, 034
Conseil supérieur de sélection du personnel (ASEP), 89
Courrier de l'Unesco, 146
Département d'Anthropologie sociale, 117
Département de biologie, 149
Département de géographie de l'Université britannique de Loughborough, 262
Département de Géographie humaine, 117, 121, 122, 149
Département de géographie, 121
Département de géologie, 149
Département de Gestion de l'environnement culturel et des nouvelles technologies, 118
Département de l'Architecture de l'Université de Thessalie, 167
Département de la Communication et des masse médias de l'Université d'Athènes, 082
Département de la Géographie humaine à l'Université de l'Egée, 246
Département de physique de la Faculté de sciences, 149
Département des Sciences naturelles et de Géographie, 081
Département des sciences naturelles et de la géographie, 149
École d'Architecture de l'Université nationale technique d'Athènes, 236
École de Chicago, 231, 256
Encyclopedia Britannica, 257.
Fédération des Professeurs de l'Enseignement Secondaire (OLME), 129, 133
Festival international de Géographie de Saint-Dié, 178
Groupe de Mondialisation et des Villes du Monde (GaWC), 262
Inspection générale de l'éducation nationale, 107
Institut pédagogique (I.P.), 056, 077, 081, 130
KEME, 130

KEMETE, 076
Ministère de l'Éducation Nationale, 077
Musée Ludwig de Cologne, 258
National Science and Technology Council (NSTC), 045
National Technical University of Athens (N.T.U.A.), 045
OEDV, 61, 98, 179
Office français de techniques modernes d'enseignement (OFRATEME), 130
OFRATEME, 130
Orchestre National d' Athènes, 133
Organisme d'édition des manuels scolaires, 98, 179
Parti Communiste de Grèce, 68
Programme Communautaire d'Action pour l'Envrionnement et le Développement durable, 106
Revue de Physique, 134
Revue de questions d'éducation, 056, 062
Royal Geographical Society, 036
Royal Meteorological Society, 036
Société de professeurs et d'hellénistes, 081
Société française d'Histoire urbaine, 035
Société Grecque des Mathématiciens, 129
Société hellénique d'études systémiques, 042
Société hellénique pour la protection de l'environnement et du patrimoine culturel, 104
Société pédagogique de Grèce, 87
SOFRES, 201
Synode de l'Eglise de Grèce, 068
Union des Géographes de Grèce (E.GEO.), 89,
Union des Physiciens Grecs (EEF), 129, 130, 134, 161
Union hellénique de Philologues, 076
Union Nea Paideia, 129
Université Aristote de Thessalonique, 077, 202, 247
Université d' Attique, 080
Université d' Oxford, 248
Université d'Athènes, 46, 149, 217
Université de l'Egée, 87, 89,
Université d'été de Toulouse, 106
Université d'Etolie – Acarnanie, 118
Université d'Ioannina, 102, 146
Université d'Agriculture d'Athènes, 080
Université d'Athènes, 172
Université de Crète, 213

Université de l'Egée (Mytilène), 117, 121, 246, 149, 056, 076
Université économique d'Athènes, 237
Université Technique Nationale d'Athènes (Polytechneion), 82, 146, 236
University of Loughborough, 262
Urban Audit, 262

Vocabulaire de l'enseignement et des reformes en Grèce

activités culturelles, 133
bac, 083
baccalauréat grec, 152
Connaissances générales, 130
contradiction ville/campagne, 234
démotique, 155, 187
DEPPS, 056, 068
diplôme d'agronome, 080
discipline scolaire inutile, 082
échelle de 1 à 20, 083
fétichisation de la pédagogique, 162
frontistirio, 105, 108, 109, 234
Génération Libre, 133, 153, 246
glottophobie, 138
institutions universitaires autonomes, 080
Katharevousa, 131, 138, 187
langue *démotique*, 129, 131
manuel, 161, scolaire -, 98, - de classe, 68
matières des épreuves du bac, 83
metaglottisi, 129, 131, 132, 152
Metapolitefsi, 129, 134, 135, 147, 149, 161
orthodoxie chrétienne, 172
PE, 90
PE4, 89, 110, 121, 149
physiciens PE4, 89
Physicos Cosmos (*PhC*), 040, 134, 139, 146, 170
Points de vue du Physicos Cosmos, 134
programme analytique, 56
réforme linguistique et éducative, 130
scolopendromorphe, 81
système de notation, 83
terminologie scientifique, 138
thé de Ceylan, 131, 132
université privée, 80

Glossaire de termes complémentaires

abattoirs de Chicago, 259
ampoule à incandescence, 155, 156

Ancien testament, 216
benzène, 154, 156
bilinguisme, 131
boson de Higgs, 167, 173
Bull. de l'Union des Physiciens grecs, 134
C.E.E., 105
captive, 235
cartographie de James Bond, 143
civilisation, 057, 058, 149, 156
collisionneur d'hadrons, grand – , 167
conflits des groupes, 103
construction arbitraire, 237
corrélation de voix, 155
dauphin, 139
déterminisme géographique, 037
deux sexes, les - -, 156
diachronie géographique, 040
dialectique de l'invention, 156
différenciation spatial, 112, 113
dimension réelle, 074
division du travail, 234
double articulation du langage humain, 141
E.GEO., 89
économie, - énergétique, 155
économiste, 240
EEF, 134, 149, 152, 169
epistémologie, 156
espace géographique, 233
espace hors-scène, 123
espace vital, 219
ethnocide, 149
exceptionnalisme en géographie, 112
fer, 229
génocide, 149
géographie de James Bond, 143
géosphère, 92, 93
GL, 153
GL, 155, 156
grand collisionneur d'hadrons, 173
grandeur de l'interaction, 212
historien, 240
hopi, langue amérindienne -, 139
idéologie sociale , 156
inégalité sociale, 238
interruption volontaire de la grossesse, 221
interspatialité, 185
Islam, 162, 169
Kirlian, S., photo -, 197
Klassika Eikonografimena, 144
langage, 186, 187
langues bantoues, 038

LHC, 167, 173
Logos et praxis, 133
Loi 309/1976, 130
longévité humaine, 218
lutte des classes, 234
matrie, 254
médiation, 235
mémoire collective, 237
mémoire individuelle, 237
micro-spatialité, 186
Misirlou, 163, 164
mouvement protestataire, 232
mutilation génitale, 188
NASA, 045
nature, 240, - de la physique, 168
nomothétique, 112
nourriture, 178
Nous et le Monde, 98, 99
OEDV, 61, 98, 179
OMNI, 213
opposition nature/culture, 135
organisation du territoire, 94
OVNI, 197, 213, 214
PhC, 134, 138, 140, 143, 147, 148, 149, 152, 155, 169
place de la géographie, 062-064
population terrestre, 237
prétention interspécifiques, 236
primauté de l'Occident, 135
principe géohistorique, 175
processus de la découverte/invention, 135
projection, - cartographique Dymaxion, 257
province, 247, 248
Relativité, 139, 169, 243
résolution d'un problème, 156
risque climatique, 033
Sciences et Avenir, 201
sectorialisme
sidération, 230
société capitaliste, 147
spatialité de la vie humaine, 065
syntagme, 261
syst. d'information géographique, 111
syst. géographiques d'information, 111
TeH, 149, 150
Télévision scolaire, 130
Terre et humains (TeH), 149, 151, 152
Toponymie, 233
transformation globale, 077
volonté libre, 213
zone, - côtière, 108, - rurale, 225

Oui, je veux morebooks!

I want morebooks!

Buy your books fast and straightforward online - at one of the world's fastest growing online book stores! Environmentally sound due to Print-on-Demand technologies.

Buy your books online at
www.get-morebooks.com

Achetez vos livres en ligne, vite et bien, sur l'une des librairies en ligne les plus performantes au monde!
En protégeant nos ressources et notre environnement grâce à l'impression à la demande.

La librairie en ligne pour acheter plus vite
www.morebooks.fr

SIA OmniScriptum Publishing
Brivibas gatve 197
LV-103 9 Riga, Latvia
Telefax: +371 68620455

info@omniscriptum.com
www.omniscriptum.com

Printed by Books on Demand GmbH, Norderstedt / Germany